"十三五"国家重点出版物出版规划项目
能源革命与绿色发展丛书
普通高等教育能源动力类系列教材

能源工程概论

第 2 版

主　编　吴金星
副主编　赖艳华　刘　泉
参　编　刘利平　刘少林　王　蕾
　　　　孙雪振　赵进元　田倩卉
主　审　孙晓林

机械工业出版社

为了改善生态环境,更加合理高效地利用常规能源,开发和利用新能源并使其逐步替代化石能源,同时使所有用能人员都具备能源开发与高效利用的相关知识,本书系统地阐述了能源的类型和特点,能量的形式,能源资源的概况及发展趋势,常规能源的转换、储存和高效利用技术,新能源的开发利用技术,以及能源工程中的节能环保技术,并介绍了能源管理方法与节能新机制。本书兼顾专业性与通俗性,既可作为高校能源动力类专业本科生的专业必修课教材,也可作为各工科专业学生了解能源工程和能源管理知识的选修课教材,还适用于相关行业的技术及管理人员培训等。

本书配有电子课件,向授课教师免费提供,需要者可登录机工教育服务网（www.cmpedu.com）下载。

图书在版编目（CIP）数据

能源工程概论/吴金星主编. —2 版. —北京：机械工业出版社，2018.10（2024.8 重印）

（能源革命与绿色发展丛书）

"十三五"国家重点出版物出版规划项目　普通高等教育能源动力类系列教材

ISBN 978-7-111-61093-9

Ⅰ.①能… Ⅱ.①吴… Ⅲ.①能源-高等学校-教材 Ⅳ.①TK01

中国版本图书馆 CIP 数据核字（2018）第 231600 号

机械工业出版社（北京市百万庄大街 22 号　邮政编码 100037）
策划编辑：蔡开颖　责任编辑：蔡开颖　段晓雅　王小东
责任校对：刘　岚　封面设计：张　静
责任印制：张　博
北京中科印刷有限公司印刷
2024 年 8 月第 2 版第 6 次印刷
184mm×260mm・19.25 印张・470 千字
标准书号：ISBN 978-7-111-61093-9
定价：49.00 元

电话服务　　　　　　　　　　网络服务
客服电话：010-88361066　　　机　工　官　网：www.cmpbook.com
　　　　　010-88379833　　　机　工　官　博：weibo.com/cmp1952
　　　　　010-68326294　　　金　　书　　网：www.golden-book.com
封底无防伪标均为盗版　　　机工教育服务网：www.cmpedu.com

前言

能源是人类社会赖以生存和发展的资源,包括煤炭、石油、天然气、水能、核能、风能、太阳能、地热能、生物质能等一次能源和电力、热力、成品油等二次能源,以及其他新能源和可再生能源。随着世界经济的快速发展,对能源的需求量逐年增加,而地球内部常规化石能源(即矿物能源)总量有限并日渐枯竭,能源已成为制约世界各国经济发展的瓶颈。同时,化石能源的使用会产生大量 CO_2、SO_2、NO_x 等有害气体,造成生态环境恶化、地球变暖、局部地区酸雨和雾霾天气等环境问题,使农作物减产、生态遭到破坏,人类健康受到严重威胁。因此,开发能源管理新机制并提高能源管理手段、更加高效合理地利用常规能源、改善生态环境的呼声越来越高。开发和利用新能源尤其是可再生能源,已在全球范围内得到强烈关注,各国纷纷加大资金投入,以促进新能源技术的发展和规模化利用,并使新能源逐步取代常规能源。

掌握常规能源的高效利用技术和新能源开发技术的基础知识,不但对于能源动力类专业技术人员来说是必需的,而且对于所有工科专业技术人员来说都是必需的,对于工业企业管理人才的培养和未来发展也是不可缺少的。尤其在 21 世纪建设"资源节约型、环境友好型"社会的形势下,对于培养和造就创新型的复合人才,全面提高各类人才的科学素质,特别是培养节能降耗的科学意识,都是十分必要的。

本书系统地阐述了能源的分类和特点,能量的形式,国内外能源资源的概况及发展形势,常规能源的转换、储存技术和高效利用方法,新能源和可再生能源的开发利用方法,以及能源工程中的节能环保技术等;阐述了能源管理方法与节能新机制,如固定资产投资项目节能审查、企业能源审计、清洁生产审核、合同能源管理、节能产品认证和能效标识制度等。

本书可作为高等院校能源动力类专业本科生的专业必修课教材,也可作为各工科专业学生了解能源工程和能源管理知识的选修课教材,同时可作为工程热物理学科的教师和研究生、各级能源管理部门及企事业单位的节能管理人员、工程技术人员实施能源管理的参考书。

本书在第 1 版的基础上进行了全面修订,尤其是对各种能源的开发、生产和消耗数据进行了更新。全书由郑州大学节能技术研究中心主任吴金星教授担任主编并统稿,山东大学赖艳华教授、北京信息科技大学刘泉教授担任副主编,由河南省节能监察局孙晓林教授级高工担任主审。参与本书编写和修订的还有:郑州大学刘利平副教授、郑州大学研究生刘少林、王蕾、孙雪振、赵进元、田倩卉等。另外,郑州大学詹自力教授、赵金辉博士、王军雷博士，以及河南机电高等专科学校王任远讲师参与了资料收集和书稿整理、绘图等工作；编写过程中，郑州大学魏新利教授、王定标教授等提出了很好的修改意见和建议，在此一并表示感谢。在编写过程中还参阅了大量的国内外专著、教材和期刊论文，在此谨向这些文献的著者和相关单位表示诚挚的谢意。本书的修订和出版得到了郑州大学的支持，同时，机械工业出版社对本书的出版也给予了大力帮助，特此致谢。

由于作者水平和经验有限，书中难免出现疏漏和不足之处，敬请读者批评指正。

编　者

目 录

前 言
第1章 能源资源概述 ……………………… 1
1.1 能源与能量 ……………………………… 1
1.1.1 能源的分类 ………………………… 1
1.1.2 能源可持续利用的评价指标 ……… 4
1.1.3 能量的基本形式 …………………… 8
1.1.4 能量的性质 ………………………… 11
1.1.5 能量传递的相关因素 ……………… 12
1.2 能源利用与可持续发展 ………………… 13
1.2.1 能源与国民经济发展 ……………… 13
1.2.2 能源与经济可持续发展 …………… 15
1.3 我国的能源结构与发展战略 …………… 17
1.3.1 我国能源生产和消费结构 ………… 18
1.3.2 我国能源形势与发展战略 ………… 25
思考题 ………………………………………… 30

第2章 能量的转换与储存 ………………… 31
2.1 能量转换的原理与效率 ………………… 31
2.1.1 能量转换的方式 …………………… 31
2.1.2 能量转换的基本原理 ……………… 33
2.1.3 能量转换的效率 …………………… 34
2.2 能量转换的形式与设备 ………………… 36
2.2.1 化学能转换为热能 ………………… 36
2.2.2 热能转换为机械能 ………………… 40
2.2.3 机械能转换为电能 ………………… 54
2.3 能量的高效储存技术 …………………… 55
2.3.1 电能高效储存技术 ………………… 56
2.3.2 热能储存技术及其应用 …………… 59
2.3.3 机械能储存技术 …………………… 65
思考题 ………………………………………… 66

第3章 常规能源的高效利用 ……………… 67
3.1 概述 ……………………………………… 67

3.2 煤炭 ……………………………………… 69
3.2.1 煤炭的高效清洁利用技术 ………… 70
3.2.2 先进煤炭燃烧发电技术 …………… 78
3.2.3 煤炭利用节能环保技术 …………… 84
3.3 石油 ……………………………………… 88
3.3.1 石油概述 …………………………… 88
3.3.2 炼油工业的发展历程及前景 ……… 89
3.3.3 原油炼制方法及节能技术 ………… 92
3.4 天然气 …………………………………… 97
3.4.1 天然气概述 ………………………… 97
3.4.2 天然气高效利用技术 ……………… 98
3.5 水能 ……………………………………… 102
3.5.1 水能概述 …………………………… 102
3.5.2 水力发电技术 ……………………… 103
3.6 电能 ……………………………………… 107
3.6.1 电能概述 …………………………… 107
3.6.2 电能的开发与输送技术 …………… 109
思考题 ………………………………………… 112

第4章 新能源的开发利用 ………………… 113
4.1 新能源开发利用的意义 ………………… 113
4.2 太阳能 …………………………………… 115
4.2.1 太阳能及其利用原理 ……………… 115
4.2.2 太阳能利用设备及系统 …………… 117
4.2.3 太阳能的应用前景 ………………… 123
4.3 风能 ……………………………………… 124
4.3.1 认识风能 …………………………… 124
4.3.2 风能的利用技术 …………………… 125
4.3.3 风电技术的发展趋势 ……………… 128
4.4 生物质能 ………………………………… 129
4.4.1 生物质能概述 ……………………… 129
4.4.2 生物质能利用技术 ………………… 131
4.4.3 生物质能开发利用进展 …………… 132

- 4.5 核能 …………………………… 134
  - 4.5.1 核能概述 ………………… 134
  - 4.5.2 核能利用技术 ……………… 135
  - 4.5.3 核能的和平利用前景 ……… 138
- 4.6 地热能 ………………………… 140
  - 4.6.1 地热能的来源 ……………… 140
  - 4.6.2 地热资源的分类及特征 …… 141
  - 4.6.3 地热资源的开发利用技术 … 143
- 4.7 海洋能 ………………………… 145
  - 4.7.1 认识海洋能 ………………… 145
  - 4.7.2 海洋能开发利用技术 ……… 147
- 4.8 氢能 …………………………… 148
  - 4.8.1 氢能的特性及制备方法 …… 148
  - 4.8.2 氢能的储存与输送 ………… 151
  - 4.8.3 氢能的应用前景 …………… 151
- 4.9 天然气水合物 ………………… 153
  - 4.9.1 天然气水合物简介 ………… 153
  - 4.9.2 世界上天然气水合物的分布 … 153
  - 4.9.3 我国天然气水合物开发现状 … 154
- 思考题 ……………………………… 155

第5章 能源工程中的节能环保技术 …………………………… 156

- 5.1 节能原理及方法 ……………… 156
  - 5.1.1 节能的定义及意义 ………… 156
  - 5.1.2 节能的基本原理 …………… 161
  - 5.1.3 节能的方法和途径 ………… 166
- 5.2 能源转换与利用节能技术 …… 172
  - 5.2.1 重点耗能设备节能技术 …… 173
  - 5.2.2 工业余热回收节能技术 …… 188
  - 5.2.3 热泵系统节能技术 ………… 201
- 5.3 能源工程中的环保技术 ……… 208
  - 5.3.1 我国环境污染现状及危害 … 208
  - 5.3.2 保护环境及防治污染的措施 … 217
  - 5.3.3 节约能源与保护环境的关系 … 219
- 思考题 ……………………………… 221

第6章 能源管理方法与节能新机制 …………………………… 222

- 6.1 能源管理概述 ………………… 222
  - 6.1.1 能源管理方法和内容 ……… 222
  - 6.1.2 能源管理节能新机制 ……… 226
- 6.2 节能审查 ……………………… 227
  - 6.2.1 节能审查的政策及意义 …… 227
  - 6.2.2 节能报告的编制依据与评价方法 … 231
  - 6.2.3 节能报告的内容及编制 …… 232
- 6.3 企业能源审计 ………………… 237
  - 6.3.1 能源审计的背景及发展概况 … 237
  - 6.3.2 能源审计的定义及类型 …… 239
  - 6.3.3 能源审计的依据、内容及方法 … 241
  - 6.3.4 能源审计步骤及审计报告编写 … 246
- 6.4 清洁生产审核 ………………… 250
  - 6.4.1 清洁生产的概念及意义 …… 250
  - 6.4.2 清洁生产审核的原理 ……… 253
  - 6.4.3 清洁生产审核的步骤及特点 … 256
- 6.5 合同能源管理 ………………… 258
  - 6.5.1 合同能源管理的背景及释义 … 258
  - 6.5.2 合同能源管理的运作模式及优势 … 260
  - 6.5.3 节能服务公司（ESCO）的业务程序 … 263
  - 6.5.4 合同能源管理项目的优惠政策 … 266
  - 6.5.5 合同能源管理机制在我国的推广前景 … 267
- 6.6 其他能源管理新机制 ………… 269
  - 6.6.1 能效标准、能效标识与能效对标 … 269
  - 6.6.2 节能产品认证 ……………… 276
  - 6.6.3 电力需求侧管理 …………… 284
  - 6.6.4 碳交易及其管理 …………… 289
- 思考题 ……………………………… 297

参考文献 ………………………… 298

第 1 章

能源资源概述

1.1 能源与能量

能源不仅是人类社会生存与发展最为重要的物质基础,而且是发展社会生产力的基本条件。能源的开发利用程度是反映技术进步的重要标志。因而能源问题一直是世界各国普遍关注的重大问题,也是困扰工程技术人员的一大难题。随着常规能源的日益减少,如何更加高效合理地利用常规能源,开发和利用新能源尤其是可再生能源,是关系到全人类生存和发展的大事。

人类在认识和利用能源方面有四次重大突破,即火的发现、蒸汽机的发明、电能的利用、原子能的开发和利用。每次重大突破都推动了经济和科学技术的发展,而经济和科学技术的发展对能源的需求量又相应增加。例如,20 世纪 50 年代世界总能耗为 26 亿 t 标准煤,70 年代增长到 72 亿 t 标准煤,80 年代增长到 80 亿 t 标准煤,到 2013 年,全球能源消费总量为 168 亿 t 标准煤。世界能源变化及发展趋势主要体现在两个方面,一是能源消费总量不断增长,二是能源结构不断变化,总的趋势是由传统化石能源向清洁能源或新能源转变。

在当今社会,一个国家要发展,要提高电气化、机械化和自动化水平,要改善人民的物质文化生活条件,就意味着要消耗更多的能源,因此,一个国家的人均能耗可直接反映国民生活水平的高低。20 世纪 90 年代统计表明,工业发达国家约有 11 亿人口,消耗能量超过 70 亿 t 标准煤,平均每人约 6t 标准煤,而发展中国家约有 28 亿人口,人均消耗仅 0.5t 标准煤。可见,随着科技发展和人民生活水平的提高,发展中国家的人均能耗将大幅度增长。

我国既是能源生产大国,也是能源消耗大国,能源利用率较低,由此引起的环境污染和生态破坏问题比较严重。进入 21 世纪以来,我国的高速工业化和城市化又带来了能源消耗的迅猛增长。随着我国经济持续发展和人民生活水平的不断提高,能源短缺已成为制约经济发展的瓶颈。因此,从国家能源安全与能源战略的角度考虑,我国走节约能源与开发新能源两条并行之路势在必行。

1.1.1 能源的分类

能源是指煤炭、石油、天然气、生物质能和电力、热力等,能够直接或通过加工、转换而取得有用能的各种资源,是能量的载体。人们能够利用的能源形式很多,如化石能源(又称矿物能源或化石燃料,包括煤、石油、天然气、油页岩等)、水力能、太阳能、风能、原子核能、地热能、海洋温差能、潮汐能及生物质能等。其中,太阳蕴含的能量最大,它每年投射到地球表面上的能量是人类每年所消耗能量的上万倍,而且它是无污染、可再生的能源。但由于技术原因,人类目前使用的能源仍以化石能源为主。地球表面的能源流动如图1-1所示。不论来自何方,能源的最终去向只有一个,那就是散失于宇宙空间。

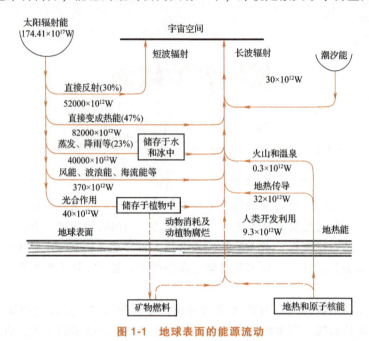

图 1-1 地球表面的能源流动

能源在自然界中存在的形式多种多样,也有多种分类方法,概括起来有下面六种。

1) 按照能源的来源可分为:①来源于太阳。除了直接来自太阳的辐射能以外,煤炭、石油、天然气及生物质能、水能、风能和海洋能等追根溯源也都间接地来源于太阳。②来源于地球自身。一种是以热能形式储存地球内部的地热能(如地下蒸汽、热水和干热岩体);另一种是地球上的铀、钍等放射性核燃料所发出的能量,即原子核能。③来源于月球和太阳等天体对地球的引力。以月球引力为主,如海洋的潮汐能。能源的来源如图1-2所示。

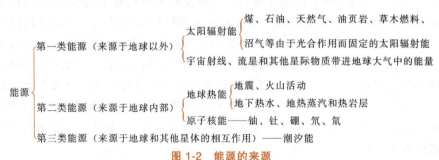

图 1-2 能源的来源

2) 自然界中的能源按照成因或是否经过转换可分为一次能源和二次能源两类。以现成的形式存在于自然界,未经加工和转换的能源,如煤炭、石油、天然气、植物燃料、水能、风能、太阳能、核能、地热能、海洋能、潮汐能等,称为一次能源。但能够直接用作终端能源(即通过用能设备供消费者使用的能源)使用的一次能源是很少的。天然气是少数几种可作为终端能源使用的一次能源之一。由一次能源经过加工或转换而成的能源产品,如煤气、石油制品、焦炭、电力、蒸汽、沼气、酒精、氢气等,称为二次能源。大部分一次能源均可转换成二次能源,这不仅会使生产或生活更方便(或为了满足生产工艺要求),而且使能源的用途更广,如电力和汽油。

一次能源转换成二次能源有不同的方法。例如,通过中心电站可生产电力,还可区域供热;石油通过不同的炼制工艺可转换成液体燃料——汽油、喷气燃料、柴油、石脑油等。能源转换设备多数情况下是能源系统的起点,为后续设备提供二次能源,如锅炉、核反应堆等;有时也是能源系统的终点,即在能源转换的同时也在消耗能源,如窑炉、空调器等;有时也则是能源系统的一个环节,即简单的机器,如电动机、风力机等。在一次能源转换成二次能源的过程中,无论如何都会有转换损失,把能源送到用户时还会有输送损失。能源系统的最后阶段是二次能源转换成终端使用的能源,即汽车、炉灶、计算机、灯泡等所用的能源。随后,终端能源变成有效能,能量实际上储存在产品中,或消耗于服务过程中。

一次能源按能否再生又可分为可再生能源和不可再生能源两类。可再生能源,即不会随着它本身的转化或人类的利用而日益减少的能源,这类能源大都直接或间接来自于太阳,如太阳能、风能、水能、海洋温差能、潮汐能、生物质能、地热能等,是人类取之不尽、用之不竭的能源,"野火烧不尽,春风吹又生",从字面上就说明了生物质能的可再生性。不可再生能源,是指随着人类的开发利用而变得越来越少的能源,如煤炭、石油、天然气、油页岩,以及核燃料铀、钍、钚等。能源的分类如图1-3所示。

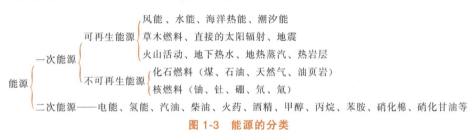

图1-3 能源的分类

3)能源按照性质可分为燃料能源和非燃料能源。燃料能源包括化石燃料(如煤、石油、天然气)、生物燃料(如柴草,沼气等)、化工燃料(如丙烷、甲醇、酒精等)和核燃料(如铀、钍)四种;非燃料能源包括机械能(如风能、水能、潮汐能等)、热能(如地热能,海水热能等)、光能(如太阳光能、激光能)和电能四种。

4)按照使用技术的成熟程度和使用的普遍性,能源可分为常规能源和新能源。在一定的历史时期和科学水平条件下,已被人们广泛应用的能源称为常规能源。现阶段的常规能源包括煤炭、石油、天然气、水力和核裂变能,世界能源消费几乎全靠这五大能源来供应。许多能源需采用先进的技术才能加以利用,如太阳能、风能、海洋能、地热能、生物质能、核聚变能等,称之为新能源。这些能源尚未被大规模利用,有的尚处于研究阶段。可见,这里的"新"不是时间概念,而是意味着技术不成熟。从能源利用数量的观点看,人类社会发展经历了四个能源时期,即柴草时期、煤炭时期、石油时期和清洁能源时期。在不同的历史时期，常规能源和新能源的分类是相对的。例如，原子核能在20世纪时还属于新能源，进入21世纪后，利用核裂变产生的原子能作为动力的发电技术已比较成熟，并得到广泛应用，因此核裂变能已成为常规能源。但核聚变能的和平利用仍存在大量技术难题，因此核聚变能仍被视为新能源。

5) 按照对环境有无污染，能源可分为：①清洁能源，如太阳能、风能、水能、氢能等；②非清洁能源，如化石燃料、核燃料等。

6) 按照能源本身的性质可分为：①含能体能源，是指集中储存能量的含能物质，如煤炭、石油、天然气和核燃料等；②过程性能源，是指物质运动过程产生和提供的能量，此能量存在于某一过程中，并随着物质运动过程的结束而耗散，如电能、风能、水能、海流能、潮汐能、波浪能、火山爆发、雷电、电磁能和一般热能等。目前，过程性能源尚不能大量地直接储存，因此，机动性强的现代交通运输工具（如汽车、轮船、飞机等）主要采用含能体能源（如柴油、汽油），无法直接大量使用过程性能源（如电能）。

1.1.2 能源可持续利用的评价指标

能源的来源不同，形式多种多样，各有优缺点，因此实现能源合理利用的方式也不同。为了正确地选择与利用能源，监测我国能源的可持续利用状况，必须建立一套能源可持续利用的评估指标体系，如图1-4所示。

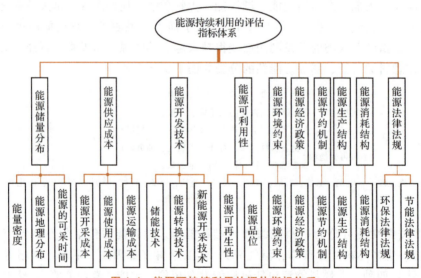

图1-4 能源可持续利用的评估指标体系

根据对每个指标的分析、计算，对各种能源进行正确的评价，从而获得整个能源系统的评估结果，以此为依据来制定我国的能源发展战略。通常能源评价的指标包括以下几方面。

1. 能源储量分布

储量是指有经济价值的可开采的资源量或技术上可利用的资源量。作为能源的一个必要条件是储量要足够丰富，只有储量丰富且探明程度高的能源才有可能被广泛地应用。

（1）能量密度 能量密度也称为能流密度，是指在一定的空间或面积内，从某种能源中所能得到的能量多少。如果能量密度很小，就很难用作主要能源。例如，太阳能和风能的能量密度就很小，而各种化石能源的能量密度都比较大，核燃料的能量密度最大，可达到煤炭的几百万倍，此外，水能的能量密度与落差有关。几种能源的能量密度对比见表1-1。我国水能资源比较丰富，在水电开发上具有很大的优势。许多河流的总落差都在1000m以上，主要大河流的总落差达2000m～3000m，有的甚至达4000m～5000m，如长江、黄河、雅鲁藏布江、澜沧江、怒江等，天然落差高达5000m左右，形成了一系列世界范围内落差很大的河流，这是我国得天独厚的资源条件。

表1-1 几种能源的能量密度对比

能源类别	能量密度/(kW/m²)	能源类别	能量密度/(kJ/kg)
风能(风速3m/s)	0.02	天然铀	5.0×10^8
水能(流速3m/s)	20	铀235(核裂变)	7.0×10^{10}
波浪能(波高2m)	30	氘(核聚变)	3.5×10^{11}
潮汐能(潮差10m)	100	氢	1.2×10^5
太阳能(晴天平均)	1.0	甲烷	5.0×10^4
太阳能(昼夜平均)	0.16	汽油	4.4×10^4

（2）能源的地理分布　能源的地理分布与能源的利用关系密切。如果能源的地理分布不合理，那么开发、运输和基本建设等费用都会大幅度增加。

1）煤炭资源分布。从煤炭资源的分布区域看，山西、内蒙古、陕西、新疆、贵州和宁夏6个省（自治区）的煤炭资源最多；山西、陕北—内蒙古西部地区、新疆北部及川、黔、滇交界地区的煤炭资源分别占全国煤炭资源总量的9.6%、38%、31.4%和5.3%，共计约占84.3%；而沿海工农业发达的13个省（自治区）总共仅占总资源的3.4%；其余省（自治区）约占12.3%。

2）风能资源分布。在我国西北、华北和东北的草原或戈壁地区，可以找到许多功率密度大、面积广阔的风电场厂址；东部和东南沿海及岛屿风能资源也比较丰富，东部沿海的风能资源丰富而且稳定；在离海岸较远的深海海域，风能资源更加丰富，随着深海风电技术的发展，那里的风能资源也将得到开发。

3）水能资源分布。我国可开发的水能资源分布很不均匀，大部分集中在西南地区，其次在中南地区，经济发达的东部沿海地区的水能资源较少。

4）燃气资源分布。我国天然气已探明储量达38万亿m³，天然气探明储量主要集中在10个大型盆地，依次为渤海湾、四川、松辽、准噶尔、莺歌海-琼东南、柴达木、吐鲁番-哈密、塔里木、渤海、鄂尔多斯。我国煤层气资源量达36.8万亿m³，居世界第三位，约占世界总量（268万亿m³）的1/7。

我国用能量大的工业区主要分布在东部沿海。因此，我国能源的地理分布对能源利用非常不利，需要建设"北煤南运""西气东输""西电东送"等诸多大型能源输送工程，从而消耗大量人力、物力及能源，大大增加了用能成本。

（3）能源的可采时间　截至2016年底，我国煤炭的剩余可采储量约为1400亿t，石油的剩余可采储量约为25.33亿t，天然气的剩余可采储量约为3.91万亿m³。从人均拥有量来看，煤炭、石油和天然气分别为世界人均水平的70%、10%和5%。按照目前剩余可采储量和能源消费量来看，煤炭还可以开采40年，石油还可以开采13年，天然气还可以开采31年。

2. 能源供应成本

（1）能源开采成本　太阳能、风能、海洋能等不需要任何开采成本即可得到，但化石能源需要勘探、开采等各种复杂的过程才可获得，因此需要大量的开采成本。

（2）能源使用成本　利用能源的设备费用正好与能源的开采费用相反，利用太阳能、风能、海洋能的设备费用远高于利用化石能源的设备费用。核电站的核燃料费远低于燃油电站，但其设备费用却高很多。

（3）能源运输成本　运输费用与损耗是能源利用中需要考虑的一个问题。太阳能、风能和地热能很难输送出去；煤炭、石油等化石能源则容易从产地输送至用户；核电站燃料的运输费用极少。因此，与核电站的燃料运输费相比，燃煤电站的输煤费用很高。

可见，在对能源的供应成本进行评价时，能源的开采费用、利用能源的设备费用、运输费用都是必须考虑的重要因素，要进行综合的经济分析和评估。

3. 能源开发技术

（1）能源转换技术　能源转换后，只有保证供能的连续性才能对其进行有效的利用，这要靠转换设备和相关技术来完成。目前，煤炭、水能、风能、核能都有成熟的设备及技术进行电能转换。

（2）储能技术　大多数情况下，用户对能源的使用是不均衡的，例如，白天用电多，深夜用电少，冬天需要取暖，夏天需要制冷。因此，把不用时多余的能源储存起来、需要时又能立即供应非常重要。在储能方面，化石燃料很容易储存，而太阳能、风能、海洋能则较难做到，采用蓄冷设备、蓄热设备可储存少量电能。

（3）新能源开发技术　新能源除了包括太阳能、风能、地热能、生物质能、海洋能以外，还包括天然气水合物、氢气、可控核聚变能等。天然气水合物主要蕴藏在水深 300m 以下的深海海底地层，全世界天然气水合物的储量可能超过已探明的石油、天然气和煤炭蕴藏量的总和，但目前的开发利用技术还很不成熟。氢燃料是一种优质、清洁的能源，目前利用太阳能和风能等制造氢燃料的技术已获得较大进展，氢燃料的利用技术正在走向实际使用阶段。

4. 能源可利用性

（1）能源可再生性　煤炭、石油和天然气等化石能源一直是能源消费主体，但这些不可再生能源正在迅速枯竭，可再生能源如太阳能、生物质能、风能、水能等将获得快速的发展。据世界能源委员会的观点，未来可再生能源将成为世界主要能源消耗的重要构成，预计到 2050 年，可再生能源将占世界能源构成的 30% 左右，到 2100 年，它将占世界一次能源构成的 50% 左右。

（2）能源品位　能源品位是指做功能力。例如，水的势能可以直接转换为机械能做功，再转换为电能也很容易通过电动机做功，其品位比先由化学能转变为热能、再由热能转换为机械能的煤炭要高。燃气的品位要比煤炭的品位高，燃气机组的起动速度高于燃煤机组的起动速度。在热机中，热源的温度越高，冷源的温度越低，循环的热效率就越高，因此，温度高的热源比温度低的热源品位高。在使用能源时，需要防止高品位能源被降级使用所产生的浪费现象。

5. 能源环境约束

使用能源时应尽可能采取各种措施来防止对环境的污染。众所周知，对环境产生污染的主要是化石能源，而太阳能、风能、氢能等新能源基本上对环境没有污染。我国的能源供应以化石能源为主，能源消费对环境产生了严重的污染，目前已经引起政府和社会的高度重视。我国"十三五"期间的节能减排目标是，到2020年，全国万元国内生产总值能耗比2015年下降15%，能源消费总量控制在50亿t标准煤以内，其中非化石能源占一次能源消费比重达到15%，天然气比重达到10%以上，煤炭消费比重控制在62%以内，石油比重为13%；全国化学需氧量、氨氮（NH_3-N）、二氧化硫、氮氧化物排放总量分别控制在2001万t、207万t、1580万t、1574万t以内，比2015年分别下降10%、10%、15%和15%。

6. 能源节约机制

我国从1998年开始实施《中华人民共和国节约能源法》，在工业节能方面还要制订一系列标准，包括电力、建筑、交通、化工、冶金等行业标准。电力作为煤炭的第一消费大户，其节能工作更为重要。我国节能服务产业产值从2004年的33.6亿元增长到了2013年的2155.6亿元，年均复合增长率为58.78%。作为节能服务产业发展的主要模式，合同能源管理市场发展迅速。2004年至2013年期间，我国合同能源管理总投资额从11.0亿元增长到742.3亿元，年均复合增长率为59.71%，节能量2559万t标准煤，占2013年全国节能能力目标（6000万t标准煤）的42.65%。

7. 能源生产结构

目前，我国的能源生产结构很不合理，主要以化石能源为主，核能及可再生能源所占比重较小。2016年，我国能源领域供给侧结构性改革初见成效，能源供给质量进一步提高。2016年原煤产量34.1亿t，全年原煤产量下降明显；全国原油产量为19969万t，同比下降6.9%；天然气产量稳定增长，全年常规天然气产量为1369亿m^3，同比增长1.7%；发电量增长较快，电力生产结构进一步优化，非化石能源发电比重进一步提升，水电、风电、太阳能发电装机容量世界第一，2016年核能发电、风力发电、太阳能发电比重进一步提高，分别占全部发电量的3.5%、3.9%和1.0%，水力发电占19.4%。可见，加快发展新能源与可再生能源是今后能源发展的重点。

8. 能源消费结构

我国的能源资源储量结构、能源生产结构状况决定了能源消费结构在一定时期只能是以煤为主体。据统计，2015年我国煤炭消费量占能源消费总量的比重达63%，石油消费比重为18%，天然气消费比重为8%，水电、核电、风电等非化石能源消费比重为9%，其他可再生能源消费比重为2%。从能源消费比例来看，我国的清洁能源消费所占比重依然较低，能源消费对于煤炭的依赖性过高，需要改进。

9. 能源经济政策

为了保证能源生产结构和能源消费结构的合理性，政府需要出台有关经济政策进行正确的引导。我国已经开始这方面的工作，例如，2006年国家发展与改革委员会出台的《可再生能源发电价格和费用分摊管理试行办法》规定：风电等可再生能源发电优先上网，电网企业应当为可再生能源上网提供方便，并与发电企业签订并网协议和全额收购上网电量，风力发电项目上网电价按照招标形成的价格确定；水力发电项目上网电价按现行办法执行；生物质发电项目上网电价实行政府定价，由国务院价格主管部门分地区制定标杆电价。我国出台这样的经济政策，有利于调动社会对可再生能源投资开发的积极性。

10. 能源法律法规

（1）环保法律法规　国家需要制定法律法规，公民应依法保护环境。例如，国务院划定了"两控区"——酸雨控制区和二氧化硫污染控制区。在以下地区新建燃煤电厂要求同步安装脱硫装置，并需对老厂加装脱硫装置，以抵消新建火电脱硫后 SO_2 排放增量，包括华北地区的北京、天津、山西、河北，西南地区的四川、重庆，华东的浙江、江苏省南部、安徽省南部，南方的广东、云南、广西、贵州等在控区以内的地区。在以下地区新建燃煤电厂原则上要求同步安装脱硫装置：东北的辽宁、吉林"两控区"内，山东，西北的陕西、甘肃、宁夏的"两控区"内，华中的河南、湖北、湖南，华东的江苏北部、安徽中北部、福建、江西等地区；在以下地区新建坑口燃煤电厂存在着目前不能同步安装脱硫装置、预留脱硫场地、分阶段建设脱硫设施的条件：东北的吉林、黑龙江"两控区"外，华北的内蒙古"两控区"，西北的陕西北部、甘肃、宁夏、青海"两控区"外，南方的云南、广西、贵州"两控区"外等。

（2）节能法律法规　能源问题已经成为制约我国经济和社会发展的重要因素，国家需要从能源战略的高度重视能源节约问题，从而推进节能降耗，提高能源利用效率。早在1984年，国家相关部门就编制了《中国节能技术政策大纲》，系统地提出了主要耗能行业的节能技术政策；为了推动全社会节约能源，提高能源利用效率，保护和改善环境，促进经济社会全面协调可持续发展，1998年1月1日正式实施《中华人民共和国节约能源法》，指出节能是国家发展经济的一项长远战略方针；为配合《中华人民共和国节约能源法》的实施，又陆续制定了配套法规和政策，如《节能中长期专项规划》《中国节能技术政策大纲》《重点用能单位节能管理办法》《节约用电管理办法》《民用建筑节能管理规范》《中国节能产品认证管理办法》等，使我国的节能步伐迈上了一个新的台阶；2006年，国务院制定了《国家中长期科学和技术发展规划纲要（2006—2020）》，并从国家"十一五"规划开始制订了具体节能减排目标。这些节能法律法规对于我国建设"资源节约型、环境友好型"社会具有巨大的推动作用。

通过以上能源可持续利用的评价指标说明及分析可以发现，能源既为社会经济发展提供动力，又受到资源、环境、社会、经济的制约，能源工业的整体发展水平关系到国民经济和社会生活的可持续发展，因此，能源工业的可持续发展具有重要的经济意义和社会意义。建立能源可持续利用的评价指标体系，能够描述能源的可持续发展状态，有效监控我国能源的发展状况，并能发现影响能源可持续发展的关键指标因素，以便于今后有针对性地采取改进措施。

1.1.3　能量的基本形式

能源只是一种能量的载体，人们利用能源实质上利用的是能量。在物理学中，能量是指物质做功的能力。而作为哲学概念，能量是一切物质运动、变化和相互作用的度量。因此，任何物质都可以转化为能量，但转化的难易程度差别很大。利用能量实质上是利用自然界的某一自发变化的过程来推动另一人为变化的过程。例如，水力发电，就是利用水从高处流向低处这一自发过程，把水的势能转换为动能推动水轮机转动，水轮机又带动发电机，通过发电机将机械能转换为电能，电能可转换为人们需要的其他能量形式。显然，能量的利用效率与转换过程和采用的设备技术等密切相关。

上述各种能源所包含的能量形式，归纳起来有以下六种。

（1）机械能　机械能是物体宏观机械运动或空间状态变化所具有的能量，物体宏观机械运动或空间状态变化所具有的能量又分别可称为宏观的动能和势能。如空气的流动所形成的风能，水的自然落差所形成的水能等，都是人类最早认识和利用的机械能形式。具体而言，动能是指系统（或物体）由于机械运动而具有的做功能力。势能与物体的状态有关。如物体由于受重力作用，在不同高度的位置而具有不同的重力势能；物体由于弹性变形而具有弹性势能，在不同物质或同类物质不同相的分界面上，由于表面张力的存在而具有表面能。

（2）热能　热能是构成物质的微观粒子不规则运动所具有的动能和势能的总和。粒子不规则运动包括粒子的移动、转动和振动，宏观上表现为温度的高低，反映了粒子不规则运动的剧烈程度。从表面上人们并不能感受到一个物体所含热能的多少，但可以明显分辨出物体的热或凉，也就是温度的高低。热能是人类使用最为广泛的基本能量形式，所有其他形式的能量都可以完全转换为热能。实际应用中有85%~90%的能量都要转换成热能后再加以利用，如常规能源中燃料含有的化学能一般需首先转化为热能，新能源中太阳能、核能均可转化为热能，地热能和海洋热能等本身含有的就是热能。地热能是地球上最大的热能资源。

（3）化学能　化学能是物质结构能的一种，即在原子核外进行化学变化时释放出来的一种能量。按照化学热力学的定义，物质或物系在化学反应过程中以热能形式释放的内能称为化学能。人们普遍利用放热反应使化学能转变为热能。目前，化石燃料如煤炭、石油、天然气的燃烧是化学能转化为热能的典型过程，燃烧过程主要是碳和氢的化学变化，其基本反应式和释放的化学能为

$$C+O_2=CO_2+32780kJ/kg \tag{1-1}$$

$$H_2+\frac{1}{2}O_2=H_2O+12370kJ/kg \tag{1-2}$$

化石燃料中的主要可燃成分是碳和氢。从反应式可见，燃烧相同质量的氢所释放的能量将近为碳的4倍，因此，燃料中含氢量越高越好。

（4）电能　电能是由带电荷物体的吸力或斥力引发的能量，是和电子的流动与积累相关的一种能量。电能是目前人们使用最多也最方便的二次能源。目前使用的电能主要是由电池中的化学能或通过发电机由机械能转换而来的。另外，电能也可由光能、核能转换，或由热能直接转换（磁流体发电）。反之，电能通过电动机也可以转换为机械能，从而显示出电能的做功本领。若驱动电子流动的电动势为U，电流为I，则其电能E_e可表述为

$$E_e=UI \tag{1-3}$$

（5）辐射能　辐射能包括电磁波、声波、弹性波、核射线所传递的能量。辐射能是人们接触最多而感受最少的能量形式，因为辐射能存在于无形之中。从理论上讲，任何物体只要其自身温度高于绝对零度（即-273.15℃），都会不停地向外发出辐射能。不同的是，高温物体（如太阳）发出的辐射能属于短波，而低温物体（如地表物体）发出的辐射能属于长波。太阳能是人类利用最多最典型的辐射能。具有温度T（热力学温度）的物体均能发出热辐射，所发出的辐射能为

$$E=\sigma\varepsilon T^4 \tag{1-4}$$

式中，σ 为斯特藩—波耳兹曼常数 $[\sigma = 5.67\times10^{-8}\text{W}/(\text{m}^2\cdot\text{K}^4)]$；$\varepsilon$ 为物体表面的热发射率。

(6) 核能　核能是蕴藏在原子核内部的物质结构能，是由于物质原子核内结构发生变化而释放出来的巨大能量，又称核内能。轻质量的原子核（如氘、氚）和重质量的原子核（如铀）其核子之间的结合力比中等质量原子核的结合力小，两类原子核在一定条件下可以通过核聚变和核裂变转变为自然界更稳定的中等质量原子核，同时释放出巨大的结合能即核能。因此，核反应可分为核裂变和核聚变两种，目前技术成熟的是利用核裂变的能量。1kg U^{235} 核裂变反应可释放出 69.5×10^{10}kJ 的热能，即使仅利用其中的 10%，也相当于 2400t 标准煤的发热量。利用核反应释放的热能是新能源利用的一条重要的新途径，目前核能主要是用来发电。值得注意的是，核能的产生过程不遵守质量守恒和能量守恒定律，在反应中都有所谓的"质量亏损"，但这种质量和能量之间的转换遵守爱因斯坦质能方程

$$E = mc^2 \tag{1-5}$$

式中，E 为能量（J）；m 为物体的质量（kg）；c 为光速（$c = 3.0\times10^8$m/s）。

实际上，无论是化学反应还是核反应，在产生和释放能量的过程中，质量一定会相应减少。即反应物质量的一部分能够在某种类型的能量转换过程中，转换为另一种形式的能量。

在国际单位制中，能量、功及热的单位都是焦耳（J），单位时间内所做的功或吸收（释放）的热量称为功率，单位是瓦特（W）。在实际的能量转换和使用中，焦耳和瓦特的单位都太小，因而更多地使用千焦（kJ）和千瓦（kW），或兆焦（MJ）和兆瓦（MW）。在能源研究中还会用到更大的单位，有关的国际单位制词头见表1-2。

表1-2　能源中常用的国际单位制词头

幂	词头	国际代号	中文代号
10^{18}	艾［可萨］(exa)	E	艾
10^{15}	拍［它］(peta)	P	拍
10^{12}	太［拉］(tera)	T	太
10^{9}	吉［咖］(giga)	G	吉
10^{6}	兆 (mega)	M	兆
10^{3}	千 (kilo)	k	千
10^{2}	百 (hecto)	h	百
10	十 (deca)	da	十

在工程应用和有关能源的文献中，还会见到其他一些单位，如卡（cal）、千卡（kcal）、吨标准煤（tce）、吨标准油（toe）、百万吨标准煤（Mtec）、百万吨标准油（Mtoe）等。它们与国际单位之间的关系是

$$1\text{kcal} = 4.186\text{kJ} \tag{1-6}$$

$$1\text{kg 标准煤}(\text{kgce}) = 7000\text{kcal}(千卡) = 29300\text{kJ} \tag{1-7}$$

$$1\text{kg 标准油}(\text{kgoe}) = 10000\text{kcal}(千卡) \tag{1-8}$$

$$1\text{kW}\cdot\text{h} = 860\text{kcal} = 3600\text{kJ} \tag{1-9}$$

据此可对有关数据进行换算。

标准煤亦称煤当量，标准油也称油当量，是将不同品种、不同含热量的能源按各自不同的含热热量折合成为一种标准含热量的统一计算单位的能源。能源的种类不同，计量单位也不同，如煤炭、石油等按吨计算；天然气、煤气等气体能源按立方米计算；电力按千瓦小时

计算;热力按千卡计算。为了求出不同的热值、不同计量单位的能源总量,必须进行综合计算。由于各种能源都具有含能的属性,在一定条件下都可以转化为热,所以选用各种能源所含的热量作为核算的统一单位。常用的统一单位有千卡、吨标准煤(或吨标准油)。我国目前常采用"标准煤"作为能源的度量单位。

1.1.4 能量的性质

能量在利用过程中常表现有以下性质:状态性、可加性、传递性、转换性、做功性和贬值性。

(1) 状态性 能量取决于物质所处的状态,物质的状态不同,所具有的能量(包括数量和质量)也不同。对于热力系统而言,其基本状态参数可以分为两类:一类与物质的量无关,不具有可加性,称为强度量,如温度、压力、速度、电势和化学势等;另一类与物质的量相关,具有可加性,称为广延量,如体积、动量、电荷量和物质的量等。对能量利用中常用的工质,其状态参数为温度 T、压力 p 和体积 V,因此,物质的能量 E 的状态可表示为

$$E = f(p, T) \text{ 或 } E = f(p, V) \tag{1-10}$$

(2) 可加性 物质的量不同,所具有的能量也不同,即可加性;不同物质所具有的能量亦可相加,即一个体系所获得的总能量为输入该体系多种能量之和,故能量的可加性可表示为

$$E = E_1 + E_2 + \cdots + E_n = \sum E_i \tag{1-11}$$

(3) 传递性 能量可以从一种物质传递到另一种物质,或从物体的一部分传递到另一部分,也可以从一个地方传递到另一个地方。传热学就是专门研究热量传递规律的科学,在传热里,热能的传递性可表示

$$Q = KA\Delta T \tag{1-12}$$

式中,Q 为传递的热量;K 为总传热系数;A 为传热面积;ΔT 为传热平均温差。

(4) 转换性 能量的转换性是能量最重要的属性,各种形式的能量之间都可以相互转换(只有核能是单向转换),如图 1-5 所示,但其转换方式、转换数量、难易程度不尽相同,即它们之间的转换效率是不一样的。热力学就是研究能量转换方式和规律的科学,其核心任务是如何提高能量转换的效率。

(5) 做功性 做功是能量利用的主要目的和基本手段,人们通常所说的功是机械功。各种能量转换成机械功的本领不同,转换程度也不一样。按照转换程度可以把能量分为全部转换能、部分转换能和完成不转换能,又分别称为高质能、低质能和废能。能量的做功性通常以能级 ε 来表示,即

$$\varepsilon = \frac{Ex}{E} \tag{1-13}$$

式中,E 为物质的总能量;Ex 为完全转换能,即最大有用功,称为"㶲"。

(6) 贬值性 根据热力学第二定律,能量不仅有量的多少,还有质的高低。能量在传递和转换过程中,由于存在多种不可逆因素,所以总是伴随着能量的损失,表现为能量质量和品位的降低,即做功能力的下降,直至与环境状态达到平衡而失去做功本领,即成为废能,这就是能量的质量贬值。例如有温差的传热与有摩擦的做功,就是两个典型的不可逆过程,能量都会贬值。能量的贬值性就是能的质量损失(或称为不可逆损失、内部损失)。

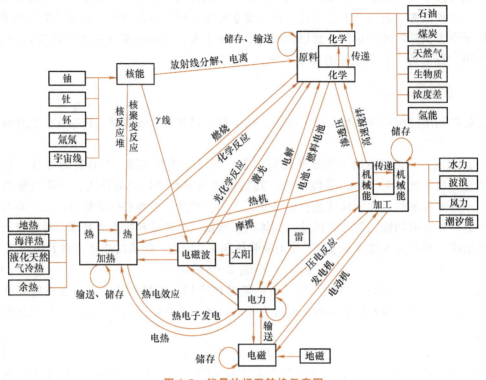

图 1-5 能量的相互转换示意图

1.1.5 能量传递的相关因素

能量的利用是通过能量的传递来实现的,即能量的传递过程就是能量的利用过程。在能量传递过程中,通常有以下相关因素:

(1) 传递条件 能量传递是有条件的,这个条件就是传递的推动力即"势差"。如热能传递要有温差,电能传递要有电位差,流体流动(势能传递)要有压差或势差。其他传递过程同样要有"势差",如物质扩散要有浓度差、化学反应要有化学势差等。

(2) 传递规律 能量传递遵循一定的规律,即能量传递的速率与传递推动力成正比而与传递过程阻力成反比。其计算式可以表示为

$$传递速率 = \frac{传递推动力}{传递过程阻力} \tag{1-14}$$

例如,对于热能传递,传热速率 $\Phi = \Delta t/R_t$;对于电能传递,电流 $I = U/R$。其中,Δt 为传热温差,U 为电动势,R_t、R 分别为热阻和电阻。

(3) 传递形式 能量传递的形式包括转换和转移两种。转换是能量由一种形态变为另一种形态,目的是为了更便于人们利用;转移是某种形态的能量从一物到另一物,或从一地到另一地。在实际的能量传递过程中,转换和转移往往是同时或交替进行。

(4) 传递途径 能量传递的基本途径有两条:一是由物质交换和能源迁移而携带的能量,称为携带能;二是在体系边界面上交换的能量,称为交换能。对于开口系来说,两种传递途经同时存在,而对于封闭系则主要靠交换。

（5）传递方法　在体系交界面上的能量交换通常有两种方法：一是由温差引起的能量交换，即传热，是一种微观形式的能量传递；二是由非温差引起的能量交换，即做功（指广义功），是一种宏观形式的能量传递。

（6）传递方式　通过能量交换而实现能量传递的方法即传热和做功。传热有三种基本方式：热传导、热对流和热辐射；做功（这里指机械功）的三种基本方式是容积功、转动轴功和流动功（或推动功）。

（7）传递结果　能量传递的结果体现在两个方面，即能量使用过程中所起的作用及能量传递的最终去向。能量在使用过程中的作用有两方面：一是用于物料并最终成为产品的一部分，二是用于某一过程（包括工艺过程、运输过程和动力过程）并成为过程的推动力，消耗了能量使过程得以进行。能量传递的最终去向通常有两个：转移到产品中或散失于环境中（包括直接损失和用于过程后再进入环境）。

（8）传递的实质　能量传递的实质就是能量利用的实质。产品的使用实际上是能量的进一步传递，那么能量的最终去向只能是唯一的，就是进入环境。即能量的利用实质是通过能量的传递，使能量由一次能源最终进入环境。可见，人类利用的是能量的质量（品质或品位）而不是能量的数量，在能量利用过程中能量的质量会急剧降低，直至进入环境而成为废能，但能量的总量仍然是守恒的，能量不会消失。

1.2　能源利用与可持续发展

1.2.1　能源与国民经济发展

纵观人类社会的发展历史可以发现，能源与人类社会发展有着密切的关系。远古人类和其他动物一样，只能利用太阳所给予的天然能源——太阳能；钻木取火是人类在能量转化方面最早的一次技术革命；蒸汽机的发明直接导致了第二次能源革命；反应堆拉开了以核能为代表的第三次能源革命的序幕。人类社会目前经历了三个能源时期，即薪柴时期、煤炭时期和石油时期。

在远古时期，人类就学会了"刀耕火种"，开始用薪柴、秸秆和动物粪便等生物质燃料来取暖和烧饭，主要用人力、畜力和简单的风力、水力机械从事生产活动。这个以薪柴等为主要能源的时代延续了很长时间，由于当时的生产和生活水平都很低，所以社会发展非常迟缓。

从18世纪的产业革命开始，煤炭、电力、石油、天然气等取代了薪柴，被作为主要能源，社会生产力得到大幅度增长，人们的生活水平得到极大的提高，社会开始飞速发展。可以看到，每一次大的工业革命或飞速发展，都是以新能源开发和广泛应用为先导的。

1）第一次工业革命是由于煤和石油的广泛使用。由于煤的使用，使蒸汽机成为生产中的主要动力，使生产逐步实现机械化和半机械化，大大地提高了生产效率，工业得到迅速发展。由于石油的使用，出现了内燃机，使动力机械效率更高、体积更小、功率更大，从而实现了小型化。特别是交通运输业飞速发展，对于石油的需求更加迫切。

2）第二次工业大发展是由于电的广泛应用。19世纪70年代末，汽轮机和发电机的发明促进了电力工业的飞速发展。电力的应用是能源科学技术的一次重大革命，它把燃料热能转化为电能，而电能被称为"能的万能形式"，便于集中供应，也可分散供应，传输快且消耗低，输送、使用和管理非常方便，并能转化为多种形式的能量。电动机代替了蒸汽机，电灯代替了油灯和蜡烛，电能成了工业生产和日常生活的主要能源。如果没有电能，现代的高度文明是不可想象的。

3) 第三次工业大发展是由于石油消耗量的大幅度增加，带动了世界经济的迅猛发展。石油资源的发现开启了能源利用的新时期，特别是20世纪50年代，美国、中东、北非相继发现了巨大的油田和气田，西方发达国家很快从以煤炭为主要能源转换为以石油和天然气为主要能源。这是因为石油与煤炭相比有许多优点：①石油的勘探和开采更容易；②石油用作燃料时热值高，使用和运输方便，且洁净；③石油可用作工业原料，以石油为原料的工业产品有五千多种；④石油可加工成高级润滑油，为动力机械提高单位重量的功率提供了条件。

可见，工业生产的发展和人民生活条件的提高都必然伴随着能源的消耗。因此，能源是发展国民经济和保障人民生活的重要物质基础，也是提高人们生活水平的先决条件。能源更是现代化生产的动力源泉，其中，现代工业、农业、交通运输、国防和生活方式都离不开能源动力。

在现代工业生产中，各种锅炉、窑炉都要用煤炭、油和天然气作为燃料，钢铁冶炼要用焦炭和电力，机械加工、物料传送、气动液压机械、各种电机、生产过程的控制和管理都要用电力。任何机器的运转都需要机械动力驱动，没有能量（即动力），再先进的机器也会成为一堆废铁。另外，化石能源还是珍贵的化工原料，从石油中可以提炼出五千多种有机合成原料，其中最重要的基本原料有乙烯、丙烯、丁二烯、苯、甲苯、二甲苯、乙炔、萘等。由这些原料可以加工出塑料、合成纤维、人造橡胶、化肥、人造革、染料、炸药、医药、农药、香料、糖精等多种工业制品。一个国家的工业生产越发达，生产的产品越多，所消耗的能源也越多，因而能源工业的发展水平与速度是衡量一个国家经济实力的重要指标，特别是对消耗大量一次能源的部门，如冶金、化工、电力等，其影响尤其显著。

在现代农业中，农产品产量的大幅度提高需要消耗大量的能源，如耕种、灌溉、收割、烘干、冷藏、运输等都需要直接消耗能源，化肥、农药、除草剂的使用也要间接消耗能源。例如，生产1t合成氨需消耗相当于2.5~3.0t标准煤的能源，生产1t农药平均需要相当于3.5t标准煤的能源。美国在1945~1975年间，平均每吨谷物的能源消耗由相当于20kg标准煤增加到67kg标准煤，而每亩产量由平均204kg增加到486kg，即亩产量增加了1.4倍，而能耗却增加了2.4倍。随着我国农业现代化程度的不断提高，农业机械化、电气化正飞速发展，对化肥、农药、除草剂等的需要也越来越多，若没有能源工业的发展加以保证，实现农业现代化只能是纸上谈兵。

在现代交通运输中，如果没有煤炭、石油和电力，无论汽车、电车、火车，还是轮船、飞机都不可能运行。因此，能源工业不发展，交通运输业也不可能发展。

在现代国防中，各种运输工具和武器，如汽车、坦克和摩托车等需要石油，现代的喷气式飞机、火箭和导弹等也要消耗大量的石油，而当前没有其他能源（除核能外）能替代石油。因此，要实现国防现代化也必须发展能源工业。

在日常生活中，随着人们生活水平的提高，家用电器越来越多，煤气或天然气等的使用越来越普遍，能源消耗必然越来越多。在发达国家，民用消费的能源占国家全部能源消费的20%以上，而我国目前只有10%左右。

世界各国经济发展的实践表明，在经济正常发展的情况下，一个国家的国民经济生产总值及国民经济生产总值增长率与该国能源消耗总量及能源消耗增长速度近似成正比关系，这个比例关系通常用能源消费弹性系数来表示。特别是日本，第二次世界大战以后，经济发展最快，平均每年增长8.7%，尤其在1955~1976年的20年间，工业增长了8.4倍，平均年增长率高达13.6%。这种高速度增长的直接原因是其优质能源尤其是石油的大量进口。

能源消费弹性系数是能源消费的年增长率与国民经济年增长率之比。该比值越大，说明能源消费增长率大于国民经济增长率；该比值越小，说明能源消费增长率越低。能源消费弹性系数的大小与国民经济结构、能源利用效率、生产产品的质量、原材料消耗、原材料运输以及人民生活需要等因素有关。世界经济和能源发展的历史显示，处于工业化初期的国家，经济的增长主要依靠密集工业的发展，能源效率也较低，因此，能源消费弹性系数通常大于1。例如，西方发达国家的工业化初期，能源增长率比工业产值增长率高一倍以上，到了工业化后期，一方面经济结构转向服务业，另一方面技术进步促进能源效率提高，能源消费结构日益合理，因而能源消费弹性系数通常小于1。尽管世界各国的实际条件不同，但只要处于类似的经济发展阶段，均具有大致相近的能源消费弹性系数。

1.2.2 能源与经济可持续发展

保证能源供应是人类社会赖以生存和发展的最重要条件之一。人类的生产和生活离不开对能源的开发和利用，然而资源短缺和环境恶化已成为当今人类社会面临的两大问题，走可持续发展的道路成为全世界的共识和未来发展的战略目标。21世纪初，基于对化石能源开始耗竭比较清晰的分析及大量使用化石能源引起的环境污染与气候变暖日益严重，全世界已普遍认识到，必须最大限度地提高能源生产与利用效率，清洁、高效地利用各种能源，在较长时期内向着减小化石能源份额，增大可再生能源份额的方向，逐步建立可持续发展能源体系。

"可持续能源"的含义是说能源的生产和利用能够长期支持在社会、经济和环境等各个领域的发展，不仅是能源的长期供应，而且是能源的生产和利用方式应当促进人类的长远利益和生态平衡，或者至少是与之相协调。然而现行的能源活动并未达到这个要求。

"可持续发展"的概念始于20世纪80年代，是指既满足当代人的需求，又不损害子孙后代满足其需求能力的发展。可持续发展是涉及经济、社会、文化、科技、自然环境等多方面的综合概念，它以自然资源的可持续利用和良好生态环境为基础，以经济可持续发展为前提，以谋求社会的全面进步为目标。目前，以化石燃料为基础的能源体系则与这个目标相差甚远。随着经济的发展和能源消耗量的大幅度增长，能源的储量、生产和使用之间的矛盾日益突出，成为世界各国面临的亟待解决的重大问题之一。解决这个问题需要平衡三个相关联的方面——环境保护、经济增长和社会发展。可持续发展需要长期变化的生产模式和消耗模式，这些变化正在推动着国际政府间的协定，与所有企业和个人有着密切的联系。如何从自然界获取持续、高效的能源，同时又保证人类社会的可持续发展，已成为挑战人类智慧的重大课题。

目前，国际社会呼吁全球要高度重视能源问题，大力采取节能措施，开发、利用新能源，为实现世界经济的可持续发展而共同努力。从我国的情况来看，由于人口众多，能源资源相对不足，人均拥有量远低于世界平均水平。据统计，我国人均煤炭占有量仅约为世界人均水平的1/2，石油约为1/10，天然气约为1/20。而且我国正处在工业化和城镇化的快速发展阶段，能源需求量不断增加，特别是高投入、高消耗、高污染的粗放型经济增长方式，加剧了能源供求矛盾和环境污染状况，我国已成为世界上第二大能源消费国。同时，每年的CO_2排放量已占全球总排放量的13%以上，是仅次于美国的排放大国。基于国家经济安全和能源发展战略的考虑，要高度重视能源安全，有效借鉴发达国家的节能经验，加大实施节能措施的力度，促进我国经济的可持续发展。

节能是一项系统工程，是一项实践性很强的活动，涉及政府、社会、企业及公民等方面，需要全社会的大力支持和协调配合。因此，要按照科学的能源发展战略和节能措施，加大产业结构调整和技术改造的力度，提高能源利用效率。我国有可能利用较少的能源投入保障经济持续快速增长，也有可能在低于目前发达国家人均能源消费量的条件下，进一步提高我国的综合国力。相反，如果过度消耗能源，不采取有效的节能措施，就会影响经济的可持续发展。因此，加快实施节能政策和措施，是保障经济可持续发展的必由之路。

1. 制定科学的能源发展战略规划，促进能源与经济的可持续发展

能源发展战略是国家发展战略规划的重要组成部分，是促进经济可持续发展的重要保障。我国能源发展战略的基本构想是："节能效率优先，环境发展协调，内外开发并举，以煤炭为主体、电力为中心，油气和新能源全面发展，以能源的可持续发展和有效利用支持经济社会的可持续发展"。进一步落实责任体系，要把能源可持续发展和节能减排任务量化为硬性指标，分解落实到各部门、各行业、各地区、各相关企业，实行目标责任制和考核评价制，确保能源战略和规划目标的实现。

2. 提高能源安全意识，增强能源供应体系抗风险的能力

在世界石油价格不稳且难以控制的情形下，世界各国对能源资源安全关注的程度普遍上升，为保障我国能源安全，防范国际能源价格的剧烈波动带来不可控制的风险，我们要有战略眼光，增强能源供应体系抗风险的能力，把握好国家能源储备的时机和储备数量。发达国家能源储备是建立在大量商业储备基础上的，而且立法先行。目前，世界上许多国家把90天的能源消费量作为（石油）资源储备的一般标准。我们应提高能源安全意识，尽快制定我国资源储备方面的法律法规，确保我国的经济安全和国家安全。

3. 加大宣传和教育力度，提高公民节能意识

加强节能宣传和教育，可采取多种形式，集中宣传节能在经济社会发展中的重要作用和战略意义。让社会公众了解国家有关节能的方针政策、法律法规和标准规范，提高全体公民的节能意识。充分运用电视、报纸、网络等各种媒体，广泛普及节能知识，并通过开展节能宣传周活动，免费发放"节能小窍门""循环经济、清洁生产文件汇编"等使用手册，加大宣传教育力度。以企业、机关、学校和社区为单位，有针对性地开展形式多样的节能宣传活动。利用协会、中介机构开展节能专题研讨、技术推广、经验交流和成果展示，大力推广节能技术。应对重点用能单位的管理人员、技术人员进行培训和轮训，提高他们的节能意识和技术水平。通过各种渠道的节能宣传和普及活动，调动全社会节能的积极性和主动性，形成人人参与节能行动的良好氛围。

4. 转变经济发展方式，优化产业结构

为了彻底改变我国传统的高耗能、高耗水、高污染的产业发展模式，必须转变经济发展方式，调整产业结构，改善能源消费结构，降低对不可再生能源的绝对依赖。优化产业结构和升级，要做好以下几个关键环节：对新开工的项目，提高项目能耗审核标准，遏制高耗能行业过快增长；对传统产业，采用先进适用的技术进行改造、提升；对落后的生产能力、工

艺技术和设备要加快淘汰。转变经济发展方式，就要大力发展循环经济，走新型工业化道路，加大研究和推广发展循环经济的新技术、新手段、新工艺，包括污染物处理技术、环境无害化技术、替代技术、再利用技术、再回收技术等。通过实施节能技术和节能方法，集中解决制约发展的关键技术、重大装备、新的工艺流程，提高能源利用效率。通过加快发展高新技术产业和服务业，调整不合理的产业结构，促进经济结构向良性方向发展。

5. 建立推进实施节能的激励机制与约束机制

1）建立激励机制。根据国家制定的《节能机电设备（产品）推荐目录》，对生产或使用该目录所列节能产品实行税收优惠政策，并将节能产品纳入政府采购目录；对采用先进、高效的节能设备，实行特别加速折旧的政策，降低节能企业的成本，扶持节能企业的发展。

2）在信贷上重点支持一批节能企业。如节能工程项目、重大节能技术开发等给予投资和资金补助、贷款贴息或进行融资担保机制。

3）建立节能发展专项资金，专门用于支持企业节能技术的研发和推广、节能工程的示范及相关的能力建设。

4）加强和完善节能管理制度。建立新建项目市场准入制度，实施产品能效标识制度，禁止达不到最低能效标准产品的生产、进口和销售。督促企业实施强制性能效标识制度，推行节能产品认证制度，规范企业认证领域经济与产业经济行为，建立有效的国际协调互认制度。

6. 大力研究和开发可再生能源

当前，世界油价仍在高位徘徊，地球内不可再生的常规能源只会越用越少。即使要勘探开发和使用一次性能源，还需修建昂贵的基础设施。考虑到这些因素，许多国家在高效、环保地开发和利用非再生能源的同时，正在增加投资大力开发可再生能源。地球上的风、地热、海洋、生物、河流及接收的太阳能等都是人类可利用的可再生能源。开发利用这些新能源是当今世界节能发展的新趋势。我国要走能源多元化战略道路，确保能源供给的自主性，就应该加快研究和开发我国的新能源。近几年，我国已经在发展太阳能、风能、生物质能等新能源方面有所突破。

1.3 我国的能源结构与发展战略

纵观我国历年来能源生产总量的变化情况，从 2010~2014 年，我国能源产量整体保持稳中有升趋势，2014 年达到产量最高峰，为 36.19 亿 t 标准煤。但自 2015 年开始，能源产量出现小幅下滑，2016 年全国能源生产总量下降到近五年的最低值，为 34.6 亿 t 标准煤，与上一年同期相比减少了 4.28%。

目前，从我国能源资源生产总量来看，仅次于美国，位居世界第二，在发展中国家居于首位。能源总消费量仅次于美国，居世界第二位。这些充分说明了我国是能源生产和消费大国。但我国人口众多，按人均计算的可开采储量低于世界平均水平。按人均计算的可开采能源资源占有量仅相当于世界平均数的 2/5，美国的 1/10，俄罗斯的 1/7。由此可见，我国的能源资源并不丰富。

另外，我国的能源资源还存在以下不利条件：①能源资源分布不均衡，且远离消费中心，因而增加了运输量和能源建设投资；②从能源资源的构成看，质量较差，致使能源的开采、运输和利用存在较多困难；③能源资源勘探程度不高，可供开发的后备精查储量不足。

随着我国社会经济的不断发展，对能源的需求量日益增加，我国能源领域的供求矛盾将越发明显，能源供应将越发紧张。据专家预测，到 2050 年，我国人均资源消费将达到甚至超过世界平均水平，能源的生产和消费间将产生较大缺口，能源供应将严重短缺，新能源等替代能源需要大力发展。因此，为实现我国经济的快速持续发展，分析我国的能源资源概况显得十分必要。

1.3.1 我国能源生产和消费结构

1. 煤炭

我国是煤炭资源大国，煤种齐全，分布面广，已探明的煤炭储量占世界煤炭储量总数的 33.18%，煤炭可开采储量居世界第三位。2016 年，我国煤炭产量 34.1 亿 t，煤炭消费量 27 亿 t，约占能源消费总量的 62%。

（1）煤炭资源储量及其分布　按中国煤田地质总局第三次全国煤田资源预测，全国煤炭资源总量为 45521.04 亿 t。截至 2015 年底，我国探明煤炭储量为 15663.1 亿 t，仅次于美国和俄罗斯。从数量上看，煤炭的数量可谓是个很大的数字，但如果按照 1994 年的开采量 1.24 亿 t 及 1990~1994 年煤炭产量的平均年增长率 3% 计算，仅可开采 88 年左右，如果再考虑煤炭开采中存在的浪费现象，则可开采时间更短，可见煤炭资源不是可长期依赖的能源。

而煤炭的分布也呈现相对集中的现象，昆仑—秦岭—大别山一线以北的我国北方省区已发现煤炭资源占全国的 90.29%，北方地区的煤炭资源又相对集中在太行山—贺兰山之间，形成了包括山西、陕西、宁夏、河南及内蒙古中南部在内的北方富煤区，占北方地区的 65% 左右；南方地区的煤炭资源又相对集中在西南地区，形成了以贵州西部、云南东部、四川南部为主的南方富煤区，约占南方地区的 90%。以大兴安岭—太行山—雪峰山为东西部分界线，大致在该线以西的内蒙古、山西、四川、贵州等 11 个省区，已发现资源占全国的 89%，而该线以东是我国经济最发达的地区，是能源的主要消耗地区，已发现资源量仅占全国的 11%。

（2）煤炭资源生产及消费现状　我国自 2013 年原煤产量达到 39.7 亿 t 后，连续第三年下降，2014 和 2015 年分别下降 2.5% 和 3.3%，2016 年全年原煤产量 34.1 亿 t，比上年下降 9.0%。分地区看，内蒙古、山西、陕西仍是我国最重要的原煤生产基地，2016 年的产量分别占全国的 24.8%、24.3% 和 15.1%。2014 年我国煤炭消费量约为 35.1 亿 t，2015 年我国煤炭消费量约为 33.8 亿 t，2016 年我国的煤炭消费量减少了 4.7%，为连续第三年减少。预计未来几年我国煤炭的消耗量将会继续下降，到 2020 年这一比例将会下降至 55% 左右。

（3）我国煤炭资源总体评价　我国煤炭资源在储量、勘探程度、煤种、煤质等方面主要有以下特点。

1）煤炭资源丰富，但人均占有量低；勘探程度较低，经济可采储量较少。在目前经勘探证实的储量中，精查储量仅占 30%，而且大部分已经开发利用，煤炭后备储量相当紧张。我国人口众多，煤炭资源的人均占有量约为 234.4t，而世界人均的煤炭资源占有量为 312.7t，美国人均占有量更高达 1045t，远高于我国的人均水平。

2）煤炭资源的地理分布极不平衡。我国煤炭资源北多南少、西多东少，煤炭资源的分布与消费区分布极不协调。从各大行政区内部看，煤炭资源分布也不平衡，如华东地区煤炭资源储量的 87% 集中在安徽、山东，而工业主要集中在以上海为中心的长江三角洲地区；中南地区煤炭资源的 72% 集中在河南，而工业主要集中在武汉和珠江三角洲地区；西南煤炭资源的67%集中在贵州,而工业主要集中在四川;东北地区相对好一些,但也有52%的煤炭资源集中在北部黑龙江,而工业主要集中在辽宁。

3)各地区煤炭品种和质量变化较大,分布也不理想。我国炼焦煤在地区上分布不平衡,四种主要炼焦煤种中,瘦煤、焦煤、肥煤有一半左右集中在山西,而拥有大型钢铁企业的华东、中南、东北地区,炼焦煤很少。在东北地区,钢铁工业在辽宁,炼焦煤大多在黑龙江;在西南地区,钢铁工业在四川,而炼焦煤主要集中在贵州。

4)适于露天开采的储量少。露天开采效率高,投资少,建设周期短,但我国适于露天开采的煤炭储量少,仅占总储量的7%左右,其中70%是褐煤,主要分布在内蒙古、新疆和云南。

2. 石油

我国的石油工业是从1958年开始迅速发展起来的。此前,世界上资本主义国家根据"海相"生油理论推断我国是贫油国,认为石油是由于海洋生物遗体经过地壳变迁被埋于地下若干年后而形成的,而我国内陆基本上没有地方是由海洋底变迁而形成的。我国伟大的地质学家李四光创立了"陆相"生油理论,即内陆湖泊中的生物遗体经过地壳变迁被埋于地下若干年后也可生成石油。据此理论,我国首先发现了大庆油田,摘掉了贫油国的帽子。

2012年我国石油进口依存度已达到57%。2016年我国进口原油38101万t,与上年同期相比增长13.6%;进口金额达1164.69亿美元,同比下降13.3%。受我国独立地方炼油企业需求旺盛的支撑,2016年俄罗斯首次取代沙特阿拉伯,成为我国最大的原油供应国。数据显示,2016年俄罗斯对我国的原油出口较上年同期增长近四分之一,至105万桶/日,沙特紧随其后,名列第二,对我国原油出口量为102万桶/日,较上年同期增长0.9%,第三大供应国是安哥拉,2016年供应较2015年增长13%,排名第四的是伊拉克。我国是全球第二大石油进口国,而且是增长最迅速的主要进口国。因此,石油总量短缺的矛盾将在未来相当长的时期内不会改变。

(1)石油资源的储量及分布 自20世纪50年代初期以来,我国先后在82个主要的大中型沉积盆地开展了油气勘探,发现油田500多个。从盆地的分布上看,我国石油资源集中分布在渤海湾、松辽、塔里木、鄂尔多斯、准噶尔、珠江口、柴达木和东海大陆架八大盆地,如图1-6所示。主要的陆上石油产地有:东北大庆油田、辽河油田、华北油田、山东胜利油田、河南中原油田、新疆克拉玛依油田等。除陆地石油资源外,我国近海海域沉积盆地也具有丰富的油气。这些沉积盆地自北向南主要包括:渤海盆地、黄海盆地、东海盆地、珠江口盆地、北部湾盆地及南海海域等。目前,我国海上油气勘探主要集中于渤海、黄海、东海及南海北部大陆架。

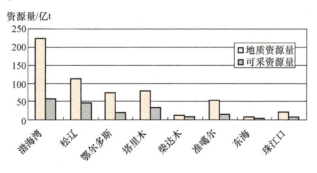

图1-6 我国主要盆地的油田分布

"十二五"期间,我国石油每年新增探明地质储量连续五年超过10亿t,累计新增石油探明地质储量61.27亿t,较"十一五"期间增加3.75亿t,增长6.5%;新增石油探明地质储量超过1亿t的油田10个;石油总产量为10.47亿t,较"十一五"期间增加0.94亿t,增长9.9%。截至2016年底,全国石油累计探明地质储量381.02亿t,剩余技术可采储量35.01亿t,剩余经济可采储量25.36亿t,储采比12.7。

我国石油资源赋存条件差,陆上有35.8%的资源分布在较恶劣的环境中,56%埋深在2000~3500m之间,西部石油资源埋深多大于3500m,而待探明的可采资源量中大都是难动用的资源。资源赋存特点决定了我国可采石油资源量相对不足,石油资源增储难度大,勘探成本高。

我国现有的可采储量主要分布在陆上几个大盆地,还有大片国土都没有做过石油资源储量评价,近海海域勘探工作也远远不够。国家已经批准中石油、中石化、中海油进驻到我国海域进行勘探开发,同时成立了海洋工程公司。随着海上投入和工作量的加大,预计在海上会有重大发现。

(2)石油资源的消费及利用现状 2010~2014年我国原油产量及石油消费量见图1-7。

图1-7 2010~2014年我国原油产量及石油消费量

2005~2015年我国石油供需平衡状况见表1-3。

表1-3 2005~2015年我国石油供需平衡状况 (单位:万t)

年份	产量	进口量	出口量	表观消费量
2005年	18135.29	12681.74	806.69	30010.34
2006年	18476.57	14517.48	633.72	32360.33
2007年	18631.82	16316.18	578.22	34369.78
2008年	19043.06	17888.52	423.75	36507.83
2009年	18948.96	20378.62	507.25	38820.33
2010年	20241.40	23930.87	302.91	43869.36
2011年	20287.55	25376.93	251.43	45413.05
2012年	20748.00	27097.96	243.21	47602.75
2013年	20991.90	28174.21	161.73	49004.38
2014年	21142.92	30837.77	60.02	51920.67
2015年	21474.20	33262.57	286.56	54450.21

3. 天然气

天然气是一种埋藏于地下的可燃性气体，无色无味，主要成分中85%~95%为甲烷，密度轻于空气，极易挥发，并在空气中扩散迅速。与煤炭、石油等黑色能源相比，天然气燃烧过程中，所产生的影响人类呼吸系统健康的氮化物、一氧化碳、可吸入悬浮微粒极少，几乎不产生导致酸雨的二氧化硫，而产生导致地球温室效应的二氧化碳的排放量为煤的40%左右，燃烧之后也没有废渣、废水。天然气具有转换效率高、环境代价低、投资省和建设周期短等优势，积极开发利用天然气资源已成为全世界能源工业的主要潮流。

（1）天然气资源量储量及其分布　我国天然气储量并不丰富，主要分布在四川、贵州、陕西等地，2015年，天然气探明地质储量仍保持"十二五"以来持续增长态势，新增探明地质储量6772.20亿m^3，新增探明技术可采储量3754.35亿m^3。至2015年底，剩余技术可采储量51939.45亿m^3。图1-8是国土资源部发布的2011~2015年我国天然气资源储量情况。

图1-8　2011~2015年中国天然气资源储量

2016年我国的天然气年产量为1371亿m^3，世界排名上升到第六位。"十三五"期间，将聚焦陆上深层、海洋深水、非常规油气等三大油气资源勘探开发领域，创新建立一批引领我国石油工业技术发展、在国际上具有较大影响力的重大理论、重大技术和重大装备，到2020年，全面实现油气开发专项总体战略目标。

我国发现的一批大油气田，有力支撑了油气储量的不断增长。其中，在新疆库车的深层发现6个千亿m^3大气田，形成万亿方规模大气区。在四川盆地发现的安岳气田，是我国地层最古老的特大型气田，获三级储量1.5万亿m^3，成为我国天然气发展史上的重大发现。

我国的气田以中小型为主，大多数气田的地质构造比较复杂，勘探开发难度较大，现探明储量集中在10个大型盆地，依次为：渤海湾、四川、松辽、准噶尔、莺歌海-琼东南、柴达木、吐鲁番-哈密、塔里木、渤海、鄂尔多斯。其中以塔里木盆地、四川盆地资源最丰富，共占总资源量的40%以上。我国天然气资源集中分布在中西部地区，远离东部消费市场。其中，陕西、四川、新疆三大省区的天然气储量最为丰富，产量也最高，其他省份各有产储，但较这三者则少很多。

（2）天然气资源的消费及利用现状　目前，天然气的主要用途是发电。以天然气为燃料的燃气轮机电厂的废物排放水平大大低于燃煤与燃油电厂，而且发电效率高，建设成本低，建设速度快。另外，燃气轮机起停迅速，调峰能力强，耗水量少，占地面积小。

天然气也可用作化工原料。以天然气为原料的一次加工产品主要有合成氨、甲醇、炭黑等近 20 个品种，经二次或三次加工后的重要化工产品则包括甲醛、醋酸、碳酸二甲酯等 50 多个品种。以天然气为原料的化工生产装置投资省，能耗低，占地少，人员少，环保性好，运营成本低。

天然气广泛应用于民用及商业燃气灶具、热水器、采暖及制冷，也用于造纸、冶金、采石、陶瓷、玻璃等行业，还可用于废料焚烧及干燥脱水处理。此外，新型天然气汽车的一氧化碳、氮氧化物与碳氢化合物排放水平都大大低于汽油、柴油发动机汽车，不积炭，不磨损，运营费用很低，是一种环保型汽车。

近年来，我国天然气消费量不断增加，由 2005 年度的 482 亿 m^3 上升至 2016 年度的 2058 亿 m^3，复合增长率达 14.11%。消费量的增加带动了天然气产量的上升，我国天然气产量由 2005 年度的 510 亿 m^3 上升至 2016 年度的 1369 亿 m^3，复合增长率达 9.39%。从 2007 年开始，我国天然气消费速度逐渐超越生产速度，且产销差呈现逐年扩大的趋势，为了缓解供需矛盾，我国逐渐扩大对天然气的进口量。

（3）我国天然气资源总体评价

1）我国幅员辽阔，天然气资源主要集中于中西部地区，而市场则相对集中于东部和南部地区，天然气供需区域不平衡。同时，自 2007 年我国成为天然气净进口国后，天然气净进口额不断增加。为了解决天然气供需矛盾，目前我国提出了"海陆并举、液气俱重、多种渠道、保障供应"的天然气发展举措，我国天然气供应格局呈现出"西气东输、海气上岸、北气南下"以及"就近外供"的局面。

2）中缅天然气管道于 2013 年 9 月 30 日全线贯通，由缅甸皎漂首站至我国贵港末站，全长 2520km，设计每年能向国内输送 120 亿 m^3 天然气。海上进口原油和缅甸天然气资源经此管道绕过马六甲海峡直接输送至国内。中俄天然气管道于 2015 年 6 月 29 日开工建设，预计将于 2018 年底全线建成。建成后年设计天然气输送量可达 300 亿 m^3，将大大缓解我国天然气供给不足的现状。

3）目前，全国天然气基干管网架构逐步形成，基本形成"西气东输、北气南下、海气登陆"的供气格局。"十二五"期间，我国新建天然气管道（含支线）4.4 万 km，新增干线管输能力约 1500 亿 m^3/年；新增储气库工作气量约 220 亿 m^3，约占 2015 年天然气消费总量的 9%；城市应急和调峰储气能力达到 15 亿 m^3。初步形成以西气东输、川气东送、陕京线和沿海主干道为大动脉，连接四大进口战略通道、主要生产区、消费区和储气库的全国主干管网，形成多气源供应、多方式调峰、平稳安全的供气格局。

根据国家"十三五"规划前期研究，到 2020 年，我国长输管网总规模约为 15 万 km（含支线），输气能力约为 4800 亿 m^3/年；储气设施有效调峰能力约为 620 亿 m^3，其中地下储气库调峰 440 亿 m^3、LNG（液化天然气）调峰 180 亿 m^3；LNG 接收站投产 18 座，接收能力约为 7740 万 t/年；城市配气系统应急能力的天数达到 7 天左右。

4. 水力

我国幅员辽阔，地形多变，河流众多，且大部分地区雨量充沛，因而水力资源极为丰富。世界上共有水力资源 2×10^9 kW，我国约为 6.8×10^8 kW，占世界第一。其中有 3.8×10^8 kW 可以利用，现装机容量约为 2×10^7 kW。我国可开发的主要水力资源分布见表 1-4，其中西南占 67%，其他地区总共占 33%。由于水力资源为可再生能源，无污染，一次投资长期受益,包括我国在内的世界上很多国家都在大力发展水电事业。我国继葛洲坝水电站建成后,又开发了长江三峡和黄河小浪底的水力资源,长江三峡的总装机容量为 $1.82×10^7$ kW,共安装 $7×10^5$ kW 机组 26 台。

表 1-4 我国可开发的主要水力资源分布

编号	流 域	电站座数/座	装机容量/万 kW	年发电量/亿 kW·h	占全国总量的比例(%)
	全国	13286+28/2	37853.24	19233.04	100
1	长江	5748	19724.33	10274.98	53.4
2	黄河	535	2800.39	1169.91	6.1
3	珠江	1759	2485.02	1124.78	5.8
4	海河	295	213.48	51.68	0.3
5	淮河	185	66.01	18.94	0.1
6	东北诸河	644+26/2	1370.75	439.42	2.3
7	东南沿海诸河	2557+1/2	1389.68	547.41	2.9
8	西南国际诸河	609+1/2	3768.41	2098.68	10.9
9	雅鲁藏布江及西藏其他河流	243	5038.23	2968.58	15.4
10	北方内陆及新疆诸河	712	996.94	538.66	2.8

(1) 水力资源总量及其分布 我国大陆水力资源理论蕴藏量在 1 万 kW 及以上的河流共 3886 条,水力资源理论蕴藏量年电量为 60829 亿 kW·h,平均功率为 69440 万 kW;理论蕴藏量 1 万 kW 及以上的河流上单站装机容量 500kW 及以上水电站技术可开发的装机容量为 54164 万 kW,年发电量为 24740 亿 kW·h,其中,经济可开发水电站装机容量为 40179.5 万 kW,年发电量为 17534 亿 kW·h,分别占技术可开发装机容量和年发电量的 74.2% 和 70.9%。我国水力资源总量,包括理论蕴藏量、技术可开发量和经济可开发量均居世界首位。

由于我国幅员辽阔,地形与雨量差异较大,形成水力资源在地域分布上的不平衡,呈现出西部多、东部少的分布特点。按照技术可开发装机容量统计,我国云、贵、川、渝、陕、甘、宁、青、新、藏、桂、蒙 12 个省(自治区、直辖市)水力资源约占全国总量的 81.46%,特别是西南地区云、贵、川、渝、藏就占 66.70%;其次是黑、吉、晋、豫、鄂、湘、皖、赣 8 个省占 13.66%;而经济发达、用电负荷集中的辽、京、津、冀、鲁、苏、浙、沪、粤、闽、琼 11 个省(直辖市)仅占 4.88%(见表 1-5)。我国的经济发展现状是东部相对发达、西部相对落后,因此西部水力资源开发除了西部电力市场自身需求以外,还要考虑东部市场,实行水电的"西电东送"。

我国水力资源富集于金沙江、雅砻江、大渡河、澜沧江干流、乌江、长江上游、南盘江红水河、黄河上游、湘西、闽浙赣、东北、黄河北干流以及怒江 13 大水电基地,其总装机容量约占全国技术可开发量的 50.9%。特别是地处西部的金沙江中下游干流总装机规模 5858 万 kW,长江上游干流 3320 万 kW,长江上游的支流雅砻江、大渡河以及黄河上游、澜沧江、怒江的装机规模均超过 2000 万 kW,乌江、南盘江红水河的装机规模均超过 1000 万 kW。这些河流水力资源集中,有利于实现流域、梯级、滚动开发,并建成大型的水电基地,充分发挥水力资源的规模效益,实施"西电东送"。

表 1-5　全国水力资源复查成果汇总（分流域）

流域	理论蕴藏量		技术可开发量			经济可开发量		
	年电量/亿kW·h	平均功率/MW	电站数/座	装机容量/MW	年发电量/亿kW·h	电站数/座	装机容量/MW	年发电量/亿kW·h
长江流域	24335.98	277808.0	5748	256272.9	11878.99	4968	228318.7	10498.34
黄河流域	3794.13	43312.1	535	37342.5	1360.96	482	31647.8	1111.39
珠江流域	2823.94	32236.7	1757	31288.0	1353.75	1538	30021.0	1297.68
海河流域	247.94	2830.3	295	2029.5	47.63	210	1510.0	35.01
淮河流域	98.00	1118.5	185	656.0	18.64	135	556.5	15.92
东北诸河	1454.80	16607.4	644+26/2	16820.8	465.23	510+26/2	15729.1	433.82
东南沿海诸河	1776.11	20275.3	2558+1/2	19074.9	593.39	2532+1/2	18648.3	581.35
西南国际诸河	8630.07	98516.8	609+1/2	75014.8	3731.82	532	55594.4	2684.36
雅鲁藏布江及西藏其他河流	14034.82	160214.8	243	84663.6	4483.11	130	2595.5	119.69
北方内陆及新疆诸河	3633.57	41479.1	712	18471.6	805.86	616	17174.0	756.39
合计	60829	694400	13286+28/2	2541640	24740	11653+27/2	401795	17534

（2）水力资源利用现状　随着国家经济结构和能源结构的调整，尤其是节能减排战略的实施，近年来我国水电建设得到了较快的发展。2000 年末我国常规水电装机 7372 万 kW，2013 年为 25849 万 kW，水电装机累计增长 18477 万 kW，年均增加 1320 万 kW，年均增长率为 9.3%。2000 年末我国抽水蓄能电站装机 562.5 万 kW，2013 年抽水蓄能电站装机 2153 万 kW，平均每年增加 114 万 kW，年均增长率为 10.1%。

5. 风能

风能是一种清洁的可再生能源，是指因太阳辐射使地球表面受热不均，引起大气层中受热不均匀，从而使空气沿着水平方向运动，空气流动所形成的动能。风能是太阳能的一种转化形式，其开发利用的成本比太阳能要低，是可再生能源中最具开发前景的一种能源。

我国幅员辽阔，海岸线长，风能资源比较丰富。中国气象研究院根据全国 900 多个气象站陆地上离地 10m 高度的资料估算得出，全国平均风能功率密度为 $100W/m^2$，风能资源总储量约 32.26 亿 kW，特别是东南沿海及附近岛屿、内蒙古及甘肃走廊、东北、西北、华北和青藏高原等部分地区，每年风速在 3m/s 以上的时间近 4000h 左右，一些地区的年平均风速可达 7m/s 以上，具有很大的开发利用价值，但是估计只有约 10% 的资源可以利用。我国陆地上技术可开发风能储量约为 2.53 亿 kW，近海可开发利用的风能资源储量约为 7.5 亿 kW，共计约 10 亿 kW，仅次于俄罗斯和美国，居世界第三位。按同样条件对沿海水深 2~15m 的海域进行估算，海上风能储量为 750GW。

如果陆上风电和海上风电上网电量分别按等效满负荷 2000h 和 2500h 计算，每年可提供 0.5 万亿和 1.8 万亿 kW·h 电量，合计 2.3 万亿 kW·h，相当于我国 2010 年发电量的 54%，可见，风能的利用空间非常大。全球风能理事会（GWEC）在比利时首都布鲁塞尔发布的最新《全球风电统计数据 2016》显示，截至 2016 年，我国风电新增装机达到 23328MW，约占全球风电市场份额的 42.7%，以绝对优势领跑全球风电市场。

在陆上风电场技术方面，2015年，全国（除台湾地区外）新增装机容量30753MW，同比增长32.6%，新增安装风电机组16740台，累计装机容量145362MW，同比增长26.8%，累计安装风电机组92981台。我国六大区域的风电新增装机容量均保持增长态势，西北地区依旧是新增装机容量最多的地区，超过11GW，占总装机容量的38%，其他地区均在10GW以下，所占比例分别为华北地区（20%）、西南地区（14%）、华东地区（13%）、中南地区（9%）、东北地区（6%）。

在海上风电场技术方面，2010年底我国建成了亚洲第一个装机规模为10万kW的上海东海大桥海上风电场。此后陆续建设了多个潮间带风电场和近海风电场，为我国海上风电场的规模化发展积累了经验。到2016年底，我国海上风电累计装机容量约150万kW，4MW风电机组成为海上风电场的主流机型，5MW风电机组已经在海上风电场小批量并网发电。2016年，我国投入运行的最大海上风电机组的单机容量已达到6MW。

1.3.2 我国能源形势与发展战略

1. 我国的能源形势

能源结构包括生产结构和消费结构。能源生产结构是指各种能源的生产量占国家能源生产总值的比例；消费结构则指各经济部门消费的能源量占国家能源消费总量的比例。通过分析能源结构及其发展，可以看出一个国家在能源生产和能源消费方面的特点、能源有效利用的情况及发展趋势，为国家确定能源发展方向、制订能源发展规划和政策方针提供科学依据。

世界各国的能源生产结构和能源消费结构不同，主要受制于本国能源资源品种、开发利用成本及科学技术水平等诸多因素。表1-6和表1-7分别给出了我国在20世纪末和21世纪初能源生产和消费总量及其构成。

表1-6 我国能源生产总量及其构成

年份	能源生产总量/万t标准煤	占能源生产总量的份额(%)			
		煤炭	石油	天然气	水电
1980年	63735	69.4	23.8	3.0	3.8
1985年	88546	72.8	20.9	2.0	4.3
1990年	103922	74.2	19.0	2.0	4.8
1995年	129034	75.3	16.6	1.9	6.2
1996年	132616	75.2	17.0	2.0	5.8
2000年	106988	66.6	21.8	3.4	8.2
2001年	121000	68.0	20.2	3.4	8.4

从我国多年来能源生产和能源消费的情况看，我国能源结构和使用方面的特点是：

1) 以煤炭为主。我国煤炭资源丰富，煤炭生产和煤炭消费在我国能源构成中占据绝对地位，均在66%以上，而在发达国家一般只占20%。这样就导致了能源工业的落后，能源利用率低。从表1-7可以看出，我国能源消费结构已发生变化，煤炭占能源消费总量的比重在逐年下降，石油、天然气的比重则逐年上升。

2) 工业能耗比例大。工业部门能耗占总能耗的60%以上，该比例比发达国家高得多。

表 1-7 我国能源消费总量及其构成

年份	能源消费总量/万 t 标准煤	占能源消费总量的份额（%）			
		煤炭	石油	天然气	水电
1980 年	60275	72.2	20.7	3.1	4.0
1985 年	76682	75.8	17.1	2.2	4.9
1990 年	98703	76.2	16.6	2.1	5.1
1995 年	131176	74.6	17.5	1.8	6.1
1996 年	138948	74.7	18.0	1.8	5.5
2000 年	130297	66.1	24.6	2.5	6.8
2001 年	132000	67.0	23.6	2.5	6.9

这是由于我国重工业战线过长，能耗过高造成的。

3）常规能源所占比例较大。在 1993 年以前，我国 100% 使用常规能源。从 1994 年开始有新能——核电投入生产，但在我国总能耗中所占比例很小。从能源消费比例来看，我国的清洁能源消费所占比重依然较低。

4）能源的有效利用率低。能源的有效利用率包括整个系统，从能源生产、加工、转换、储存，直到终端利用等各个环节效率的乘积。我国的能源有效利用率只有 34% 左右，而美国已接近 50%，日本也接近 57%。如果我国能将能源利用率提高到 40%，就相当于增加了 33% 的能源产量，相当于 4×10^8 t 标准煤。

我国能源的有效利用率低的原因有以下四个方面：①设备落后；②管理水平低，能源综合利用非常差；③操作人员素质不高，能源浪费严重；④能源政策不够完善。因此，我国的节能潜力很大。

5）水力能增长较快。我国水力资源特别丰富，尽管水电站建设周期长、初投资大，但其应用比例增长速度仍十分显著。2012 年 11 月以来，我国新增水电装机约 8300 万 kW，截至 2017 年底我国水电总装机约 3.4 亿 kW，年发电量超过 1.1 万亿 kW·h。5 年间，我国开工和投产了金沙江溪洛渡、向家坝等一批 300 万 kW 以上的大型水电站，水电装机持续扩容，目前总装机容量居世界首位。

能源消费结构也反映了一个国家的工业技术水平和物质生活水平。国务院于 2012 年发布的《中国的能源政策》白皮书指出，我国能源密集型产业技术落后，第二产业特别是高耗能工业能源消耗比重过高，钢铁、有色、化工、建材四大高耗能行业用能占全社会用能的 40% 左右，工业用能占我国能源消费的 70% 左右。而美国工业部门的能耗占总能耗的比重只有 36%，这正说明了我国的工业技术水平低，能源利用率低，单位能耗高。同时，民用能耗的消费水平反映了人民生活水平的高低。我国民用能耗只占总能耗的 15.51%，美国要占到 36%。电能是使用最方便的二次能源，电能消耗的多少也反映了一个国家的生产和生活水平。工业发达国家的电能消耗占总能耗的 30% 以上，而我国还只有 24.7%。

当前，我国是世界上唯一以煤炭为基本能源的大国，而且煤炭仍是我国未来十几年的基础能源。尽管石油、天然气的消耗迅速增加，但到 2020 年，煤炭在我国一次能源消耗结构中仍将占第一位，达 60% 左右，依然是我国的基础能源。

在同等发热量情况下，煤炭是最廉价的能源。国务院发展研究中心在《国家能源战略的基本构想》研究报告中提出,受我国"丰煤少油"的资源禀赋制约,煤炭在我国能源结构中还需要担当重要角色,这一情况可能持续较长时间。单纯从资源量的角度看,我国煤炭资源是有中长期保证能力的,如果按年产 25 亿 t 原煤来推算,可供应 80 年。

党中央、国务院历来高度重视能源发展,把能源作为关系经济发展、国家安全和民族根本利益的重大战略问题,将能源摆在重要地位。在党中央、国务院的正确领导下,在各地区、各部门长期的共同努力下,我国能源工业的发展取得了举世瞩目的成就。

1) 能源立法明显加强。近年来,相继出台了《中华人民共和国电力法》《中华人民共和国煤炭法》《中华人民共和国节约能源法》和《中华人民共和国可再生能源法》,制定和完善了《电力监管条例》《煤矿安全监察条例》《石油天然气管道保护条例》等一系列法规。

我国能源工业的发展虽取得了很大成绩,但也要看到,随着经济社会快速发展,多年积累的矛盾和问题会进一步凸显。我国单位 GDP 能耗和主要用能行业可比能耗都远远高于国际先进水平。我国富煤、缺油、少气的能源结构在一定时期内难以改变,电力体制改革有待进一步深化。

2) 能源消费结构有所优化。我国是世界第二大能源消费国。近年来,通过积极调整能源消费结构,总的趋势是:煤炭消费的比例趋于下降,优质清洁能源消费的比重逐步上升。2014 年底,国务院颁布的《能源发展战略行动计划(2014—2020 年)》指出,我国优化能源结构的路径是:降低煤炭消费比重,提高天然气消费比重,大力发展风电、太阳能、地热能等可再生能源,安全发展核电。到 2020 年,非化石能源占一次能源消费比重达到 15%,天然气比重达到 10% 以上,煤炭消费比重控制在 62% 以内,石油比重为剩下的 13%。

3) 能源技术进步不断加快。经过半个多世纪的努力,石油天然气工业,从勘探开发、工程设计、施工建设到生产加工,形成了比较完整的技术体系,复杂段块勘探开发、提高油田采收率等技术达到国际领先水平。煤炭工业,已具备设计、建设、装备及管理千万吨级露天煤矿和大中型矿区的能力,综合机械化采煤等现代化成套设备广泛使用。电力工业方面,百万千瓦超临界、超超临界及核电机组正在成为新一代主力机组。三峡工程最后一台机组国产化水平达到 85%。500kV 直流输电设备实现了国产化,750kV 示范工程建成投运。

4) 节能环保取得进展。单位 GDP 能耗总体下降。2016 年,我国节能降耗工作取得积极进展,能耗强度下降 5%。按照 2010 年不变价格计算,万元 GDP 能耗为 0.68t 标准煤;按照 2015 年不变价格计算,万元 GDP 能耗为 0.61t 标准煤。能源领域污染治理得到加强。新建火电厂配套建设了脱硫装置,已有火电厂加大了脱硫改造力度,电厂水资源循环利用率逐步提高,东北等地采煤沉陷区治理工程加快建设。

5) 体制改革稳步推进。电力体制改革取得重要突破,煤炭生产和销售已实现市场化。中石油、中石化、中海油等大型国有石油企业基本实现了上下游、内外贸一体化。能源需求侧管理取得积极成效,推广完善了峰谷电价、丰枯电价、差别电价办法。

针对目前我国的能源结构,要实现能源的高效清洁利用,重点要关注国民经济增长,走提高能源利用效率、节约能源的新型工业化道路;改变经济增长方式,从短期的能源供需平衡转向能源、经济和环境的协调发展;逐步降低煤炭消费比例,加速发展天然气,依靠国内外资源满足国内市场对石油的基本需求,积极发展水电、可再生能源,适度发展核电,逐渐形成多元化的能源结构,使得优质能源的比例提高。

"十三五"规划纲要进一步明确了我国能源发展的总体要求,深入推进能源革命,着力推动能源生产利用方式变革,优化能源供给结构,提高能源利用效率,建设清洁低碳、安全高效的现代能源体系,维护国家能源安全。

1)推动能源结构优化升级。统筹水电开发与生态保护,坚持生态优先,以重要流域龙头水电站建设为重点,科学开发西南水电资源。继续推进风电、光伏发电发展,积极支持光热发电。以沿海核电带为重点,安全建设自主核电示范工程和项目。加快发展生物质能、地热能,积极开发沿海潮汐能资源。完善风能、太阳能、生物质能发电扶持政策。优化建设国家综合能源基地,大力推进煤炭的清洁高效利用。限制东部、控制中部和东北、优化西部地区煤炭资源开发,推进大型煤炭基地绿色化开采和改造,鼓励采用新技术发展煤电。加强陆上和海上油气勘探开发,有序开放矿业权,积极开发天然气、煤层气、页岩油(气)。推进炼油产业转型升级,开展成品油质量升级行动计划,拓展生物燃料等新的清洁油品来源。

2)构建现代能源储运网络。统筹推进煤电油气多种能源输送方式的发展,加强能源储备和调峰设施建设,加快构建多能互补、外通内畅、安全可靠的现代能源储运网络。加强跨区域骨干能源输送网络建设,建成蒙西—华中北煤南运战略通道,优化建设电网主网架和跨区域输电通道。加快建设陆路进口油气战略通道。推进油气储备设施建设,提高油气储备和调峰能力。

3)积极构建智慧能源系统。加快推进能源全领域、全环节智慧化发展,提高可持续自适应能力。适应分布式能源发展、用户多元化需求,优化电力需求侧管理,加快智能电网建设,提高电网与发电侧、需求侧的交互响应能力。推进能源与信息等领域新技术的深度融合,统筹能源与通信、交通等基础设施的网络建设,建设"源—网—荷—储"协调发展、集成互补的能源互联网。

2. 我国的能源发展战略

我国21世纪的能源发展战略是:贯彻开发与节约并重,改善能源结构与布局,能源工业的发展以煤炭为基础,以电力为中心,大力发展水电,积极开发石油、天然气,适当发展核电,因地制宜地开发新能源和可再生能源,依靠科技进步,提高能源效率,合理利用能源资源,减少环境污染。

我国能源结构长期存在过度依赖煤炭的问题,能源结构调整和优化势在必行。为保证我国经济的可持续发展,实现全面建设小康社会的目标,我国的能源发展必须从依据国内资源的"自我平衡"转变到国际化战略,充分利用国内外两种资源、两个市场,也就是要从国际视角来制订我国的能源战略。按这个原则着眼解决能源发展遇到的严峻挑战,在未来20年我国将实行"节能优先、结构多元、环境友好、市场推动"的能源发展战略,依靠体制创新和技术进步,力争实现GDP翻两番、能源消费翻一番的宏伟目标。

1)节能优先。我国能源利用率较低,节能和提高效能有着巨大的潜力。国务院《关于印发"十三五"控制温室气体排放工作方案的通知》指出,到2020年,我国能源消费总量要控制在50亿t标准煤以内,单位国内生产总值能源消费比2015年下降15%,非化石能源比重达到15%。大型发电集团单位供电二氧化碳排放控制在550g二氧化碳/kW·h以内。

将节能放在能源战略的首要地位,做到需求合理,消费适度,引导国民经济走上资源节约型的道路,从而大幅度减少能源需求总量,对保障我国能源安全和减少能源开发与利用引起的环境污染都将有重要作用。为了满足能源需求的增长,节能要比增加能源供应更需优先考虑。地球村的每一个公民,都应自觉地合理使用和节约利用每一种能源,如在日常生活中要节水节电等。

2) 结构多元。从我国能源消费总量及其构成可见,从 1990 年以来,我国一次能源消费构成中煤炭的比例下降趋势比较明显,从 1990 年的 76.2% 下降到 2013 年的 66.1%。但我国能源结构长期存在的过度依赖煤炭的问题并没有得到根本解决。这样就造成了以下问题:①当前的环境严重污染;②煤炭长期无节制消耗对能源的可持续供应能力构成潜在的威胁;③影响我国的能源利用效率,因为煤炭的利用率要比石油、天然气分别低 23% 和 30% 左右。

半个世纪以来,世界上大多数国家已完成由煤炭时代向石油时代的转换,现正向石油、天然气时代过渡。为了优化能源结构,实现能源供应多元化,我国必须尽力提高油、气在一次能源结构中的比重,积极发展水电、核电和可再生能源。研究表明,能源消费结构中煤炭比重每下降 1%,相应的能源需求总量可降低 2000 万 t 标准煤。应充分利用结构优化产生的节能效果,逐步降低煤炭消费比重,形成结构多元的局面。

从未来走势看,由于石油、天然气等优质能源的消费需求快速增长,将会出现由需求侧推动的结构性变动,这就为我国能源结构的调整和优化提供了较好的市场基础。另外,结构多元化在立足国内资源的同时,还要充分利用国际资源,包括进口产品、进口方式多样化和石油来源多元化,直接进口、合作开发,在国外建立石油基地,开放国内部分市场等。

3) 环境友好。在世界各国经济社会的发展过程中,环境约束对能源战略和能源供应技术产生的影响异常显著。在许多场合,环境因素比能源因素所起的作用更具决定性。

我国煤炭的大量开采和利用已造成了严重的大气污染。我国二氧化硫的排放量居世界之首,2015 年全国产生的废气中二氧化硫排放量达 1859.1 万 t。目前,酸雨覆盖的国土面积已达国土总面积的 40%。据粗略统计,仅二氧化硫所造成的经济损失总量达到我国 GDP 的 2% 以上。因此,环境保护理所应当成为决策我国能源战略的内部因素。也就是说,应将环境容量及小康社会对环境的需求作为能源政策的重要决策变量。

我国能源发展受制于环境容量、全球温室气体减排和环境小康的需求三个方面。如果基于空气质量要求,我国二氧化硫总量应控制在 1200 万 t 左右,才能使全国大部分城市的二氧化硫浓度达到国家二级标准。环境小康是我国全面建设小康社会的重要内容之一,环境质量乃是衡量的重要指标。大家要提高环保意识,从我做起,让我们生活的家园更加充满生机。

4) 市场推动。我国能源领域的改革严重滞后于全国总体改革和经济社会发展的要求,在一定程度上已成为我国经济增长和深化改革的制约因素。未来 20 年必须深化体制改革,特别要重视和解决能源领域的市场化改革的滞后问题,让市场竞争机制充分发挥其优化配置能源的基础性作用,提高我国能源部门的国际竞争力,不断满足全社会日益增长的能源需求,以应对未来能源领域中的各种挑战,提高突发事件的抵御能力。要切实做到为相关产业和用户提供低价、优质、稳定、充足、清洁的能源产品,以实现经济、社会、能源的可持续发展目标。

能源与经济、能源与社会、能源与人民生活、能源与环境的关系越来越密切。为全面建设小康社会提供稳定、经济、清洁的能源保障,我们责无旁贷。在今后一段时期,我国将以煤炭为基础,以电力为中心,石油、天然气、可再生能源、新能源全面发展,把能源节约放在首位,以能源的可持续发展和有效利用支持我国经济社会的可持续发展。

思 考 题

1-1 什么样的物质可作为能源使用？
1-2 能源有哪些类型？各有什么特点？
1-3 能源可持续利用的评价指标有哪些？
1-4 能量的基本形式有哪几种？
1-5 能量具有哪些性质？
1-6 能量传递的相关因素有哪些？
1-7 简述我国的能源资源及结构。
1-8 简述我国的能源形势及发展战略。

第 2 章

能量的转换与储存

人类的一切生产和生活活动都离不开能源的消耗与利用，能源的利用过程本质上就是能量的转换和传递过程。在自然界里，许多自然资源本身就储存着某种形式的能量，如煤炭、石油、天然气、生物质、风、水力、地热、核燃料等。人们常说的这些能源，在一定条件下能够转换成人们所需要的能量形式。在工业生产过程中涉及的主要能量形式有热能、机械能、电能、化学能等。

能量转换是能源最重要的属性，也是能源利用中的关键环节。人们通常所说的能量转换是指能源的形态或能量的形式发生转换，例如煤炭的液化和气化是形态的转换，燃料的化学能通过燃烧转换成热能、热能通过热机再转换成机械能等是能量形式上的转换。广义地说，能量转换还应包括以下两项内容：①能源或能量在时间上的转移，即能量的储存；②能源或能量在空间上的转移，即能量的输送。本章从能量的转换形式和储存技术两个方面阐述并分析能源的利用过程。

2.1 能量转换的原理与效率

2.1.1 能量转换的方式

能源除了作为工业原料以外，其本身一般不直接被利用，而是利用由能源直接提供或通过转换而提供的各种能量。多数能源或能量的形态可以通过各种方式相互转换，以便于人们直接应用。例如，矿物燃料首先通过燃烧将化学能转变为热能，然后通过汽轮机将热能转换成机械能，再通过发电机将机械能转换成电能，同时电能又可以通过电动机、电灯或电灶等设备转换为机械能、光能或热能等。从能量的转换过程来看，人类利用的各种形式的能量归根结底都是由一次能源转换而来的。任何能源的转换过程都是在一定的转换条件下，通过相关的设备或系统实现的。图 2-1 列出了各种主要能源的转换和利用途径。图中双图框内为最常用的能量形式，虚线框表示能源可通过化工设备作为工业原料使用，不属于能源转换过程。表 2-1 给出了能量转换过程及实现转换所需的设备或系统。

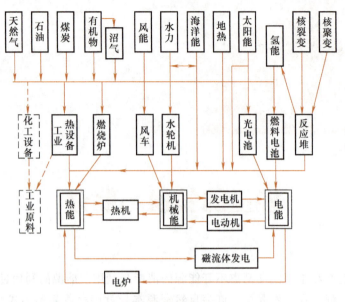

图 2-1 各种主要能源的转换和利用途径

表 2-1 能量转换过程及实现转换所需的设备或系统

能 源	能量形态转换过程	转换设备或系统
石油,煤炭,天然气等化石燃料 氢和酒精等二次能源	化学能→热能 化学能→热能→机械能 化学能→热能→机械能→电能 化学能→热能→电能 化学能→电能	锅炉,煤气灶,燃烧器 各种热力发电机 热机,发电机,磁流体发电,压电效应 热力发电,热电子发电 燃料电池
水能,风能 潮汐能,海流能,波浪能	机械能→机械能 机械能→机械能→电能	水车,水轮机,风力机 水轮发电机组,风力发电机组,潮汐发电装置,海流能发电装置,波浪能发电装置
太阳能	辐射能→热能 辐射能→热能→机械能 辐射能→热能→机械能→电能 辐射能→热能→电能 辐射能→电能 辐射能→化学能 辐射能→生物能	热水器,采暖,制冷,太阳灶,光化学反应 太阳热发电机 太阳热发电 热力发电,热电子发电 太阳电池,光化学电池 光化学反应(水分解) 光合成
海洋温差能	热能→机械能→电能	海洋温度差发电(热力发电机)
海洋盐度差能	化学能→电能 化学能→机械能→电能 化学能→热能→机械能→电能	浓度发电 渗透压电机 浓度差发电
地热能	热能→机械能→电能 热能→电能	热力发电机—发电机 热电发电
核能	核分裂→热能→机械能→电能 核分裂→热能 核分裂→热能→电能 核分裂→电磁能→电能 核聚变→热能→机械能→电能	核发电,磁流体发电 核能炼钢 热力发电,热电子发电 光电池 核聚变发电

2.1.2 能量转换的基本原理

各种形式的能量可以相互转换（核能除外），但其转换方式、难易程度均不相同。研究能量转换方式和规律的学科称为热力学。从热力学的角度看，能量是物质运动的度量，运动是物质存在的方式。因此，一切物质都具有能量。物质的运动可分为宏观运动和微观运动。物质宏观运动的能量包括宏观动能和势能，物质微观运动的能量就是"热力学能"。广义的热力学能包括分子热运动形成的内动能、分子间相互作用形成的内势能、维持一定分子结构的化学能和原子核内部的核能。通常物质运动状态一定时，物质拥有的能量就确定了。

物质的运动状态虽多种多样，但就其形态而论只有有序运动和无序运动两类，因而能量也可分为有序能和无序能。有序能是指一切宏观整体运动的能量和大量电子定向运动的电能，无序能是指物质内部分子杂乱无章的热运动。有序能可以完全、无条件地转换为无序能，但相反的转换却是有条件的、不完全的。这就导致了能量有量和质的区别。

能量在量方面的变化遵循能量守恒与转换定律。热能是人类使用最为广泛的一种能量形式，其他形式的能量（如机械能、电能、化学能等）都很容易转换成热能。热能与其他形式能量之间的转换也必然遵循能量守恒和转换定律——热力学第一定律。热力学第一定律指出：能量可以由一种形式转换为另一种形式，从一个物体传递给另一个物体，但在转换和传递过程中，其总量是保持不变的。对任何能量转换系统来说，能量守恒定律可写成下列简单的文字表达式

$$【输入能量】-【输出能量】=【储存能量的变化】 \qquad (2-1)$$

能量不仅有量的多少，还有质的高低。热力学第一定律说明了不同形式的能量在转换时数量上的守恒关系，但它没有区分不同形式的能量在质上的差别。例如摩擦生热，由于摩擦，机械能可以完全转换为热能，即有序能转换为无序能。从数量上看能量没有发生变化，但能量的品质却降低了，即它的利用价值变小了。反过来讲，热能却不可能全部转换为机械能，因为有序能之间可以无条件地完全转换，而无序能却不能。因此，从能量的品质上看，摩擦使高品质的能量（机械能）贬值为低品质的能量（热能）。这种情况称为能量贬值，所以有序能比无序能更宝贵和更有价值。

能量贬值原理也就是热力学第二定律揭示的内容。它指出：能量转换过程总是朝着能量贬值的方向进行。高品质的能量可以全部转换成低品质的能量，能量传递过程也总是自发地朝着能量品质下降的方向进行；反之，能量品质提高的过程不能自发地单独进行。一个能量品质提高的过程肯定伴随有另一个能量品质下降的过程，并且这两个过程是同时进行的。在以一定的能量品质下降作为补偿的条件下，能量品质的提高也必定有一个最高的理论限度。显然，这个最高的理论限度是：能量品质的提高值正好等于能量品质的下降值。此时系统总的能量品质不变。

热力学第二定律还指出了能量转换的方向性。它指出：自然界中一切自发的变化过程都是从不平衡态趋于平衡态，而不可能相反。例如，热能自发地从高温物体传向低温物体，高压流体自发地流入低压空间等。相反的过程，如让一杯温水中的一半放出热量变为冷水，另一半吸收热量变为热水，虽不违反热力学第一定律，但这样的过程不可能自发地发生。绝热节流过程是节流前后能量不变的过程，但是节流后的压力降低，能量的品质下降。

热力学第一定律和热力学第二定律是两条相互独立的基本定律。前者揭示在能量转换和

传递过程中，能量在数量上必定守恒；后者则指出在能量转换和传递过程中，能量在品质上必然贬值。一切能量转换与传递过程必然同时遵守这两条基本定律，违背其中任何一条定律的过程都是不可能实现的。

2.1.3 能量转换的效率

由能量贬值原理可知，不是每一种能量都可以连续地、完全地转换为任何一种其他形式的能量。衡量能量质量的物理量是"可用能"或"㶲"，即在一定环境条件下，通过一系列可逆的变化过程，最终与环境达到平衡时，所能做出的最大功。或者说，某种能量在理论上能够可逆地转换为功的最大数量，称为该能量中具有的可用能，用 Ex 表示。由此可见，㶲是指能量中的可用能部分。即能量可分为可用能和不可用能两部分，不可用能称为"㶲"，用 An 表示。即

$$E = Ex + An$$

不同能量的可转换性不同，反映了其可利用性不相等，也就是它们的质量不同。当能量已无法转换成其他形式的能量时，就失去了利用价值。能量根据可转换性不同分为三类：

第一类，可以不受限制地、完全转换的能量。例如电能、机械能、势能（水力等）、动能（风力等），称为高级能。从本质上来说，高级能是完全有序运动的能量。它们在数量上和质量上是统一的。其 $E = Ex$，$An = 0$。

第二类，具有部分转换能力的能量。例如热能、物质的热力学能、焓等。它只能一部分转变为第一类有序运动的能量。即根据热力学第二定律，热能不可能连续地、全部变为功，它的热效率总是小于 1。这类能属于中级能，它的数量与质量是不统一的。对热能这样的中级能，$E > Ex$，$E = Ex + An$。

第三类，受技术水平所限，完全没有转换能力的能量。例如处于环境状态下的大气、海洋、岩石等所具有的热力学能和焓。虽然它们具有相当数量的能量，但在技术上无法使它转变为功。所以，它们是只有数量而无质量的能量，称为低级能。即对于低级能，$Ex = 0$，$E = An$。

从物理意义上说，能量的品质高低取决于其有序性程度。第二、三类能量是组成物系的分子、原子的能量总和。这些粒子的运动是无规则的，因而不能全部转变为有序的能量。

根据热力学第一定律，在不同的能量转换过程中，总㶲与总㶲（即总能量）应保持不变；根据热力学第二定律，总㶲绝不会增加，只可能减少或保持不变。

在能量的转换系统中，当耗费某种能量转换成所需的能量形式时，一般来说不可能达到百分之百地转换，实际过程总会存在各种损失。损失的大小并不能确切评价转换装置的完善程度，一般采用"效率"这个指标进行评价。

效率的一般定义为效果与代价之比。在能量转换装置中，就是取得的有效能（收益能）与供给装置耗费的能（支付能）的比值。

实际上，能量转换过程不可避免地存在各种能量损失，都是不可逆过程。因此，即使对高品质能量而言，其传递和转换的效率也达不到 100%。如在机械能的传递过程中，由于传动机构（如变速箱）或支撑件（如轴和轴承）之间存在摩擦，必然导致部分机械能被转换成热能，造成能量损失。在机械能转换成电能的装置（如汽轮发电机组、水轮电机组）中，由于摩擦、电阻和磁耗等因素，发电的效率也不是 100%。

在热平衡中,用"热效率"的概念来衡量被有效利用的能量与消耗的能量在数量上的比值。它没有考虑到质量上的差别,往往不能反映装置的完善程度。例如,利用电炉取暖时从能量的数量上看,它的转换效率可以达到 100%,但从能量的质量上看,电能是高级能,而供暖只需要低质热能,所以用能是不合理的。对利用燃料热能转换成电能的凝汽式发电厂来说,它的发电效率就是发出的电能与消耗的燃料热能之比。目前,大型高参数的发电装置的最高效率也不到 40%,冷凝器冷却水带走的热损失在数量上占燃料提供热量的 50% 以上。但是,热能在转换成机械能的同时,向低温热源放出热量是不可避免的。冷却水带走的热能质量很低,已难以利用。因此,要衡量热能转换过程的好坏和热能利用装置的完善性,热效率并不是一个很合理的尺度。

为了全面衡量热能转换和利用的效益,应综合考虑热能的数量和质量,用"㶲效率"来表示系统中进行的能量转换过程的热力学完善程度,或热力系统的㶲的利用程度。㶲效率是指能量转换系统或设备,在进行转换的过程中,被利用后收益的㶲 Ex_g 与支付或耗费的㶲 Ex_p 之比,用 η_e 表示。即

$$\eta_e = \frac{Ex_g}{Ex_p} \tag{2-2}$$

当考虑系统内部不可逆㶲损失及外部㶲损失时,支付㶲中需扣除这些㶲损失之和,剩余的才为收益㶲,因此,收益㶲的㶲效率为

$$\eta_e = \frac{Ex_p - \sum I_i}{Ex_p} = 1 - \frac{\sum I_i}{Ex_p} = 1 - \sum \xi_i \tag{2-3}$$

式中,$\xi_i = I_i / Ex_p$,称为局部㶲损失率或㶲损失系数。

当只考虑内部不可逆㶲损失时,它的㶲效率将大于外部㶲损失时的㶲效率。这种㶲效率能够反映装置的热力学完善程度。此时的㶲损失已转变为㶲,并反映为系统熵增。此时㶲效率可表示为

$$\eta_e' = 1 - \frac{An}{Ex_p} = 1 - \frac{T_0 \Delta S}{Ex_p} \tag{2-4}$$

㶲效率是以㶲为基准,各种不同形式的能量的㶲是等价的。而热效率只计及能量的数量,不管能量品位的高低。㶲效率与热效率虽有本质的不同,但它们之间仍有一定的内在联系。现以动力循环过程为例加以说明,循环的热效率 η_t 为做出的有效功 W 与从热源吸取的热量 Q_1 之比,即

$$\eta_t = \frac{W}{Q_1} \tag{2-5}$$

而㶲效率为收益㶲(即为净功 W)与热量㶲之比,即

$$\eta_e' = \frac{W}{Ex_Q} \tag{2-6}$$

因此,热效率可表示为

$$\eta_t = \frac{W}{Q_1} = \frac{Ex_Q}{Q_1} \frac{W}{Ex_Q} = \lambda_Q \eta_e' \tag{2-7}$$

式中,λ_Q 为热量的能级,即为卡诺因子。

对于可逆过程,内部不可逆㶲损失为零,$\eta_e' = 100\%$,则最高热效率等于卡诺循环的效

率。装置的不可逆程度越大，η'_e 越小，则热效率离卡诺效率越远。由此可见，㶲效率可以反映整个热能转换装置及其组成设备的完善性，也便于对不同的热能转换装置进行性能比较。

从热力学的两个基本定律可以看出，要想提高能源的利用效率，应从能的量和质两个方面综合考虑。

2.2 能量转换的形式与设备

在各种能源的转换和利用方式中，最重要的能量转换过程是将燃料的化学能通过燃烧转换为热能，热能再通过热机转换为机械能。机械能既可直接利用（例如驱动汽车和各种运输机械），也可通过发电机转化为更便于应用的电能。

将燃料的化学能转变为热能是在燃烧设备中实现的。主要的燃烧设备有锅炉和各种工业炉窑等。

将热能转换为机械能是目前获得机械能的最主要方式。这一转换通常是在热机中完成的。热机可以为各种机械提供动力，故常又将其称为动力机械。应用最广的热机是内燃机、蒸汽轮机（汽轮机）、燃气轮机等。内燃机主要为各种车辆、工程机械提供动力，也用于可移动的发电机组。汽轮机主要用于发电厂中，用它带动发电机发电，也可作为大型船舶的动力，或拖动大型水泵和大型压缩机、风机。燃气轮机除用于发电外，还是飞机和船舶的主要动力来源。

根据热力学第二定律，不可能制造出只从单一热源吸收热量，使之完全变成机械能而不引起其他变化的热机。也就是说，在热机中，工质从高温热源所得到的热量不可能全部转换为机械能，总有一部分热量必须放给低温热源。因此，在一个热力循环中要使工质实现将热能转换为机械能，至少要有两个热源，热效率不可能达到100%。高温热源与低温热源的温差越大，热机的效率越高。

2.2.1 化学能转换为热能

1. 燃料燃烧

燃料燃烧是化学能转换为热能的主要方式。燃料是可以用来取得大量热能的物质。目前世界上所用的燃料可分为两大类，一是核燃料，二是有机燃料。有机燃料是指可以与氧化剂发生强烈化学反应（燃烧）而放出大量热量的物质，锅炉大多用的是有机燃料。有机燃料按其形态分为固体燃料、液体燃料和气体燃料。

固体燃料有煤炭、木材、油页岩等。我国是世界上少数以煤为主要能源的国家，目前和今后若干年内都将以固体燃料——煤为主要燃料。为了建设资源节约型和环境友好型社会，我国正在大力推行洁净煤技术和清洁燃烧技术。液体燃料有石油及其产品（汽油、煤油、柴油、重油等）。燃料油一般是指重油，它实际上是渣油、裂化残油及燃料重油的统称。燃料重油则是将渣油、裂化残油或其他油品按一定比例混合调制而成。气体燃料有气田煤气和油田伴生煤气两种，人工气体燃料有高炉煤气、焦炉煤气、发生炉煤气、地下气化煤气和液体石油气等。

为了使燃料高效地燃烧，必须对燃料进行组分分析，以了解各种燃料的成分和化学组成。对于固体燃料，主要进行元素分析和工业分析；对于液体燃料，使用元素分析；对于气体燃料，使用成分分析。

燃烧是燃料中的可燃物质与氧进行剧烈的氧化反应过程。目前，工业中所用的有机燃料在燃烧过程中发光又发热的同时生成烟气，产生残剩灰渣。燃料是极为复杂的碳氢化合物的组合体，它所含元素主要有碳、氢、硫、氧和氮五种，此外还有一定数量的灰分和水分。其中，碳、氢和硫是可燃成分，其余均为不可燃成分。这些组分中碳的发热量大，但着火温度高；氢不但极易着火燃烧，而且发热量更高；硫发热量不大。氮和氧是不可燃成分，是外部杂质，水分和灰分是燃料的主要不可燃成分，是外部杂质。

各种燃料在温度很低时，只能进行缓慢氧化，当温度升高到一定值后，便着火和燃烧。由缓慢氧化状态转变为高速燃烧状态的瞬间过程称为着火，转变的瞬间温度称为着火温度。燃料的着火温度取决于燃料的组成，此外还与周围的介质压力、温度有关。

汽油、酒精之类的液体燃料极易挥发，即使在较低温度下，挥发物也能够与空气混合形成可燃的混合气体。它们遇到火源发生瞬间闪光（火）现象时的温度称为闪点。

燃料与空气组成的可燃混合物，其着火、熄灭及燃烧过程是否能稳定进行，都与燃烧过程的热力条件有关。热力条件对燃烧过程可能有利，也可能不利，它会使燃烧过程发生（着火）或者停止（熄灭）。

2. 燃烧完全的条件

为保证燃烧过程尽量接近完全燃烧，必须创造如下几个条件：

1）保证一定的高温环境，以利于产生剧烈的燃烧反应。根据阿累尼乌斯定律，燃烧反应速度与温度成指数关系。因此，温度越高，燃烧速度越快，燃烧过程进行得越猛烈，燃烧越易趋于完全。但温度也不能过高，否则会使逆反应（还原反应）速度加快，将有较多燃烧产物又还原为燃烧反应物，这同样等于燃烧不完全。通过实验证明，锅炉的炉温在1000～2000℃范围内比较合适，此时燃烧反应速度相当高，尽管可燃物在炉内的停留时间短，仍能完全燃烧。

2）供应充足而适量的空气。提供充足的空气是完全燃烧的必备条件。燃烧所需要空气量的多少，主要取决于燃料中可燃元素的含量。单位量燃料按燃烧反应方程式完全燃烧所需要的空气量，称为理论空气量。

固体及液体燃料理论空气量的单位为 m^3/kg（燃料），气体燃料理论空气量的单位为 m^3/m^3（燃料）。理论空气量计算公式可由各可燃元素的完全燃烧反应方程式导出。

每 1kg 碳完全燃烧时需要的理论空气量为 $8.89m^3$。

每 1kg 氢完全燃烧时需要的理论空气量为 $26.7m^3$。

每 1kg 硫完全燃烧时需要的理论空气量为 $3.33m^3$。

对于不同的燃料，由于燃料中所含可燃元素碳、氢、硫的比例不同，其燃烧时所需的理论空气量也不同。理论空气量的准确值需依据燃料的工业分析结果再加以计算。但实际燃烧时，由于操作水平和炉子结构等原因，空气与燃料不可能达到理想混合状态，因此，对于任何燃料，都要根据其特性和燃烧方式供应比理论空气量更多的空气。

为了使燃料完全燃烧而实际供应的空气量，称为实际空气量。把实际空气量多于理论空气量的那部分空气称为过量空气。实际空气量与理论空气量的比值称为过量空气系数（或空气系数）。过量空气系数过小，即空气量不足，会增大不完全燃烧热损失，使燃烧效率降低；若过量空气系数过大，会降低炉温，也会增加不完全燃烧热损失。因此，最佳的空气量应根据最佳过量空气系数来确定。过量空气系数的最佳值,与燃料的种类、燃烧方式以及燃烧设备结构的完善程度等因素有关。

根据过量空气系数即可由理论空气量求出实际燃烧时所需供应的空气量。通常工业锅炉常用的层燃炉,过量空气系数一般在 1.3~1.5 之间,油气炉为 1.05~1.10。通常燃烧设备中的过量空气系数均大于1,只有陶瓷窑炉,由于工艺上的需要,有时要求烟气中含有 CO,以采取还原焰烧成作业,此时过量空气系数小于1。

3) 采用与燃料特性相适应的燃烧设备,并采取适当措施促使空气和燃料的良好接触与混合,同时提供燃烧反应所必需的时间和空间。对发生多相燃烧的煤粉来说,燃烧反应主要在煤粉表面进行。煤粉的化学反应速度和氧气到煤粉表面的扩散速度决定了燃烧的反应速度。因此,要想完全燃烧,除了保证足够高的炉温和供应充分而适量的空气外,还必须使煤粉和空气充分混合。这就要求燃烧器的结构优良,一、二次风混合良好,并有良好的炉内空气动力场。

在一定的炉温下,一定细度的煤粉需要一定的时间才能燃尽。煤粉在炉内的停留时间,是煤粉从燃烧器出口一直到炉膛出口这段行程所经历的时间。这段行程中,煤粉要从着火一直到燃尽,才能燃烧完全,否则将增大燃料热损失。如果在炉膛出口处煤粉还在燃烧,会导致炉膛出口烟气温度过高,使过热器结渣和过热,影响锅炉运行的安全性。煤粉在炉内的停留时间主要取决于炉膛容积、炉膛截面积、炉膛高度及烟气在炉内的流动速度,这都与炉膛容积热负荷和炉膛截面热负荷有关。因而在锅炉设计中应选择合适的数据,避免锅炉在超负荷的工况下运行。

4) 及时排除燃烧产物——烟气和灰渣。在理论空气量下燃料完全燃烧所产生的烟气量称为理论烟气量,此时烟气中只有 CO_2、SO_2、H_2O 和 N_2。其单位,对于固体和液体燃料,为 m^3/kg(燃料),对于气体燃料,为 m^3/m^3(燃料)。与燃料所需的空气量一样,烟气量可根据燃烧的化学反应式计算,同样,理论烟气量也可采用经验公式近似计算。

由于实际的燃烧过程是在过量空气的条件下进行的,烟气中还有过量氧气,相应的氮气和水蒸气含量也随之有所增加。当完全燃烧时,实际烟气量 [m^3/kg(燃料)或 m^3/m^3(燃料)] 可按下式计算

$$V_a = V_0 + (\alpha - 1) L_0 \tag{2-8}$$

式中,V_a 为实际烟气量;V_0 为理论烟气量;α 为过量空气系数;L_0 为理论空气量。

3. 燃烧设备

将燃料燃烧的化学能转变为热能的设备称为锅炉。图 2-2 所示为煤粉锅炉设备结构示意图。锅炉中产生的蒸汽或热水也是一种优质的二次能源,除用于发电外,也广泛应用于冶金、化工、轻工、食品等工业部门,而且是采暖的热源。

锅炉本体是由锅和炉两部分组成。所谓炉,是指锅炉的燃烧系统,它通常包括炉膛、燃烧器、烟道、炉墙构架等,其作用在于提供尽可能良好的燃烧条件,以求把燃料的化学能最大限度地转化为热能。燃烧设备的配置及其结构的完善程度,将直接关系锅炉运行的可靠性。按照燃烧过程的基本原理和特点,锅炉可分为三类:层燃炉、室燃炉和沸腾炉。

锅是指锅炉的汽水系统,由汽包、下降管、集箱、导管及各种受热面组成,其作用是吸收燃料燃烧放出的热量,完成由炉水变成高温高压蒸汽的吸热过程。

吸收燃烧产物——高温烟气热量的锅炉受热面是由直径不等、材料不同的管件组成的。

根据受热面的作用不同，可以分为：

1）水冷壁。水冷壁主要用以加热其内的工质水，并对炉墙起保护作用。其布置在炉膛四周，紧贴炉墙形成炉膛周壁，接受炉内火焰和高温烟气的辐射热，大容量锅炉将部分水冷壁布置在炉膛中间，两面分别吸收高温烟气的辐射热，形成所谓的两面曝光水冷壁。

2）过热器和再热器。过热器的作用是将饱和蒸汽加热成高于其饱和温度的过热蒸汽。在锅炉负荷或其他工况变动时应保证过热蒸汽温度正常，并处在允许的波动范围之内。再热器的作用是将汽轮机高压缸的排汽加热到与过热蒸汽温度相等（或相近）的再热温度，然后再送到中压缸及低压缸中膨胀做功，以提高汽轮机尾部叶片蒸汽的干度。过热器和再热器是锅炉用于提高蒸汽温度的部件，其目的是提高蒸汽的焓值，以提高热力循环效率。

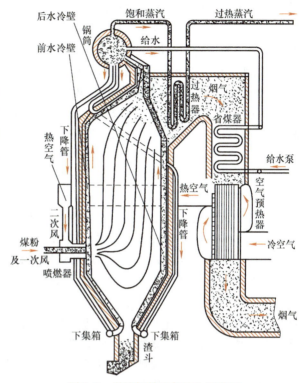

图 2-2 煤粉锅炉设备结构示意图

3）省煤器和空气预热器。它们是现代锅炉不可缺少的受热面。由于它们装在锅炉的尾部烟道内，故统称为尾部受热面。

省煤器利用锅炉尾部烟气的热量加热锅炉给水，一般布置在烟道内，吸收烟气的对流热，个别锅炉有与水冷壁相同的布置，以吸收炉膛的辐射热。省煤器对锅炉有节省燃料、改善锅筒工作条件和降低锅炉造价的作用。

空气预热器的作用是利用锅炉尾部烟气的热量加热燃料燃烧所需的空气。空气预热器对锅炉的作用是：进一步降低排烟温度，提高锅炉效率；改善燃料的着火与燃烧条件，降低不完全燃烧热损失；节省金属，降低造价；改善引风机的工作条件。

为了保证锅炉能正常运行，锅炉还有许多辅助设备。例如，向锅炉供应燃烧所需空气的送风装置，将烟气引出并排于大气的引风设备，用以除去水中杂质、保证给水品质的水处理设备，把符合标准的给水送入锅炉的给水装置，储存和运输燃料的燃料供应装置，将煤磨成很细的煤粉并将煤粉送入炉膛燃烧的磨煤装置，改善环境卫生和减少烟尘污染的装置。另外，还有对锅炉运行进行自动检测、自动控制和自动保护的自控装置。

锅炉设备的工作特性，主要是指锅炉的产汽能力、运行的经济性和金属消耗等指标，为鉴别锅炉的性能提供了依据。通常用以下指标描述锅炉的特性：

1）蒸发量。蒸发量表示锅炉的容量，一般是指锅炉在额定蒸汽参数（压力、温度）、额定给水温度和使用设计燃料时，每小时能连续提供的最大蒸发量，单位为 t/h。

2）蒸汽参数。蒸汽参数主要指锅炉出口的蒸汽额定压力和温度，或过热器出口过热蒸汽的压力和温度,以及再热器出口再热蒸汽的温度,是蒸汽质量的指标。对于生产饱和蒸汽的锅炉,只需标明其蒸汽压力;对于热水锅炉,除标明允许工作压力外,还需注明其出水和进水温度。通常所说的蒸汽压力,都是指工作压力,即表压力,单位为MPa。

3) 给水温度。给水温度是指省煤器入口处的水温。

4) 锅炉热效率。锅炉热效率是指单位时间内锅炉有效用于生产蒸汽(或热水)的热量占输入燃料发热量的百分数。它表示锅炉中燃烧热量的有效利用程度,热效率越高,锅炉的燃料消耗就越低,它是锅炉运行的热经济性指标。

5) 金属耗率及电耗率。金属耗率指的是锅炉单位蒸发量所耗用的钢材量,单位为 $t/(t \cdot h)$。显而易见,金属耗率越低,锅炉结构越紧凑,制造成本越低。电耗率为单位蒸发量耗用的电功率,单位为 $kW/(t \cdot h)$。与锅炉热效率一样,锅炉的金属耗率和电耗率也是锅炉重要的经济性指标,且三者相互制约,所以需综合考虑。

锅炉的形式和分类方法有很多种。按照燃料种类可分为燃煤锅炉、燃油锅炉和燃气锅炉。我国的能源消费以煤炭为主,因此燃煤锅炉居多,在发达国家则是燃油和燃气锅炉占优势。按锅炉的用途可分为电站锅炉、工业锅炉、船舶锅炉和机车锅炉。一般来说,电站锅炉的容量大,蒸汽参数(压力和温度)高,而工业锅炉的容量小,参数也低。大工业锅炉量大面广,每年耗用煤量占全国耗煤量的份额很大,因此,进一步完善这类锅炉,对于提高热效率、节约燃料和保护环境是十分重要的。

将燃料的化学能转换为热能的设备除锅炉外还有工业炉窑。工业炉窑量大面广,类型繁多。例如冶金工业中有炼铁高炉、炼钢平炉、转炉、轧钢连续加热炉、罩式退火炉、炼钢反射炉等;建材工业中有水泥回转窑、立窑、砖瓦焙烧窑、陶瓷和砖瓦隧道窑、玻璃池窑等;机械工业中有各种热处理炉、冲天炉等。这些工业炉窑有的烧煤,有的采用重油、焦炭或天然气作为燃料,都是能耗大的设备。目前我国大多数工业炉窑技术落后,热效率低,节能潜力大,是技术改造的重点。

2.2.2 热能转换为机械能

热能转换为机械能是在热机中完成的,主要的热机有内燃机、汽轮机和燃气轮机。

1. 内燃机

使燃料直接在气缸内燃烧,把化学能转变成热能,并利用其所产生的高温、高压燃气在气缸内膨胀,推动活塞做功,这种把热能转变成机械能的热机称为内燃式热机,简称内燃机。内燃机是应用最为广泛的热机。大多数内燃机是往复式的,有气缸和活塞。它做功的高温高压气体——工质,是实现热能和机械能相互转化的媒介物质,是在气缸或燃烧室内直接燃烧产生的。

(1) 内燃机的分类 内燃机有很多种分类方法,常用的方法是根据点火顺序或气缸的排列方式进行分类。

1) 按照点火(着火)顺序或行程(冲程)分类。按照点火(着火)顺序或按照完成一个工作循环所需的行程数,内燃机可分为四行程(冲程)内燃机和二行程(冲程)内燃机,如图2-3所示。

活塞在气缸内上下往复运动两次四个行程,即曲轴旋转两圈(720°),依次完成一个工作循环的吸气、压缩、膨胀和排气四个工作过程的内燃机,称为四冲程内燃机。四冲程发动

第2章 能量的转换与储存

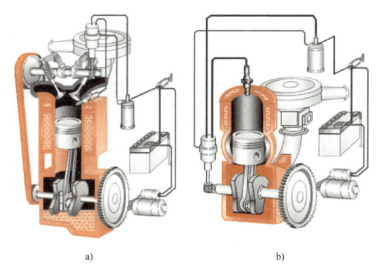

图 2-3 内燃机按照行程（冲程）分类
a) 四行程　b) 二行程

机的工作过程如图 2-4 所示，它完成一个循环要求有四个完全的活塞行程：

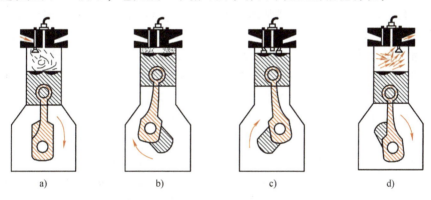

图 2-4 四冲程发动机的工作过程
a) 进气　b) 压缩　c) 膨胀　d) 排气

第一行程为进气行程。开始时，活塞从气缸的上止点向下止点运动，活塞上部气缸容积扩大形成真空，进气阀打开，空气被吸入而充满气缸。

第二行程为压缩行程。进气行程结束时，活塞位于下止点，进气和排气阀均处于关闭状态。由于飞轮的惯性作用，使曲轴继续旋转，并通过连杆推动活塞向上止点运动，空气被压缩，在接近上压缩冲程终点时，开始喷射燃油。

第三行程为膨胀行程。所有气门关闭，燃烧的混合气膨胀，推动活塞下行，高温高压燃气在气缸内膨胀，推动活塞向下止点运动而对外做功。因此，膨胀行程是内燃机对外做功的行程，也称做功行程。

第四行程为排气行程。膨胀行程结束时，活塞位于下止点，随着曲轴旋转，活塞再次向上止点运动，此时排气阀打开，燃烧后的废气排出气缸，开始下一个循环。但由于气缸存在余隙体积，活塞到达上止点时，废气并不能全部排尽，在下一个工作循环的进气行程中，气缸内尚留有少量废气。

活塞在气缸内上下往复运动一次两个行程,即曲轴旋转一圈(360°)依次完成一个工作循环的吸气、压缩、膨胀和排气工作过程的内燃机,称为二冲程内燃机。

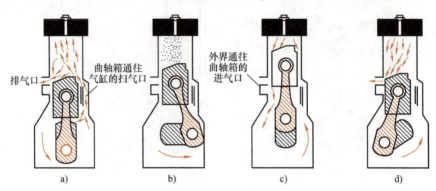

图 2-5 二冲程发动机的工作原理
a) 进气 b) 压缩 c) 膨胀 d) 排气

二冲程发动机的工作原理如图 2-5 所示。当活塞在膨胀行程中沿气缸下行时,首先开启排气口,高压废气开始排入大气。当活塞向下运动时,同时压缩曲轴箱内的空气——燃油混合气;当活塞继续下行时,活塞先开启进气口,使压缩的空气——燃油混合气从曲轴箱进入气缸。在压缩行程(活塞上行),活塞先关闭进气口,压缩气缸中的混合气。在活塞将要到达上止点之前,火花塞将混合气点燃。于是,活塞被燃烧膨胀的燃气推向下行,开始另一膨胀做功行程。当活塞在上止点附近时,化油器进气口开启,新鲜空气——燃油混合气进入曲轴箱。在这种发动机中,润滑油与汽油混合在一起对曲轴和轴承进行润滑。这种发动机的曲轴每转一周,每个气缸点火一次。

从目前内燃机的使用情况来看,四冲程经济性好,润滑条件好,易于冷却,因此内燃机以四冲程为主。汽车发动机广泛使用四冲程内燃机。但在某些领域中二冲程内燃机的应用却占重要地位。例如,中低速大功率船用内燃机以及小型农用动力方面,广泛采用二冲程柴油机。小型二冲程汽油机,因其部件少、体积小、重量轻及使用方便等一系列优点,广泛地应用于摩托车、小汽艇以及手提式工具等。

2) 按照气缸排列方式分类。按照气缸排列方式不同,内燃机可以分为单列式和双列式,如图 2-6 所示。单列式发动机的各个气缸排成一列,一般是垂直布置的,但为了降低高度,有时也把气缸布置成倾斜的甚至水平的;双列式发动机则把气缸排成两列,两列之间的夹角小于 180°(一般为 90°),称为 V 型发动机,若两列之间的夹角为 180°,称为对置式发动机。

3) 按照所用燃料分类。按照所使用燃料的不同,内燃机可分为汽油机和柴油机,如图 2-7 所示。使用汽油为燃料的内燃机称为汽油机;使用柴油为燃料的内燃机称为柴油机。汽油机与柴油机相比各有特点:汽油机转速高,质量小,噪声小,起动容易,制造成本低;柴油机压缩比大,热效率高,经济性能和排放性能都比汽油机好。

4) 按照冷却方式分类。按照冷却方式不同,内燃机可分为水冷发动机和风冷发动机,如图 2-8 所示。水冷发动机是利用在气缸体和气缸盖冷却水套中进行循环的冷却液作为冷却介质进行冷却的;而风冷发动机是利用流动于气缸体与气缸盖外表面散热片之间的空气作为

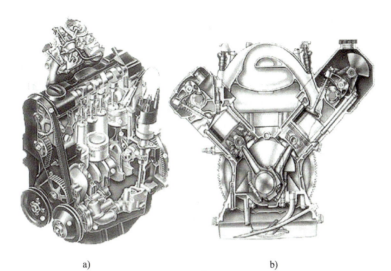

图 2-6 内燃机的气缸排列方式

a）直列 b）V 型

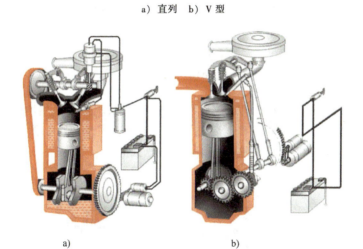

图 2-7 内燃机按照所用燃料分类

a）汽油机 b）柴油机

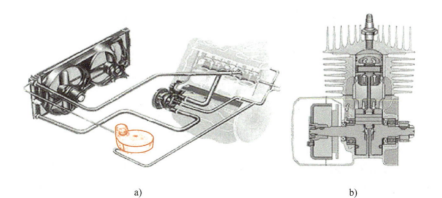

图 2-8 内燃机按照冷却方式分类

a）水冷 b）风冷

冷却介质进行冷却的。水冷发动机冷却均匀,工作可靠,冷却效果好,被广泛地应用于现代车用发动机。

5) 按照气缸数目分类。按照气缸数目不同,内燃机可分为单缸发动机和多缸发动机,如图 2-9 所示。仅有一个气缸的发动机称为单缸发动机;有两个及以上气缸的发动机称为多缸发动机,如双缸、三缸、四缸、五缸、六缸、八缸、十二缸等都是多缸发动机。现代车用发动机多采用四缸、六缸、八缸发动机。

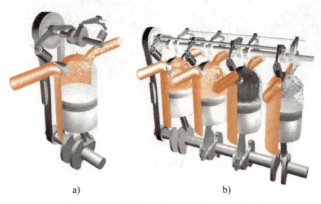

图 2-9 内燃机按照气缸数目分类
a) 单缸　b) 多缸

6) 按照进气系统是否采用增压方式分类。按照进气系统是否采用增压方式,内燃机可分为自然吸气式(非增压)发动机和强制进气式(增压)发动机,如图 2-10 所示。汽油机常采用自然吸气式;柴油机为了提高功率有采用增压式的。

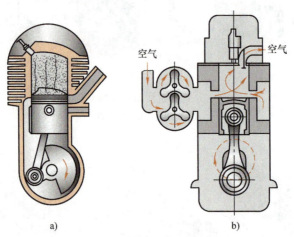

图 2-10 内燃机按照进气系统是否采用增压方式分类
a) 自然吸气　b) 增压

(2) 内燃机的基本结构　内燃机是一种由许多机构和系统组成的复杂机器。无论是汽油机还是柴油机,无论是四冲程发动机还是二冲程发动机,无论是单缸发动机还是多缸发动机,要完成能量转换,实现工作循环,保证长时间连续正常工作,都必须具备以下一些机构和系统。

1）曲柄连杆机构（图2-11）。曲柄连杆机构是发动机实现工作循环，完成能量转换的主要运动部件。它由机体组、活塞连杆组和曲轴飞轮组等组成。在做功行程中，活塞承受燃气压力在气缸内做直线运动，通过连杆转换成曲轴的旋转运动，并由曲轴对外输出动力。而在进气、压缩和排气行程中，飞轮释放能量又把曲轴的旋转运动转化成活塞的直线运动。

2）配气机构（图2-12）。配气机构的功用是根据发动机的工作顺序和工作过程，定时开启和关闭进气门和排气门，使可燃混合气或空气进入气缸，并使废气从气缸内排出，实现换气过程。配气机构大多采用顶置气门式配气机构，一般由气门组、气门传动组和气门驱动组组成。

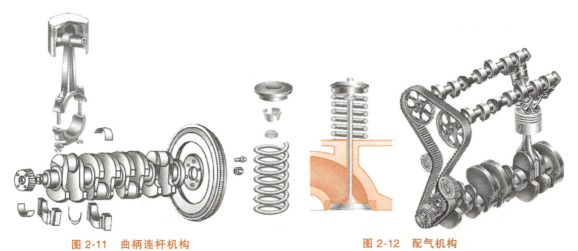

图2-11　曲柄连杆机构　　　　　　　图2-12　配气机构

3）燃料供给系统（图2-13）。汽油机燃料供给系统的功用是根据发动机的要求，配制出一定数量和浓度的混合气，供入气缸，并将燃烧后的废气从气缸内排出到大气中去；柴油机燃料供给系统的功用是把柴油和空气分别供入气缸，在燃烧室内形成混合气并燃烧，最后将燃烧后的废气排出。

4）润滑系统（图2-14）。润滑系统的功用是向做相对运动的零件表面输送定量的清洁润滑油，以实现液体摩擦，减小摩擦阻力，减轻机件的磨损，并对零件表面进行清洗和冷却。润滑系统通常由润滑油道、机油泵、机油滤清器和一些阀门等组成。

5）冷却系统（图2-15）。冷却系统的功用是将受热零件吸收的部分热量及时散发出去，以保证发动机在最适宜的温度状态下工作。水冷发动机的冷却系统通常由冷却水套、水泵、风扇、水箱、节温器等组成。

6）点火系统（图2-16）。在汽油机中，气缸内的可燃混合气是靠电火花点燃的，为此，在汽油机的气缸盖上装有火花塞，火花塞头部伸入燃烧室内。能够按时在火花塞电极间产生电火花的全部设备称为点火系统，点火系统通常由蓄电池、发电机、分电器、点火线圈和火花塞等组成。

7）起动系统（图2-17）。要使发动机由静止状态过渡到工作状态，必须先用外力驱动发动机的曲轴，使活塞作往复运动，气缸内的可燃混合气燃烧膨胀做功，推动活塞向下运动使曲轴旋转，发动机才能自行运转，工作循环才能自动进行。因此，曲轴在外力作用下开始转动到发动机开始自动地怠速运转的全过程，称为发动机的起动。完成起动过程所需的装置，称为发动机的起动系统。

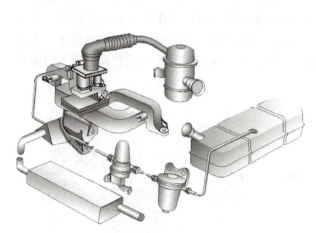

图 2-13 燃料供给系统

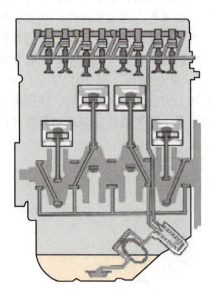

图 2-14 润滑系统

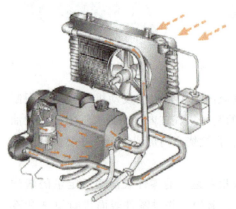

图 2-15 冷却系统

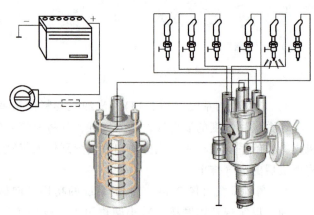

图 2-16 点火系统

汽油机由以上两大机构和五大系统组成，即由曲柄连杆机构、配气机构、燃料供给系统、润滑系统、冷却系统、点火系统和起动系统组成；柴油机由以上两大机构和四大系统组成，即由曲柄连杆机构、配气机构、燃料供给系统、润滑系统、冷却系统和起动系统组成，柴油机是压燃的，不需要点火系统。

热机中，内燃机的热效率最高，但也只能将燃料热能中的 25%～45% 转换为机械能，大部分进入气缸的燃料燃烧产生的

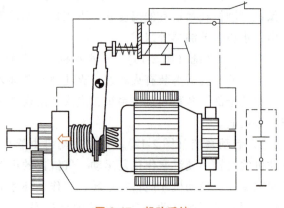

图 2-17 起动系统

热能由于各种原因而损失掉了。内燃机最主要的热损失是废气和冷却介质带走的热量,这两项损失约占燃料总发热量的 2/3。目前,在我国以及其他一些国家正在开展研制的陶瓷隔热复合内燃机,就是采用耐高温的陶瓷结构,使燃烧室高度隔热,尽可能减少冷却介质带走的热量,以提高内燃机的热效率和降低油耗率。

根据热力学第二定律,内燃机动力循环的废气排放以及运行中各种摩擦产生的热损失是不可避免的。为了尽可能利用这些散失于机体之外的热量,目前正在研究将大型内燃机排出的废热用来供热、制冷,甚至发电,以提高燃料利用率,减少能源消耗。

随着科学技术的发展,绝热柴油机、全电子控制内燃机、燃用天然气、醇类代用燃料和氢的新型发动机都已相继问世。进入 21 世纪,由于环境问题日益突出,研制新一代低排放的发动机已成为科学家们共同努力的目标。

2. 汽轮机

(1) 汽轮机的结构　汽轮机是利用蒸汽膨胀做功,将蒸汽的热能转换为机械功的热机,是蒸汽动力装置中的旋转原动机。汽轮机虽有各种不同的形式,但其工作原理基本相同。汽轮机的基本工作原理是:高压蒸汽从进汽管进入汽轮机,通过喷管时发生膨胀,压力降低,流速增加,蒸汽的热能转换为汽流的动能。离开喷管的高速汽流冲击叶片,使转子旋转做功,蒸汽的动能转换为机械功。汽轮机的单机功率大、效率高、运行平稳,广泛用于现代火力发电厂、核电站中。汽轮发电机组所发的电量占总发电量的 80% 以上。此外,汽轮机还用来驱动大型鼓风机、水泵和气体压缩机,也可为舰船提供动力。

汽轮机本体由汽缸和转子两大部件构成,如图 2-18 所示。大功率、高参数的汽轮机通常由高压、中压(或高中压)及低压缸组成;超大功率汽轮机可以有两个或两个以上的中压缸和低压缸,每个缸体采取反向对称结构。高、中压缸体由铬钼钢铸造后加工而成,低压缸多用钢板焊成。大容量汽轮机高压缸多采用双层结构,在内、外缸间的夹层中通以适当参数的蒸汽,以减少汽缸厚度,降低起动时的热应力。

图 2-18　汽轮机的主体结构

转子由主轴、叶轮和动叶组成,如图 2-19 所示。高、中压部分主轴和叶轮由铬钼钒高强度钢锻件车削而成;动叶由高铬不锈合金钢铣制成形并镶嵌组合在轮缘上。低压部分叶轮与轴采用红套组合成整体;动叶加工成形后铆接在轮缘上。静叶栅(喷嘴)装在隔板上。隔板制成两个半圆形,分别组装在上、下汽缸内,上、下缸的法兰对口后用螺栓紧固。

为防止和减少高、中压汽缸内的高压蒸汽从汽缸与转轴的间隙向缸外漏泄,在间隙内有多组交替安装在汽缸或转轴上的密封圈,称为迷宫式汽封。

汽轮机除主轴承外,还有推力轴承,以承受转子轴向推力,并确定转子的轴向位置。为了平衡转子轴向推力,高、中压转子多采用汽流反向布置;低压缸多采用镜像布置。为了防止运行中发生共振,叶片的自振频率、转子的临界转速,以及基础的振动频率均应避开汽轮机的工作转速。

图 2-19 汽轮机的转子

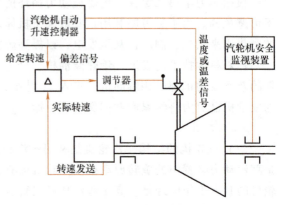

图 2-20 汽轮机自动起动升速控制系统

调速保安系统是汽轮机的重要组成部分。其功能是:随负荷的变化,调节进入汽轮机的蒸汽流量,维持汽轮机转速在额定范围之内,满足负荷需要(图2-20)。为了防止外界负荷发生大幅度变化时汽轮机发生超速事故,一般汽轮机装设有超速保护系统,当汽轮机转速超过一定限度时,保安器起动,将主汽门迅速关闭,切断汽轮机汽源,以确保安全。

汽轮机做功的基本单元由喷嘴叶栅和动叶栅构成,称为汽轮机的级。驱动发电机的汽轮机均为多级汽轮机。自 1883 年瑞典人拉瓦尔(C. G. P. de)制成第一台冲动式汽轮机,1884 年英国帕森斯(C. A.)制成第一台反动式汽轮机并用于发电以来,汽轮机向大容量、高蒸汽参数方向不断发展。1956 年出现超临界压力汽轮机。1965 年出现二次中间再热式汽轮机。到 20 世纪 80 年代中期,最大单机功率已达 1200MW(单轴)和 1300MW(双轴)。20 世纪 50 年代后期以来,用于核电站的大功率汽轮机迅速发展,以进一步降低成本。台山核电项目一期工程建设两台 EPR 三代核电机组,单机容量为 1755MW,是目前世界上单机容量最大的核电机组。

2005 年,哈尔滨汽轮机厂有限公司(简称哈汽)具有自主知识产权的国内最长的"全转速汽轮机 1200mm 钢制末级长叶片"开发研制成功。以前此叶片主要从国外进口,价格昂贵,国内叶片价格一般是国外价格的 50%~60%。哈汽 1200mm 叶片研制成功大幅度降低了机组造价,每只叶片可节约人民币约 6 万元,每台机组有 120 只或 240 只叶片,则每台机组可节约人民币约 720 万元或 1440 万元。1200mm 长叶片的研制成功,标志着我国汽轮机行业长叶片科研设计力量已达到国际前沿水平。

(2) 汽轮机的分类 汽轮机的种类多,分类方式各异,主要有按工作原理、蒸汽参数、排汽方式等分类方式。

1) 按能量转换时的工作原理不同,汽轮机可分为冲动式和反动式两大类。在冲动式汽轮机中,蒸汽的热能转换为动能的全部过程在喷管中实现,在叶片中仅发生动能转换为机械能的过程。蒸汽主要在喷嘴叶栅中膨胀降压，增加流速，蒸汽热能被转换为动能；进入动叶栅时流动方向改变，推动叶栅作周向运动，蒸汽的动能进一步转化为机械能。在反动式汽轮机中，蒸汽不但在静叶栅中膨胀加速，在动叶栅中同样膨胀加速，蒸汽不但给动叶片以推动力，而且在流出动叶片时给动叶片以反作用力。蒸汽在动叶片中焓降占一级总焓降的百分比称为级的反动度。反动式汽轮机反动度常取 50%，以使动叶和静叶可取相同叶型，从而简化制造工艺。为防止叶片根部出现倒吸现象，减少流动损失，冲动级动叶片中也设计为具有一定的焓降，其反动度视叶片长度而定，一般取 5%~30%。冲动级具有较大的热-功转换能力，并且变工况性能好，所以两类汽轮机都采用冲动级作为第一级（调节级）。中、小型汽轮机常采用复速级作为第一级，它是指在一个叶轮上装有两列动叶，在两列动叶之间装有导向叶片。由喷嘴射出的高速汽流在第一列动叶内将一部分动能转变为机械功，经过导向叶片改变流动方向后，再进入第二列动叶片继续做功，因此，复速级的焓降及做功能力比单列级大。

2）汽轮机按蒸汽参数一般分为低压汽轮机（主蒸汽压力小于 1.47MPa）、中压汽轮机（主蒸汽压力在 1.96~3.92MPa 之间）、高压汽轮机（主蒸汽压力在 5.88~9.8MPa 之间）、超高压汽轮机（主蒸汽压力在 11.77~13.93MPa 之间）、亚临界压力汽轮机（主蒸汽压力在 15.69~17.65MPa 之间）、超临界压力汽轮机（主蒸汽压力大于 22.15MPa）、超超临界压力汽轮机（主蒸汽压力大于 32MPa）。冶金技术的不断发展使得汽轮机结构也有较大改进。大机组普遍采用高中压合缸的双层结构，高中压转子采用一根转子结构，高、中、低压转子全部采用整锻结构，轴承较多地采用了可倾瓦结构。各国都在进行大容量、高参数机组的开发和设计，如俄罗斯正在开发的 2000MW 汽轮机。日本正在开发一种新的合金材料，将使高、中、低压转子一体化成为可能。世界上一些先进国家正在研究发展超超临界汽轮机，其蒸汽参数为：压力≤35MPa，温度≤720℃。

3）按照排汽方式或热力特性，汽轮机可分为凝汽式和背压式两类。凝气式汽轮机带有凝汽器，它的排汽压力低于大气压，即排汽在低于大气压的状态下进入凝汽器凝结成水。它具有较高的热能-电能转换效率，广泛应用于大功率发电机组。在凝汽式汽轮机中，若在某一级后将部分蒸汽于该点压力下引出，并用作工业过程用汽或生活用汽，这类汽轮机称为抽汽式汽轮机。抽汽式汽轮机可以在不同压力点多次抽汽。这类机型广泛用于热-电联产，以提高整个电厂的循环效率。

背压式汽轮机是以蒸汽进行冲动的原动力设备，无凝汽器，其排汽压力（背压）高于大气压力，汽轮机做功后的排汽恰好用来满足工业用汽源，一般功率较小，是一种蒸汽梯级利用的节能设备。它是企业节能降耗、投资少见效快、行之有效的节能措施。它可以代替电动机用来拖动水泵、油泵、风机等各类转动设备，也可以拖动发电机，广泛应用于石油、化工、冶金、纺织、印染、造纸、酿酒、制糖、榨油等各种行业中。如果用于驱动发电机，其发电量取决于工业所用蒸汽的需要量。若背压式汽轮机的排汽用作其他中、低压汽轮机的汽源，以代替老电厂的中、低压锅炉，则该汽轮机称为前置式汽轮机。它不但可以增加原有电厂的发电能力，而且可以提高原有电厂的热经济性。

供热用背压式汽轮机的排汽压力设计值视不同供热目的而定；前置式汽轮机的背压常大于 2MPa，视原有机组的蒸汽参数而定。排汽在供热系统中被利用之后凝结为水，再由水泵送回锅炉作为给水，如图 2-21 所示。一般供热系统的凝结水不能全部回收，需要补充给水。

背压式汽轮机发电机组发出的电功率由热负荷决定，因而不能同时满足热、电负荷的需要。背压式汽轮机一般不单独装置，而是和其他凝汽式汽轮机并列运行，由凝汽式汽轮机承担电负荷的变动，以满足外界对电负荷的需要。前置式汽轮机的电功率由中、低压汽轮机所需要的蒸汽量决定。利用调压器来控制进汽量，以维持其排汽压力不变；低压机组则根据电负荷需要来调节本身的进汽量，从而改变前置式汽轮机的排汽量。因此，不能由前置式汽轮机直接根据电负荷大小来控制其进汽量。

此外，汽轮机还可按汽流方向分为轴流式、辐流式和回流式；按其用途分为电站汽轮机、船用汽轮机和用于工厂蒸汽动力装置的工业汽轮机；按结构分为单级和多级。以发电为主要目的的现代大功率汽轮机广泛采用轴流式、多级、高初参数、凝汽式（或抽汽式）机组。

（3）汽轮机的蒸汽参数 提高汽轮机的蒸汽初参数不但能提高装置的热循环效率，而且可以提高设备本身的效率。选择合理的蒸汽初参数不仅要考虑装置的热效率，还要考虑随着蒸汽初参数的提高，

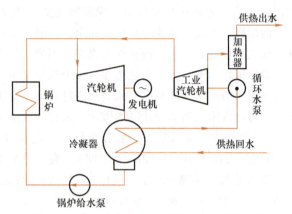

图 2-21 背压式汽轮机驱动循环水泵供热系统

对金属材料的品质和设备的制造技术水平、造价、金属消耗量以及发电成本和运行可靠性等因素的影响。中压（及以下）汽轮机的蒸汽初温一般为 400~450℃，以便采用碳素钢；高压（及以上）汽轮机初温采用 520~565℃，一般多取 535℃，以便采用低合金元素的珠光体钢，避免采用高价的奥氏体钢。蒸汽初压的选择主要受到末级叶片容许最大湿度（12%~14%）的限制。大容量热能动力装置由于采用蒸汽中间再热和给水回热，有利于初压的提高。大型汽轮机的蒸汽初压一般采用超高压和亚临界压力，个别的采用超临界压力。我国制造的汽轮机的功率及进汽参数已系列化（表 2-2）。当蒸汽初参数不变时，降低汽轮机的背压可明显提高汽轮机的热循环效率。但过低的背压会导致末级蒸汽湿度增加，降低汽轮机的相对内效率，还会使汽轮机的末级排汽面积和凝汽器结构尺寸随之增大，循环冷却水泵的容量也得相应增加。事实上，一些大功率的汽轮机采用了较高的背压。我国制造的汽轮机的背压值见表 2-3。

表 2-2 我国产电站用凝汽式汽轮机参数

额定功率/MW	进汽参数	
	初压/MPa	初温/℃
0.75、1.5、3	2.4	390
6、12、25	3.5	453
50、100	9.0	535
125、200	13.0~13.5	535/535
300、600	16.5	535/535

表 2-3 凝汽式汽轮机排汽参数

冷却水温度/℃	背压值/MPa
10	0.003~0.004
20	0.005~0.0065
27	0.007~0.008

单机容量较大的汽轮机，每千瓦的设备投资较低。因装置热效率较高，发电成本也较低。但另一方面，在电力系统中，如果较大容量的单机机组经常处于低负荷状态运行，装置的热效率会降低很多，因而并不经济。此时应综合考虑建设费用与运行费用等技术经济指标，以确定是否代之以若干台较小容量的机组。我国的《火力发电厂设计技术规程》（DL 5000—2000）中规定，在新建的发电厂中，最大机组的单机容量一般为电力系统总容量的

8%～10%，而在电力负荷增加迅速的电力系统中，也可选用单机容量更大的机组。

(4) 汽轮机的运行　汽轮机的运行车间现场如图2-22所示。

1) 起动与停运。采用高温、高压参数的汽轮机，在起动、停运的过程中由于温度的急剧变化，可能导致汽缸发生变形、裂纹。因此，必须制定合理的起动、停运操作程序，保证汽轮机各部位的温度梯度在安全值以内，同时也能有效缩短起停时间。一般规定，蒸汽与金属的温差应在-30～55℃范围内。金属温度的上升率应小于278℃/h，下降率应小于42℃/h。

图2-22　汽轮机的运行车间现场

起动加热时，汽缸的膨胀滞后于转子，若起动速度过快，则会加大汽缸与转子的膨胀差，使轴向间隙消失，导致动、静部件发生摩擦。摩擦部位局部过热会产生残余应力，进而导致转子永久性弯曲变形。为了随时监视膨胀差，汽轮机装有相对胀差指示器。大功率汽轮机转子直径达600～700mm，转子表面与中心部位的温差会产生热应力。因起动与停机时的热应力正负符号相反，故还会形成交变应力。在交变应力的作用下，将产生疲劳损伤乃至裂纹，特别是在转子锻件存在固有缺陷的地方，若不能及时发现并采取预防措施，裂纹扩展会造成严重的转子断裂事故。因此，应定期对大型汽轮机的转子进行无损探伤，尤其对起停频繁的调峰机组，除在设计和材料选用上需作特殊考虑外，还应加强预防性检查以保证安全。为消除因转子上下温度不均引起的转子热变形，汽轮机备有盘车装置。汽轮机在起停过程中都要盘车数小时以减小温度变化率。

2) 机组运行。汽轮机的运行方式可按负荷分为低负荷运行、过负荷运行及变负荷运行。汽轮机的负荷受电力系统负荷的影响，常处在变动中。在汽轮机设计负荷的一定范围内，汽轮机能安全经济地运行。一般情况下，过负荷在5%以内是允许的，但要采取增大进汽流量、减少抽汽量或提高进汽压力等相应措施。汽轮机的过负荷能力还受到不同季节冷却水温的影响。火力发电设备有一个不能稳定连续运行的最低负荷限度。低负荷运行时常发生汽轮机汽缸热应力增大、排汽湿度过大等问题，热效率也会显著降低。

运行方式也可按蒸汽参数分为定压运行和滑压运行。滑压运行是指来自锅炉的蒸汽压力随汽轮机负荷降低而降低的运行方式。滑压运行能显著提高低负荷运行状态的热效率并基本维持汽轮机内温度不变。

负荷变化率也是影响汽轮机正常运行的因素之一。由于负荷急骤变化和自动调整装置的延迟，汽温及蒸汽流量的过大波动会导致汽缸热应力过大，出现裂纹、转子胀差增大以致发生强烈振动。汽轮机运行中最常见的故障是不正常的振动。运行良好的汽轮机，轴承部位的振幅不应超过0.03～0.05mm。引起振动异常的常见原因有转子不平衡，轴弯热变形，动、静部件摩擦等。另外，转子上萌发的疲劳裂纹也会引起振动。

3)调峰汽轮机的运行。机组的设计与其运行方式密切相关。承担基本负荷的凝汽式汽轮机常为大功率机组,要求运行负荷稳定在经济负荷左右。电力系统的负荷在一天内可能发生幅度较大的周期性变化,调峰机组承担负荷变化的主要部分。在用电高峰的时间,调峰机组投入运行;在用电低谷的时间,调峰机组处在低负荷运行或停机状态。承担调峰负荷的机组,要求具备下列特点:①起动带负荷速度快,主要方法是改进汽轮机设计,如紧凑的整体结构、增大圆角半径、采用新型材料、采用全周进汽的节流配汽方式、增加汽轮机保温措施等,以降低快速起动时的热应力水平;②具有长期低负荷运行的经济性,主要方法是将机组的经济负荷设计为额定负荷的75%~90%,采取滑压运行等。

3. 燃气轮机

燃气轮机是继汽轮机和活塞式内燃机之后出现的另一种热力发动机。它是以气体燃料燃烧后所产生的连续流动气体为工质带动叶轮高速旋转,将燃料的化学能转变为有用功的内燃式动力机械,是一种旋转叶轮式热力发动机。它的结构虽类似汽轮机,但工作介质却和汽轮机不同,燃气轮机是以气体燃烧产物作为工质的。

燃气轮机装置主要由燃气轮机(燃气涡轮)、燃烧室和压气机三部分组成。燃气涡轮一般为轴流式,在小型机组中也有用向心式的。压气机有轴流式和离心式两种,大型燃气轮机的压气机为多级轴流式,中小型的为离心式。轴流式压气机效率较高,适用于大流量的场合。在小流量时,轴流式压气机因后面几级叶片很短,效率低于离心式。功率为数兆瓦的燃气轮机中,有些压气机采用轴流式加一个离心式作末级,因此能在达到较高效率的同时缩短轴向长度。燃烧室和燃气涡轮不仅工作温度高,而且还承受燃气轮机在起动和停机时因温度剧烈变化而引起的热冲击,因而它们是决定燃气轮机寿命的关键部件。为确保燃气轮机有足够的工作寿命,这两大部件中工作条件最差的零件如火焰筒和叶片等,须用镍基和钴基合金等高温材料制造,同时还须用空气冷却来降低工作温度。对于一台燃气轮机来说,除了主要部件外必须有完善的调节保安系统外,还需要配备良好的附属系统和设备,包括起动装置、燃料系统、润滑系统、空气过滤器、进气和排气消声器等。

燃气轮机装置的工作原理如图 2-23 所示。压气机连续地从大气中吸入空气并将其压缩;压缩后的空气送入燃烧室;同时供油泵向燃烧室喷油,并与高温高压空气混合,在定压下进行燃烧;生成的高温燃气进入燃气轮机(燃气涡轮)膨胀做功,废气则排入大气。可见,燃气轮机的绝热压缩、等压加热、绝热膨胀和等压放热四个过程分别在压气室、燃烧室、燃气涡轮和回热器或大气中完成。加热后的高温燃气做功能力显著提高。燃气轮机所做的功一部分用于带动压气机,其余部分(称为净功)对外输出,用于带动发电机或其他负载。燃气轮机由静止起动时,需用起动机带着旋转,待加速到能独立运行后,起动机才脱开。

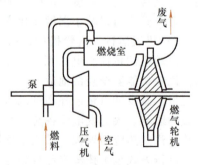

图 2-23 燃气轮机装置的工作原理

燃气轮机工作过程中温度和压力的变化如图 2-24 所示。燃气初温和压气机的压缩比是影响燃气轮机效率的两个主要因素,提高燃气初温并相应提高压缩比,可显著提高燃气轮机的效率。目前正在研究最大功率达 460MW、燃气初温达 1600℃、压气机压缩比约为 40、单循环效率为 43%~44% 的重型燃气轮机,其联合循环效率将高达 65%;同时也在着手研究更加先进的燃气轮机,燃气初温的目标是1700℃。

燃气轮机的工作过程是最简单的,称为简单循环,此外还有回热循环和复杂循环。燃气轮机的工质来自大气,最后又排至大气,是一种开式循环。另外,燃气轮机与其他热机相结合的称为复合循环装置。燃气轮机结构有重型和轻型两种,后者主要由航空发动机改装。重型的零件较为厚重,大修周期长,寿命可达 10 万 h 以上。轻型的结构紧凑且轻,所用材料一般较好,其中以航机的结构为最紧凑、最轻,但寿命较短。

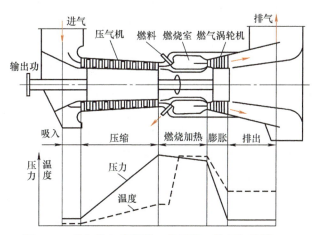

图 2-24 燃气轮机装置的工作过程(等压加热循环)

燃气轮机组单机容量小的约为 10~20kW,最大的已达 375MW。单机热效率为 36%~41.6%,组成联合循环机组后,发电效率为 55%~60%。不同的应用部门,对燃气轮机的要求和使用状况也不相同。功率在 10MW 以上的燃气轮机多数用于发电,而 30~40MW 的几乎全部用于发电。与活塞式内燃机和蒸汽动力装置相比较,燃气轮机的主要优点是小而轻。单位功率的质量,重型燃气轮机一般为 2~5kg/kW,而航机一般低于 0.2kg/kW。燃气轮机占地面积小,用于车、船等运输机械时,既可节省空间,也可装备功率更大的燃气轮机以提高车、船速度。燃气轮机的主要缺点是效率不够高,在部分负荷下效率下降快,空载时的燃料消耗量高。

和汽轮机相比,燃气轮机具有体积小、重量轻、投资省、安装快、起动快、操作方便、用水少或不用水、润滑油消耗少、能使用多种液体或气体燃料、经济性高、安全可靠、有害排放量低等特点。以燃气轮机作为热机的火力发电厂主要用于尖峰负荷,对电网起调峰作用。此外,燃气轮机装置在航空、舰船、油气开采输送、交通、冶金、化工等领域也得到广泛应用,尤其在航空和舰船领域,燃气轮机是最主要的动力机械。目前,飞机上的涡轮喷气发动机、涡轮螺旋桨发动机、涡轮风扇发动机都是以燃气轮机作为主机后起动辅助;高速水面舰艇、水翼艇、气垫船也广泛采用燃气轮机作为动力。

燃气轮机发电机组能在无外界电源的情况下迅速起动,机动性好,在电网中用它带动尖峰负荷和作为紧急备用,能较好地保障电网的安全运行,所以应用广泛。在汽车(或拖车)电站和列车电站等移动电站中,燃气轮机因其轻、小,应用也很广泛。此外,还有不少利用燃气轮机的便携电源,功率最小的在 10kW 以下。

燃气轮机的未来发展趋势是:①进一步提高燃气初温、压气机压缩比,从而提高机组的功率和效率等性能。提高效率的关键是提高燃气初温,即改进涡轮叶片的冷却技术,如单晶合金、超级冷却叶片、热障涂层(TBC)、抗氧化和热蚀的涂层等技术,研制出能耐更高温度的高温材料,如新一代超级合金、粉末冶金材料、金属基/陶瓷基复合材料等。其次是提高压缩比,研制级数更少而压缩比更高的压气机。再次是提高各个部件的效率。②发展燃煤技术,进一步降低 NO_x 等污染物的排放。高效低污染稳定燃烧技术始终是燃气轮机的前沿技术。世界各国的燃气轮机制造商都研发了各自的控制污染排放技术，投入了很大的力量研究开发干式低污染（DLN）燃烧室，并将其应用于现代燃气轮机产品中。③优化总体性能和完善控制系统。如采用新型热力循环（包括先进湿空气涡轮循环等）和新工质（包括混合工质等），如按闭式循环工作的装置能利用核能，它用高温气冷反应堆作为加热器，反应堆的冷却剂（氦或氮等）同时作为压气机和涡轮的工质。

近年来，随着全球范围内能源与动力需求的增加以及环境保护等要求的变化，燃气轮机得到了电力、动力等有关部门的高度重视，美、欧、日等国先后制订了先进燃气轮机技术研究发展计划，以极大的热情推动着燃气轮机的发展。20世纪80年代以来，燃气轮机技术迅速发展，如寻求耐高温材料、改进冷却技术、使燃气初温进一步提高，提高压缩比、充分利用燃气轮机余热、研制新的回热器等。燃气轮机的技术日趋完善，作为一种高效、节能、低污染的发动机，燃气轮机在动力工程中必将得到日益广泛的应用。

2.2.3 机械能转换为电能

通过同步发电机可以将汽轮机或燃气轮机的机械能转换成电能。同步发电机由定子（铁心和绕组）、转子（钢心和绕组）、机座等组成。转子绕组中通入直流电并在汽轮机的带动下高速旋转，此时转子磁场的磁力线被定子三相绕组切割，定子绕组因电磁感应会产生电动势。当定子三相绕组与外电路连接时，则会有三相电流产生。这一电流又会同步产生一个顺着转子转动方向的旋转磁场，带有电流的转子绕组在该旋转磁场的作用下，将产生一个与转子旋转方向相反的力矩，这一力矩将会阻止汽轮机旋转。因此，为了维持转子在额定转速下旋转，汽轮机一定要克服该力矩而做功，也就是说汽轮机的机械能通过同步发电机中的电磁相互作用转变为定子绕组中的电能。汽轮发电机的基本结构如图2-25所示，表2-4为大型汽轮发电机的主要技术参数。

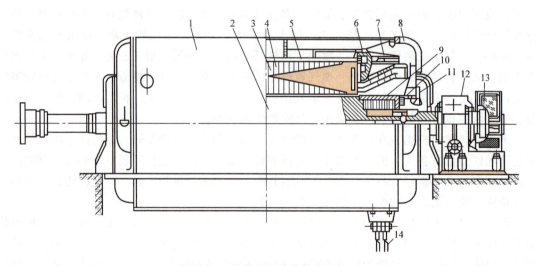

图2-25　汽轮发电机的基本结构

1—定子　2—转子　3—定子铁心　4—定子铁心的径向通风沟　5—定位筋
6—定子压圈　7—定子绕组　8—端盖　9—转子护环　10—中心环
11—离心式风扇　12—轴承　13—集电环　14—定子电流引出线

表 2-4　大型汽轮发电机的主要技术参数

型　号	QFSS-200-2	QFQS-200-2	QFS-300-2	QFSN-600-2
额定容量/MV·A	235	235	353	670
额定电压/kV	15.75	15.75	18	20
额定功率因数	0.85	0.85	0.85	0.90
额定电流/kA	8.625	8.625	11.32	19
额定转速/(r/min)	3000	3000	3000	3000

2.3　能量的高效储存技术

能源或能量的储存是能量在时间上的转换，例如人类如今所利用的矿物燃料，就储存了若干年前的太阳能。目前，我国使用的电能绝大部分采用火力发电，如果满足了白天的用电高峰，则夜间的用电低谷必然造成电力浪费，因此，如何将用电低谷时的电能储存起来，是有待进一步研究的课题。

储能又称为蓄能，是指将能量转化为在自然条件下比较稳定的存在形态的过程。也可以说，在能量富余的时候，利用特殊装置把能量储存起来，并在能量不足时释放出来，从而调节能量供求在时间和强度上的不匹配。储能包括自然储能和人为储能两类：自然储能，如植物通过光合作用把太阳辐射能转化为化学能储存起来；人为储能，如旋转机械钟表的发条、儿童玩具中的弹簧等把机械能转化为弹性势能储存起来。

按照储存状态下能量的形态不同，储能又可分为机械储能、化学储能、电磁储能（或蓄电）、风能储存、水能储存等。与热有关的能量储存，不管是把传递的热量储存起来，还是以物体内部能量的方式储存，都称为蓄热。

储能技术是解决风能、太阳能等新能源大规模并网和弃风、弃光问题的关键技术，是分布式能源、智能电网、全球能源互联网发展的必备技术，也是解决常规电力削峰填谷，提高常规能源发电与输电效率、安全性和经济性的重要支撑技术。例如，对电力工业而言，电力需求的最大特点是昼夜负荷变化很大，巨大的用电峰谷差使峰期电力紧张，谷期电力过剩。目前，国内日峰谷差最大时间段一般出现在夏季，以北京、天津和河北地区电网为例，峰谷差率已经超过 30%。如果能将谷期（深夜和周末）的电能储存起来供峰期使用，将大大改善电力供需矛盾，提高发电设备的利用率，节约投资。在太阳能利用中，由于太阳昼夜的变化，同时受天气、季节的影响，需要有一个储能系统（储热箱或蓄电瓶）来保证太阳能利用装置（过热水或光电）连续工作。

在能源的开发、转换、运输和利用过程中，能量的供应和需求之间往往存在数量、形态和时间的差异。为了弥补这些差异，有效地利用能源，常常人为地控制能量的储存和释放。这种储存和释放能量的人为过程和技术手段称为储能技术。储能技术有如下用途：①防止能量品质的自动恶化。自然界一些不够稳定的能源，容易发生能量的变质和耗散，逐渐丧失其可转化性，如水自发地由高处流向低处。采用储能技术，就可以避免能量自动变质造成的浪费。②改善能源转换过程的性能。例如矿物燃料和核燃料本身性质稳定，它们用于发电时，转换而来的电能却是不易储存的能量，并且电量会随时间的变化出现电力系统负荷的高峰和低谷。因此，可以通过大容量、高效率的电能储存技术对电力系统进行调峰。③为了方便经济地使用能量，也要用到储能技术。例如汽车利用蓄电池解决发动机起动的难题。④为了减少污染、保护环境，也需要储能技术。储能技术可提高清洁能源的发电效率，进而实现化石能源的清洁高效利用，有效减少污染物的排放，对雾霾等环境问题的治理和改善人居环境将起到极大的推动作用。综上所述，储能技术是合理、高效、清洁地利用能源的重要手段，尤其是在当今能源枯竭日益加剧、能源消费供求不平衡的大环境下，储能能够突破传统能源模式在时间与空间上的限制，其重要作用日益凸显，已成为各国竞相发展的战略性新兴产业。

衡量储能材料及储能装置性能优劣的主要指标有：储能密度、储能功率、蓄能效率、储能价格及对环境的影响等。表2-5给出了常用储能材料和装置的储能密度。

显然，作为核能和化学能的储存者，核燃料、化石燃料有很大的储能密度，而电容器、飞轮等储能装置的储能密度就非常小。储能系统的种类繁多、应用广泛，按照储存能量的形态分为机械的储能、热能的储存、化学能的储存和电磁储能。

表2-5　常用储能材料和装置的储能密度　　　　　　　　（单位：kJ/kg）

储能材料	储能密度	储能装置	储能密度
反应堆燃料(2.5%浓缩UO_2)	7.0×10^{10}	银氧化物-锌蓄电池	437
烟煤	2.78×10^7	铅-酸蓄电池	112
焦炭	2.63×10^7	飞轮(均匀受力的圆盘)	79
木材	1.38×10^7	压缩气(球形)	71
甲烷	5.0×10^4	飞轮(圆柱形)	56
氢	1.2×10^5	飞轮(轮圈-轮辐)	7
液化石油气	5.18×10^7	有机弹性体	20
一氢化锂	3.8×10^3	扭力弹簧	0.24
苯	4.0×10^7	螺旋弹簧	0.16
水(落差为100m)	9.8×10^3	电容器	0.016

2.3.1　电能高效储存技术

在全球环境污染问题和化石能源紧缺问题日趋严重的今天，应积极大力开发和利用自然能源，如太阳能、水能、风能、生物质能、波浪能、潮汐能、海洋温差能、地热能等。然而，这些自然能源常常随自然条件的变化而变化。为有效地利用这些自然能源，必须采用能量储存设备，以保证连续稳定地供能。

许多自然能源通常要转换为电能，因此，发展电能储存技术，对提高发电设备利用率、降低成本、保证供电质量、节约能源都是非常必要的。目前，世界各国已经使用或正在研究开发的电能储存技术有：抽水蓄能技术、超导储能技术、电容器储能技术、压缩空气储能技术、电化学储能技术、飞轮蓄能技术等。

1. 抽水蓄能技术

目前，我国以热力机组为主的发电系统由三部分组成：使用单机容量大、经济性好的燃煤机组来承担负荷中不变的部分（称为基荷），使用调节性能好的燃煤或燃油调峰机组和某些水电机组来承担负荷中有规律变化的部分（称为腰荷），使用水电机组或燃气轮机来承担负荷中变化频繁的部分（称为峰荷）。电力系统如装有抽水蓄能机组，则可以用来替代承担腰荷及峰荷的热力机组。

抽水蓄能电站的原理示意图见图2-26，它是利用兼有水泵和水轮机两种工作方式的蓄能机组，在电力负荷处于低谷时作水泵运行，用基荷火电机组发出的多余电能将下水库的水抽到上水库储存起来，在电力负荷出现高峰时作水轮机运行，将上水库储存的水放下来发电。

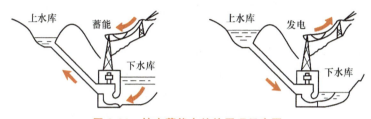

图2-26 抽水蓄能电站的原理示意图

抽水蓄能机组可以改善电网的运行情况。在能源利用上，降低了电力系统的燃料消耗，改变了能源结构，提高了火电设备的利用率，降低了运行消耗；在提高水电效益方面，抽水蓄能电站缓解了发电与灌溉之间的用水矛盾，可以调节长距离输送的电力，充分利用水力资源，而且对环境没有不良的影响。

位于我国河北省丰宁满族自治县境内的丰宁抽水蓄能电站，规划装机容量360万kW，是目前世界上在建装机容量最大的抽水蓄能电站项目。电站分两期开发建设，于2016年实现同步建设，共安装12台30万kW的可逆式水泵水轮机和发电电动机组。两期工程总投资192.37亿元，计划于2021年首台机组发电，2023年12台机组全部投产运行。

2. 超导储能技术

超导技术的进步为电能储存开辟了一条新的技术途径。超导储能装置具有储能密度大、效率高、响应快的优点，而且也能够以小型化、分散储能的形式应用，正在受到人们的关注。

超导储能技术有超导磁储能和磁悬浮飞轮储能两种，前者将电能以磁场的形式储存，后者将电能以机械能的形式储存。超导磁储能技术具有以下优点：储能密度高；节省送变电设备和减少送变电损耗；可以快速起动和停止，即可以瞬时储电和放电，从而缩短停电事故修复时间；在系统输入、输出端通过使用交直流变换装置，提高了短路容量的稳定度。当遇到电网暂态波动时，它以有功与无功的支持来稳定电网的电压和频率，从而避免系统解裂甚至崩溃。超导磁储能技术在电力工业中有广泛的商业应用前景。

在超导储能装置中，超导磁悬浮飞轮储能较磁储能起步较晚，是在高质量、高温超导块材技术形成后才发展起来的。与超导磁储能装置相比，超导磁悬浮飞轮储能密度高、泄漏磁场小。超导磁储能的效率、单位容量成本与储存能量大小密切相关，储存能量太小则经济效益较差。在这方面，超导磁悬浮飞轮储能的效率、单位容量成本与储能容量的相关性较小，从而更容易实现小型化。

3. 电容器储能技术

在脉冲功率设备中，作为储能元件的电容器在整个设备中占有很大的比例，是极为重要的部件，广泛应用于脉冲电源、医疗器材、电磁武器、粒子加速器及环保等领域。

我国现有的大功率脉冲电源中采用的电容器基本上是按电力电容器的生产模式制造的箔式结构的电容器，存在储能密度低、发生故障后易爆炸的缺陷。目前，国内脉冲功率电源中所用电容器的储能密度一般为 100~200J/L，少数达到 500J/L。国际上所用脉冲电容器的储能密度水平在 500~1000J/L，形成商品的电容器的储能密度约为 500J/L。提高电容器的储能密度，可有效地减小大功率脉冲电源的体积。

4. 压缩空气储能技术

压缩空气储能技术的概念是在 20 世纪 50 年代提出来的，它像蓄电池、抽水蓄能电站等技术一样，在电力供应方面用作电力削峰填谷的工具。压缩空气储能系统由充气（压缩）循环和排气（膨胀）循环这两个独立的部分组成。压缩时，电动机/发电机作为电动机工作，使用相对较便宜的低谷电驱动压缩机，将高压空气压入地下储气室，这时膨胀机处于脱开状态。用电高峰时，合上膨胀端的联轴器，电动机/发电机作为发电机发电，这时从储气室出来的空气先经过回热器预热（是用膨胀机排气作为加热气源），然后在燃烧室内进一步加热后进入膨胀系统。

压缩空气储能目前已在德国（Huntorf 321MW）和美国（McIntosh 110MW，Ohio 9×300MW，Texas 4×135MW 和 Iowa 200MW 项目等）得到了规模化商业应用。在新型压缩空气储能方面，国际上只有中国科学院工程热物理研究所（1.5MW 超临界压缩空气储能、10MW 先进压缩空气储能）、美国 General Compression 公司（2MW 蓄热式压缩空气储能）、美国 SutainX 公司（1.5MW 等温压缩空气储能）和英国 Highview Power 公司（兆瓦级液态空气储能）4 家机构具备了兆瓦级的生产设计能力。

5. 电化学储能技术

电化学储能是指通过发生可逆的化学反应来完成电能和化学能之间的相互转换，进而实现电能的存储和释放。电化学储能电池主要包括铅酸电池、锂离子电池、钒液流电池、钠硫电池、氢镍电池、锌空气电池、燃料电池以及超级电容器，其中铅酸电池、锂离子电池、钒液流电池和钠硫电池是研究重点和热点。

电化学储能的能量和功率配置灵活，受环境影响小，易实现大规模利用。然而，电化学储能目前仍存在电池充放电次数有限、使用寿命短、成本较高等缺点。随着大规模储能需求和电动汽车的发展，新型高效电池将不断被研发和示范使用，提升电池寿命和降低成本将是接下来研究的重点。传统的电化学储能以铅酸电池和锂离子电池为主，随着技术的进步，铅酸电池和锂离子电池在生产制造工艺上将会取得一定的进步。大规模存储能量对电池的储能系统要求越来越高，一些新型电池如全钒液流电池以及钠硫电池等被不断研发出来。随着电动汽车等产业的快速发展，锂空气电池、锂硫电池等也逐渐被开发出来，以适应未来汽车发展的需求。

电化学储能技术最重要的应用领域就是电动汽车。电动汽车是以电池作为能量来源，利用控制器、电动机等部件，将电能转化为机械能，通过控制电流大小来改变车辆的行驶速度。第一辆电动汽车制造于 1834 年，它是由直流电动机驱动的。电池是电动汽车最重要的组成部分，现阶段的电动汽车所用的电池主要为磷酸铁锂电池或三元材料电池。部分品牌电动汽车的电池技术比较见表 2-6。

现阶段的电动汽车分为纯电动汽车（BEV）、混合动力汽车（PHEV）和燃料电池汽车（FCEV）。纯电动汽车是指完全由动力蓄电池提供电力驱动的电动车，具有零排放、噪声小、

表 2-6 部分品牌电动汽车的电池技术比较

品　　牌	汽车类型	电池类型	容量/kW·h	续航里程/km	充电时间/h
特斯拉 Model X 90D	纯电动	锂电池	90	470	8~10
比亚迪 E6	纯电动	锂电池	82	400	9~12
丰田 P4	混合动力	锂电池	8.8	900	—
日产 Leaf	纯电动	锂电池	30	172	6~7
雪佛兰 Bolt	纯电动	锂电池	60	380	8

能源利用率高的特点；混合动力汽车是指拥有两种不同动力源的汽车，又分为插电式混合动力和增程式混合动力汽车；燃料电池汽车是指以燃料电池作为动力电源的汽车。燃料电池的化学反应过程不会产生有害物质，因此，燃料电池汽车是无污染汽车。燃料电池的能量转换效率比内燃机要高 2~3 倍，从能源的利用和环境保护方面来看，燃料电池汽车是一种理想的车辆。

2.3.2　热能储存技术及其应用

在现有的能源结构中，热能是最重要的能源之一。但目前的大多数能源如太阳能、风能、地热能以及工业余热、废热等，都具有间断性和不稳定的特点，在现有的技术方案下并不能对其直接利用。尤其是热能，更难得到合理应用，在急需时不能及时提供，而在不需要时却可能存在大量的热量。于是，人们希望找到一种方法，能像蓄水池储水一样把暂时不用的热量以某种方式储存起来，等到需要时再把它释放出来。热能储存就是这样的一种技术。

热能储存技术是提高能源利用效率和保护环境的重要技术，一般是将暂时不用的余热或多余的热量以物理热的形式储存于适当的介质中，当需要时再通过一定方式将其释放出来，从而解决由于时间或地点上供热与用热的不匹配和不均匀所导致的能源利用率低的问题，最大限度地利用加热过程中的热能或余热，提高整个加热系统的热效率。

热能储存技术的应用已有很长的历史。在古代，人们已经知道利用天然冰来保存食物和改善环境，或者利用地窖将冬天的冰储藏起来以备炎热的夏季使用。而现代热能存储技术起源于 20 世纪 70 年代发生石油危机以后，由于世界上一些工业大国开始重视太阳能、核能等不连续新能源的开发研究，高效、经济的热能储存技术的研究显得非常重要。热能储存技术可用于解决热能供给与需求失配的矛盾，在太阳能利用、电力的"移峰填谷"、废热和余热的回收利用、工业与民用建筑及空调的节能等领域具有广泛的应用前景，目前已成为世界范围内的研究热点。热能储存除了适用于具有周期性或间断性的加热过程，还可应用于工业连续加热过程的余热回收。实践证明，热能储存技术具有广阔的应用前景。

目前，热能储存技术主要研究显热、潜热和化学反应热三种热能的存储。其主要研究内容可归纳为两大类：一类是热能储存材料的研究，包括材料的物性及材料与容器的相容性、材料的寿命及稳定性等；另一类是热物理问题的研究，包括热能存储过程中传热的基本机理、储热装置的强化传热、储热（换热）器的设计及运行工况的控制等。

热能储存的方法一般可分为显热存储、潜热存储和化学反应热存储，下面分别予以说明。

1. 显热储存

物质随吸热而温度升高，或随放热而温度降低的现象称为显热变化。显热储存是通过提高蓄热材料的温度来达到蓄热的目的。显热储存是所有热能储存方式中原理最简单、技术最成熟、材料来源最丰富、成本最低廉的一种，也是实际应用最早、推广使用最普遍的一种。但一般的显热储存介质的储能密度都比较低，相应的装置体积庞大，因此它在工业上的应用价值不高。

众所周知，任何一种物质均具有一定的热容。在物质形态不变的情况下，随着温度的变化，它会吸收或放出热量。显热储存技术就是利用物质的这一特性，其储热效果与材料的比热容、密度等因素有关。从理论上说，所有物质均可以被应用于显热蓄能技术，但实际应用的是比热容较大的物质（如水、岩石、土壤等）。因为蓄热材料的比热容越大、密度越大，所蓄的热量也越多。

常用的显热蓄热介质有水、水蒸气、砂石等。水具有清洁、廉价、比热容高的优点。水的比热容大约是石块的4.8倍，而石块的密度是水的2.5~3.5倍，因此水的蓄热容积密度比石块大。石块的优点是不像水那样存在漏损和腐蚀等问题。显热蓄热主要用来储存温度较低的热能，这种系统的主要储存物质为液态水和岩石等。显热储存技术所能达到的温度较低，一般低于150℃，仅用于取暖，因为其转换成机械能、电能和其他形式的能量时效率不高，并受到热动力学基本定律的限制。

2. 潜热储存

潜热储能是利用物质在凝固/熔化、凝结/汽化、凝华/升华以及其他形式的相变过程中，都要吸收或放出相变潜热的原理进行蓄热，因而也称为相变储能。相变的潜热比显热大得多，因而潜热储存有更高的储能密度。与显热蓄热相比，潜热蓄热的优点是容积蓄热密度大，可使集热器的面积做得较小；在蓄热和取热过程中蓄热设备的温度变化小，进而可以使得蓄热系统在稳定状态下运行。因此，蓄存相同的热量时，潜热蓄热设备所需的容积要比显热蓄热设备小得多，从而可提高集热器的热效率，改善集热系统的经济性。

潜热储能中可以发生固-液、液-气及固-气相变，其中以固-液相变最为常见。虽然液-气或固-气转化时伴随的相变潜热远大于固-液转化时的相变热，但液-气或固-气转化时容积的变化非常大，很难用于实际工程。目前，有实际应用价值的只有固-液相变式蓄热。用来衡量蓄热材料性能的主要指标包括：熔化潜热大、熔点范围适当、冷却时结晶率大、化学稳定性好、热导率大、对容器的腐蚀性小、不易燃、无毒、价格低廉等。

常见的潜热储存方法有冰蓄热、蒸汽蓄热、相变材料蓄热等。根据相变温度高低，潜热蓄热又可分为低温和高温两类。

低温潜热蓄热主要用于废热回收、太阳能储存及供暖和空调系统。低温相变材料主要采用无机水合盐类、石蜡及脂肪酸等有机物。无机水合盐类经过多次循环使用后，会出现固液分离、过冷、老化变质等不利现象，因此需添加增稠剂等稳定性物质。蜡和脂肪酸以及此类化合物的低共熔体，在融化时吸收的热量虽然低于水合盐，但它们不产生固液分层，能自成核，无过冷，对容器几乎无腐蚀，因而也得到广泛应用。冰作为低温相变材料也比较常用，其特点是成本低，且不存在腐蚀及有毒等问题。

高温潜热蓄热可用于热机、太阳能电站、磁流体发电以及人造卫星等方面。高温相变材料主要采用高温熔化盐类、混合盐类和金属及其合金等。高温熔化盐类主要是氟化盐、氯化物、硝酸盐、碳酸盐、硫酸盐类物质。混合盐类温度范围广，熔化潜热大，但盐类腐蚀性严重，会在容器表面结壳或发生结晶迟缓现象。因此，应用时的条件要求较高。

3. 化学反应热储存

化学反应热储存是利用储能材料相接触时发生可逆的化学反应来储、放热能。例如，化学反应正向进行时吸热，热能被储存起来；逆向进行时放热，则热能被释放出去。这种方式的储能密度虽然较大，但是技术复杂并且使用不便，目前仅在太阳能领域受到重视，离实际应用尚远。

热化学蓄热方式大体可分为三类：化学反应蓄热、浓度差蓄热以及化学结构变化蓄热。化学反应蓄热时，发生的化学反应可以有催化剂，也可以没有催化剂，这些反应包括气相催化反应、气固反应、气液反应、液液反应等。浓度差蓄热是利用酸碱盐溶液在浓度发生变化时产生热量的原理来储存热量。化学结构变化蓄热是指利用物质化学结构的变化而吸热/放热的原理来蓄放热的方法。

实际应用中，上述三种蓄热方式很难截然分开，例如，潜热型蓄热液同时会把一部分显热储存起来，而反应型蓄热材料则可能把显热或潜热储存。三种类型的蓄热方式中，潜热蓄热方式最具有应用前景，也是目前应用最多和最重要的储能方式。

4. 蓄热技术的应用

蓄热技术作为缓解人类能源危机的一个重要手段，主要有以下几方面的应用：

（1）太阳能热储存　太阳是一颗炽热的恒星，地球上的万物生长都有赖于它的光和热。太阳能是地球上一切能源的主要来源，是可再生的清洁能源，因而是 21 世纪以后人类可期待的最有希望的能源。但到达地面的太阳能有昼夜变化造成的间断性，有季节更替以及天气多云、阴雨而造成的不稳定性，而且太阳能到达地球表面的能量密度极低。要利用太阳能，就必须解决这些问题。在太阳能利用系统中设置蓄热装置是解决上述问题最有效的方法之一。

在实际运用中，必须将太阳能转换为热能、电能、化学能、动能或生物能，才能对其加以利用。通常将转换所得的能量存储起来，在需要时再将存储的能量直接应用或转换为所需形式的能量。几乎所有用于采暖、供应热水、生产过程用热的太阳能装置都需要储存热能。即使是在地球外部空间轨道上运行的航天器，也会受到地球阴影的遮

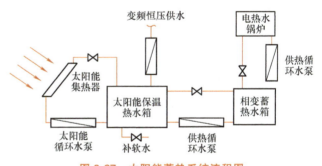

图 2-27　太阳能蓄热系统流程图

挡，不能连续地接受太阳能。因此，空间发电系统也需要蓄热系统来维持连续稳定的运行。太阳能蓄热系统流程图如图 2-27 所示。

太阳能短期蓄热是太阳能蓄热中一种简单常见的形式，它的充放热循环周期较短，最短可以以 24h 作为一个循环周期。一般来说，短期蓄热的蓄热容积较小，如目前居民家庭中使用的太阳能热水器，其中的热水箱就属于短期蓄热。

与太阳能短期蓄热相对应，蓄热容积比较大、充放热循环周期比较长（一般为一年）的蓄热称为长期蓄热（或季节性蓄热）。长期蓄热的蓄热装置可置于地面以上，一般较常见的有钢质蓄热水塔。从长期运行的经济性来看，置于地面以下的蓄热装置更为有效。长期蓄

热主要用于与集中供热系统联合运行的大型蓄热,其热损失不仅与热装置的尺寸和形状有关,而且和蓄热温度、土壤的绝缘性能以及蓄热装置的位置有关。

目前,国际上太阳能蓄热的发展重点正在转向以地下工质(土壤、岩石、地下水等)作为蓄热介质的长期蓄热。用户和蓄热装置之间的管路一般以水作为能量输送介质,这种蓄热方法成本低,占地少,是一种很有发展前景的储热方式。

为了保持太阳能采暖系统供热的连续性和稳定性,在该系统中必须配备蓄热装置。以空气为吸热介质的太阳能采暖系统通常选用岩石床作为热储存装置中的蓄热材料,如图 2-28 所示。以水为吸热介质的太阳能采暖系统则选用水作为蓄热材料,如图 2-29 所示。

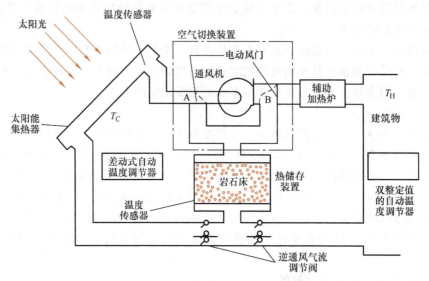

图 2-28　以空气为吸热介质的太阳能采暖系统

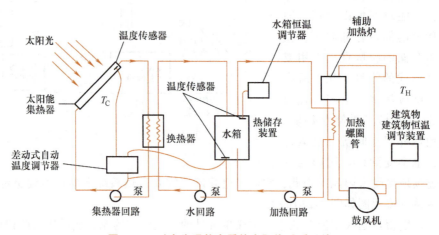

图 2-29　以水为吸热介质的太阳能采暖系统

(2) 电力调峰及电热余热储存　电力资源的短缺是人类长期面临的问题。尽管如此,在目前的电力资源使用中仍存在严重的浪费现象。例如,我国的葛洲坝水利枢纽工程,其高峰与低谷的发电输出功率之比为 220 万 kW/80 万 kW,用电低谷发不出的电能只是通过放水解决。若能把这部分能源回收,则可大大缓解能源紧张的状况,减少电力资源的浪费。

在电厂中采用蓄热装置,可以经济地解决高峰负荷填平需求低谷的问题,以缓冲蓄热的方式调节机组负荷。采用蓄热装置可以节约燃料,降低电厂的初投资和燃料费用,提高机组的运行效率并改善机组的运行条件,从而提高电厂的运行效率和电能的利用率,降低排气污染,改善环境。

在太阳能电站中,当负荷降低时,利用蓄热装置可以把热能暂时存储起来。由于太阳能自身不可避免的非连续性,蓄热器的放热不仅是出于高峰负荷的需要,抑或出于供能的不足(日照少或为零),或兼而有之;蓄热器的蓄热不仅是出于负荷降低,抑或出于供能过多(日照过多),或兼而有之。因此,蓄热不仅削峰,而且填平了低谷。

蓄热技术在核电站中具有更大的吸引力。采用蓄热技术可使反应堆的运行更安全、更经济。对高峰负荷采用核电机组与蓄能相结合的形式,可以减少单独的高峰负荷机组的需要量,同样还可减少低效率高峰机组使用的优质燃料(轻油、煤油、天然气等)。这样,核电站可以按基本负荷运行,燃料的温度交变降到最低限度,对燃料元件的损害就可以降到最低。采用蓄热技术,也会使得核电站相当大的初投资得到充分利用。

(3) 工业加热及热能储存　目前工业热能储存采用的是再生式加热炉和废热蓄能锅炉等蓄热装置。采用蓄热技术来回收锅炉的烟气余热及废热,既节约了能源,又减少了空气污染以及冷却、淬火过程中水的消耗量。在造纸和制浆工业中,燃烧废木料的锅炉适应负荷的能力较差,采用蓄热装置后,可以提高其负荷适应能力。在食品工业的洗涤、蒸煮和杀菌等过程中,由于负荷经常发生波动,采用蓄热装置后就能很好地适应这种波动。纺织工业的漂白和染色工艺过程也可采用蓄热装置来满足负荷波动。在采暖系统中,一年中只有较短的一段时间需要最大采暖功率,热能的生产要随需求的变化随时调整。因此,蓄热的作用显得更加重要。借助蓄热装置,可以降低能量转换装置的设计功率。在电热采暖和供应热水的过程中,可以把用电时间安排到非高峰时期,从而降低运行成本。采用蓄热装置后,不存在部分负荷运行情况,能量的转换效率得到提高。采暖锅炉由于需求的波动导致锅炉起停频繁,起停过程的能量损失非常大。采用蓄热装置后,有效地增加了系统蓄热容量,在一定范围内可以满足波动负荷的要求,从而降低锅炉起停的频率,降低能量消耗。

(4) 蓄冷技术　长期以来,对相变蓄热技术的研究主要集中在高温蓄热和太阳能的利用方面。随着经济的发展和人们生活水平的提高,空调应用的范围日益扩大,作为在用户侧进行电力负荷管理、减小电力负荷昼夜峰谷差和用电高峰期电力短缺的重要手段之一,蓄冷空调技术得到了人们的广泛关注。

空调用电负荷是典型的与电网峰谷同步的负荷。据统计,其年峰谷负荷差可达80%~90%,日峰谷差可达100%。国内空调负荷在夏季高峰期所占尖峰负荷的比例已达30%~40%,并且这一数字还在不断攀升中。因此,如何平衡空调用电的峰谷负荷变得十分重要。

采用空调蓄冷技术是平衡空调用电峰谷最好的办法。所谓空调蓄冷技术,是指利用电力负荷很低的夜间用电低谷期,采用电动压缩制冷机制冷,利用蓄冷介质的显热或潜热特性,用一定方式将冷量储存起来。在电力负荷较高的白天,也就是在用电高峰期,把储存的冷量释放出来,以满足建筑物空调或生产工艺的需要。

空调工程的蓄冷方式种类较多,按储存冷量的方式可分为显热蓄冷和潜热蓄冷两大类;按蓄冷介质区分,有水蓄冷、冰蓄冷、共晶盐蓄冷、气体水合物蓄冷等几种。目前,冰蓄冷及水蓄冷技术在我国已经得到认可和普遍应用。

水是自然界最易得的廉价蓄冷材料，可以利用 4~7℃ 的冷水储存冷量。水蓄冷具有系统简单、技术要求低和维护费用少等特点，在空调蓄冷中可以使用常规制冷机组。其缺点是蓄冷能力小，因此蓄冷装置体积大、占地多。这种蓄冷方式早期使用很多，目前随着地价上升，已较少应用。

冰蓄冷充分利用水的相变潜热（335kJ/kg），蓄冷能力是水蓄冷的十几倍，因此，冰蓄冷系统的蓄冷装置体积小，蓄冷量大，是目前蓄冷装置中应用最广的一种。冰蓄冷的缺点是，在制冷与储冷、储冷和取冷之间存在较大的温差，传热温差损失较大。因此，冰蓄冷的制冷性能系数 COP 较水蓄冷低。

为了克服水蓄冷和冰蓄冷的缺点，共晶盐的蓄冷系统应运而生。其特点是既利用相变潜热大的优点，又尽量减少传热温差。但一般的水合盐都有一定的腐蚀性，多次使用也容易老化失效，同时对蓄冷设备要求高，蓄/释冷过程换热效率低，所以，推广使用共晶盐蓄冷受到了一定限制。

目前，国内外蓄冷空调技术发展很快。2016 年"中国冰蓄冷中央空调市场现状调研与发展趋势分析报告"显示，在发达国家，60%以上的建筑物都已使用冰蓄冷技术。日本在 20 世纪 80 年代初开始研究蓄冷技术，1988 年实现了电力费用的大幅改善，极大促进了蓄冷技术的发展，特别是冰蓄冷技术。日本由于采用蓄冰供冷技术，电网低谷用电量使用率达 45%。在英国、加拿大、德国、澳大利亚等国，蓄冷技术也得到应用。韩国通过立法规定，大于 3000m² 的公共建筑必须采用蓄冰空调系统。我国从 1992 年开始发展水蓄冷和冰蓄冷空调，近年来，冰蓄冷工程陆续投入使用。截止到 2012 年 2 月，我国投入使用的冰蓄冷空调系统约有 802 套，水蓄冷空调 178 套。

（5）移动蓄热技术　移动蓄热技术是一种新型的余热利用与集约化供热模式。利用移动式蓄热技术将热电厂、冶炼厂、化工厂、焦化厂等高耗能企业产生的余热回收储存起来，输送至附近的医院、学校、洗浴中心、宾馆、居民小区等热能用量较大的用户处，为其提供热水和供暖，很好地解决了在废热回收利用上时间和地域性差异的问题。它的推广既可使工业余热得到有效利用，又可减少化石燃料的消耗，降低二氧化碳等温室气体的排放，是一条合理利用能源并减少环境污染的有效途径。

移动供热打破了管道运输的模式，灵活方便，是热量输送技术的一次革命性突破。移动蓄热技术应用原理图如图 2-30 所示，它主要由储热元件、控制部件及放热/储热管道、载车等部分组成，将电厂、钢厂等普遍存在的大量零散的工业余（废）热集中到高密度的蓄热装置内进行存储，通过控制系统对温度和流量进行调整，使之达到供热标准，再利用移动蓄热车送至用户端，将间断、分散、不稳定的大量工业余热废热有效、高密度地储存并使用，替代锅炉等能源设备，替代不可再生能源。

显热蓄热和潜热蓄热技术均可应用于移动蓄热车上。显热蓄热方式简单，成本低廉，但储能密度低，且在放热过程中温度会发生连续变化，使其应用受到一定限制；潜热蓄热储能密度高，所用装置简单、体积小，而且相变过程是一个近似的恒温过程，因此应用前景较好。开发新型相变蓄热材料，研究相变传热机理，提高材料的传热效率，将相变蓄热技术更好地应用到移动蓄热系统当中，以相变材料为蓄热载体的移动蓄热技术在工业回收利用方面具有广阔的应用前景。

目前，某公司推出了一种移动蓄能供热车，利用蓄热元件并以高性能稀土 HECM-WD03

图 2-30 移动蓄热技术应用原理图

作为相变蓄热材料,将工业生产中的余热、废热回收储存,经货车运输到热用户处,再通过换热设备把热量提供给用户。这项技术经鉴定中心节能量认证,每辆移动蓄能供热车运行一年可节约燃煤 600t 以上,节电 245 万 kW·h。

2.3.3 机械能储存技术

机械能常以动能或势能的形式储存。动能通常储存于旋转的飞轮中,利用飞轮储能是一项早已在机械工业中广泛采用的技术。飞轮储存的动能 E_k 可以用下式计算:

$$E_k = \frac{1}{2} J \omega^2$$

式中,ω 为飞轮旋转的角速度;J 为飞轮的惯性矩。

在许多动力装置中,常采用旋转飞轮来储存机械能。例如空气压缩机、带连杆曲轴的内燃机及其他工程机械中,都是利用旋转飞轮储存的机械能使气缸中的活塞顺利通过上止点,并使机器运转更加平稳;曲柄式压力机更是依靠飞轮储存的动能工作。核反应堆中的主冷却剂泵也是通过一个巨大的重约 6t 的飞轮来储存机械能的,从而保证在电源突然中断的情况下使泵的转动时间延长达数十分钟之久,而这段时间是确保紧急停堆安全所必需的。

机械能以势能的形式储存是最古老的能量储存形式之一,如重力装置、压缩空气、水电站的蓄水池、汽锤、弹簧、扭力杆、机械钟表的发条等。其中机械钟表的发条、弹簧和扭力杆储存的能量都较小。压缩空气储能和抽水储能可以储存较多的势能。

压缩空气是工业中常用的气源,除了吹风、清砂外,还是风动工具和气动控制系统的动力源。通常利用夜间多余的电力制造压缩空气,使之储存在地下洞穴(例如废弃的矿坑、封闭的含水层、废弃的油田或气田、天然洞穴等)。白天把燃料混入压缩空气中进行燃烧,然后利用燃烧后的高温烟气推动燃气轮机做功,所发的电能供高峰时使用。与常规的燃气轮机相比,因为省去了压缩机的耗功,故可使燃气轮机的功率提高 50%。因此,大规模利用压缩空气储存机械能的研究已呈现诱人的前景。

抽水蓄能电站利用可以兼具水泵和水轮机两种工作方式的蓄能机组,把电能转换为机械能后,再以势能的形式储存起来。在电力负荷出现低谷(夜间)时作水泵运行,用基荷火电机组发出的多余电能将下水库的水抽到上水库以势能的形式储存起来,在电力负荷出现高峰(下午及晚间)时作水轮机运行,将水放下来发电。

思 考 题

2-1 能量的转换方式有哪些？
2-2 简述能量转换的基本原理。
2-3 何谓能量转换的效率？何谓㶲效率？
2-4 能量转换的形式与设备有哪些？
2-5 简述内燃机的运行过程。
2-6 汽轮机的结构组成有哪些？
2-7 汽轮机的蒸汽参数有哪些？
2-8 简述汽轮机的运行过程。
2-9 能量的储存技术有哪些？储存材料及装置的主要指标有哪些？
2-10 机械储能技术有哪些？
2-11 有哪些常见的热能储存方法？
2-12 目前太阳能的热储存技术有哪些？
2-13 电力调峰及电热余热储存技术有哪些？
2-14 蓄冷技术有哪些？
2-15 电能和化学能储能技术分别有哪些？
2-16 试比较显热储能和潜热储能的优缺点。

第 3 章

常规能源的高效利用

3.1 概述

化石能源是地球亿万年来形成的宝贵财富,也是人类生存和发展不可或缺的常规能源。当今世界常规能源资源尤其是优质能源的消耗速率远远超过了其再生能力和人类开发新能源的能力,能源短缺形势不断加剧。根据 2017 年 BP 世界能源统计年鉴显示,目前全世界煤炭探明剩余可采储量约为 1.14 万亿 t,可采年限为 153 年左右;天然气的探明剩余可采储量约为 118.6 万亿 m^3,可以保证 52 年的生产需要;全球石油探明剩余可采储量约为 2407 亿 t,可采年限为 50.6 年。

截至 2016 年底我国化石燃料储量及可开采年限估算见表 3-1。我国煤炭储量丰富,列世界第 3 位,但煤炭储量人均值不足世界平均值的一半;石油和天然气储量较少,分别列世界第 13 位和第 9 位,石油储量人均值只有世界平均值的 7.9%,天然气储量人均值只有世界平均值的 15.7%。我国的常规能源资源储量有限,特别是优质的石油和天然气资源短缺,已成为我国能源供应的最突出问题。

表 3-1 截至 2016 年底我国化石燃料储量及可开采年限估算

能源种类	剩余可开采储量	折合标准煤/亿 t	2016 年开采量	可开采年限/年
煤炭	1400 亿 t	813	35 亿 t	40
石油	25.36 亿 t	36.2	1.95 亿 t	13
天然气	54400 亿 m^3	72.5	1755 亿 m^3	31

在能源资源紧缺的情况下,发展国民经济需要提高国内生产总值(Gross Domestic Prooduct,GDP)能耗强度。能源消耗强度是指所消耗的能源量与某项经济指标、实物量或服务量的比值,计量单位多为:tce/万元 GDP、tce/单位产值(高耗能行业)、tce/高耗能单位产品。除 GDP 能耗强度外,能源利用效率常用的能源强度指标还有单位产值能耗、单位产品能耗及单位服务量能耗等。国际上通常采用 GDP 能耗强度(即单位国内生产总值所消耗的能源量)作为衡量能源使用效率的宏观指标,GDP 能耗强度低,表示能源的利用效率高。从世界范围看,我国的能耗强度与世界平均水平及发达国家相比依然偏高。按照美元价格和汇率计算,2016 年中国的 GDP 能耗强度为 0.37kgce/美元,而世界平均水平为 0.26kgce/美元,中国

是世界平均水平的1.4倍，是发达国家平均水平的2.1倍，是美国的2.0倍，日本的2.4倍，德国的2.7倍，英国的3.9倍。世界范围内单位GDP能耗比较见表3-2。

表3-2 世界范围内单位GDP能耗比较

地域范围	世界平均水平	发达国家	中国	美国	日本	德国	英国
单位GDP能耗（tce/万美元）	2.6	1.8	3.7	1.8	1.6	1.4	1.0

能源利用效率是反映能源与经济发展关系最核心的指标。具体内涵包括以下三个方面：

1) 反映能源消费和经济发展数量关系的指标。在工业化以前，以传统的农业经济为主，生产用能很少，生活用能也很少，因此能源消耗很低。在工业化过程中，产业结构逐渐发生变化，社会财富大部分依靠消耗大量能源产生，导致能源消耗上升。到了工业比例达到一定数量，第三产业得到发展，并且由于科学技术的进步和管理的改善，能源消耗将在一个比较合理的水平上稳定发展。

2) 能源消耗既与能源技术效率有关，还与经济效率有关。它们之间的关系为：能源消耗（$\eta_{能经}$）=能源技术效率（$\eta_能$）×经济效率（$\eta_经$），其中，$\eta_能$（N'/N）为能源技术效率，N为总消耗能量，N'可以指最后利用的有效能量，也可以指产品有效利用的能源数量；$\eta_经$为工业增加值率（$GDP_工/J$），J为工业总产值。能源技术效率一般指产出的有用能量与投入的总能量之比，这个技术效率的上限受物理学原理的约束，实际值是随科技和管理水平的提高而不断提高的。因此，要提高能源经济利用效率，既要提高能源技术效率，又要提高经济效率。

3) 在进行能源消耗横向水平比较时，不宜单一地采用万元GDP能耗指标，也不宜把它作为节能潜力分析的主要依据。因为万元GDP能耗是一个宏观指标，而节能潜力分析则要细化到行业、部门、企业、产品，属于介观或微观的层次，介观和微观的指标则有单位产品综合能耗、产业可比能耗以及能源系统效率等。进行节能潜力分析时，需要采用综合指标、产品单耗等具体的能源经济效率指标和能源技术效率指标。

随着我国经济发展、人口增多和人民生活水平的提高，能源需求将急剧增加。国家能源局公布的我国2013年能源消费总量为41.69亿tce，人均能耗为3.065tce；2014年国务院办公厅印发的《能源发展战略行动计划（2014—2020年）》明确指出，到2020年，一次能源消费总量控制在48亿tce左右，煤炭消费总量控制在42亿t左右。按14亿人口计算，到2020年，我国人均能耗将为3.429tce。从长远发展来看，我国化石能源资源难以保证我国经济和社会发展的需求，可持续发展是我国能源工业发展的必然选择，节能减排与提高能源效率是实现可持续发展的重要战略之一。节能减排与提高能源效率意味着用较少的能源消耗来获取较多的产值和服务，并且减少污染物排放。

目前，我国常用的常规一次能源包括煤炭、石油、天然气、水能和生物质燃料；常规二次能源包括电力、蒸汽、热水、煤气、焦炭、汽油、柴油、重油、液化石油气、丙烷、甲醇、酒精、苯胺、火药等，其中，电力、蒸汽和热水是工业生产中普遍应用的二次能源。2016年我国与世界的一次能源消费结构对比见表3-3。本章重点介绍煤炭、石油、天然气、水能及电能这几种常规能源的高效利用问题。

表3-3 2016年我国和世界的一次能源消费结构对比

	煤炭	石油	天然气	其他
中国	61.8%	19.0%	6.2%	13.0%
世界	28.1%	33.3%	24.1%	14.5%

3.2 煤炭

煤（又称煤炭）是地球上最丰富的化石燃料，由有机物和无机物混合组成。煤中的有机物主要由碳（C）、氢（H）、氧（O）和氮（N）四种元素构成，碳、氢、氧的质量分数占95%以上，一般碳的质量分数为80%~85%，氢的质量分数为4%~5%；煤中的无机物质主要有硫（S）、磷（P）及氟（F）、氯（Cl）和砷（As）等稀有元素。碳和氢是煤中的可燃物质，而硫和磷则是煤中的有害成分。在利用煤时，常用的煤质指标有水分、灰分、挥发分和发热量（或热值）。原煤的平均低位发热量为20.93MJ/kg。

煤的科学分类为煤炭的合理开发利用提供了依据。根据煤中干燥无灰基挥发分含量V_{daf}的多少，可将煤分为褐煤、烟煤和无烟煤三大类。根据煤的用途不同，每大类又可细分为几小类。我国现行煤炭类型及用途如下：

（1）泥煤　泥煤又称泥炭，或称草炭。它在自然状态下含有大量水分，其固相物质主要是由未完全分解的植物残体和完全腐殖化的腐殖质以及矿物质组成的，前两者为有机物质，一般占固相物质的半数以上。泥炭分为低位泥炭（富营养泥炭）、中位泥炭（中营养泥炭）和高位泥炭（贫营养泥炭）三种。泥煤可作为生活燃料和动力燃料，由于它的腐植酸含量较高，还可用于提取各种腐植酸或制取高效复合肥料。

（2）褐煤　褐煤是煤中埋藏年代最短、炭化程度最低的一类。褐煤大多呈褐色，光泽暗淡或呈沥青光泽，因此称为褐煤。褐煤是一种只经过成岩作用而变质作用不充分的煤，是煤化作用程度最低的一类煤。有的褐煤仍保持植物原貌，其木质与年轮尚清晰可辨，是植物转化成煤的最好印记。褐煤易点燃，燃烧彻底，灰呈粉状，易排出，并具有低硫、低磷、高挥发分、高灰熔点的特点，主要用于火力发电厂、化工、气化、液化，有时也用作民用燃料。

（3）长焰煤　长焰煤是变质程度最低的一种烟煤，从无粘结性到弱粘结性的都有，其中最年轻的还含有一定数量的腐植酸。长焰煤通常呈褐黑色，燃烧时发出较长火苗。长焰煤储存时易风化碎裂。对于煤化度较高的年老煤，加热时能产生一定量的胶质体。单独炼焦时也能结成细小的长条形焦炭，但强度极差，粉焦率高。长焰煤的挥发分产率较高，可用作动力、民用燃料和气化原料，也可用作低温干馏。

（4）不粘煤　不粘煤的发热量比一般烟煤低，可用作动力和民用燃料，也可用作气化原料。

（5）弱粘煤　弱粘煤是还原程度较弱的煤种，从低变质程度到中变质程度，可用作气化原料及电厂和机车燃料，有时还可用作炼焦配煤。

（6）气煤　气煤的挥发分和焦油产率较高，有一定的结焦性。气煤一般多用作炼焦配煤，可采用高温干馏制造城市煤气，也可用作各种动力、民用燃料和气化原料。

（7）肥煤　煤化度中等、粘结性极强的烟煤称为肥煤。肥煤是炼焦用煤的一种，肥煤挥发物一般较多，胶质层较厚，粘结性强。肥煤属中变质程度的烟煤，干馏时产生大量胶质体，肥煤一般不单独炼焦，而是作为炼焦配煤。

（8）焦煤　焦煤干馏时能产生热稳定性很高的胶质体，是优质的炼焦原料。

（9）瘦煤　瘦煤干馏过程中能产生一定量的胶质体，可单独结焦，但形成的烧炭块度大，裂纹少，不耐磨，可作炼焦配煤和动力燃料。

（10）贫煤　贫煤是烟煤中变质程度最高的煤种，干馏过程中不产生胶质体，不结焦，燃烧时火焰短，一般可用作动力和民用燃料。

（11）无烟煤　无烟煤是变质程度最高的煤。无烟煤除常用作民用燃料外，还可用作某些化学反应性好、热稳定性较高的块煤，或将粉煤成型后，可作气化原料用以合成氨。优质、低灰、低硫、高发热量的无烟煤磨细后可用作高炉喷吹燃料以用来制造碳电极等高级碳素制品，此外，还可用高质量的无烟煤制造活性炭等。

3.2.1 煤炭的高效清洁利用技术

煤炭的高效清洁利用是指把经过洁净加工的煤炭作为燃料或原料使用。煤炭高效利用包括高效燃烧和高效转化。煤炭作为燃料使用，是将煤炭的化学能转化为热能直接加以利用，或将煤炭的化学能先转化为热能再转化为电能而加以利用。煤炭的洁净转化是将煤炭作为原料使用，可将煤炭转化为气态、液态、固态燃料或化学产品及具有特殊用途的炭材料。

1. 煤炭的转换利用技术

我国每年的煤炭消费量超过 30 亿 t，其利用途径十分广泛。图 3-1 给出了煤炭的主要利用方式，其中，煤炭的燃烧和转化是主要利用方式。煤炭的转化利用技术主要有以下四种：

（1）煤气化技术　煤气化有常压气化和加压气化两种，这两种技术分别是在常压或加压条件下保持一定温度，通过气化剂（空气、氧气和蒸汽）与煤炭反应生成煤气。煤气的主要成分是一氧化碳、氢气、甲烷等可燃气体。在煤气化过程中，要脱硫除氮、排去灰渣后，煤气才能成为洁净燃料。一般用空气和蒸汽做气化剂的煤气发热量低；用氧气做气化剂的煤气发热量高。

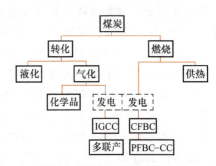

图 3-1　煤炭的主要利用方式

IGCC—整体煤气化联合循环　　CFBC—循环流化床燃烧　　PFBC-CC—增压流化床燃烧联合循环

（2）煤液化技术　煤液化有间接液化和直接液化两种。间接液化是先将煤气化，然后再将煤气液化，如煤制甲醇，可替代汽油，我国已有应用。直接液化是把煤直接转化成液体燃料，如直接加氢将煤转化成液体燃料，或将煤炭与渣油混合成油煤浆后反应生成液体燃料。

（3）煤气化联合循环发电技术　先把煤制成煤气，再用燃气轮机发电，排出的高温废气用来生产蒸汽，再用汽轮机发电，联合发电效率可达 45%。

（4）燃煤磁流体发电技术　当燃煤得到的高温等离子气体高速切割强磁场时，就直接产生直流电，然后把直流电转换成交流电，发电效率可达 50%~60%。燃煤磁流体发电技术目前正在研究与开发阶段。

2. 洁净煤技术

我国能源结构以煤炭为主，煤炭占我国化石能源的 90% 以上，其中 80% 的煤炭作为燃料使用。我国煤炭资源的特点是含硫高，高灰煤的比重大。如果煤炭直接燃烧，将产生大量的 CO_2、SO_2 和 NO_x 等有害气体，同时还伴有大量煤尘，这是造成环境危害的主要原因。主要防治措施有：①对产生的污染物进行处理；②在加工和转化过程中控制有害气体产生；③采用先进的能量转换技术与节能减排技术。

第3章 常规能源的高效利用

洁净煤技术的内容和范围很广。广义的洁净煤技术以"提高效率,保护环境,资源节约,促进发展"为宗旨,涉及煤炭的开采、运输、加工、转化及利用等各个环节。洁净煤技术是以煤炭洗选为源头,以煤炭气化为先导,以煤炭高效洁净燃烧为核心,以污染物控制为重要组成内容的技术体系。其基本内容包括煤炭加工、煤炭转化、煤炭高效洁净燃烧及污染控制与废弃物管理这四个方面,其主要内容是煤炭的洁净加工与高效利用。污染控制与废弃物管理包括:烟气净化,粉煤灰综合利用,煤矸石、煤层气、矿井水和煤泥水的矿区污染治理。

洁净煤技术可分为煤炭燃前技术、燃中技术、燃后技术、煤炭转化技术、煤系共伴生资源利用及有关新技术五类。洁净煤技术分类见表3-4。

表3-4 洁净煤技术分类

分 类		技 术 项 目	
煤炭加工:燃前净化技术		选煤、型煤、水煤浆	
煤炭燃烧及后处理技术	燃烧中净化	高效低污染的粉煤燃烧、燃烧中固硫、流化床燃烧、涡旋燃烧	煤气化联合循环发电(IGCC)、流化床燃烧联合循环发电(FBC)、循环流化床锅炉、燃烧中固硫和烟道气脱硫等技术
	燃烧后净化	烟气净化、灰渣处理、粉煤灰利用	
煤炭转化技术		煤气化、煤的地下气化、煤的液化、煤的干馏、燃料电池、磁流体发电	
煤炭开发利用中的污染控制技术		煤层气资源开发利用,煤系有益矿产利用,废弃物处理与利用,炼焦厂、水泥厂、化肥厂等污染控制技术	

我国的煤种和煤质多变,而且总体煤质较差,应当加强选煤和煤炭加工利用的研究,尤其是加强深度脱硫和脱灰技术的研究。重点开展高效煤气化和煤液化工艺对煤种适应性的研究,开发新型高效煤基多联产技术,以实现煤的综合利用。新一代洁净煤技术研究领域列于表3-5。

表3-5 新一代洁净煤技术优先发展的研究领域

技术领域	加工阶段	关键技术与优先发展领域
煤炭深度加工与净化技术	煤炭利用前	选煤:浮选柱、重介选流器、干法选煤技术、高惰质组分煤煤岩组分分选与富集 型煤:新一代清洁型煤、气化型煤、焦化型煤 配煤:劣质煤提质改性 水煤浆:代油煤浆的开发
煤炭清洁燃烧及先进发电技术	煤炭燃烧过程	循环流化床:大型化、推广应用 超临界气化发电:大型化 煤气化联合循环发电:新型高效气化技术
煤炭转化技术	煤炭利用环节	煤炭焦化:弱粘结煤大规模焦化试验 煤炭气化:低灰熔点煤的气化技术、气体组成优化 煤炭液化:提高液化转化率、优化油品组成 煤制氢—燃料电池:提高煤的转化率和氢气产率 煤炭化工:甲醇、二甲醚、乙烯、聚乙烯等
煤利用过程中污染控制技术	加工转化过程	废渣、废水和废气治理:先进的治理与回收技术
	燃烧后	烟气后处理:节水型高效脱硫、脱硝、脱VOC,高效除尘装置开发和应用
煤系废弃资源的回收利用	开采过程	共、伴生矿产的综合利用:包括煤层气的抽放和利用
	加工过程	煤矸石的综合利用:提取有益矿产,材料利用
	使用后	灰、渣的综合利用:材料回收和加工利用

3. 煤炭的洁净加工技术

煤炭燃烧前的净化加工主要是进行洗选、型煤加工和水煤浆加工。原煤洗选采用筛分、物理选煤、化学选煤和细菌脱硫的方法，可以除去或减少灰分、矸石和硫等杂质；型煤加工是把散煤加工成型煤，同时加入石灰固硫剂，减少二氧化硫排放及烟尘，还可节煤；水煤浆是用优质低灰原煤制成，以代替石油。

（1）选煤　煤的洗选称为选煤，选煤是煤炭进一步深加工的基础。选煤技术是利用机械加工或化学加工方法，根据使用需求，把原煤脱灰、降硫并加工成不同质量、不同规格煤炭产品的过程。预计"十三五"期间原煤入选率将提高到75%。煤炭洁净加工技术，按方法不同，可分为物理净化法、化学净化法和微生物净化法。煤炭的物理净化法有较长的历史，广泛采用的是跳汰法、重介质选煤和浮选法；化学净化法和微生物净化法则处于研究发展阶段。典型的跳汰——浮游选煤联合洗煤流程如图3-2所示。

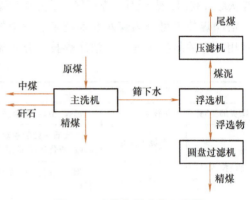

图3-2　洗煤物料流程示意图

在工艺设计中，首先必须认真分析研究煤泥煤质特性（煤泥岩相成分、煤泥含量、粒度组成、泥化程度等），确定适宜的分选方法，制定合理的工艺流程，然后进行工艺设备选型设计，确定设备的工作台数、组数。

新型的物理选煤技术是把粉煤磨得更为细小，能从煤中分离出来更多杂质。超细粉技术可以除去90%以上的硫化物和其他杂质。由于开采、运输等原因，粒度小于0.5mm的煤泥逐渐增多。因此，细粒煤、极细粒煤分选和脱硫、脱水设备是今后选煤研究开发的重点。大型浮选机是其发展方向之一；微泡浮选技术由于能较好地分选极细粒煤而受到关注；加压过滤机和隔膜压滤机是具有发展前途的新型细粒煤脱水设备，滤饼水分比盘式真空过滤机平均降低10个百分点，生产能力提高2~4倍。目前，我国在跳汰选煤、重介质选煤、浮游选煤等方面引进了国外一些先进的选煤工艺，并在高梯度磁选方面有所突破。

"十三五"期间，我国将推进千万吨级先进洗选技术装备的研发与应用，降低洗选过程中的能耗、介耗和污染物排放；大力发展高精度煤炭洗选加工，实现煤炭深度提质和分质分级；鼓励井下选煤厂示范工程建设，发展井下排矸技术；支持开展选煤厂专业化运营维护，提升选煤厂的整体效率，降低运营成本。

选煤技术的主要研究发展方向为：①选煤工艺创新。重点开发重介质选煤新工艺，适用于干旱缺水地区和原煤易泥化的干法选煤技术，适用于高灰、高硫煤降灰脱硫的有效选煤工艺。②研究开发大型高效脱硫、脱水设备，加强极细粒煤分选设备的研究，开发适合我国技术水平的模块组合式选煤厂成套装备。③加快选煤过程的自动化测控技术研究，提高自动化控制水平及选煤机械装备的可靠性。实现在线检测灰分、水分、发热量、硫分，完善介质密度自动化调控，继续完善跳汰机和浮选机自动化装置。

（2）配煤与型煤

1）配煤技术。配煤技术是以煤化学、煤的燃烧动力学和煤质测试等资料和技术为基础，将不同类别不同质量的各种煤炭，通过筛选、破碎后按一定比例配合，同时加入脱硫剂，以满足各种用煤要求。我国每年用于直接燃烧的动力煤约占煤炭总消耗量的80%，其中，发电和供热用约占32%，工业炉窑用约占35%，民用和其他约占10%以上。

配煤有多种不同的工艺。动力煤分级配煤技术是将分级与配煤相结合，首先将各种原料煤按粒度分级，分成粉煤和粒煤，然后根据配煤理论，将各粉煤按比例混合配制成粉煤配煤燃料，配制出发热量、挥发分、硫分、灰分、灰熔融温度等煤质指标稳定，符合锅炉燃烧要求的燃料煤，以适应不同类型的锅炉或窑炉。动力煤分级配煤技术是对单纯配煤技术的重要发展，特别符合我国层燃炉量大面宽、耗煤量大、效率低、污染严重的国情，有很好的市场前景。配煤原理性流程如图3-3所示。

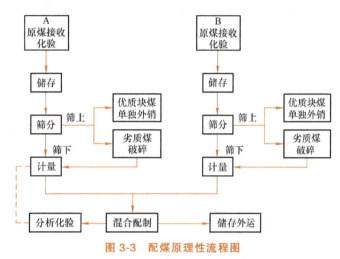

图3-3　配煤原理性流程图

2）型煤技术。由于机械化开采，粉煤产量大，块煤产量相对减少，对一些应用块煤的工矿企业所需要的煤种，可通过配煤、制备型煤的方法解决。型煤是将粉煤或低品位煤加工成具有一定几何形状（椭圆形、菱形、圆柱形等）、尺寸和一定理化性能指标的块状煤制品。型煤产品分类见表3-6。

表3-6　型煤产品分类

类型	型煤										
	工业型煤						民用型煤				
	气化型煤		燃料型煤		炼焦型煤			蜂窝煤				煤球	
	工业燃气	化肥造气	工业锅炉	工业窑炉	交通运输动力	冷压型焦	热压型焦	炼焦配用	普通	上点火	航空	烧烤	炊事与取暖	手炉类取暖	烧烤	火锅
应用																

型煤技术是各种洁净煤技术中投资少、见效快、适宜普遍推广的技术。与直接燃用原煤相比，燃用型煤可以减少烟尘50%~80%，减少SO_2排放40%~60%，燃烧热效率可提高20%~30%，节煤率达15%，具有节能与环保效益，此外，型煤还有粒度均匀、空隙率大、反应活性高等优点。

工业型煤按使用的粘结剂来划分，可以分为沥青煤球、黄黏土煤球、白黏土煤球、腐植酸煤球、纸浆煤球、水玻璃煤球和石灰炭化煤球等；从形状分，还可以分为圆柱形、椭圆形和球形型煤等。型煤的生产工艺有三类：无粘结剂冷压成型工艺、有粘结剂冷压成型工艺和无粘结剂热压成型工艺。与民用型煤相比，我国工业型煤发展慢，特别是锅炉用工业型煤。国内对工业型煤的研究也提出以开发新一代工业型煤技术和设备为重点，推动了型煤整体技术水平的提高。目前，工业型煤正朝着高效、洁净燃烧、生产工艺简化及多功能的方向发展,开发重点为免烘干高强度防水型煤,高固硫率型煤,可利用煤泥、生物质的工业型煤等。此外,还需改进和提高现有的成型技术及设备,扩大锅炉型煤的推广应用。

(3) 水煤浆　水煤浆 (Coal Water Mixture, CWM) 是指将煤粉与水及其他流体混合调制成煤浆进行燃烧的浆体燃料,但由于当时的石油资源非常廉价,从而导致了水煤浆技术发展缓慢,直到20世纪70年代石油危机的出现,水煤浆才作为代替石油资源而引起了世界各国的广泛关注。20世纪80年代初,发达国家开展了水煤浆的开发研究。水煤浆是一种煤基流体燃料,是煤炭深加工的新型产品之一。它是由65%~70%的煤粉和29%~34%的水及1%左右的微量化学添加剂制备而成的浆体。水煤浆是新型洁净环保燃料,要求其具有良好的流变特性和粉煤颗粒悬浮的稳定性。

水煤浆的主要特点有:①水煤浆为多孔隙的煤粉和水的固液混合物,具有类似于6号油的流动特性,可以长距离管道输送,也可用汽车槽车、铁路罐车及船舶运输。②水煤浆在制造过程中可净化处理,原煤制成的水煤浆灰分低于8%,硫分低于1%,且燃烧时火焰中心温度较低,燃烧效率高,烟尘、SO_2、NO_x 等的排放都低于燃油和散煤的相应排放量,可以减轻环境污染。③水煤浆加压气化技术在20世纪80年代得到迅速发展,其原因是水煤浆容易在压力下给煤,因此对于燃煤的联合循环电站,无论对加压煤气炉、加压流化床或循环床锅炉,水煤浆都是一种理想的燃料形式。

根据水煤浆的性质和用途,可将其划分为精煤水煤浆、精细水煤浆、经济型水煤浆(中灰煤水煤浆、中高灰煤泥水煤浆)、气化用水煤浆、环保型水煤浆等。油水煤浆(OWCM) 是继油煤浆 (COM) 和水煤浆 (CWM) 之后发展起来的一种新型煤基代油流体燃料,OWCM与COM和CWM相比,有黏度较低、稳定性好、燃烧效率高、污染轻的优点。

水煤浆制备技术主要包括:制浆煤种选择、级配技术、制浆工艺、制浆设备及添加剂等。目前水煤浆制备工艺趋于多样化,制浆方法有干法和湿法两种,主要使用湿法。湿法制浆工艺从原料上分为末精煤和浮选精煤制浆工艺两种;从制浆浓度上分为高浓度湿法制浆、中浓度湿法制浆以及高、中浓度两磨机级配制浆。在我国的水煤浆制备工艺中,最具代表性的是利用浮选精煤制浆,此工艺具有制浆工艺简单、投资少、制浆成本低的优点,同时,还有利于改善选煤厂的产品结构,降低精煤的水分和灰分,提高精煤质量。

水煤浆雾化后能够高效燃烧,水煤浆燃烧技术主要包括喷嘴雾化技术和水煤浆燃烧器技术。我国的水煤浆燃烧技术已趋成熟。

把水煤浆作为一种以煤代油储备技术进行开发,是许多国家的能源发展战略之一。当水煤浆的制备与运行成本与原油价格相差不多时,水煤浆技术的发展就会受到影响。国外利用纳米气泡冷冻抽真空法制备煤、水分散体系(及煤、油、水分散体系),以代替使用添加剂制备水煤浆(油水煤浆)技术,尚处在实验室研究阶段。目前,我国的水煤浆技术已达到国际领先水平,正在向工业化和生产装置大型化方向发展。水煤浆现作为一种正式的能源产品,由国家能源标准委员会制定了GB/T 18855—2008《水煤浆技术条件》,从2009年5月1日起实施。

4. 煤炭的清洁转化技术

煤炭清洁转化是将煤炭作为原料使用,将煤炭转化为气态、液态、固态燃料,化学产品及有特殊用途的炭材料。几种典型的煤转化工艺比较见表3-7。

表 3-7　几种典型的煤转化工艺比较

项目	燃烧	气化	高温干馏	低温干馏	液化
反应温度/℃	750~1100	800~1400	900~1200	550~650	400~450
反应压力	常压/中压	常压/中压	常压	常压	高压
污染程度	严重	轻	较严重	较严重	轻
产品	热、电	煤气	焦炭、煤气、焦油	半焦、焦油	燃料、化学品

(1) 煤炭焦化技术　煤炭干馏是煤热加工之一。所谓煤炭干馏，是指煤在隔绝空气条件下加热，使之热分解而产生气态（煤气）、液态（焦油）和固态（焦炭）等产物的过程。按干馏最终温度不同，煤炭干馏可分为三种：500~600℃低温干馏；700~900℃中温干馏；900~1100℃高温干馏。

煤在500~600℃温度下进行干馏时得到的煤气，称为低温干馏煤气，其中含有大量甲烷、饱和烃和氢；低温干馏时得到的焦油称为一次焦油，其组成及某些特性与石油相似，化学组成为石蜡、烯烃、芳香烃、环烷烃、酚类和树脂等；低温干馏时所得的非挥发性产物称为半焦，它含有一定数量的挥发分，半焦反应性好，适于做还原反应的炭料。中温干馏的温度为800℃左右，主要用于生产城市煤气。当煤最终干馏温度为900~1100℃时，则该过程称高温干馏。由于高温干馏主要用于生产焦炭，高温干馏也可称为焦化，高温干馏时得到的煤气称为高温干馏煤气，或称焦炉煤气，其中含有大量氢气；高温干馏时得到的焦油称为高温焦油，其组成中低沸点组分较少；高温干馏时所得到的非挥发性产物称为焦炭，主要用于冶金工业，也可用于造气或制造电石等其他工业。

煤炭干馏过程也可称煤炭热解过程，煤在干馏过程中经历了干燥、开始分解、软化、熔融产生胶质体，胶质体膨胀、粘结、固化形成半焦，半焦进一步分解、收缩变成焦炭等阶段。在各个阶段中形成煤气和（或）其他化学产品，其中最主要的阶段是生成胶质体并固化形成半焦的粘结阶段与半焦收缩形成焦炭的收缩阶段。典型烟煤的热解过程如图3-4所示。

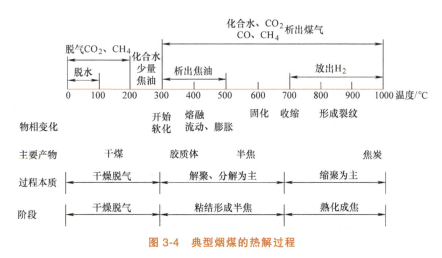

图 3-4　典型烟煤的热解过程

扩大炼焦煤源是煤炭焦化技术的一个重要发展内容。扩大炼焦煤源是指增大弱粘结煤、不粘结煤在炼焦配煤中的比例，并保证或提高焦炭质量。为此，对炼焦煤料的预处理便成为研究的主要方向。近年来,国内外对此做了大量工作,并取得一定成果,如捣固炼焦、配型煤炼焦、添加剂炼焦、干燥煤和预热煤炼焦、型焦等工艺已经实现工业化。

型焦技术是扩大炼焦煤源的重要途径之一。所谓型焦,就是利用非粘结性煤,通过不同的工艺成型后,再进一步炭化制成型焦,型焦主要用于冶炼,也可以用于造气。我国从20世纪50年代就开始进行高炉用型焦的研究工作,至今还采用型焦炼铁或炼铝。型焦成型工艺按成型时煤料的状态,可分为冷压成型和热压成型。冷压成型煤料在远低于塑性状态温度下成型,热压成型煤料在塑性状态温度下成型。冷压成型又分为粘结剂成型和无粘结剂成型两种。借助粘结剂作用,成型压力较低,工业上便于实现,但必须提供充分优质价廉的粘结剂。无粘结剂成型只靠外力成型,多数用于泥炭和褐煤;变质程度较高的煤常采用粘结剂成型。

(2)煤炭液化技术 煤的液化是一种将煤转化为液态的技术。从工艺角度看,煤液化是指在特定的条件下,利用不同的工艺路线,将固体原料煤转化为与原油性质类似的有机液体,并利用与原油精炼相近的工艺对煤液化油进行深加工以获得动力燃料、化学原料和化工产品的技术系统。煤与石油的主要成分都是碳、氢、氮和硫,与石油相比,煤炭具有H/C比小、氧含量高、分子大和结构复杂的特点。此外,煤中还含有较多的矿物质、氮和硫杂质。因此,煤液化的实质是提高H/C比,破碎大分子及提高纯净度的过程,即需要加氢、裂解、提质等工艺过程。

煤液化技术,从广义上来讲,包括直接液化(加氢液化)、间接液化和高温热解。热解是煤热加工的基础,一般情况下,煤液化技术分为直接液化和间接液化两大类。

1)煤的直接液化。煤的直接液化工艺过程通常如下:首先将煤磨成粉,再和自身产生的液化重油(循环溶剂)配成煤浆,在高温(400~470℃)和高压(20~30MPa)下直接加氢,将煤转化成液体产品。煤炭直接液化是目前由煤生产液体产品中最有效的途径,液体产率超过70%(以无水基煤计算),工艺的总热效率通常在60%~70%之间。

煤的直接液化工艺一般可以分为两大类,即单段液化(SSL)和两段液化。典型的单段液化工艺主要是通过单一操作的加氢液化反应器来完成煤的液化过程。两段液化是指煤在两种不同反应条件的反应器内进行加氢反应。图3-5所示为德国IG公司的煤炭直接液化工艺流程。

影响煤炭直接液化的关键因素有原料煤的组分、供氢溶剂、催化剂及操作条件等。对影响煤炭液化的因素进行改进,即可得到一些各具特色的工艺方法。改进煤炭液化的措施有循环溶剂加氢、寻找高活性催化剂(如开发纳米级煤液化催化剂)、改善反应床、开发更加可靠的液固分离手段及对各种过程进行优化等。

2)煤的间接液化。煤气化产生合成气($CO+H_2$),再以合成气

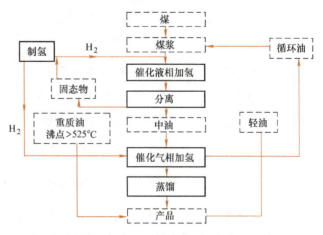

图3-5 德国IG公司的煤炭直接液化工艺流程

为原料合成液体燃料或化学产品，称为煤的间接液化。属于这种工艺的有费托（Fisher Tropsch）合成（FT合成），莫比尔（Mobil）——甲醇转化制汽油、伊斯特曼煤制醋酐工艺等。中科院山西煤化所的低温浆态床FT合成技术，已开始建设16万t/a工业示范工厂。兖矿集团的低温浆态床FT合成技术，已建成每年5000t油品

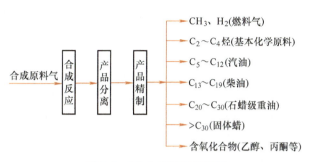

图3-6 FT合成的产品选择

中试装置，2004年连续运行4706h，1Mt/a间接液化示范厂已投入生产。2016年12月28日，全球单套投资规模最大的煤间接液化示范项目在神华建成，4Mt/a间接液化示范厂进入投产阶段。目前，国内多个百万吨级以上的煤间接液化项目已核准及动工。

FT合成的基本化学反应是在铁、钴、镍、钌的催化下，由一氧化碳加氢生成饱和烃和不饱和烃。此外，还有一些平行反应及生成含氧化合物的副反应。FT合成除了获得主要产品汽油外，还能合成一些重要的基本有机化学原料，如乙烯、丙烯、丁烯、乙醇及其他醇类等。FT合成的产品选择如图3-6所示。FT合成的工艺流程如图3-7所示。煤直接液化新工艺的原则流程如图3-8所示。

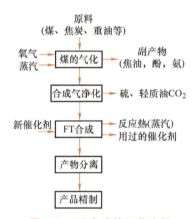

图3-7 FT合成的工艺流程

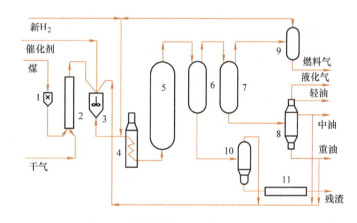

图3-8 煤直接液化新工艺的原则流程

1—磨煤机 2—干燥装置 3—煤浆制备 4—预热器
5—反应器 6—热分离器 7—冷分离器 8—常压蒸馏塔 9—气体油洗涤塔 10—真空蒸馏塔 11—造粒

合成甲醇是以合成气为原料，在催化剂存在的条件下进行合成反应，工业上采用高压法生产（25~35kPa，320~400℃）。20世纪70年代以后使用高活性铜催化剂，出现了低压合成法（5~10kPa，230~280℃），其基本反应为

$$CO+2H_2 \rightleftharpoons CH_3OH, \Delta H=-90.84kJ/mol$$

与直接液化技术相比，间接液化的应用空间更为广阔。在非燃料利用方面，间接液化还能合成一些重要的基本化工原料，如乙烯、丙烯和丁烯，甲醇、乙醇及其他链长的有机氧化物等。

(3) 煤炭气化技术　煤的气化是一个热化学过程。煤炭气化是指煤在特定的设备内,在一定温度及压力下,以煤或焦炭为原料,以氧气(空气、富氧或纯氧)、蒸汽或氢气为气化剂(又称气化介质),通过部分氧化反应,使煤中有机质与气化剂(如蒸汽、空气或氧气等)发生一系列化学反应,从而将固体煤转化为含有 CO、H_2、CH_4 等可燃气体和 CO_2、N_2 等非可燃气体的过程,即把固体的煤变成气体,因此叫煤的气化。煤炭直接燃烧的热利用效率仅为 15%~18%,而变成可燃烧的煤气后,热利用效率可达 55%~60%,而且污染大为减轻。煤气发生炉中的气体成分可以调整,如需要用作化工原料,还可以把氢的含量提高,得到所需的原料气,所以也叫合成气。

煤炭气化时,必须同时具备三个条件,即气化炉、气化剂和供给热量。通常,煤气化工艺还包括气化煤气净化过程,即通过净化设备除去气化煤气中的灰分和含硫物质等杂质,得到清洁、易运输的气体燃料。煤炭气化过程的反应包括煤的热解、气化和燃烧反应。煤的热解是指煤从固相变为气、固、液三相产物的过程。煤的气化和燃烧反应则包括两种反应类型,即非均相气-固反应和均相的气相反应。煤炭气化时所得的可燃气体称为气化煤气,其有效成分包括一氧化碳、氢气及甲烷等。

煤炭气化是洁净煤技术中优先考虑的一种工艺方法,是实现节能省煤、提高煤炭利用率、改善居民生活条件、改善环境污染、促进化学合成工业发展的重要途径。气化煤气可用于城市煤气、工业燃气和化工原料气以及联合循环发电等。

当前煤炭气化技术的发展趋向为:①不断改进和完善已工业化的气化装置与气化技术,向大型化方向发展,比如大型流化床、气化床,以提高设备生产能力;②提高气化炉的温度和压力,提高气化效率;③扩大煤种适用范围,发展粉煤气化。

(4) 煤化工及碳素材料　碳素制品一般又称碳素材料。碳素材料通常是指从杂乱的无定形碳到有序的石墨晶体之间的过渡态碳结构(中间结构)物质,是由含碳的煤(碳的质量分数为 60%~90%)、石油、沥青(碳的质量分数为 80%~90%)、木材(碳的质量分数为 50%)等有机化合物炭化制得的。碳素材料作为结构材料和功能材料,被广泛地用于冶金、化工、机电等行业。

近几十年来出现的新型碳素材料具有优异的性能,耐热性强、热传导性好、热膨胀率小,同时还具有良好的化学稳定性。例如,石墨具有良好的自润滑性和耐磨性,并且对中子有减速性和反射性。正是由于这些优点,碳素产品在冶金、汽车、造船、电子、医疗、航空、航天、原子能等领域均得到广泛的应用,这些产品包括电极、电刷、碳素纤维、碳分子筛、生物炭制品、石墨构件等。

3.2.2　先进煤炭燃烧发电技术

我国的电力来源以火力发电为主。2016 年,我国火电发电量在总发电量中的占比达 71.6%,燃煤发电量在火电发电量中的占比达 91.07%,可见,燃煤发电在火力发电中占据主导地位。我国火力发电厂用煤的灰分较高,平均在 28% 左右,虽然燃煤机组的锅炉 80% 以上都安装了电除尘器,对烟尘的排放有很大改进,但是电力系统的烟尘排放量仍占全国烟尘排放总量的 26.6%,其中 SO_2 的排放量占全国总排放量的 44.6%。大量的 CO_2、SO_2 和烟尘排放,会加重大气污染,引发生态环境问题。

当今世界广泛开展的洁净煤燃烧技术,追求燃煤机组的高效率与低排放,也是目前我国火力发电机组的热门技术。超临界（Supercritical，SC）机组与超超临界（Ultra-Supercritical，USC）机组、大型 CFB（循环流化床锅炉）、PFBC（增压流化床燃气-蒸汽联合循环）、IGCC（整体煤气化燃气-蒸汽联合循环）、GTCC（燃气-蒸汽联合循环）等火力发电新技术，因其高效率和优越的环保性能，在世界发达国家得到了广泛发展与应用，我国也开展了大量的工作。

煤炭高效洁净燃烧发电技术的重点是降低 SO_2 和 NO_x 排放，措施包括：①广泛推广常规火电机组的烟气脱硫技术和低 NO_x 燃烧技术；②加快发展大容量超临界机组；③大力开发运用循环流化床（CFBC）技术，发展燃煤联合循环发电技术（IGCC，PFBC-CC）和大型燃气轮机发电技术。循环流化床适宜燃烧低挥发分、低灰熔点、高灰、高硫煤；④在煤矿区建坑口电站，实现煤炭的就地转化，减少煤炭长途运输，降低发电成本，同时可利用矿区剩余的劣质煤、煤泥等劣质燃料。

1. 超超临界（USC）发电技术

提高蒸汽参数是提高燃煤锅炉蒸汽机组发电效率的主要方法。将主蒸汽压力等于或大于超临界压力 24.2MPa、主蒸汽温度或再热蒸汽温度小于 580℃ 的火力发电机组称为超临界机组；将主蒸汽压力等于或大于超临界压力 24.2MPa、主蒸汽温度或再热蒸汽温度大于 580℃ 的火力发电机组称为超超临界机组，即习惯上又将超临界机组分为两个层次：①常规超临界参数机组，其主蒸汽压力一般为 24MPa 左右，主蒸汽和再热蒸汽温度为 540～560℃；②超超临界机组（又称高参数超临界机组或高效超临界机组），其主蒸汽压力为 25～35MPa 及以上，主蒸汽和再热蒸汽温度为 580℃ 及以上。由于压力、温度的提高，超临界机组与同等容量的亚临界机组（600MW）相比，机组效率提高了 2%（机组热效率能达到 45% 左右），超超临界机组又在此基础上再提高了 3%～4%。

（1）超临界机组的发展状况　世界各国都将高参数超超临界发电机组作为今后的发展方向。自 20 世纪 50 年代起，大型超临界机组在美国和德国开始投入商业运行，美国和俄罗斯是采用超临界机组最多的国家，而发展超超临界技术领先的国家主要是日本、德国和丹麦。20 世纪国外火电机组蒸汽参数的发展情况见表 3-8。

表 3-8　20 世纪国外火电机组蒸汽参数的发展

时　期	蒸汽温度/℃	蒸汽参数属性
50 年代，60 年代	538～566	亚临界、超临界
80 年代末 90 年代初	566～593	超超临界
90 年代末	600～610	超超临界

超超临界机技术组在国际上已经是较为成熟的技术，国外已投运的吉瓦级超超临界机组的主要参数见表 3-9。国外超超临界机组近期目标的蒸汽参数为 31MPa/620℃，下一代主蒸汽温度为 700℃，再热蒸汽温度为 720℃，主蒸汽压力为 35～40MPa，并向更高方向发展。

我国超临界、超超临界机组发展较快。我国于 20 世纪 80 年代后期开始从国外引进超临界机组，第一台超临界机组于 1992 年 6 月投产于上海石洞口二厂（2×600MW，25.4MPa，541/569℃）。目前我国已经投产的超临界机组共计 10 余台。2006 年，我国首批国产超超临界百万千瓦机组（华能玉环电厂一期工程）相继投运，标志着我国电力工业技术装备水平和制造能力进入新的发展阶段。截至 2017 年 7 月底，我国已投产 100 万 kW 超超临界机组达到100台,主要集中在广东、浙江、江苏三个电力缺口较大的省份,三省的超超临界机组合计为51台。

表 3-9 国外已投运的吉瓦级超超临界机组的主要参数

电厂名称	容量/MW	炉型	燃料	主蒸汽流量/(t/h)	过热蒸汽出口压力/MPa	过热蒸汽出口温度/℃	再热蒸汽出口温度/℃	循环方式	商业运行时间
日本东北电力公司原町电厂	1000	Π型(前后墙对冲燃烧、螺旋管圈)	烟煤	2890	25.75	604	602	直流	1998.07
日本电源开发公司橘湾电厂	1050	Π型(前后墙对冲燃烧、螺旋管圈)	烟煤	3000	26.25	605	613	直流	2000.12
日本东京电力公司常陆那珂电厂	1000	Π型(前后墙对冲燃烧、螺旋管圈)	烟煤	2870	25.75	604	602	直流	2002.07
日本 Chugoku Elec. Power Co.	1000	Π型	烟煤	2900	24.5	600	600	直流	1998.07
德国 NIEDERAUSSEM	1000	塔式	欧洲褐煤	2519	25	580	600	直流	2002

(2) 超超临界机组技术的关键因素 机组效率的提高有诸多影响因素,如高的蒸汽参数、较低的锅炉排烟温度、高效率的主辅机设备、煤的良好燃烧、较高给水温度、较低凝汽器压力、较低系统压损及蒸汽再热级数等。

1) 蒸汽参数。提高蒸汽参数(蒸汽的初始压力和温度)、采用再热系统、增加再热次数,都是提高机组效率的有效方法。根据工程热力学原理,工质参数提高,可使得机组的热效率提高。超超临界机组的主蒸汽压力高,要求设备有高可靠性,特别是在锅炉受热面和汽轮机高压缸方面。

2) 再热形式。据报道,近十年来世界上投运的超超临界二次再热机组,有丹麦两台热电联供 415MW 的超超临界二次再热机组(29MPa/582℃/580℃/580℃, 28.5MPa/580℃/580℃/580℃)和日本川越电站两台 700MW 超超临界二次再热机组(31MPa/566℃/566℃/566℃)。二次再热将使电站投资增加 10%~15%,经济效益增加 1.3%~1.5%。

3) 材料选用。开发热强度高、抗高温烟气氧化腐蚀和高温汽水介质腐蚀、焊接性和工艺性良好、价格低廉的设备材料,是超超临界机组发展的关键技术之一。目前,超临界和超超临界机组根据所采用的蒸汽温度不同,主要采用三类合金钢材料:低铬耐热钢、改良型 9%~12%铁素体-马氏体钢和新型奥氏体耐热钢。

4) 机组容量。影响发电机组容量选择的因素有电网(单机容量<电网容量的 10%)、汽轮机背压、汽轮机末级排汽面积(叶片高度)、汽轮发电机组(单轴)转子长度、单轴串联布置方式或双轴并列布置方式。一般而言单机容量增大,单位容量的造价降低,也可提高效率,但根据国外多年分析研究得出,提高单机容量固然可以提高效率,但当容量增加到一定的限度(1000MW)后,再增加单机容量对提高热效率的影响不明显。从效率、单位千瓦投资、占地、建设周期及电力工业发展的需要考虑,我国选择 1000MW 大型化超超临界机组方案较为合理。

5) 锅炉炉型。①锅炉布置形式。超临界锅炉的整体布置主要采用 Π 形布置和塔式布置,也可 T 形布置。超超临界锅炉设计通常采用 Π 形炉和塔式炉,其中 Π 形炉在市场中占多数。所有的褐煤炉都采用塔式炉,如德国和丹麦的燃煤电厂,欧洲的烟煤炉两种形式都有,而日本和美国通常采用Π形炉。我国发展超临界机组,选择锅炉的整体布置形式,必须根据具体电厂、燃煤条件、投资费用、运行可靠性等因素,进行技术经济分析比较,来选定锅炉Π形或塔式的布置形式。选用时应首先考虑煤质特性,特别是煤的灰分。燃用高灰分煤,从减轻受热面磨损方面考虑,采用塔式布置较为合适。②燃烧方式。直流燃烧器四角切圆燃烧和旋流燃烧器前后墙对冲燃烧,是目前国内外应用最为广泛的煤粉燃烧方式。切圆燃烧中,四角火焰的相互支持,一、二次风的混合便于控制,其煤种适应性更强,目前我国设计制造的300MW、600MW机组锅炉大多数采用这种燃烧方式。对冲燃烧方式则具有锅炉沿炉膛宽度的烟温及速度分布较均匀、过热器与再热器的烟温和汽温偏差相对较小的特点。锅炉布置方式与其采用的燃烧方式之间无必然联系,超超临界的锅炉布置形式和燃烧方式两者应合理搭配。

6)汽机系统。提高汽轮机效率的主要途径有:①提高新蒸汽参数,增大汽轮机总体理想焓降ΔH_i。②采用给水回热系统,减小汽轮机低压缸排汽流量,增加进汽量。③增加汽轮机低压缸末级通流面积,一种办法是增加末级叶片高度,另一种办法是采用低转速(如半转速)。④采用多排汽口。低压缸采用分流技术是增大单轴汽轮机很有效的措施,国外百万千瓦级超超临界单轴机组的低压缸排汽口数量已达6个以上(采用3个及以上双流低压缸)。⑤提高汽轮机排汽背压,使汽轮机末级叶片出口蒸汽的密度增大,从而增加汽轮机出力。

(3)超超临界压力煤粉燃烧机组(PF-USC) 超超临界煤粉燃烧机组代表了21世纪初常规燃煤电厂的发展方向。随着新技术、新材料、新工艺的开发和应用,PF-USC机组的热效率可从50%提高到52%。

2. 流化床联合循环发电技术(FBC-CC)

(1)流化床 煤的燃烧一般都在锅炉或窑炉中进行,燃煤锅炉主要有工业锅炉、发电锅炉两大类。根据煤在锅炉中的燃烧方式不同,分为层燃(层燃锅炉)、粉煤燃烧(气流床锅炉,又称煤粉炉)和流化床燃烧(流化床锅炉)。流化床燃烧又分为鼓泡流化床和循环流化床。不同燃烧方式的燃烧特性比较见表3-10。

表3-10 不同燃烧方式的燃烧特性比较

项 目	层 燃	粉煤燃烧	鼓泡流化床	循环流化床
燃烧温度/℃	1100~1300	1200~1500	850~950	850~950
截面烟气流速/(m/s)	2.5~3	4.5~9	1~3	4.5~6.5
燃料停留时间/s	约1000	2~3	约5000	约5000
燃料升温速度/(℃/s)	1	$10~10^4$	$10~10^3$	$10~10^3$
挥发分燃尽时间/s	100	<0.1	10~50	10~50
焦炭燃尽时间/s	1000	约1	100~500	100~500
混合强度	差	差	强	强
燃烧过程控制因素	扩散控制	扩散控制为主	动力扩散为主	动力-扩散
锅炉燃烧特点	固定床	携带床	流化床或沸腾床	流化床
炉型举例	链条炉、振动炉排炉	粉煤炉	鼓泡流化床	循环流化床

表 3-10 给出了层燃炉、煤粉炉的常规燃烧方式与流化床燃烧方式的主要燃烧特性的比较。从中可以看出，流化床燃烧的燃烧温度低、停留时间长、湍流混合强烈。流化床锅炉已从 20 世纪 60 年代的第一代鼓泡流化床锅炉发展到 80 年代的第二代循环流化床锅炉（Circulating Fluidized Bed Boiler, CFBB）。超（超）临界循环流化床燃烧技术兼具循环流化床燃烧技术和超（超）临界蒸汽循环的优点，可以实现低成本、高效率清洁煤燃烧的目的，是循环流化床燃烧技术的重要发展方向。某 660MW 超超临界循环流化床锅炉设计参数见表 3-11。

表 3-11 某 660MW 超超临界循环流化床锅炉设计参数

主要参数	设计值
过热蒸汽压力/MPa	29.40
过热蒸汽温度/℃	605
过热蒸汽流量/(t/h)	1980
再热进/出口蒸汽压力/MPa	6.16/5.96
再热进/出口蒸汽温度/℃	361/623
再热蒸汽流量/(t/h)	1655.7
给水温度/℃	297
锅炉效率(%)	≥92.5
供电煤耗/[g/(kW·h)]	<290
NO_x 排放/(mg/m³)	<50
SO_2 排放/(mg/m³)	<35
颗粒物排放/(mg/m³)	<10

总体来说，循环流化床燃烧技术是目前最为成熟、最经济、应用最为广泛的一项清洁燃烧方式。循环流化床锅炉在世界范围内得到了迅速发展。在中小容量锅炉方面已经得到了大范围推广；在大型化方面，其单机发电容量已经超过了 300MWe（MWe 为电力系统常用单位，Mega watts of Electricity 的缩写）；在工业应用方面，循环流化床发电技术已经成为洁净煤发电技术的一个重要组成部分。

循环流化床锅炉在发电方面的应用有两种：一是单独的蒸汽动力循环发电，二是燃气-蒸汽构成的联合循环发电。在单独的蒸汽动力循环发电方面，循环流化床发电技术已日益成熟，已经有亚临界的 300MWe 等级的循环流化床锅炉投入运行，并且能够生产 600MWe 等级的循环流化床锅炉。流化床联合循环发电技术包括增压流化床联合循环技术和常压流化床联合循环技术（AFBC-CC）。

（2）增压流化床联合循环技术 增压流化床联合循环是以一个增压的（1.0~1.6MPa）流化床燃烧室为主体，以蒸汽-燃气联合循环为特征的热力发电技术。燃煤增压流化床锅炉联合循环属于增压锅炉型燃气-蒸汽联合循环，其循环不受燃气轮机初温的限制，可以采用亚临界甚至超临界参数的蒸汽循环系统，从而使系统的发电功率和效率在一定范围内得到提高。目前，增压锅炉型联合循环已被高效的余热锅炉联合循环取代，但在以煤为燃料时，由于增压流化床燃煤技术具有一定的优越性，因此，PFBC-CC 仍是很有竞争力的洁净煤发电技术。

增压流化床联合循环燃烧系统，一般是将煤和脱硫剂制成水煤浆，用泵将其注入流化床燃烧室内；另一种方法是用压缩空气将破碎后的煤粉吹入流化床燃烧室内，压缩空气经流化床底部压力风室，从布风板吹入炉膛，使燃料流化、燃烧，并在流化床燃烧室中部流入二次风使燃料燃尽。流化床内燃烧温度一般控制在850～950℃。炉膛出口的高温高压烟气以除尘后驱动燃气轮机，使燃气轮机为压缩空气提供动力，带动发电机发电，同时，锅炉产生的过热蒸汽进入汽轮机，带动发电机发电。

增压流化床燃煤联合循环技术发展于20世纪70年代初，有第一代PFBC-CC和第二代PFBC-CC两种形式。其中第一代PFBC-CC已经实现了商业化，最大容量已达360MW，技术也趋向成熟与完善。增压流化床联合循环的研究开发已经取得了很大成绩，但技术上仍具有局限性，主要表现在燃气轮机进口温度受增压流化床锅炉燃烧温度制约（仅为850～870℃），燃气轮机允许的进口温度为1200～1350℃，使得燃气轮机的优势不能充分发挥，影响机组发电效率。因此，提高燃气轮机进口温度就成为增压流化床联合循环研究努力的目标，带有炭化器和前置燃烧室的第二代增压流化床联合循环就成为研究开发的主要方向。第二代PFBC的基本形式如图3-9所示，在增压流化床

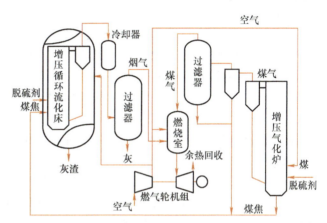

图3-9 第二代PFBC的基本形式

锅炉之前增加了一个炭化炉，在燃气轮机之前增加了一个顶置燃烧室，煤在炭化炉内发生部分气化生成低热值煤气和焦炭，其中，焦炭送入增压流化床锅炉中燃烧，生成主燃气以及蒸汽动力循环所需的主蒸汽；低热值煤气则经除尘后送到顶置燃烧室，与从锅炉中出来的同样经过除尘的主燃气混合燃烧，使进入燃气轮机时的燃气温度提高到1100～1300℃，从而将循环的总体效率提高到45%～50%。

与第一代增压流化床联合循环相比，第二代增压流化床联合循环的效率相对提高了15%～20%，并具有更优良的环保性能，增压流化床联合循环前置燃烧室的高温燃烧，降低了CO、N_2O和碳氢化合物的排放。

在PFBC的设计和实际运行中，影响其发电效率和发电功率的因素有：

1) 增压流化床燃烧锅炉燃烧方式。增压流化床燃烧锅炉是整个循环的核心设备，其能量转换率的高低将直接影响系统的发电效率。通常，当PFBC选用鼓泡床燃烧方式，在1.2 MPa的压力条件下，其燃烧效率可达到98%，而如果采用循环流化床，其燃烧效率会有所提高，从而使系统的发电效率提高。

2) 燃气轮机的入口温度。虽然增压锅炉型联合循环以蒸汽循环为主，但通过提高燃气轮机的入口参数仍能有效地改善系统效率。由于第二代PFBC将入口温度提高到1100～1300℃，其燃气轮机的功率在系统中的比值将会增大，既可增长系统的发电功率，还有助于提高发电效率。

3) 气化炉的转化温度。对于第二代PFBC来讲，提高煤在气化炉中的转化率，即使更

多的煤部分气化为低热值煤气,进入燃气-蒸汽联合循环,而非转化为主蒸汽的能量直接进入蒸汽动力循环,将有助于提高系统效率。

4) 其他因素。高温烟气除尘技术、第二代顶置燃烧室的低热值煤气燃烧技术、厂用电率等都会影响电站系统的运行状况,在设计与运行时需统筹考虑。

与目前应用的其他洁净煤技术相比,PFBC-CC 无论投资、效率、污染、排放、技术成熟度都比较优越,其投资远低于 IGCC,而且技术也比 IGCC 成熟,运行难度小。增压流化床联合循环技术的经济性和市场前景在很大程度上取决于燃料价格的走向。按目前的燃料价格水平,增压流化床联合循环技术并无很大优势,但当燃料价格大幅度提高、天然气价格比煤的价格提高幅度大得多时,增压流化床联合循环技术就会表现出良好的市场前景。

(3) 常压流化床燃气-蒸汽联合循环技术 为了克服增压流化床联合循环技术在给煤、除渣、高温除尘以及燃气轮机耐蚀方面的不足,人们进行了常压流化床技术研究,得到了常压流化床燃气-蒸汽联合循环方案。

1) 第一代 AFBC-CC。其工艺过程为:压气机输出的压缩空气在燃煤的常压流化床燃烧室的空气管簇内加热后,被直接送到燃气锅炉中去做功。其优点是比较清洁,缺点是由于空气管簇材料耐温性能的限制,从常压流化床燃烧室出来的空气温度一般不超过 800℃,因而其供电效率仅为 39.2%。

2) 第二代 AFBC-CC。为了提高系统的供电效率,人们首先将煤在常压流化床的炭化炉内进行干馏,煤气经净化后,被供到燃气锅炉前的顶置燃烧室中补燃,使热空气的温度升到 1100~1300℃,从而提高系统的供电效率,这就是第二代 AFBC-CC。德国曾建造过第一代 AFBC-CC 示范厂,由于管簇磨损问题而失败。美国提出了建设外燃式联合循环(EFCC)的方案,它与 AFBC-CC 相似,不同的是用高温陶瓷热管来取代空气加热管簇,从而使空气温度提高到 1260℃,以便提高供电效率。

3.2.3 煤炭利用节能环保技术

煤炭工业发展"十三五"规划指出,我国环境污染严重,人民群众对清新空气、清澈水质、清洁环境等需求迫切。我国是二氧化碳排放量最大的国家,到 2030 年左右,二氧化碳排放量将达到峰值。我国已经将保护环境确定为基本国策,持续推进生态文明建设,煤炭发展的生态环境约束也日益强化,必须走安全绿色开发与清洁高效利用的道路。

1. 煤炭利用节能技术

(1) 水煤浆技术 水煤浆技术是指由大约 65% 的煤、34% 的水和 1% 的添加剂通过物理加工得到一种复合代油煤基流体燃料的技术,它改变了煤的传统燃烧方式,具有一定的环保节能功能。尤其是近几年来通过废物资源化研制的环保水煤浆,可在增加很少费用的前提下,提高水煤浆的环保效益。

(2) 气化分相燃烧技术 气化分相燃烧技术是以煤炭为原料,采用空气和水蒸气为气化剂,先通过低温热解的温和气化,在同一个燃烧室内使气态燃料与固态燃料按照各自的燃烧规律分别燃烧的技术。它可以提高燃烧效率,并且能降低氮氧化物和二氧化硫的生成量,进而达到洁净燃烧和提高燃烧效率的双重目标。

(3) 煤炭催化燃烧技术 煤炭催化燃烧技术是通过向煤炭中添加催化剂,提高燃烧速率，使煤的燃烧更充分，从而达到节能的目的，同时还可以促进煤炭中灰分与硫氧化物的反应，达到脱硫效果，催化剂的添加比例在0.2%左右。据报道，使用燃煤催化燃烧剂可使锅炉正反平衡效率平均提高5.2%，固体不完全燃烧损失降低4.2%，烟气中的二氧化硫减排25%，节省原煤8%~15%。

（4）富氧燃烧技术　富氧燃烧技术是指将空气经过处理使含氧量提高的技术。富氧空气参与燃烧，给燃烧提供了足够的氧气，使可燃煤充分燃烧，减少了固体不完全燃烧产物的排放，同时也减少了氮和其他惰性气体随烟气产生的热能损失，具有明显的节能和环保效应。目前，富氧主要是通过深冷分离法、变压吸附法及膜分离法实现的。膜分离法富氧技术是近些年发展的非常适合于各种锅炉、窑炉的新技术，它可以起到助燃的作用，使工业锅炉节能5%~15%，提高锅炉出力10%以上，还可以减少大气环境污染。

（5）碱性燃烧技术　碱性燃烧技术是将普通助燃空气改性为碱性空气后使之参与燃烧的技术。碱性空气是将普通空气制成含有粒径小于$1\mu m$碱性物质的气溶胶空气。碱性空气参与燃烧可以改变燃烧的化学动力学特征，具有催化燃烧的功能，可以提高燃烧速率，使燃烧更充分，既可节能还可以与燃烧产生的酸性污染物发生中和反应，达到节能减排的效果。制造气溶胶的方法有汽凝法、空气压缩雾化法和超声雾化法等。

（6）烟气余热回收技术　随着节能工作的进一步开展，各种新型节能先进炉型日趋完善，采用新型耐火纤维等优质保温材料后，炉窑散热损失明显下降。采用先进的燃烧装置强化了燃烧，降低了不完全燃烧量，空燃比也趋于合理。回收烟气余热也是重要的节能途径，可降低排烟热损失，进一步提高热效率，达到节能降耗的目的。

烟气余热回收的途径通常有两种，一种是预热工件，另一种是预热空气进行助燃。烟气预热工件需占用较大的体积进行热交换，往往受到作业场地的限制。预热空气助燃是一种较好的方法，一般配置在加热炉上，也可强化燃烧，加快炉子的升温速度，提高炉子的热工性能。这样既满足工艺要求，最后也可获得显著的综合节能效果。

2011年7月，环境保护部和国家质量监督检验检疫总局联合发布了GB 13223—2011《火电厂污染物排放标准》。该标准对原火电排放标准进行了修订，将污染物排放要求提高到一个新高度。我国GB 13223—2011中对大气污染物排放限值的规定见表3-12。

表3-12　大气污染物排放限值　　　　　　　　　　（单位：mg/m^3）

污染物	分类			发电类型	
				燃煤发电	燃气发电
烟尘	新建	重点地区		20	5
		非重点地区		30	
	现有	重点地区		20	
		非重点地区		30	
SO_2	新建	重点地区		50	35
		非重点地区		100	
	现有	重点地区		50	
		非重点地区	非高硫煤	200	
			高硫煤	400	

（续）

污染物	分类		发电类型	
			燃煤发电	燃气发电
NO$_x$	新建		100	50
	现有	2003年12月31日前建成投产/W炉/循环流化床锅炉	200	
		其他	100	

注：1. 自2012年1月1日起，新建燃煤和燃气电厂执行该标准。
    2. 重点地区指根据环境保护要求，在国土开发密度较高，环境承载能力开始减弱，或大气环境容量较小、生态环境脆弱，容易发生严重大气污染而需要严格控制大气污染物排放的地区。
    3. 高硫煤指硫量大于3%的煤。

截至2016年底，全国已投产运营的火电厂烟气脱硫机组容量约84800万kW，占全国火电机组容量的80.5%，占全国煤电机组容量的90.0%；已投产运营的火电厂烟气脱硝机组容量约86400万kW，占全国火电机组容量的82%，占全国煤电机组容量的91.7%。火电厂按照"因地制宜、因炉制宜、因煤制宜"的原则选择脱硫工艺，我国现阶段主要采用的是石灰石—石膏法脱硫工艺。其他脱硫工艺如烟气循环流化床法、海水脱硫法等在脱硫工程中也有应用，但数量与规模有限。

2. 煤炭燃烧利用环保技术

（1）煤炭燃烧中的净化处理　煤炭燃烧过程中的净化处理，即进行炉内脱硫和脱硝。炉内脱硫通常是在燃烧过程中向炉内加入固硫剂，如石灰石等，使煤中硫分转化为硫酸盐并随炉渣排出。实践证明，最佳的脱硫温度为800~850℃，温度高于或低于该温度范围，脱硫效率均会降低。

燃烧中的净化燃烧技术主要包括流化床燃烧技术和先进燃烧器技术。流化床又叫沸腾床，有泡床和循环床两种。低燃烧温度可减少氮氧化物排放量，在煤炭中添加石灰可减少二氧化硫排放量，炉渣可以综合利用，并且能烧劣质煤，这些都是流化床燃烧技术的优点；先进燃烧器技术是指改进锅炉、窑炉的结构与燃烧技术，从而减少二氧化硫和氮氧化物排放的技术。

煤燃烧过程中产生的氮氧化物与煤的燃烧方式，特别是与燃烧温度和过量空气系数等燃烧条件有关。因此，炉内脱硝主要是采用低NO$_x$的燃烧技术，包括空气分级燃烧、燃料分级燃烧和烟气再循环技术，或向炉内喷射吸收剂（如尿素）等。

（2）燃烧烟气净化处理　煤炭燃烧后的烟气净化技术包括烟气除尘和脱硫、脱氮，其中的重点为烟气脱硫。烟气除尘技术有很多种，其中，静电除尘器效率最高，效率可达99%以上，电厂一般都采用这种技术。烟气脱硫（FGD）有干式和湿式两种，脱硫率可达90%以上，干式用浆状石灰石喷雾与烟气中的SO_2反应生成硫酸钙，水分被蒸发，干燥颗粒则用集尘器收集；湿式用石灰水淋洗烟气，SO_2变成亚硫酸钙或硫酸钙的浆状物。烟气脱氮有多种方法，如非催化还原法（NCR）和选择性催化剂还原法（SCR）。若采用SCR，NO$_x$排放量可减少80%以上，但装置的投资和运行费用较高。

1）石灰石—石膏法烟气脱硫技术。石灰石-石膏法烟气脱硫技术是脱硫的主要技术，主要采用石灰石浆液作为二氧化硫吸收剂，脱硫副产品为石膏（$CaSO_4 \cdot 2H_2O$）。该技术的优点为脱硫效率高，采用的石灰石吸收剂价格便宜，容易获取，副产品石膏成分稳定，不会造成二次污染，且综合利用市场广阔，可添加在水泥中作为缓凝剂，也可做石膏建材等。

2）烟气循环流化床脱硫技术。烟气循环流化床脱硫技术以消石灰粉为脱硫剂，在脱硫塔内，烟气中的酸性气体与加入的消石灰、循环灰及工艺水发生反应，以去除 SO_2 和 SO_3 气体。为了使脱硫塔在低负荷运行时保持最佳工作状态，设置了洁净烟气再循环系统，以保证塔内烟气流量的稳定性。

利用锅炉烟道作为反应器，将吸收剂、再循环灰和工艺水在紧靠烟道反应器外的混合槽内按一定比例先行混合，然后喷入烟道内进行脱硫的半干法脱硫技术，具有工艺流程简单、占地面积小等特点，脱硫效率可达到90%以上。

3）烟气脱硝技术。选择性催化还原法是指在催化剂的作用下，利用还原剂（如氨气、尿素）"有选择性"地与烟气中的氮氧化物反应并生成无毒无污染的氮气和水。SCR技术目前已成为世界上应用最多、最为成熟且最有成效的烟气脱硝主导技术。该技术的主要特点是对锅炉烟气氮氧化物的控制效果十分显著，技术成熟、易于操作，可作为我国燃煤电厂控制氮氧化物污染的主要手段之一。福建后石电厂在20世纪90年代率先引进国外技术，并在该厂600MW火电机组上建成投运。国华太仓发电有限公司7号机组600MW机组采用具有自主知识产权的SCR核心技术，设计建成的脱硝工程已于2006年1月20日成功投入运行，氮氧化物去除率可达到80%以上。

此外，非选择性催化还原技术（SNCR）是另一类具有代表性的烟气脱硝技术。由于工艺简单，无催化剂系统，在国内外有一定的工程应用。SNCR对氮氧化物的去除率为25%～40%，适用于 NO_x 原始浓度低、排放要求不高的场合。

电厂烟气脱硫脱硝技术的未来发展方向主要集中在以下几点：①加深电厂烟气脱硫脱硝技术理论的研究，对于可以用来进行脱硫脱硝处理的一些化学物质或者处理方法进行深入的探讨和研究，以理论上的进步来促进实践处理技术的发展；②加强专业化人才的培养，尤其是要提高专业化人才的实践技术能力，可对通过电厂烟气脱硫脱硝技术的实际运用效果进行现场操作和观察，确保所培养的人才能够切实为电厂脱硫脱硝技术的发展贡献力量；③电厂烟气集成脱硫脱硝技术的研究必然会成为今后电厂脱硫脱硝研究的一个重点方向；④基于超低排放的燃煤发电技术。

为了使燃煤电厂污染物排放达到燃气电厂排放标准，我国现阶段所采用的技术已经相当成熟，其中，脱硫及除尘技术已经可以采用国产技术，脱硝设备也可以实现国产化，但催化剂制备的关键技术还依赖进口，主要来自美国和韩国。

根据统计数据以及调研结果，将燃煤电厂现行污染物主流控制技术以及应用情况汇总，见表3-13。燃煤电厂通常采用"低氮燃烧+选择性催化还原+电除尘+石灰石-石膏湿法脱硫"，来满足现行火电排放标准要求。燃煤电厂超低排放技术主要通过挖掘已有技术和设备潜力（或者裕量）或者增加新设备（如湿式电除尘）的手段来实现，使污染物排放值低于现行标准规定的普通地区排放限值（烟尘为30mg/m³， SO_2 为100mg/m³， NO_x 为100mg/m³）以及重点地区特别排放限值（烟尘为20mg/m³， SO_2 为50mg/m³， NO_x 为100mg/m³）。对于新增的燃煤机组，污染物综合控制通常采用以下两种技术路线：①低氮燃烧+选择性催化还原+静电除尘器+石灰石-石膏湿法脱硫+烟气深度净化设施（如湿式电除尘器等）；②低氮燃烧+选择性催化还原+袋式除尘器或电袋复合除尘器+石灰石-石膏湿法脱硫。

表 3-13 燃煤电厂现行污染物主流控制技术及应用情况汇总

污染物	控制技术	成熟程度及应用范围	装机容量/kW	占火电比例（%）
烟尘	电除尘	技术成熟，应用广泛	7.4×10^8	90.0
	袋式除尘和电袋复合除尘	技术成熟，应用少	0.8×10^8	10.0
	湿式电除尘	技术成熟，推广应用中	极少	—
SO_2	石灰石-石膏湿法脱硫	技术最成熟，应用最广	6.8×10^8	83.0
	海水脱硫	技术成熟，应用少	0.2×10^8	2.7
NO_x	低氮燃烧	技术成熟，应用广泛，通常配合 SCR 使用	7.4×10^8	90.0
	选择性催化还原	技术最成熟，应用最广	2.3×10^8	28.1
	选择性非催化还原	技术成熟，应用少	极少	—

燃煤发电机组的经济效益和社会效益都很显著。燃煤发电机组实现超低排放所增加的成本不到 0.02 元/kW·h。另外，燃煤发电 0.3~0.4 元/kW·h 的上网电价远低于天然气发电 0.8 元/kW·h 左右的上网电价。也就是说，用煤发电达到同样的排放甚至更低时，成本仅为天然气的一半。实际运行过程中，燃煤发电机组与燃气发电机组单位发电量污染物排放指标见表 3-14，其比较基础是浙江某经过超低排放改造的燃煤电厂 100×10^4 kW 机组与福建某燃气电厂 39×10^4 kW 机组满负荷运行下的排放水平。

表 3-14 某超低排放燃煤发电机组与某燃气发电机组单位发电量污染物排放指标

[单位：g/(kW·h)]

污染物	福建某燃气发电企业	浙江某燃煤发电企业
SO_2	0.000	0.063
NO_x	0.055	0.009
CO_2	337.576	863.874
烟尘	0.000	0.013

3.3 石油

3.3.1 石油概述

1. 石油及油品的分类

石油（或称原油，petroleum 或 crude oil）是指从地下深处开采出来的黄褐色乃至黑褐色的流动或半流动的黏稠液体。石油是有机物在地球演化过程中的一种中间产物，一般认为其有效生油温度在 50~160℃。地温过高将使石油逐步裂解为甲烷，最终演化为石墨。

石油的性质因产地而异。石油密度一般为 0.7~1.0g/cm³，我国原油的相对密度大多为 0.85~0.95，属于偏重的常规原油；石油沸点为 500℃ 以上（常温情况下）；石油黏度范围很宽，凝固点差别很大（-60~30℃）；石油可溶于多种有机溶剂，不溶于水，但可与水形成乳状液。在商业上，按相对密度不同，把原油分为轻质原油（相对密度≤0.865）、中质原油（相对密度为 0.865~0.934）、重质原油（相对密度为 0.934~1.000）、特重质原油

（相对密度≥1.000）。轻质石油在世界上的储量较少，我国青海冷湖原油即属于轻质石油。

石油的组成十分复杂，是由分子大小和化学结构不同的烃类和非烃类组成的复杂混合物，包括烷烃、环烷烃和芳香烃，还有少量硫、氮、氧的化合物和胶质等。组成石油的化学元素主要是碳（质量分数为83%~87%）、氢（质量分数为11%~14%），还有硫（质量分数为0.06%~0.8%）、氮（质量分数为0.02%~1.7%）、氧（质量分数为0.08%~1.82%）及微量金属元素（镍、钒、铁等）。由碳和氢化合形成的烃类构成石油的主要组成部分，其质量分数占95%~99%，平均低位发热量为41.87MJ/kg。含硫、氧、氮的化合物对石油产品有害，在石油加工中应尽量除去。根据所含主要成分烃类的不同，石油可分为三大类：烷基（石蜡基）石油、环烷基（沥青基）石油和混合基石油。我国所产原油大多属于石蜡基石油，如大庆原油即属低硫、低胶质、高石蜡烃类型。

反映石油特性的物性指标通常有黏度、凝固点、盐含量、硫含量、蜡含量、胶质、沥青质、残炭、沸点和馏程等。我国主要原油的特点是含蜡较多，凝固点高，硫含量低，镍、氮含量中等，钒含量极少。组成不同类的石油，加工方法有差别，产品的性能也不同，应当物尽其用。

石油是十分复杂的混合物，不能直接作为产品使用，必须经过各种加工处理，炼制成多种石油产品。根据石油组分沸点的差异，对原油进行预处理后蒸馏，可从原油中提炼出直馏汽油、煤油、轻重柴油及各种润滑油馏分等，这是原油的一次加工过程。然后将这些半成品中的一部分或大部分作为原料，进行原油二次加工，如催化裂化、催化重整、加氢裂化等炼制过程，可提高石油产品的质量和轻质油收率。

石油产品种类繁多，市场上各种牌号的石油产品达1000种以上，从石油中得到的产品大致可分为以下四大类：

（1）石油燃料　石油燃料是用量最大的油品，按其用途和使用范围可以分为五种：①点燃式发动机燃料，如航空汽油、车用汽油等；②喷气式发动机燃料（喷气燃料），如航空煤油；③压燃式发动机燃料（柴油机燃料），如高速、中速、低速柴油；④液化石油气燃料，即液态烃；⑤锅炉燃料，如炉用燃料油、船舶用燃料油。

（2）润滑油和润滑脂　润滑油和润滑脂的数量只占全部石油产品的5%左右，但品种繁多。

（3）蜡、沥青和石油焦　蜡、沥青和石油焦是在生产燃料和润滑油时进一步加工得来的，其产量约为所加工原油的百分之几。

（4）溶剂和石油化工产品　石油化工产品是有机合成工业重要的基本原料和中间体。

2. 石化工业的重要作用

石化工业在国民经济发展中发挥着重要作用。石化工业是国民经济发展的基础产业之一，它既是能源工业，也是原材料工业。石化工业的发展促进了相关产业的升级与发展，同时，相关产业的技术进步又促进了石化产业整体技术水平的提高。此外，石化工业还丰富了人们的生产与生活产品类型。总之，石化工业发展水平已成为衡量我国经济实力和科技水平的重要标志之一，是国民经济的重要支柱产业之一。

3.3.2　炼油工业的发展历程及前景

1. 炼油工业的发展历程与技术成就

（1）世界炼油工业发展历程　石油的发现、开采和直接利用历史已久，石油加工利用形成的石油炼制工业始于19世纪30年代。1823年，俄国杜比宁兄弟建立了第一座釜式蒸馏炼油厂。1860年，美国B. Siliman建立了原油分馏装置，被认为是炼油工业的雏形。19世纪末，诞生了以增产汽油和柴油为目的的综合利用原油的二次加工工艺，如热裂化、焦化、催化裂化、催化重整及加氢技术，形成了现代的石油炼制工业。20世纪初，内燃机的发明、汽车工业的发展及第一次世界大战对汽油的需求推动了炼油工业的迅速发展。到20世纪40~50年代，炼油工业就已发展成为一个技术先进、规模宏大的产业。20世纪50年代以后，形成了现代的石油化学工业，石油炼制为化工产品的发展提供了大量原料。2016年，全世界的原油加工能力为45.8亿t，我国约为5.4亿t，其中大型炼油厂的年加工能力已超过1000万t。

我国石化工业包括石油炼制工业（简称为石油炼制）和以石油、天然气为主要原料的化学工业（简称为石油化工）。在石油炼制方面，1949年新中国成立之前，全国仅有几个小规模的炼油厂，几乎所有的石油产品都依靠进口。1958年，建立了我国第一座现代化的处理量为$100×10^4$t/a的炼油厂。20世纪60年代，在大庆油田的发现和开发的带动下，我国炼油工业迅速发展，在吸收国外先进炼油技术的基础上，依靠国内自己的技术力量，掌握了流化催化裂化、催化重整、延迟焦化、尿素脱蜡以及有关催化剂、添加剂五个方面的工艺技术，为中国炼油工业的发展打下了基础。2016年底，我国炼油工业的规模位居世界第二位，炼油技术水平已进入世界先进行列。

在石油化工方面，20世纪50年代，我国石油炼制发展落后，许多化工产品依赖进口，化工产品的生产也主要以褐煤、粮食酒精和电石为原料。20世纪60年代引进了国外砂子炉裂解技术和与之配套的5套石油化工装置，20世纪70年代初全部建成投产。至此，中国第一个石油化工基地在兰州诞生。此时出现了土法兴办小石油化工的热潮。随着大庆油田的开发及石油炼制工业的发展，我国利用国内科研成果，自行设计建设了一批以石油气和石油芳香烃为原料的石油化工联合企业，如北京燕山、齐鲁、大庆、岳阳等地的20多套大型石油化工装置。20世纪70年代，我国大量引进了以石油和天然气为原料、生产化学纤维和化学肥料的工艺技术和成套设备，陆续建成投产了第一套年产30万t乙烯的大型装置、4套石油化纤联合装置、13套大型合成氨装置。从20世纪80年代初开始，石油化工进入了一个稳步发展和以提高经济效益为中心的历史阶段，发挥了油化纤的联合优势，基本上形成了一个完整的具有相当规模的工业体系。截至2016年底，我国共有40家乙烯生产企业，47套乙烯生产装置。以此为龙头，石化下游加工能力相应扩大，建成了一批有机原料和合成材料的生产装置，主要生产聚乙烯、聚丙烯、聚苯乙烯、烧碱和聚氯乙烯、环氧乙烷和乙二醇、丁辛醇、丙烯腈和聚丙烯纤维、乙醛和醋酸、丁苯橡胶、精对苯二甲酸和聚酯等产品。

能源行业著名刊物《石油情报周刊》从油气储量、油气产量、炼油能力、炼制品销量四个方面，对全球大型石油公司进行了多方位的综合考察，发布了2017年度全球石油公司综合排名。2017年世界排名前10的石油公司见表3-15，其中，中国石油天然气集团公司排在第3位。

（2）我国炼油工业的技术成就　在我国石化工业迅速发展的同时，石化工业技术也取得了长足进步，主要技术成就有：

1）在成套技术方面，开发了渣油催化裂化技术、催化裂化家族技术（该技术包括催化裂解技术（DCC）、多产液化气和汽油的催化裂化技术（MGG）、多产异构烯烃的催化裂化技术（MIO）等）、加氢裂化技术、中压加氢改质技术、催化重整技术、热加工技术、甲基叔丁基醚技术、新型裂解炉技术、环管聚丙烯技术、丙烯腈技术、乙苯/苯乙烯技术、丁苯热塑性弹性体（SBS）技术、溶聚丁苯技术、C5分离技术等。

表3-15　2017年世界排名前10的石油公司

位序	石油公司名称	位序	石油公司名称
1	沙特阿美石油公司	6	荷兰皇家壳牌石油公司
2	伊朗国家石油公司	7	BP公司
3	中国石油天然气集团公司	8	俄罗斯石油公司
4	委内瑞拉石油公司	9	俄罗斯石油天然气工业股份公司
5	埃克森美孚公司	10	道达尔公司

2）在产品技术方面，开发了高质量的新配方汽油，研制了3大系列若干个黏度等级的润滑油基础油，开发了内燃机油、齿轮油、液压油等中高档润滑油品种牌号百余种，200多种配方的润滑油生产技术，基本满足了国内需要。同时，还开发了系列合成树脂、合成纤维和合成橡胶的新品种和新牌号。在催化剂方面，开发了一系列炼油和石油化工新型催化剂，其性能达到或优于国外催化剂水平，如催化裂化系列催化剂、连续重整用的铂锡催化剂、半再生重整用的铂铼催化剂、加氢裂化和加氢精制系列催化剂、环氧乙烷催化剂、丙烯腈催化剂、聚丙烯N型催化剂等。国产催化剂在生产装置上的覆盖率已达85%以上。

3）在重大装置国产化方面，对乙烯裂解炉、加氢裂化、加氢精制、本体法聚丙烯、湿法腈纶、高密度聚乙烯等装置中的关键设备实现了国产化，乙烯、丙烯的当量自给率分别提高到50%和72%，化工新材料自给率达到63%。近年来，又组织了聚丙烯环管反应器、乙烯装置裂解气压缩机、丙烯压缩机、渣油加氢装置反应器、新氢压缩机等重大设备国产化工作。在专用设备方面，开发了催化裂化提升管出口全封闭式旋流快分系统、分馏塔DJ型塔板、顺丁橡胶凝聚釜等。在生产装置消除"瓶颈"制约的技术方面，开发了加氢裂化、延迟焦化、半再生催化重整、丙烯腈、环氧乙烷/乙二醇、PTA、聚酯等技术，并已在工业装置扩能改造中应用，使生产装置的能力大幅度提高，能耗、物耗大幅度降低，提高了产品竞争力，为石化生产装置的技术改造提供了技术支持。

2. 石化工业的发展前景

当前我国石化工业在发展过程中，机遇与挑战并存。21世纪的炼油工业面临严重挑战，主要体现在：

1）结构性矛盾较为突出。传统产品普遍存在产能过剩问题，电石、烧碱、聚氯乙烯、磷肥、氮肥等重点行业产能过剩问题尤为明显。以乙烯、对二甲苯、乙二醇等为代表的大宗基础原料和高技术含量的化工新材料、高端专用化学品国内自给率偏低，工程塑料、高端聚烯烃塑料、特种橡胶、电子化学品等高端产品仍需大量进口。

2）行业创新能力不足。科技投入整体偏低，前瞻性及原始创新能力不强，缺乏前瞻性技术创新储备，达到国际领先水平的核心技术较少。

3）安全环保压力较大。随着城市化的快速发展，"化工围城"、"城围化工"问题日益显现，加之部分企业安全意识薄弱，安全事故时有发生，行业发展与城市发展的矛盾凸显，"谈化色变"和"邻避效应"对行业发展的制约较大。随着环保排放标准的不断提高，行业面临的环境生态保护压力不断加大。

4）产业布局不尽合理。石化和化学工业企业数量多、规模小、产能分散，部分危险化学品生产企业尚未进入化工园区。同时，化工园区"数量多、分布散"的问题较为突出，部分园区规划、建设和管理水平较低，配套基础设施不健全，存在环境安全隐患。

3.3.3 原油炼制方法及节能技术

把原油加工成各种石油产品的过程，称为石油炼制。建设一座炼油厂，首要任务是确定原油的加工方法。方法的确定取决于诸多因素，如市场需要、经济效益、投资力度、原油的特性等。选择原油加工方法的基本依据是原油的综合评价结果。在特定情况下，还需对某些加工过程做中型试验，以取得更为详细的数据。此外，生产航空煤油和某些润滑油时，往往还需做产品的台架试验和使用试验。

根据所生产产品的不同，原油的高效加工方法大体上可分为三种基本类型：

（1）燃料型　除了生产部分重油燃料油外，主要产品是用作燃料的石油产品，将减压馏分油和减压渣油进行轻质化，转化为各种轻质燃料。

（2）燃料-润滑油型　除了生产用作燃料的石油产品外，部分或大部分减压馏分油和减压渣油还被用于生产各种润滑油产品。

（3）燃料-化工型　除了生产燃料产品外，还可生产化工原料及化工产品，例如某些烯烃、芳香烃、聚合物的单体等。这种加工方法不仅充分合理地利用了石油资源，而且还提高了炼油厂的经济效益，是石油加工的发展方向。图 3-10 所示为燃料-化工型加工方法。

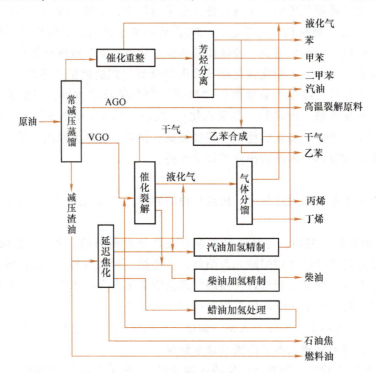

图 3-10　燃料-化工型加工方法

由于原油加工方法不同，各炼油厂的炼油工艺过程及复杂程度也不同。一般情况下，大规模炼油厂的复杂程度较高。炼油厂设备主要由两大部分组成,即炼油生产装置与辅助设施。

1) 炼油生产装置。按生产目的不同可将炼油生产装置分为原油分离装置、重质油轻质化装置、油品改质及油品精制装置、油品调和装置、气体加工装置、制氢装置和化工产品生产装置。

2) 辅助设施。辅助设施是维持炼油厂正常生产所必需的非生产装置设施系统,主要有供电系统、供水系统、供水蒸气系统、供气系统(如压缩空气站、氧气站等)、原油和产品储运系统及三废处理系统,此外,还有机械加工维修、仪表维护、消防等设施。

通常将石油炼制过程分为一次加工、二次加工和三次加工。一次加工是利用原油中各成分沸点不同,在常压或常减压下把原油蒸馏分为几个不同的沸点范围(即馏分)的工艺;将一次加工得到的馏分再加工成商品油的工艺称为二次加工;将二次加工得到的商品油制取基本有机化工原料的工艺称为三次加工。一次加工采用常压蒸馏或常减压蒸馏;二次加工采用催化、加氢裂化、延迟焦化、催化重整、烃基化、加氢精制等;三次加工采用裂解工艺制取乙烯、芳香烃等化工原料。石油炼制与加工过程及主要产品的比较见表 3-16。

表 3-16 石油炼制与加工过程及主要产品的比较

炼制和加工方法	分馏		裂化		裂解
	常压分馏	减压分馏	热裂化	催化裂化	
加工原理	用蒸发和冷凝的方法把石油分成不同沸点范围的蒸馏产物		在一定条件下,将大分子、高沸点的烃断裂成小分子烃的过程		在高于裂化的温度下,将长链烃分子断裂成短链的气态和少量液态烃的过程
原料	脱水、脱盐的原油	重油	重油		石油的分馏产品
炼制条件	常压加热	减压加热	加热	催化剂、加热	高温
炼制目的	将原油分离成轻质油	将重油充分分离,并防止炭化	提高轻质汽油的产量和质量		获取短链气态不饱和烃
主要产品	溶剂油($C_5 \sim C_8$)、汽油($C_5 \sim C_{11}$)、煤油、柴油、重油	润滑油、凡士林等	汽油等轻油		乙烯、丙烯、丁二烯等

炼油产品需求量较大的是轻质油(如汽油),但直接蒸馏得到的直馏汽油等轻质油的数量受原油中轻组分含量的限制,如胜利原油中 200℃ 前馏分的质量分数仅为 7% 左右,另外,直馏汽油主要含直链烷烃,辛烷值较低。裂化的目的是通过裂化反应,将高碳烃(碳原子数多,碳链较长的烃)断链生成低碳烃,同对增加环烷烃、芳香烃和带侧链烃的数量,从而增加汽油等轻馏分的产量,质量也会得到提高。裂化有热裂化和催化裂化两种,以加热方法使原料馏分油在 480~500℃ 下裂化的称为热裂化,使用催化剂进行的裂化称为催化裂化。

1. 原油预处理

从地下油层中开采出来的石油都混有水,这些水中溶解有无机盐,如 $NaCl$、$MgCl_2$、$CaCl_2$ 等。含水及溶解无机盐的原油会造成设备腐蚀,并造成运输、贮存、加工能量损失,还会影响产品质量。因此,原油在使用前需进行脱水与脱盐处理。原油中的盐大部分溶于所含的水中，故脱盐脱水是同时进行的。为了脱除悬浮在原油中的盐粒，在原油中注入一定量的新鲜水（注入量一般为5%），充分混合后，在破乳剂和高压电场的作用下使微小水滴逐步聚集成较大水滴，水滴靠重力从油中沉降分离，从而达到脱盐脱水的目的。这通常称为电化学脱盐脱水过程。

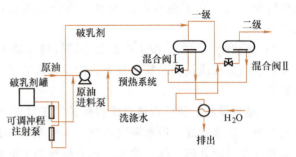

图 3-11 两级脱盐脱水流程示意图

我国各炼厂大都采用两级脱盐脱水流程，如图 3-11 所示。原油自油罐抽出后，先与淡水、破乳剂按比例混合，加热到一定温度后，送入一级脱盐罐，一级电脱盐的脱盐率在 90%~95% 之间。在进入二级脱盐之前，仍需注入淡水。一级注水是为了溶解悬浮的盐粒，二级注水是为了增大原油中的水量，以增大水滴的偶极聚结力。

2. 原油蒸馏

蒸馏是石油炼制的最基本过程，也是一种重要的操作单元。蒸馏是利用液体混合物中各组分挥发度的不同，通过加热使部分液体气化，使较轻的、易挥发的组分在气相中的浓度增大，而较重的、难挥发的组分在剩余液体中的浓度也会增大，从而实现混合物的分离。但是，一般在石油炼制中，不能得到纯的单一化合物，只是利用蒸馏将原油切割成不同沸点范围的烃类混合物（称馏分油）。目前炼油厂最常采用的原油蒸馏流程是两段气化流程和三段气化流程。两段气化流程包括常压蒸馏和减压蒸馏两个部分，三段气化流程包括原油初馏、常压蒸馏和减压蒸馏三个部分。

根据产品用途不同，将原油蒸馏工艺流程分为燃料型、燃料-润滑油型和燃料-化工型三种类型。燃料型的原油常减压蒸馏工艺流程如图 3-12 所示，这类加工方法所加工的产品基本都是燃料。

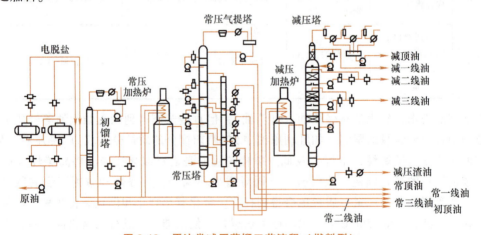

图 3-12 原油常减压蒸馏工艺流程（燃料型）

从罐区出来的原油，经过换热，温度达到 80~120℃ 时进入电脱盐脱水罐进行脱盐、脱水。经这样预处理后的原油，再经换热达到 210~250℃ 时进入初馏塔，塔顶流出的为轻汽油馏分，塔底为拔头原油。拔头原油经换热进入常压加热炉加热至 360~370℃，形成的气液混合物进入常压塔。常压塔塔顶流出的汽油馏分,经冷凝冷却至 40℃ 左右,一部分作塔顶回流,一部分作汽油馏分。各侧线馏分油经气提塔出装置,塔底是沸点高于 350℃ 的常压重油。用热液压泵从常压塔底部抽出送到减压炉加热,温度达到 390~400℃ 时进入减压蒸馏塔,减压塔顶一般不出产品,而是直接与抽真空设备连接。侧线各馏分油经换热冷却后出装置,作为二次加工的原料。塔底减压渣油经换热、冷却后出装置,作为下道工序(如焦化、溶剂脱沥青等)的进料。

3. 原油热加工

在炼油工业中,靠热的作用将重质原料油转化成气体、轻质油、燃料油或焦炭的一类工艺过程称为热加工。热加工过程除了可以从重质原料得到一部分轻质油品外,也可以用来改善油品的某些使用性能。热加工过程主要包括热裂化、减粘裂化和焦炭化。

热裂化是以石油重馏分或重、残油为原料生产汽油和柴油的过程。石油馏分及重油、残油在高温下主要发生两类化学反应:一类是裂解反应,大分子烃类裂解成较小分子的烃类;另一类是缩合反应,即原料和中间产物中的芳香烃、烯烃等缩合成大分子量的产物,从而得到比原料油沸程高的残油甚至焦炭。

减粘裂化是一种浅度热裂化过程,其主要目的在于减小原料油的黏度,生产合格的重质燃料油和少量轻质油品,也可为其他工艺过程(如催化裂化等)提供原料。

焦炭化过程(简称焦化)是提高原油加工深度,促进重质油轻质化的重要热加工手段。它又是唯一能生产石油焦的工艺过程,在炼油工业中一直占据重要地位。

在原油的加工过程中,热裂化过程已逐渐被催化裂化所取代。不过随着重油轻质化工艺的不断发展,热裂化工艺又有了新的发展,国外已经采用高温短接触时间的固体流化床裂化技术,用来处理高金属、高残炭的劣质渣油原料。

4. 催化裂化

催化裂化(Catalytic Cracking)过程是以减压馏分油、焦化柴油和蜡油等重质馏分油或渣油为原料,在常压和 450~510℃ 条件下,借助催化剂的催化作用,发生一系列化学反应,生成气体、汽油、柴油等轻质产品和焦炭的过程。催化裂化过程具有如下特点:①轻质油收率高,可达 70%~80%;②催化裂化汽油的辛烷值高,马达法辛烷值可达 78,汽油的安定性也较好;③催化裂化柴油十六烷值较低,常与直馏柴油调和使用或经加氢精制提高十六烷值,以满足要求;④催化裂化气体 C_3 和 C_4 占 80%,其中 C_3 丙烯又占 70%,C_4 中各种丁烯可占 55%,是优良的石油化工原料和高辛烷值组分的生产原料。

催化裂化是炼油工业中最重要的一种二次加工工艺,在炼油工业生产中占有重要的地位。催化裂化是在热裂化工艺上发展起来的,是提高原油加工深度,生产优质汽油、柴油最重要的工艺操作。催化裂化的原料油主要是原油蒸馏或其他炼油装置的 350~540℃ 馏分的重质油。催化裂化工艺由原料油催化裂化、催化剂再生、产物分离三部分组成,所得的产物经分馏后可得到气体、汽油、柴油和重质馏分油。部分返回反应器继续加工的油称为回炼油。催化裂化操作条件的改变或原料波动可使产品组成波动。

根据所用原料、催化剂和操作条件的不同,催化裂化各产品的产率和组成略有不同。催化裂化过程的主要目的是生产汽油。总体上来说,气体产率为 10%~20%,汽油产率为 30%~50%,柴油产率不超过 40%,焦炭产率为 5%~7%。可见,我国催化裂化技术的特点就是大量生产汽油的同时,提高柴油产率。

在热裂化时,反应按自由基反应机理进行,而在催化裂化时,反应按正碳离子反应机理进行,故催化裂化中芳构化、异构化反应较多,产物的经济价值较高。催化裂化用的催化和反应装置有多种类型,技术发展和更新都很快。图 3-13 所示为典型的催化裂化工艺流程。

重油催化裂化(Residue Fluid Catalytic Cracking,RFCC)是近年来得到迅速发展的重油加工技术。所谓重油,

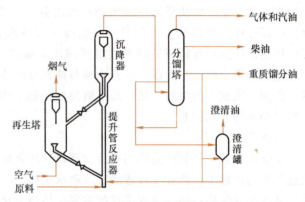

图 3-13 典型的催化裂化工艺流程

是指常压渣油、减压渣油的脱沥青油以及减压渣油、加氢脱金属或脱硫渣油所组成的混合油。典型的重油是馏程大于 350℃ 的常压渣油或加氢脱硫常压渣油。与减压馏分相比,重油催化裂化原料油存在如下特点:①黏度大、沸点高;②多环芳香性物质含量高;③重金属含量高;④含硫、氮化合物较多。因此,用重油为原料进行催化裂化时会出现焦炭产率高,催化剂重金属污染严重以及产物硫、氮含量较高等问题。

重油催化裂化工艺的产品是市场急需的高辛烷值汽油馏分、轻柴油馏分和石油化学工业需要的气体原料。由于该工艺采用了分子筛催化剂、提升管反应器和钝化剂等,产品分布接近于一般的流化催化裂化工艺。但是重油原料中一般有 30%~50% 的廉价减压渣油,因此,重油流化催化裂化工艺的经济性明显优于一般流化催化工艺。

5. 催化重整

催化重整是使石油馏分经过化学加工转变为芳香烃的重要方法之一。重整是指在催化剂的存在下,把烃类分子重新排列成新的分子结构,而不改变分子大小的加工过程。采用铂催化剂的重整过程称铂重整,采用铂铼催化剂的称为铂铼重整,而采用多金属催化剂的重整过程称为多金属重整。催化重整是石油加工过程中重要的二次加工方法,其目的是生产高辛烷值汽油或化工原料 3/4-芳香烃,同时,副产品中的氢气可作为加氢工艺的氢气来源。

催化重整催化剂是载于活性氧化铝上的铂或铂铼,在催化剂作用下主要应有:

(1) 正构石蜡烃异构化 $CH_3—(CH_2)_n—CH_3 \rightarrow CH_3—\underset{\underset{CH_3}{|}}{CH}(CH_2)_{n-2}—CH_3$

(2) 环烷烃脱氢芳构化 ⬡ → ⬡ $+3H_2$

(3) 烷烃脱氢环化成芳香烃

$CH_3—(CH_2)_4—CH_3 \rightarrow$ ⬡ $+4H_2$

此外,还有一些加氢裂化副反应发生,应加以抑制。

催化重整的典型流程如图 3-14 所示。经过预热的原料油与循环氢混合并加热至 490~530℃,在 1~2MPa 下进入反应器。由于生成芳

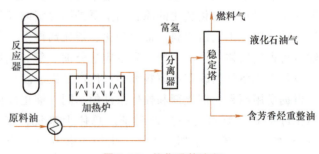

图 3-14 催化重整流程

香烃的反应都是强吸热反应（反应热为 627.9~837.2kJ/kg 重整进料），反应在几个串联的反应器中进行，段间设加热炉，以补偿反应吸收的热量。离开反应器的物料进入分离器，分出富氢循环气，所得液体在稳定塔中脱去轻组分，得到高辛烷值汽油组分的重整汽油，也可送往芳香烃抽提装置生产芳香烃。

6. 其他加工技术

炼油二次加工是将一次加工产物进行再加工的过程，除上述热裂化、催化裂化、催化重整等技术外，还有加氢裂化等工艺。加氢裂化同热裂化和催化裂化一样，均是在加热和有催化剂存在的条件下对重质油进行加工。但加氢裂化时，应在高氢压的条件下发生裂化反应，生成汽油、喷气燃料、柴油等。

炼油三次加工主要是将炼厂气进一步加工生产高辛烷值汽油和各种化学品的过程，包括石油烃烷基化、异构化、烯烃叠合等。生产技术装置的具体配置，要根据炼油厂的类型来决定，目前的趋势是将炼油厂与石油化工厂联合，组成石油化工联合企业。利用炼油厂提供的馏分油、炼厂气，生产各种基本的有机化工产品和三大合成材料，联合企业产品分为纤维型、塑料型、橡胶型和综合型。

3.4 天然气

3.4.1 天然气概述

天然气是以甲烷（CH_4）为主的低碳烃混合物，同时也包括一定量的乙烷、丙烷和重质碳氢化合物，还含有少量的 N_2、O_2、CO_2、H_2S、He 等气体，通常不含 C_{10} 以上烃类。天然气中碳的质量分数为 65%~80%，氢的质量分数为 12%~20%，平均低位发热量为 38.97MJ/kg。一般外输出售的天然气主要是甲烷和乙烷的混合物，含少量丙烷。

甲烷的分子结构是由一个碳原子和四个氢原子组成的，燃烧产物主要是二氧化碳和水。天然气无色、无味、无毒且无腐蚀性，与其他化石燃料相比，燃烧时仅排放少量的二氧化碳粉尘和极微量的一氧化碳、碳氢化合物、氮氧化物。因此，天然气是一种优质高效的清洁能源。如用天然气作汽车燃料，汽车尾气排放的二氧化碳量比燃油汽车尾气排放的二氧化碳量少 90%，可降低噪声 40%，且排放物中没有苯、铅等致癌物质。可见，天然气是一种优质的能源资源。

天然气按组成可分为干气和湿气，一般将甲烷质量分数大于 90% 的天然气称为干气，低于 90% 的称为湿气。湿气中乙烷、丙烷、丁烷及 C_4 以上烃类占有一定数量。按来源分，天然气可分为三类，即纯气井生产的气井气（干气）、凝析气井气（湿气）和油田伴生气。不同油田的油田伴生气的气量相差较大。

天然气的用途很广，其主要用途为：①供民用或工业用作燃料；②作为一种高效、优质、清洁的能源及重要化工原料。据专家预测，到 21 世纪中叶，世界能源结构中天然气需求将升至 5.1 万亿 m^3，增幅约 48%，而石油需求将达到 4802 亿 t，较 2015 年增加 12%。能源生产结构的变化必然导致能源利用和消费结构的变化，因此，天然气的利用开发显得尤为重要。

我国大部分天然气资源贮存在中、西部地区及近海，其中 80% 以上集中分布在四川、鄂尔多斯、塔里木、柴达木、准噶尔、松辽等盆地及东南海域。为了解决我国东部和中部地区能源紧缺的问题，2000年初西部大开发对能源结构进行调整，实施"以气补油"计划。"西气东输"工程4000km管网系统于2005年已全线贯通，年输气量为 $120 \times 10^8 \mathrm{m}^3$。

为缓解天然气供需矛盾，优化天然气使用结构，促进节能减排工作，经国务院同意，国家发改委研究制订的新版《天然气利用政策》于2012年12月1日正式颁布实施。《天然气利用政策》坚持统筹兼顾，整体考虑全国天然气利用的方向和领域，优化配置国内外资源；坚持区别对待，明确天然气利用顺序，保民生、保重点、保发展，并考虑不同地区的差异化政策；坚持量入为出，根据资源落实情况，有序发展天然气市场。

天然气利用领域可归纳为四大类，即城市燃气、工业燃料、天然气发电和天然气化工。据预测，石油和天然气的产量约在2050年达到顶峰，随即开始下降，届时将发生能源供应的危机。综合考虑天然气利用的社会效益、环保效益和经济效益等各方面因素，根据不同用户用气的特点，将天然气利用分为优先类、允许类、限制类和禁止类。我国《天然气利用政策》将城市燃气列为优先类，限制发展天然气化工，禁止新建扩建天然气制甲醇项目，禁止天然气代煤制甲醇项目。由于甲醇可直接作为燃料使用来替代汽油，甲醇还可以作为制烯烃的原料间接替代部分石油，近年来国内外掀起甲醇建设的热潮。我国甲醇生产路线大致分为三种：煤制甲醇、天然气制甲醇、焦炉制甲醇。其中，煤制甲醇的产能约占全国总产能的77.3%，天然气次之，约占13.2%。据不完全统计，2016年全国甲醇投产的装置共193套，总产能在1855.5万t。《天然气利用政策》将促进我国甲醇产业的发展，实现绿色低碳发展，同时对推动节能减排、稳增长惠民生促发展具有重要意义。

3.4.2 天然气高效利用技术

天然气既是优质的清洁燃料，又是重要的化工原料。天然气可用于发电、燃料电池、汽车燃料、化工、城市燃气等，其中许多技术已经成熟。天然气作为化工原料，已初步形成独具特色的 C_1 化学与化工系列，回收的天然气凝液是石油化工的重要原料。2015年，我国天然气在一次能源消费中的比重从2010年的4.4%提高到5.9%，其中天然气用作化工原料的约占总产量的14.6%左右，主要用于农用化肥，生产合成甲醇、化纤等其他化工产品。轻烃回收的产品液化石油气（LPG），轻油或混合液态烃（NGL）可作为乙烯的生产原料。此外，利用天然气还可生产甲烷氯化物、硝基甲烷、氢氰酸、炭黑等化工原料，以及天然气合成汽油等，因此，天然气的化工利用前景十分广阔。

1. 天然气发电

天然气作为燃料用于发电的方法，主要有天然气联合循环发电（NGCC）和热电冷联产（BCHP）两种。天然气联合循环发电可满足局部电力需求，并网发电，易于实现大型化。热电冷联产（BCHP）技术主要用于大型楼宇的供电、制冷和供热。

（1）天然气联合循环发电　NGCC原理示意图如图3-15所示。天然气燃烧产生的1000~1400℃高温烟气在燃气轮机中做功发电后，排出500~600℃的烟气，在余热锅炉中产生约450℃、5MPa的蒸汽，推动汽轮机做功发电，燃气-蒸汽两者结合便形成了天然气联合循环发电。

NGCC由燃气轮机、余热锅炉、汽轮机、发电机等组成。常见的组合方式有两种，一种是燃气轮机配两台余热锅炉和一台汽轮机的"二拖一"方式,另一种方式是一台燃气轮机配一台余热锅炉和一台汽轮机的"一拖一"方式。先进级燃气轮机单机容量在 200～340MW 之间,联合循环的效率为 60%～61%。NGCC 的发展方向是高效率、高容量,主要通过提高燃气轮机进气温度、余热锅炉三压再热等方式实现。

NGCC 由于没有蒸汽锅炉,故起停迅速,建设周期短,其环保、经济性能都要优于其他发电技术。美国能源部在洁净煤计划中对 NGCC、超临界煤粉燃烧(Supercritical PC)、整体煤气化联合循环(IGCC)等进行了技术评估,结果见表 3-17。从表中可以看出,天然气发电在环保、发电效率方面都优于燃煤发电,这正是近年来发达国家大力发展 NGCC 的原因,2017 年,天然气发电约占美国发电总量的 31.7%。我国随着"西气东送"的实施,建设的 NGCC 发电厂有杭州半山电厂和萧山电厂。

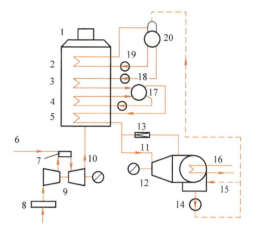

图 3-15　NGCC 原理示意图

1—烟囱　2—低压蒸发器　3—高压省煤器　4—高压蒸发器　5—高压过热器　6—天然气　7—燃烧室　8—空气过滤器　9—燃气轮机　10—排气　11—主汽　12—汽轮机　13—旁路阀　14—凝结水泵　15—补给水　16—冷却水　17—高压锅筒　18—给水泵　19—低压循环泵　20—除氧器低压锅筒

表 3-17　各种电站性能比较

电站	燃气轮机/MW	汽轮机/MW	厂用电耗/MW	净发电量/MW	热耗率/[Btu/(kW·h)]	效率(%)	SO_2排放(t/a)	CO_2排放/(10^3t/a)
NGCC	223.2	107.7	7.5	323.4	6827	50.0		741.4
Sup PC		427.1	23.0	404.1	8520	40.1	1686	1991.7
IGCC	232.2	170.7	18.0	384.9	7247	47.1	449	1500

注:1. 1Btu = 1.05506kJ/(kW·h)。
　　2. Sup PC 为超临界粉煤燃烧。
　　3. 测定污染物的排放时选取容量系数为 65%。

(2)天然气热电冷联产　BCHP 即楼宇的热电冷联供,除了向建筑物供电外,其余热还能为建筑物提供制冷、采暖、热水等用途。BCHP 主要由发电设备、余热锅炉、冷温水机组组成。冷温水机主要是吸收式溴化锂冷温水机组,包括单效、双效、直燃机等。BCHP 系统的主要优点是效率高、占地少、污染小、可减少供电线损,缺点是规模小,又适应于一幢楼宇或一个小区的冷热电联供。美国采用 BCHP 的大型建筑很多,国内的应用则主要集中于楼宇等民用建筑中。

图 3-16 所示为我国远大集团与美国能源部等合作研制的 BCHP 项目,其工作流程为先把燃气轮机尾气导入余热发生器,将尾气余热回收约 70%,排出的低温尾气可直接排放,也可再次导入高温燃烧机参与燃料混合燃烧。该系统已应用在北京燃气集团控制中心大楼,热电冷面积负荷为 31800m²,预计适应负荷分别为 2226kW、1272kW 和 2544kW,另加

95.4kW 的生活热水,此方案与"购电+直燃"的传统模式相比,每年可节约 322.46 万元。

2. 天然气燃料电池

燃料电池是通过燃料(H_2)在电池内进行氧化还原反应,把化学能转化为电能的装置。燃料电池按采用的电解质不同,分为磷酸燃料电池(PAFC)、熔融碳酸盐燃料电池(MCFC)、固体氧化物燃料电池(SOFC)和质子交换膜燃料电池(PEMFC)四类,其中 MCFC、SOFC 还处于试验研究阶段,PAFC、PEMFC 技术虽已成熟,但仍需进一步降低成本。

天然气燃料电池是以天然气为原料,通过天然气重整制氢进行发电的。其发电系统由燃料处理装置、电池单元组合装置、交流电转换装置、热回收系统组成,如图 3-17 所示。其中,燃料处理部分是将天然气与水蒸气催化转化为氢气。

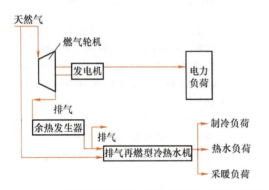

图 3-16 远大集团与美国能源部研制的 BCHP 项目

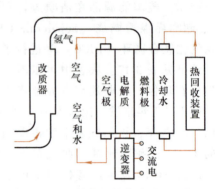

图 3-17 天然气燃料电池原理示意图

燃料电池的主要优点是效率高、占地少、无污染,缺点是要用到贵金属铂,成本高。目前,PAFC、PEMFC 燃料电池已经接近工业化的标准,美日合资的 ONSI 公司开发的 PC25 型 PAFC 燃料电池,以天然气为原料,电力输出为 200kW,发电效率为 40%,余热利用效率为 42%(热水温度为 60~121℃),连续工作时间可达 3.7 万 h。

3. 天然气汽车

目前,使用天然气的汽车主要是压缩天然气汽车(CNGV)和液化天然气汽车(LNGV),处于试验阶段的有吸附天然气汽车(ANGV)。CNGV 是将天然气压缩至 20.7~24.8MPa 于汽车专用储气瓶中,使用时经减压器供给内燃机,一次充气可行驶 200~250km。

天然气汽车的环境效益显著,与燃油车排放的废气相比,CO 排放量可减少 85%,碳氢化合物排放量可减少 40%,具有安全性好、发动机寿命长、燃料费用低等优点,缺点是需增加车辆的改装费用,且加气站的建设投资高。天然气汽车作为一种优质的"绿色汽车",发展迅速,世界上已有 87 个国家和地区推广使用天然气汽车,其保有量达 2445.3 万辆,加气站共计 29082 座。而我国是全世界天然气汽车保有量最大的国家,自主汽车产业正处于"由大谋强"的战略期。

投入使用的绝大多数天然气汽车都是由汽油车或柴油车改装而成,发动机为适应这种气体燃料所做的变更很少,甚至没有。在采用开路发动机控制系统时,一般情况下,燃料效率和汽车的动力性会有所下降。为改变这种状况,就需要在汽车上安装专门设计的天然气发动机来替代汽油和柴油发动机。

4. 天然气化工

以天然气为原料的化学工业简称天然气化工。天然气用作化工原料，现阶段主要是用于生产合成氨、甲醇、乙炔、氯甲烷、氢氰酸、二硫化碳等及其下游加工产品，而主导产品是合成氨和甲醇。2015年全球天然气化工一次加工产品的年总产量在11.6亿t以上，在我国，天然气主要是用于合成氨和甲醇。天然气化工的主要产品有：

（1）合成氨—尿素　以天然气为原料生产合成氨和尿素是最经济的原料路线，全球约有75%的化肥是天然气为原料生产的，化肥生产消耗的天然气约占到天然气化工利用的90%。在我国，生产化肥消耗的天然气约占天然气化工利用的94%，约有18%的化肥是以天然气为原料生产的，而以煤炭、液态烃类和其他气态烃类为原料进行化肥生产的分别占67%、13%和2%。合成氨技术成熟，工艺发展的主要方向是降低综合能耗。

（2）甲醇及其衍生产品　以天然气为原料大规模生产甲醇，是国际公认的建设投资少、生产成本低、最具竞争力的原料路线。2015年全球甲醇产量达到8049万t，而开工率仅有66%，采用天然气原料路线的甲醇装置能力占甲醇总能力的80%以上，其他原料始终无法与之竞争。甲醇的合成主要是采用低压法的ICI和Lurgi工艺。国内低压法合成甲醇技术成熟，可以达到20万t/a。

（3）乙炔及其下游产品　乙炔是"有机化工之母"，曾有过辉煌的历史。近年来，随着石油化工的迅速发展，在某些范围内的一些产品采用乙烯路线优于乙炔路线。

（4）甲烷氯化物　利用甲烷热氯化生产甲烷氯化物，也是天然气化工利用的一个领域。国外一些著名的大公司如美国DOW化学、日本旭硝子公司等均采用该路线生产甲烷氯化物。工业生产中，通过调节氯气的配比，可以得到不同比例的一氯甲烷、二氯甲烷、三氯甲烷和四氯化碳产品。

5. 城市燃气

天然气是理想的城市燃气，其单位体积的发热量高达 $3515 \sim 4118 MJ/m^3$，是人工煤气（如焦炉气）的两倍多。与人工煤气相比，天然气的发热量、火焰传播速度、供气压力、组成等均有较大差异，从人工煤气向天然气转换时，需对输配管网、计量器具进行改造，对于用户而言，需更换燃烧器具。

天然气的发展标志着我国城市管道煤气已经开始从煤制气、油制气、液化石油气向天然气逐步过渡。目前，除了部分直供天然气外，还需要采用非直供方式。对天然气进行"改质"是天然气非直供方式的另一种选择，也就是将天然气改制成符合目前城市煤气供气要求燃气的加工过程，经加工后，$1m^3$ 天然气可以改制成符合上海城市燃气发热量标准 $3800kcal/m^3$（高热值）的燃气 $2.2m^3$。"十三五"期间，我国将以京津冀、长三角、珠三角、东北地区为重点，推进重点城市"煤改气"工程，扩大城市高污染燃料禁燃区范围，大力推进天然气替代步伐，替代管网覆盖范围内的燃煤锅炉、工业窑炉、燃煤设施用煤和散煤；对于城中村、城乡接合部等地区，在燃气管网覆盖的地区推动天然气替代民用散煤；对于其他农村地区，推动建设小型LNG储罐，替代民用散煤；同时，加快城市燃气管网建设，提高天然气城镇居民气化率。

天然气改质工艺流程，基本上是在重油制气工艺流程基础上简化而来的，它取消了整套净化及回收车间和污水处理系统。而与重油制气工艺的最大不同，在于制气炉体有些变动。重油制气装置大多为逆流反应装置，而天然气改质是顺流式反应装置。当使用重油时，由于制气阶段沉积在催化剂层的碳多,可利用这些碳的燃烧来补充热量。而采用天然气原料时,因沉积在催化剂层的碳极少,保持蓄热式装置的反应温度的效果会稍差一些,因此应采用能吸收大热量的催化剂层进行直接加热的顺流式装置。在顺流式制气装置中,烟气及煤气的显热均可以通过同一台废热锅炉回收,蒸汽自给率为100%。天然气改质可以选用氧化铝和氧化硅为载体的镍催化剂,并已能国产化供应。

6. 天然气凝液利用

天然气凝液(NGL)是在开采和生产天然气(特别是富气和伴生气)过程中,通过冷凝处理回收的含有 C_2、C_3、C_4 直至构成天然汽油和凝析油主要成分的 C_5、C_5^+ 的一种复杂烃类混合物。

天然气凝液的主要用途有:①生产乙烯。乙烯是世界上生产烯烃的重要原料之一。②制备芳香烃。美国 UOP 公司和美国 BP 公司联合开发成功的,以液化石油气(LPG)为原料制备芳香烃的新工艺,于1990年进行了工业化试验,第一套工业应用此工艺的装置已在沙特阿拉伯建成投产。

3.5 水能

3.5.1 水能概述

水能是自然界广泛存在的一次能源,通过水电厂可将其便捷地转换为优质的二次能源——电能。水电既是被广泛利用的常规能源,又是可再生能源,且水力发电对环境无污染。因此,水能是众多能源中永不枯竭的优质能源。

水能利用的主要方式是发电,称为水力发电。水力发电就是利用河流中蕴藏着的水能来产生电能,其中最常用的方法就是在河流上建筑拦河坝,积蓄水量,提高落差(水头),然后靠引水管道引取集中了水能的水流,水流从高处泻下,推动设在厂房中的水轮发电机组发电,如图3-18所示。发电厂调节流经水坝的水量,便可以调节控制发电量。

截至2016年底,我国水能资源可开发装机容量约6.6亿kW,年发电量约3万亿kW·h,按利用100年计算,相当于1000亿t标准煤,在常规能源资源剩余可开采总量中仅次于煤炭。经过多年发展,我国水电装机容量和年发电量已突破3亿kW和1万亿kW·h,分别占全国的20.9%和19.4%,水电工程技术居世界先进水平。我国主要河流水能蕴藏量见表3-18。水力发电是一次能源直接转换成电力的物理过程,具有循环性和可再生的特点。根据地球水循环数据,大气中的水

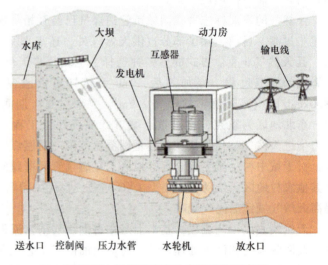

图3-18 堤坝式水电站内部结构示意图

平均每 8 天更新一次，河道中的水平均每 16 天更新一次，一年可以再生 10~20 次以上。

表 3-18 我国主要河流水能蕴藏量

水 系	理论蕴藏量			可开发量		
	万 kW	亿 kW·h/a	占全国比（%）	装机容量/万 kW	年发电量/（亿 kW·h/a）	占全国比（%）
长江	26801.77	23478.4	39.6	19724.33	10274.93	53.4
黄河	4054.80	3552.0	6.0	2800.39	1169.91	6.1
珠江	3348.37	2933.2	5.9	2485.02	1124.78	5.8
海、滦河	294.40	257.9	0.4	213.48	51.68	0.3
淮河	144.96	127.0	0.2	66.01	18.94	0.1
东北诸河	1530.60	1340.8	2.3	137.75	439.42	2.3
西南诸河	9690.15	8488.6	14.3	3768.71	2098.68	10.9
东南沿海诸河	2066.78	1810.5	3.1	1389.68	547.41	2.9
雅鲁藏布江与西藏其他河流	15974.35	13993.5	23.6	5038.23	2968.58	15.4
内蒙古及西北内陆诸河	3698.55	3239.9	5.5	996.94	538.66	2.8
总计	67604.71	59221.8	100	37853.54	19233.04	100

截至 2015 年底，全国水电装机容量达到 3.20 亿 kW，水电发电量约 1.1 万亿 kW·h，占全国发电量的 19.4%（而 2004 年所占比例为 15.1%），在非化石能源中的比重达 73.7%。这个开发水平与其他国家相比属一般水平。据统计，水能资源同样丰富的巴西，水电比例高达 70%；挪威、瑞士、新西兰、加拿大等国在 20 世纪 90 年代水电比例都已在 50% 以上；意大利和日本在 20 世纪 50 年代水电比例就高达 60%~80%，20 世纪 90 年代下降到 20%~30%。2010 年，发达国家水电的平均经济开发度已在 60% 以上，实际水电发电量超过经济可开发量 95% 以上的国家有德国、瑞士、西班牙、意大利，美国达到了 82%，日本达到了 90%。从技术可开发度来看，几个主要国家的开发度分别为：德国 74%、瑞士 92%、美国 67%、西班牙 67%、意大利 86%、日本 73%，中国则为 27%。因此，中国水能资源的开发潜力很大。

3.5.2　水力发电技术

水电站是水能利用中的主要设施。由于河道地形、地质、水文等条件不同，水电站集中落差、调节流量、引水发电的情况也不相同。按照集中河道落差的方式，水电站可以分为堤坝式、引水式、混合式和抽水蓄能式四种基本类型。

按照水源的性质，水电站一般可分为抽水蓄能电站、常规水电站（利用天然河流、湖泊等水源）。

按水电站利用水头的大小，水电站可分为高水头（70m 以上）水电站、中水头（15~70m）水电站和低水头（低于 15m）水电站。

按水电站装机容量的大小，水电站可分为：①大型水电站，一般装机容量为 10 万 kW 或以上；②中型水电站，一般装机容量为 5000~100000kW；③小型水电站，一般装机容量为 5000kW 以下。

（1）堤坝式水电站　堤坝式水电站是在河道上修筑拦河大坝，抬高上游水位，以集中落差，形成水库调节流量，然后建电厂。根据坝基地形、地质条件的差别，坝和电厂相对布置的位置也不同，堤坝式水电厂又可分为河床式和坝后式两种基本形式。

1) 河床式水电站。河床式水电站多建在平原地区河床中下游、河床纵向坡度比较平坦的河段上。因受地形限制，为避免淹没面积过多，只能修筑不高的拦河坝。由于水头不高，电厂的厂房可以直接和大坝并排建在河床中，厂房本身的重量足以承受上游的水压力。在这种电厂中，引用的流量均较大，多选用大直径、低转速的轴流式水轮发电机组，这是一种低水头、大流量的水电站。葛洲坝水电站是我国目前最大的河床式水电站，如图3-19所示。

2) 坝后式水电站。坝后式水电站多建在河流中、上游的峡谷中。由于淹没相对较小，坝建得较高，以获得较大的水头。此时上游水压力大，厂房重量不足以承受水压，因此不得不将厂房与大坝分开，将电厂移到坝后，让大坝来承担上游的水压。坝后式水电站不仅能获得高水头，而且能在坝前形成可调节的天然水库，有利于发挥防洪、灌溉、发电、水产等几方面的效益。因此，坝后式是我国目前采用最多的一种厂房布置方式。长江三峡水利枢纽工程采用坝后式，分设左岸及右岸厂房，分别安装14台及12台水轮发电机组，如图3-20所示。其水轮机为混流式，单机容量均为70万kW。

图3-19　葛洲坝水电站（河床式水电站）　　　图3-20　长江三峡水利枢纽工程（坝后式）

（2）引水式水电站　在地势险峻、水流湍急的河流中上游，或坡度较陡的河段上，采用人工修建引水建筑物（如明渠、隧道、管道等），引水以集中落差发电。这种水电站不存在淹没，不仅可沿河引水，甚至可以利用相邻两条河流的高程差进行跨河引水发电。例如我国川滇交界处，金沙江和以礼河高程相差1400m，两河最近点相距仅12km，可以实现跨河引水发电。以礼河为金沙江的一条支流，以礼河自水槽子以下的下游河段与金沙江的流向近乎平行，距离较近，但以礼河的河床高程比金沙江约高1380m，因此自水槽子处采用跨流域引水开发方式。以礼河梯级水电站由毛家村、水槽子、盐水沟及小江四个水电站组成，如图3-21所示。引水

图3-21　以礼河梯级水电站平面布置图

第3章 常规能源的高效利用

式水电站多建在山区河道上,受天然径流的影响,发电引用流量不会太大,故多为中、小型水电站。根据引水管道有无压力,引水式水电站可分为有压引水式水电站和无压引水式水电站,如图3-22、图3-23所示。

(3) 混合式水电站 混合式水电站的水头是由筑坝和引水道共同形成的,多建在上游地势平坦宜于筑坝形成水库,且下游坡度较陡或有较大河湾的地方,如图3-24所示。鲁布格水电站(装机容量为60万kW,水头为372m)就是目前我国最大的混合式水电站。

(4) 抽水蓄能式水电站 抽水蓄能式水电站是一种特殊的水电站,利用电力系统负荷低谷时的剩余电能,把水从下池(库)由

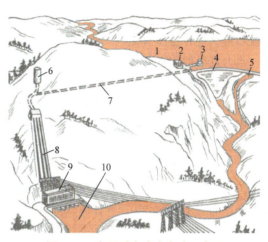

图3-22 有压引水式水电站示意图
1—水库 2—闸门 3—进水口 4—坝 5—泄水道
6—调压室 7—有压隧洞 8—压力管道
9—厂房 10—水渠

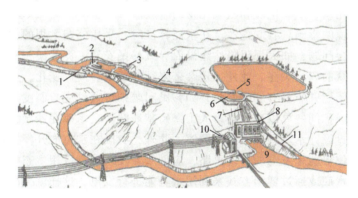

图3-23 无压引水式水电站示意图
1—坝 2—进水口 3—沉沙池 4—引水渠道 5—日调节池 6—压力前池 7—压力管道
8—厂房 9—尾水渠 10—配电所 11—泄水道

抽水蓄能机组抽到上池(库)中,以位能形式储存起来,当系统负荷超出总的可发电容量时,将存水用于发电,供电力系统调峰使用。其主要特点是适用于电力系统峰谷差显著的情况,是灵活性很高的调峰电源,能适应急剧的负荷变化。

目前,全球抽水蓄能电站总装机容量约为1.4亿kW,日本、美国和欧洲各国的抽水蓄能电站装机容量占全球的80%以上。我国抽水蓄能电站装机容量为2303万kW,占全国电力总装机容量的1.5%。随着对电网安全、稳定、

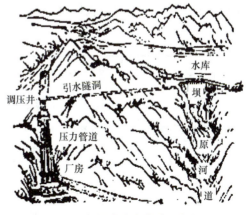

图3-24 混合式水电站示意图

经济运行要求的不断提高和新能源在电力市场份额的快速上升,抽水蓄能电站开发建设的必要性和重要性日益凸显。

水力发电的优点是:

1) 水力发电利用的是可再生的清洁能源,对环境影响较小。

2) 水力发电事业和其他水利事业可以互相结合。水电有防洪、灌溉、航运、供水、养殖、旅游等众多社会效益,可以实现洪水资源化和水量的多年调节,解决水资源时空分布不均的问题,在保障粮食安全、保障社会经济发展、保障人口用水方面作用非常巨大,而火电的效益相对较少。

3) 发电效率高。大中型水电站的发电效率为80%~90%,而火电厂为30%~50%;厂用电率方面,水电站为0.3%,而火电厂为8.22%。

4) 发电成本低。水电的成本仅为火电的1/4左右,且经济效益高,水电是火电的3倍左右。

5) 调节控制灵活。水电机组起停灵活,输出功率增减快,可变幅度大,是电力系统中理想的调峰、调频、调相和事故备用的变动用电器,有利于保证供电质量。

6) 在生态环境方面,水电不仅无三废(废气、废水、废渣)排放,而且还可以替代煤电,从而减少二氧化碳、二氧化硫和氮氧化物的排放。

水力发电对环境的影响具有双重性。在水能转换时,采用修建大坝的常规方法会带来诸多的生态问题和社会问题,如大坝阻隔、淹没而导致移民安置、泥沙淤积和生物物种多样性破坏等,已引起公众的广泛关注。此外,还会带来新的环境、气候变化,以及诱发地震等问题。实际上,这类问题并非没有解决之法,如移民问题则可通过完善制度加以解决,洄游鱼类特别是珍稀鱼类保护问题可以通过建设人工繁殖基地解决,水库泥沙淤积问题可通过技术方法来解决,或通过设计水库调度方式来缓解。此外,我国在水电能开发模式上应摆脱原来拦截河流、抬高水位势能来发电的传统思路,应创新开发模式,采用生态模式进行开发,如把发电涡轮安装在水底或通过隧洞方式来利用水势能进行发电,这样就会减少对河流生态的影响。

当今水轮发电机组的发展趋势是大容量、新材料、新技术、新结构、高效率。2003年,84万kV·A机组在三峡水电站投运,它为立轴半伞式三相凸极同步发电机,定子机座外径达21.4m,定子铁心内径达18.8m,铁心高度达3.13m,单台机组约重6600t,都是世界之最。世界上的大型水轮发电机组(≥500MV·A)的情况见表3-19。

表3-19 世界上的大型水轮发电机组(≥500MV·A)

国家水电站	容量/MV·A	最高水头/m	转轮直径/m	电压/kV	功率因数	额定转速/(r/min)	首台运行时间
中国三峡	840	80.6	10.416	20	0.9	75	2003
巴西巴拉圭伊泰普	823.6	118.4	8.6	18	0.85	90	1984
美国大古力	615	93	9.3	15	0.975	72	1975
	718	108	9.3	15	0.975	85.7	1978
委内瑞拉古里二厂	700	146	7.2	18	0.9	112.5	1984
俄罗斯萨扬舒申斯克	715	220	6.77	15.75	0.9	142	1980

（续）

国家水电站	容量/MV·A	最高水头/m	转轮直径/m	电压/kV	功率因数	额定转速/(r/min)	首台运行时间
俄罗斯克拉斯诺亚尔斯克	590	100.5	7.5	15.75	0.85	93.8	1967
加拿大丘吉尔瀑布	500	322	4.27	15	0.95	200	1971
中国二滩	611	189	6.36	18	0.9	142.8	1998

水轮发电机组包括将水能转换为机械能的水轮机，将机械能转换为电能的发电机，控制机组操作（开机、停机、变速、增减负荷）的调速器和油压装置，以及保证机组运行的其他辅助设备。其中，水轮机是机组的核心设备。

按水流作用原理，可将水轮机分为冲击式和反击式。按转轮区水流相对于水轮机轴的流动方向，水轮机可以分为贯流式、轴流式、斜流式、混流式、切击式、斜击式、双击式等。另外，贯流式和轴流式按结构特征，又可分为转桨式和定桨式两种。

水轮发电机有立式和卧式两种结构。大、中型发电机多为立式结构，小型发电机则多为卧式。国内一些型号的水轮发电机组主要参数见表3-20。

表3-20 国内一些型号的水轮发电机组主要参数

电站	水轮机型	额定容量/万kW	额定转速/(r/min)	转轮直径/m	最高水头/m	最高效率(%)
三峡	混流式	71	75	10.416	80.6	96.8
二滩	混流式	55	142.86	6.247	165	96
葛洲坝	轴流转桨式	17	54.6	11.3	18.6	
小浪底	混流式	30	107.1	6.3	112	94.1
李家峡	混流式	40	125	6	122	94

三峡水电站是目前世界上最大的水电站，这里安装着世界上最大的水轮发电机组。在三峡泄洪坝两侧底部的水电站厂房内，共安装有32台70万kW级水轮发电机组；其中左岸厂房14台，右岸厂房12台，右岸地下厂房6台，另外还有2台5万kW的电源机组，总装机容量2250万kW，相当于20座百万千瓦级核电站，比巴西伊泰普水电站多了850万kW。左岸厂房和右岸厂房已建成投产的26台机组，日均发电量3.3亿kW·h，满负荷运行时可达4亿kW·h，年发电量近1000亿kW·h，约占全国发电量的三十三分之一。

3.6 电能

3.6.1 电能概述

电能是由带电荷物体的吸力或斥力引发的能量，是和电子流动与积累有关的一种能量。目前产生电能的方式有多种，如电能可由电池中的化学能转换而来，或通过发电机由机械能转换得到，另外电能也可由光能、核能转换，或由热能直接转换（磁流体发电），所以电能属于二次能源。

电能是一种最方便、最清洁、最容易控制和转换的能源，因此，电力工业成为国民经济优先发展的工业。电能的广泛使用，有效地提高了工农业生产的机械化、自动化程度。随着我国经济的发展，对电能的需求量不断扩大，电力销售市场的扩大又刺激了整个电力产业的发展。经济建设与社会发展对电力系统的基本要求有：尽量满足用户的用电需要，保证供电的可靠性，保证良好的电能质量，努力提高电力系统运行的经济性。

用于发电的一次能源有煤炭、石油、天然气、水力及核能等。火力发电厂所利用的能源主要是煤炭或石油，通过锅炉与汽轮机把煤炭（或石油）燃烧时放出的热能转换成机械能，再由发电机把机械能转换为电能，其工艺流程如图 3-25 所示。核能发电是利用原子核分裂时放出大量热能（原子能）转变为电能，其工艺流程如图 3-26 所示。水力发电厂是利用水流的位能推动水轮机，再带动发电机来发电。

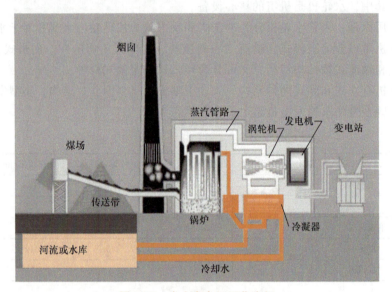

图 3-25　火力发电厂工艺流程

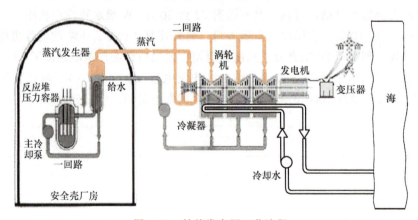

图 3-26　核能发电厂工艺流程

电能的生产，有不同于其他工业产品的一些生产特点：①电能的生产、输送、分配、使用同时进行。电能不能大量储存，电力系统中任何瞬间，发电、供电、用电时刻要保持平衡。电力企业必须时刻考虑到用户的需要，要同时做好发电、供电甚至用电的工作。②电能与工农业生产及人民生活密切相关。③要求在正常和故障情况下，所进行的切换操作和调整必须迅速。电力系统运行必须采用自动化程度高、动作迅速准确的自动装置和监测控制设备。"十二五"期间，我国电力建设步伐不断加快，多项指标居世界首位。2015年全社会用电量达到5.69万亿kW·h，截至2015年底，全国发电装机容量达15.3亿kW，其中水电3.2亿kW（含抽水蓄能0.23亿kW），风电1.31亿kW，太阳能发电0.42亿kW，核电0.27亿kW，火电9.93亿kW（含煤电9亿kW，气电0.66亿kW），生物质能发电0.13亿kW。

3.6.2 电能的开发与输送技术

1. 电能的开发

电能是指使用电以各种形式做功的能力。电能被广泛应用在动力、照明、化学、纺织、通信、广播等各个领域，在我们的生活中起到重要的作用。电能开发的场所根据所利用的能源种类不同，可分为火力发电厂、水力发电厂、核能发电厂、太阳能发电厂、地热发电厂、风力发电厂、潮汐发电厂、生物质能发电厂等。处于研究阶段的有磁流体发电、燃料电池等。大多数发电厂的生产过程的共同特点是由原动机将各种形式的一次能源转换为机械能，再驱动发电机发电。太阳能发电、磁流体发电、燃料电池则是直接将一次能源转换为电能。火力发电和水力发电前面已有讲解，这里不再介绍。

（1）核能发电　核能发电站（或称核电站）是将核燃料（如铀235）在反应堆中的受控核裂变能转化为热能，然后将水变为蒸汽推动汽轮机，从而带动发电机发电的电厂，如图3-27a所示。反应堆中以高压水或重水作为慢化剂和冷却剂，因而可分为压水堆、重水堆等。

我国自行设计制造的第一座核电站——秦山核电站（见图3-27b）和引进设备的大亚湾核电站已分别于1993年和1994年投入运行。

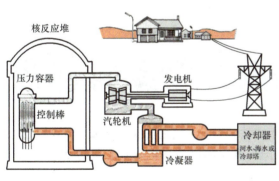

a)　　　　　　　　　　　　　　　　b)

图3-27　核能发电站

a）示意图　b）秦山核电站

（2）太阳能发电　太阳能发电是利用太阳光能或太阳热能来生产电能的，是通过光电转换元件，如光伏电池等，将太阳光直接转换为电能的发电方式，广泛应用于宇航装置、人造地球卫星等。利用太阳热能发电，有直接热电转换和间接热电转换两种形式。温差发电、热离子和磁流体发电等，属于直接转换方式发电。将太阳能集中或分散地聚集起来，通过热交换器（常简称为换热器）将水变为蒸汽驱动汽轮发电机组发电，是间接转换方式发电（见图3-28）。

太阳能是取之不尽、用之不竭的清洁能源，利用太阳能发电不需要任何燃料，生产成本低，无污染。目前，世界各国在太阳能发电设备制造及实用性等方面的研究取得了很大的进展，太阳能发电具有广阔的发展前景。

图 3-28　太阳能发电站

（3）地热发电　地热发电是利用地表深处的地热能来生产电能。利用地热能（传热流体为热水和蒸汽）进行发电的电厂称为地热发电厂，如西藏的羊八井地热发电厂，地下水温约 150℃，是一种低温热能发电方式。

地热发电厂的生产过程与火电厂近似，只是以地热井取代锅炉设备，地热蒸汽从地热井中引出，先将蒸汽中的固体杂质滤掉，然后通过蒸汽管道推动汽轮机做功，最后，汽轮机带动发电机发电。地球内部蕴藏的热能极大，据估算，全世界可供开采利用的地热能相当于几万亿 t 煤。可见，开发利用地热资源的前景非常广阔。

（4）风力发电　利用风的动能来生产电能就称为风力发电。我国内蒙古、甘肃、青藏高原等地区风力资源丰富，目前已建成了一些风力发电机组（见图 3-29）。随着科学技术的进步，我国的风力发电将会有更进一步的发展。

风力发电的过程是当风力使旋转叶片转子旋转时，风力的动能转变成机械能，再通过升速装置驱动发电机发出电能。目前，风力发电在稳定可靠、降低成本方面已取得了很大的进展，兆瓦级的风力发电装置已有了较成熟的制造技术和运行经验。

图 3-29　风力发电机组

（5）潮汐发电　潮汐发电就是利用海水涨潮、落潮中的动能、势能发电。潮汐能和风能、太阳能一样，都属于可再生能源。潮汐能是一种不消耗燃料、没有污染、不受洪水或枯水影响、用之不竭的能源，装机容量比较小。我国的潮汐资源相当丰富。据统计，我国可开发的潮汐发电装机容量达 21580MW，年发电量约为 619 亿 kW·h。

潮汐发电厂一般建在海岸边或河口地区，与水电厂建立拦河堤坝一样，潮汐发电厂也需要在一定的地形条件下建立拦潮堤坝，形成足够的潮汐潮差及较大的容水区。潮汐电厂一般为双向潮汐发电厂，涨潮及退潮时均可发电，涨潮时将潮水通过闸门引入厂内发电，退潮前储水，退潮后打开另外闸门放水进行发电。

2. 电能的输送技术

发电厂一般建在燃料和水力资源丰富的地方，与电能用户的距离一般很远，所以电能需要长距离输送。为了降低输电线路的电能损耗，提高传输效率，由发电厂发出的电能，先由升压变压器升压后，再经输电线路传输，这就是所谓的高压输电。电能经高压输电线路送到距用户较近的降压变电所，经降压后分配给用户，这样就完成一个发电、变电、输电、配电和用电的全过程。从发电厂到用户的输送与分配电能的电路系统,称为供电线路或电力网。把发电厂、电网和用户组成的统一整体称为电力系统,如图3-30所示。

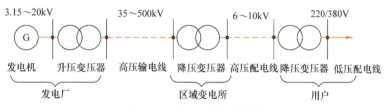

图 3-30　电力系统示意图

输电方式有交流与直流输电之分,电压等级从400V到1000kV,交流输电频率有50Hz和60Hz。

交流电的输配电系统流程为:发电厂→升压变电所→高压输电线路→降压变电所→高压送电线路→配电变压器→用户,如图3-31所示。电能的产生、输送与分配过程,一般由以下几部分组成。

(1)发电机　发电机的基本作用是将各种形式的非电能转换成电能。

(2)升压变电所　升压变电所主要由升压变压器、开关柜及一些安全保护设施和装置组成。变压器是基于电磁感应的原理,使电压可由低变高或由高变低的电器设备。高压输电的线路损耗小,高压输电有110kV、220kV、500kV及以上高压,由此将电能输送到电能用户区。考虑到材料的绝缘性能、制造成本等因素,发电机产生的电压一般是6kV、10kV或15kV。因此,必须通过升压变压器才能将发电机发出的电能输送到高压输电线。

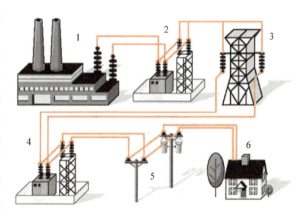

图 3-31　交流电的输配电系统示意图
1—电力产生　2—通过升压变电所升高电压
3—电能传送　4—通过降压变电所降低电压
5—分配电力　6—到达需要电力的地点

(3)降压变电所　由于低压用电设备安全及经济,在将电能送入用户时,要将高压变换为所需要的电压。一般电气设备的额定电压为220V或380V。因此,需要由降压变电所降低输送来的电压,一般要经过几级降压才能使用。

(4)电能用户　通过低压供配电系统,将电能送到各个用电设备。最常用的低压供配电系统为三相四线制,即在配电变压器的低压侧引出三根火线和一根零线。这种供方式既可供三相电源(380V)的动力负载用电,如电动机,也可供单相电源(220V)负载用电,如照明,因此在低压配电系统中应用最为广泛。按重要性和对供电可靠性要求不同,电力用户的电力负荷通常分为三类:第一类负荷是最重要的用户,这类用户必须有两个独立的电源供电;第二类负荷也是重要的电力用户,这类用户尽量采用两回路供电,且两回路线路应引自不同的变压器或母线器,若确实有困难时,允许由一回路专用线路供电;第三类用户为一般用户,此类负荷短时停电损失不大,可以单回路线路供电。

（5）电网　连接发电厂和变电所、变电所与变电所、变电所与用电设备的电力线路称为电网。当各孤立运行的发电厂通过电网连接起来，形成并联运行的电力系统后，在技术经济上具有以下优越性：提高了供电的可靠性和电能质量；可以减少系统备用容量，提高了设备利用率；便于安装大型机组（大机组效率高且制造与运行较经济）；可以合理利用动力资源，提高运行经济性。

提高电能输送与使用效率的有效措施包括：采用先进输、变、配电技术和设备，逐步淘汰能耗高的旧设备；加强电网建设及跨区联网，实现"西电东送，全国联网"，确保电网安全；采用超高压、特高压输电技术和电力电子技术，推广应用电网经济运行技术，提高输电效率，节约输电走廊用地；推行需求侧管理，不断提高电力的使用效率；采取有效措施，减轻电磁场对环境的影响，降低电网线损率。

现代电力系统输电、变电、配电直至用户的各环节节能，都需要有高效的输配电设备。输配电设备品种非常多，有变压器、互感器、电抗器、高压开关设备、绝缘子、避雷器、电力电容器、继电保护与自动装置、电力系统监控设备、电线电缆、低压配电电器与开关柜等。

思 考 题

3-1　我国的煤炭种类有哪些？各有什么特点？
3-2　煤炭的转换利用技术有哪些？
3-3　新一代的洁净煤技术包括哪些技术？
3-4　什么是煤基多联产技术？包括哪些技术？
3-5　煤炭清洁转化技术有哪些？各有什么工艺特点？
3-6　简述煤炭气化技术的发展方向。
3-7　石油及油品的分类有哪些？
3-8　原油加工方案的基本类型有哪些？
3-9　原油高效加工方法的基本类型及过程有哪些？
3-10　天然气利用技术有哪些？
3-11　水电站的类型有哪些？
3-12　简述电能输送的过程。
3-13　收集资料，了解常规能源高效环保技术的发展动态。

第 4 章

新能源的开发利用

4.1 新能源开发利用的意义

　　地球上化石燃料的储量是有限的。据专家估算，按照当前的能耗增长速度，如果不加以有效控制，煤炭储量还可供人类使用 150 年左右，石油仅可用 40 年左右，天然气可用 50 年左右。总的来看，尽管有其他形式的能源作补充，但能源短缺问题越来越严重。进入 21 世纪，随着科学技术的飞速发展，工业生产规模不断扩大，人民的生活水平提高得更快，由此而引起的能源消耗量也更大。燃烧化石燃料会产生大量对环境、生态有害的气体如 CO_2、SO_2 等，这些气体造成了全球气温上升、酸雨等一系列环境问题。在过去的一百年中，全球平均气温上升了 0.3~0.6℃，全球海平面平均上升了 10~25cm，这主要是由于人类燃烧大量化石燃料产生的 CO_2 等温室气体造成的。因此，在高效清洁利用常规能源的同时，开发和利用资源丰富、清洁无污染、可再生的新能源已势在必行。

　　1981 年，联合国于肯尼亚首都内罗毕召开新能源和可再生能源会议，提出了新能源和可再生能源的基本含义：以新技术和新材料为基础，使传统的可再生能源得到现代化的开发利用，用取之不尽、周而复始的可再生能源来不断取代资源有限、对环境有污染的化石能源；它不同于常规化石能源，可以持续发展，几乎是用之不竭，对环境无多大损害，有利于生态良性循环；重点是开发利用太阳能、风能、生物质能、海洋能、地热能和氢能等。

　　新能源和可再生能源的主要特点是：能量密度较低且高度分散，开发利用需要较大的空间；资源丰富，可以再生，可供人类永续利用；分布广，有利于小规模分散利用；不含碳或含碳量很少，利用过程清洁无污染，几乎没有损害生态环境的污染物排放。

　　太阳能、风能、潮汐能等资源具有间歇性、随机性和波动性的特点，对连续供能不利；开发利用的技术难度大，利用技术不成熟。在我国，除常规化石能源、大中型水力发电和核能发电之外，目前新能源和可再生能源包括太阳能、风能、小水电、地热能、生物质能、海洋能等一次能源，以及氢能等二次能源，如图 4-1 所示。

　　我国能源资源少、结构不合理、利用效率较低、环境污染严重等问题非常突出。到 2020 年，要实现国内生产总值（GDP）比 2000 年翻两番，即使能源消费仅再翻一番，一次能源消费总量也要达到 30 亿 tce，需要新增煤炭生产能力约 10 亿 t。未来我国将承受能源资源耗竭、环境污染和生态破坏的沉重压力。因此，在我国大力发展新能源和可再生能源，具有以下重要意义：

（1）调整能源结构和保障能源安全的现实要求　我国的能源消费构成中煤炭比例过高（约占62%），使得能源利用的总效率较低且环境污染严重；石油供应形

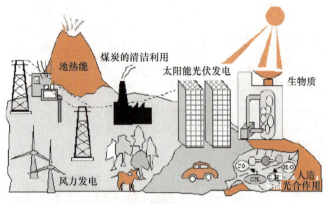

图 4-1　新能源和可再生能源的利用方式

势严峻，自 1993 年起，我国从石油净出口国变为原油净进口国，当年原油对外依存度为 6.7%；2011 年 8 月，我国原油对外依存度首次超过美国，达到 55.2%；2016 年我国的原油对外依存度上升至 65.5%，照此发展，2020 年前可能超过 70%，这对我国的能源安全是很大的威胁。随着能源消费规模的不断扩大，我国各种矿物能源耗竭速度加快，矿物能源利用带来的环境和社会问题日益突出。在这种情况下，大力发展可再生能源，使其利用量达到国家发展规划目标，即到 2020 年达到每年 2 亿 tce，使之成为煤炭、石油和天然气的重要替代能源，这将对改善我国能源结构、保障能源安全发挥重要的作用。

（2）保护环境特别是保护大气环境、减排温室气体的迫切需要　化石能源是大气污染物的主要来源，我国约 90% 的 SO_2 和 NO_x（氮氧化物）排放来自化石能源生产和消费。煤炭、石油及天然气的燃烧造成大量 CO_2、SO_2、NO_x 排放，不但会污染大气，形成酸雨，还会造成土壤酸化、粮食减产、植被破坏，而且会引起大量呼吸道疾病，直接威胁人民的身体健康和经济发展。大力提高可再生能源在能源消费中的比例，使其达到国家发展规划目标，将会产生巨大的环境效益，它所替代的化石能源将相当于每年减排 SO_2 约 360 万 t，减排 CO_2 约 5 亿 t。

（3）促进地区经济发展和创造更多就业机会的有效途径　在世界范围内，快速发展的可再生能源产业已成为重要的经济增长点。国际上太阳能光伏发电、风力发电的年增长率超过30%，发达国家和部分发展中国家已把发展可再生能源作为占领未来能源领域制高点的重要战略措施。开发利用可再生能源主要基于当地资源和人力物力，对促进当地经济发展和就业都具有重要作用。按照国家发展规划，预计到 2020 年，我国可再生能源设备制造业的年产值约达到 1000 亿元，加上工程建设、运行管理和技术服务等，总计可增加就业岗位约 200 万个。

（4）就地取材，发展地方经济　可再生能源是一种本土资源，基本不受国际能源市场波动的影响。我国幅员辽阔，各地区可根据当地的自然资源优势，低成本地发展地方经济。

（5）农村地区全面建设小康社会的重要选择　如果 2050 年我国国内生产总值要在 2020 年的基础上再翻两番，能源需求总量将超过 70 亿 tce。能源缺口会更大，尤其是在广大农村地区仍有 6 亿多农民仍然主要依靠直接燃烧秸秆、薪柴等生物质提供生活用能，不仅造成严重的室内外环境污染，危害人体健康，还会造成植被破坏，威胁生态环境。因此，开发利用可再生能源，特别是促进生物质能的清洁、高效利用，解决偏远地区居民的基本电力供应问题，不仅可以实现农村居民生活用能的优质化，还可以大量减少林木砍伐，实现农村地区改善生活和生态环境的双重目标，这对农村地区全面建设小康社会具有重要的现实意义。

4.2 太阳能

4.2.1 太阳能及其利用原理

1. 太阳能简介

太阳是一个炽热的气体球,其内部不停地进行着由氢聚变成氦的热核反应,不停地向宇宙空间释放出巨大的能量,这就是太阳能。地球上除了地热能和核能以外,所有能源都直接或间接地来源于太阳能,太阳能的转换与利用方式如图 4-2 所示。因此,可以说太阳能是人类的"能源之母"。太阳能是一种辐射能,不带任何化学物质,是最洁净、最可靠的巨大能源宝库。没有太阳能,就不会有人类的一切。

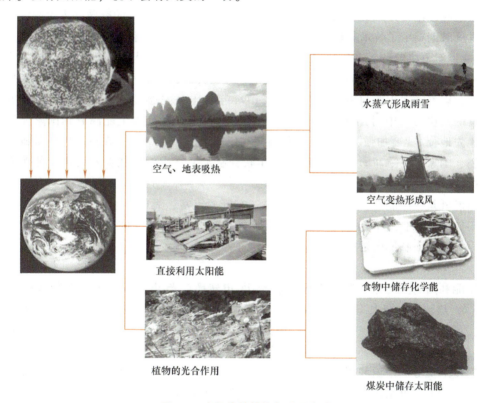

图 4-2 太阳能的转换与利用方式

太阳表面温度为 5497℃,中心温度高达 $(15\sim20)\times10^6$℃,内部蕴藏着巨大的能量。太阳能是太阳内部连续不断的核聚变反应产生的能量,太阳每秒钟释放的能量高达 3.865×10^{26} J。太阳主要以辐射的形式向外传播能量,其总辐射功率大约为 3.75×10^{26} W。由于地球距离太阳遥远,太阳辐射到地球大气层的能量仅为其总辐射能量的二十二亿分之一,但也相当于全世界目前发电总量的 8 万倍,再加上地球大气层的影响,到达地球陆地表面的能量大约为 1.7×10^{16} W,相当于目前全世界一年内消耗能源产生的能量总和的 3.5 万多倍。可见,开发和利用太阳能的潜力相当巨大。

我国是太阳能资源比较丰富的国家,全国太阳能年辐射总量约为 $3340\sim8400\text{MJ/m}^2$。根据各地接受太阳辐射总量的多少,将全国划分为五类地区。其中一、二、三类地区,年日照时数大于2200h,太阳年辐射总量大于5016MJ/m²,是太阳能资源较丰富的地区,占全国总面积的2/3以上;四、五类地区,虽然太阳能资源较少,但也有一定的利用价值。总之,全国除四川盆地及其周围地区外,绝大多数地区的太阳能资源相当丰富,太阳能的开发和利用在我国具有广阔的发展前景。

地球上的风能、水能、海洋温差能、波浪能和生物质能以及部分潮汐能等都来源于太阳,即使是地球上的化石燃料(如煤、石油、天然气等),从根本上说也是远古以来储存下来的太阳能,所以广义的太阳能所包括的范围非常大,狭义的太阳能则限于太阳辐射能的光热、光电和光化学的直接转换。

20世纪50年代,太阳能利用领域出现了两项重大技术突破:一是1954年美国贝尔实验室研制出世界上第一块6%的实用型单晶硅电池;二是1955年以色列Tabor提出选择性吸收表面概念和理论,并成功研制选择性太阳吸收涂层。这两项技术的突破,为太阳能利用进入现代发展时期奠定了技术基础,开创了现代人类利用太阳能的新纪元。

到20世纪下半叶,随着生产力和科学技术的进步,人们进入了用现代科学技术开发利用太阳能的阶段,世界各国加强了对太阳能的开发研究。我国也制定了发展目标和相应的政策与措施,以推动太阳能利用的快速发展。1994年,国务院通过了关于中国可持续发展战略与对策的白皮书《中国21世纪议程》,文件指出"把开发可再生能源放到国家能源发展战略的优先地位""要加强太阳能直接和间接利用技术的开发"等。在该文件的基础上,原国家计委、国家经贸委和国家科委于1996年联合制定了《中国新能源和可再生能源发展纲要(1996—2010)》。

太阳能既是一次能源,又是可再生能源。它资源丰富,无需运输,对环境无任何污染。虽然太阳能的资源总量十分巨大,但太阳能的能量密度较低,且因地而异、因时而变,这是开发利用太阳能面临的主要问题。

2. 太阳能利用原理

太阳能利用的主要方式为光-热转换、光-热-电转换、光-电转换和光-化学转换等。

1) 光-热转换是把太阳辐射能转换成热能加以利用。根据转换成热能达到的温度和用途不同,可分为低温利用(<200℃)、中温利用(200~800℃)和高温利用(>800℃)三种。最方便的低温利用主要有太阳能热水器、太阳能干燥器、太阳能温室、太阳能房和太阳能空调制冷系统等。中温利用主要有太阳灶、太阳能热发电聚光集热装置等,如太阳灶温度可达400~650℃,可用作生活炊事。高温利用需通过反射率高的聚光镜片将太阳能集中起来,提高能流密度,如太阳炉温度高达3000℃,可用于熔炼高熔点的金属。太阳能光-热转换利用装置如图4-3所示。

2) 光-热-电转换是利用太阳辐射产生的热能发电。首先利用太阳能集热器将太阳能集中起来加热工质,工质产生的蒸汽驱动汽轮机带动发电机发电。前一过程是光-热转换,后一过程是热-电转换。与普通的火力发电一样,太阳能热发电的缺点是效率很低而成本很高,估计它的投资至少要比普通火电站高5~10倍。一座1000MW的太阳能热电站需要投资20~25亿美元,平均1kW的投资为2000~2500美元。因此,目前只能小规模地应用于特殊的场合,而大规模利用在经济上很不合算,还不能与普通的火电站或核电站相竞争。

3) 光-电转换是利用半导体器件的光伏效应原理直接将太阳光能转换成电能,又称太阳

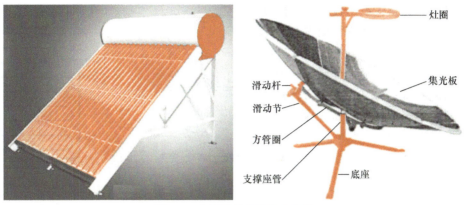

图 4-3 太阳能热水器和太阳灶

能电池。它的转换效率取决于半导体材料的性能。由于在空间的光电转换效率高,美国曾有建设同步轨道太阳能光电系统电站的 SSPS 计划,即把数万吨材料送至空间,建立 $50km^2$ 的太阳能电池板,产生 5000~10000MW 的电能,再用微波方式送回地球。这是一个至今尚未实施的耗资巨大的宏伟设想。

4) 光-化学转换是由植物的光合作用完成。人工光合作用研究是生物工程的重大研究课题之一。

4.2.2 太阳能利用设备及系统

1. 太阳能集热器

太阳能集热器是把太阳辐射能转换成热能的装置,是太阳能热利用中的关键设备。太阳能集热器可以按不同的方式进行分类:按集热器的传热工质类型可分为液体集热器和空气集热器;按是否聚光可分为聚光型集热器和非聚光型集热器;按内部是否有真空空间可分为平板型集热器和真空管型集热器;按集热器的工作温度范围可分为低温集热器、中温集热器和高温集热器;按是否跟踪太阳可分为跟踪集热器和非跟踪集热器。

(1) 平板型太阳能集热器 平板型太阳能集热器是太阳能低温热利用中最简单且应用最广的集热器,已广泛应用于生活用水加热、游泳池水加热、工业用水加热、建筑物采暖与空调等领域。它吸收太阳辐射的面积与采集辐射的面积相等,能利用太阳的直射和漫射辐射。平板型集热器主要由吸热板、透明盖板、隔热层和外壳等部分组成,如图 4-4 所示。

吸热板是吸收太阳能并向其内部的传热工质传递热量的部件,具有太阳能吸收比高、热传递性能好、与传热工质的相容性好等特性。吸热板包括吸热面板和与吸热面板接触良好的流体管道。吸热板常用的材料有铜、铝合金、铜铝复合、不锈钢、镀锌管、塑料、橡胶等。

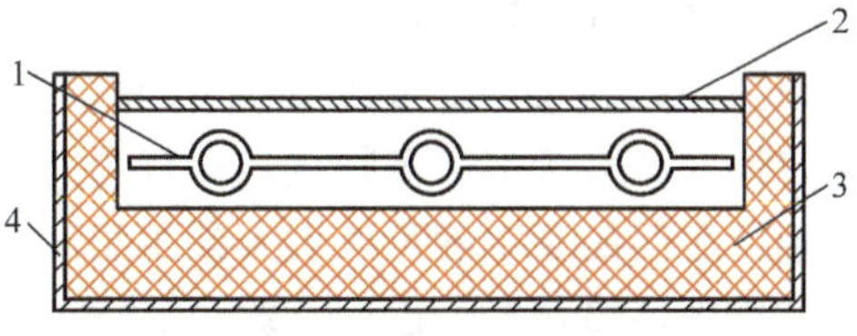

图 4-4 平板型太阳能集热器结构示意图
1—吸热板 2—透明盖板 3—隔热层 4—外壳

吸热板上通常布置有排管和集管,排管是指吸热板纵向排列并构成流体通道的部件,集管是指吸热板上下两端横向连接若干根排管并构成流体通道的部件。吸热板的结构形式主要有管板式、翼管式、扁盒式、蛇管式,如图 4-5 所示。管板式吸热板是将排管与平板以一定的方式连接构成吸热条带,然后再与上下集管焊接成吸热板。翼管式吸热板是利用模具挤压拉伸工艺,制成金属管两侧连有翼片的吸热条带,然后再与上下集管焊成吸热板。扁盒式吸热板是将两块金属板分别模压成形,然后再焊接成一体构成吸热板。蛇管式吸热板是将金属管弯曲成蛇形,然后再与平板焊接构成吸热板。

为提高吸热效率,吸热板表面应覆盖深色涂层,称为太阳能吸收涂层。按吸收涂层的光学特性可将其分为选择性吸收涂层和非选择性吸收涂层两类。选择性吸收涂层的光学特性随辐射波长不同而发生显著变化,非选择性吸收涂层的光学特性与辐射波长无关。

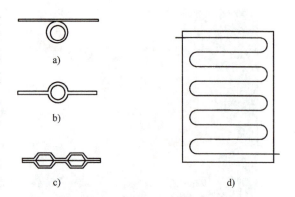

图 4-5 吸热板结构形式示意图
a) 管板式 b) 翼管式 c) 扁盒式 d) 蛇管式

透明盖板是由透明或半透明材料制成的覆盖吸热板的部件,其主要功能是减少吸热板与环境之间的辐射与对流散热,保护吸热板不受雨雪及灰尘的侵蚀,并能透过太阳辐射。透明盖板应具有太阳光透射率高、红外透射比低、热导率小、冲击强度高等特性。

隔热层是阻止吸热板利用热传导向周围环境散热的部件。隔热层应具有热导率小、不易变形、不易挥发及不能产生有害气体的特性。

外壳是保护及固定吸热板、透明盖板和隔热层的部件,应具有一定的机械强度,良好的密封性和耐蚀性。

(2) 真空管太阳能集热器 真空管集热器主要由若干根真空集热管组成,真空集热管的外壳是玻璃圆管,内部是吸热体,吸热体和玻璃圆管之间抽成真空。按真空集热管内部吸热体材料不同,可将真空管集热器分为全玻璃真空管集热器和金属吸热体真空管集热器两大类。

1) 全玻璃真空管集热器。全玻璃真空管集热器由内玻璃管、外玻璃管、选择性吸收涂层、弹簧支架、消气剂等部件组成。全玻璃真空管集热器一端开口,内玻璃管和外玻璃管在开口处熔封,另一端都密闭成半球形,内玻璃管和外玻璃管之间的夹层抽成真空,内玻璃管的外表面涂有选择性吸收涂层,作为全玻璃真空管集热管的吸热体。图 4-6 所示为全玻璃真空管集热器的结构示意图。

全玻璃真空管集热器所用的玻璃材料应具有太阳透射比高、热膨胀系数低、耐热冲击性能好、机械强度较高、热稳定性好、易于加工等特点。保持内外玻璃管之间的真空度可以大大减少集热器向周围环境散热,因此全玻璃真空管的真空度是保证产品质量、提高产品性能的重要指标。选择性吸收涂层是吸

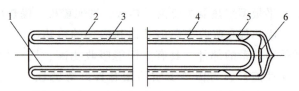

图 4-6 全玻璃真空管集热器的结构示意图
1—内玻璃管 2—外玻璃管 3—选择性吸收涂层
4—真空夹层 5—弹簧支架 6—消气剂

热体的光热转换材料,它应具有较高的太阳吸收比、较低的发射率,可最大限度地吸收太阳辐射、抑制吸热体的辐射热损失,还应具有良好的真空性能和耐热性能。

2) 金属吸热体真空管集热器。热管式真空管集热器是金属吸热体真空管集热器的一

种，由热管、金属吸热板、玻璃管、金属封盖、弹簧支架、蒸散型消气剂和非蒸散型消气剂等部件构成，如图4-7所示。热管式真空管集热器工作时，太阳辐射穿过玻璃管照射在金属吸热板上，集热板将吸收的太阳辐射能转换成热能，再传导给吸热板中间的热管，热管吸收热量后其蒸发段内的工质迅速汽化，工质蒸气上升到较冷的热管冷凝段，在热管内表面凝结，释放出蒸发潜热，将热量传递给传热工质。凝结后的工质靠自身重力流回蒸发段，然后重复上述过程。

热管是利用汽化潜热高效传递热能的强化传热元件，热管式真空管集热器使用的热管一般都是重力热管。重力热管的特点是结构简单，制造方便，工作可靠，传热性能优良。

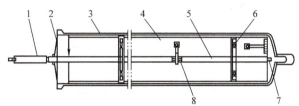

图4-7 热管式真空管集热器的结构示意图

1—热管冷凝段 2—金属封盖 3—玻璃管 4—金属吸热板
5—热管蒸发段 6—弹簧支架 7—蒸散型消气剂
8—非蒸散型消气剂

2. 太阳能热水器

在太阳能热利用中，目前应用最为广泛的是太阳能热水器。它是利用温室原理把太阳辐射能转换成热能，并把水加热，从而获得热水的一种装置。太阳能热水器通常由平板集热器、蓄热水箱、连接管道组成。按照流体流动的方式，太阳能热水器可分为闷晒式、直流式和循环式。

（1）闷晒式 闷晒式热水器的集热器和水箱是一体的，冷热水的循环是在内部进行的，经过闷晒将水加热到一定的温度时即可放水使用。闷晒式太阳能热水器的优点是结构简单，造价低廉，易于推广使用，缺点是保温效果差，热量损失大。

（2）直流式 直流式热水器主要由集热器、蓄水箱和相应的管道等部件组成。水在系统中并不循环，故称直流式。直流式太阳能热水器如图4-8所示，其特点是集热器和水箱直接与具有一定压力的自来水相接，因而适用于自来水压力比较高的大型系统，布置较灵活，便于与建筑结合。

（3）循环式 按照水循环的动力不同，循环式太阳能热水器可分为自然循环和强制循环两种。自然循环太阳能热水器如图4-9所示，依靠集热器与蓄水箱中的水温不同所产生的密度差进行温差循环（热虹吸），蓄水箱中的水经过集热器被不断加热。由补给水箱与蓄水

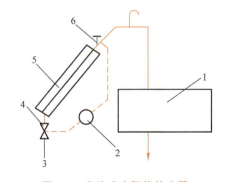

图4-8 直流式太阳能热水器

1—蓄水箱 2—控制器 3—自来水 4—电动阀
5—集热器 6—电接点温度计

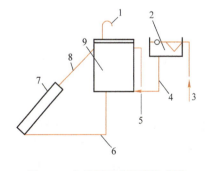

图4-9 自然循环太阳能热水器

1—排水管 2—补给水箱 3—自来水 4—补给水管
5—供热水管 6—下循环管 7—集热器
8—上循环管 9—蓄水箱

箱的水位差产生压头，通过补给水箱中的自来水将蓄水箱中的热水顶出供用户使用，同时也向蓄水箱中补充冷水，其水位由补水箱内的浮球阀控制。强制循环太阳能热水器由泵提供水循环的动力，解决了自然循环压头小的问题，适合于大型太阳能供热水系统。

3. 太阳能制冷和空调

利用太阳能作为动力驱动制冷或空调装置有着广阔的发展前景，因为夏季太阳辐射最强，也是最需要制冷的时候，从节能和环保的角度考虑也是十分必要的。太阳能空调最大的优点在于季节适应性强，也就是说太阳能制冷空调的制冷能力是随太阳辐射能的增加而增强的。

太阳能制冷可分为两大类：一类是通过太阳能光电转换制冷，即利用太阳能发电，然后利用电能制冷；另一类是光热转换制冷，即先将太阳能转换成热能，再利用热能制冷。常用的太阳能光热转换制冷系统有吸收式制冷和吸附式制冷两种。

（1）吸收式制冷　吸收式制冷是以两种物质组成的二元溶液为工质来运转的。两种物质在同一压力下具有不同的沸点，高沸点的组分称为吸收剂，低沸点的组分称为制冷剂。太阳能吸收式制冷系统由太阳能集热器、冷凝器、膨胀阀、蒸发器、吸收器、溶液热交换器、循环泵等部件组成。吸收式制冷的工作原理是，利用溶液的浓度随其温度和压力变化而变化的特性，通过太阳能集热器提供热媒水，将制冷剂与溶液分离，制冷剂进入冷凝器冷却后，液态制冷剂通过膨胀阀急速膨胀而汽化，在蒸发器中吸收冷媒水的热量，从而达到降温制冷的目的，又通过吸收器用稀溶液实现对制冷剂的吸收。太阳能吸收式制冷系统一般采用的工质有两种：一种是溴化锂-水，常用于大中型中央空调；另一种是氨-水，常用于小型家用空调。图 4-10 所示为太阳能氨-水吸收式制冷系统。

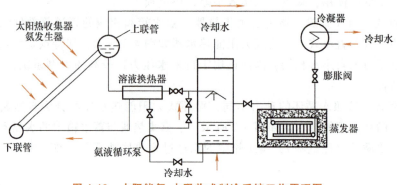

图 4-10　太阳能氨-水吸收式制冷系统工作原理图

（2）吸附式制冷　吸附式制冷是利用物质的物态变化来实现制冷的。常用的吸附剂-制冷剂组合有沸石-水、活性炭-甲醇等。太阳能吸附式制冷系统主要由太阳能吸附集热器、冷凝器、蒸发储液器、风机盘管、冷媒水泵等部件组成，其工作原理如图 4-11 所示。白天太阳辐射充足时，太阳能吸附集热器吸收太阳辐射能，吸附剂温度升高，制冷剂从吸附剂中解吸，气

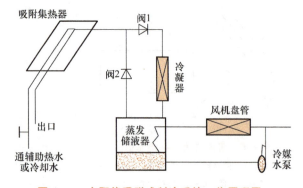

图 4-11　太阳能吸附式制冷系统工作原理图

态制冷剂使集热器内压力升高，后经冷凝器冷却凝结为液态，进入蒸发储热器；夜间或太阳辐射不足时，环境温度降低，太阳能吸附集热器自然冷却，吸附剂的温度下降并开始吸附制冷剂，产生制冷效果。太阳能吸附式制冷系统常用于冰箱、冷藏箱等。

4. 太阳能热发电系统

太阳能热发电就是先将太阳辐射能转换为热能，然后按照某种发电方式将热能转换成电能的发电方法。太阳能热发电可分为两大类。一类是利用太阳热能直接发电，如利用半导体材料或金属材料的温差发电、真空器件中的热电子和热离子发电，以及磁流体发电等。此类热发电目前的功率都很小，有的仍处于试验阶段，尚未进入商业化。另一类是太阳能热动力发电，即先将太阳辐射能转换成热能，加热水或其他工质产生蒸气，驱动热力发动机，再驱动发电机发电。此类热发电已达到实用水平。

太阳能热发电系统可分为槽式线聚焦系统、塔式系统和碟式系统三种基本类型。

（1）槽式线聚焦系统　槽式线聚焦系统是利用槽形抛物面反射镜将太阳光聚集到集热钢管，加热钢管内的传热工质，然后传热工质被输送到动力装置，在热交换系统中将水加热成蒸汽，蒸汽驱动汽轮发电机组发电。槽式抛物面镜聚焦太阳能热发电系统原理图如图 4-12 所示。其优点是容量可大可小，集热器等装置都布置在地面上，安装和维护比较方便；主要缺点是能量集中过程依赖于管道和泵，致使热管路比较复杂，输热损失和阻力损失比较大。

（2）塔式系统　塔式系统又称集中型系统，是在很大面积的场地上安装许多台大型反射镜，通常称为定日镜，每台都配有跟踪机构，能准确地将太阳光反射集中到一个高塔顶部的接收器上，如图 4-13 所示。接收器把吸收的太阳辐射能转换成热能，再将热能传给工质，经过蓄热环节，再输入汽轮机，带动发电机发电。图 4-14 所示为塔式太阳能热发电系统原理图。

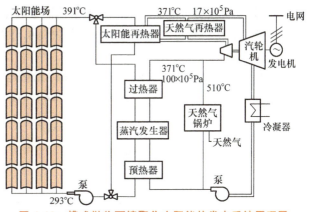

图 4-12　槽式抛物面镜聚焦太阳能热发电系统原理图

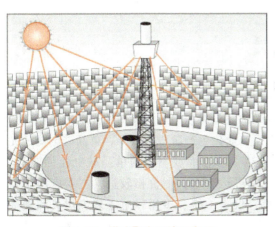

图 4-13　塔式聚光系统示意图

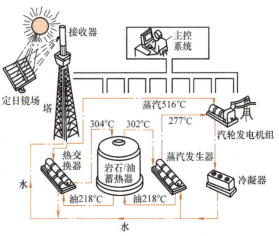

图 4-14　塔式太阳能热发电系统原理图

（3）碟式系统　碟式系统也称为盘式系统，采用盘状抛物面镜聚光集热器，如图4-15所示。盘状抛物面镜是一种点聚焦集热器，其聚光比可达几百到几千，可以产生非常高的温度。这种系统可以独立运行，作为无电边远地区的小型电源，也可把数台至十数台装置并联起来，组成小型太阳能热发电站。

图4-15　太阳能聚光器的形式
a）单碟式太阳能聚光器　b）多碟式太阳能聚光器

此外，另一种前景较好的太阳能热发电技术是太阳能烟囱，它主要由烟囱集热器（平面温室）、发动机及储能装置组成。烟囱集热器吸收太阳能，加热其中的空气，热空气通过烟囱被抽走，驱动涡轮机发电。这种发电装置简单可靠，非常适合我国西部地区推广应用。

5. 太阳能光伏发电系统

太阳能光伏发电是通过太阳能电池（又称光伏电池）将太阳辐射能直接转换为电能的发电方式。太阳能电池是太阳能光伏发电的基础和核心，其结构如图4-16所示。

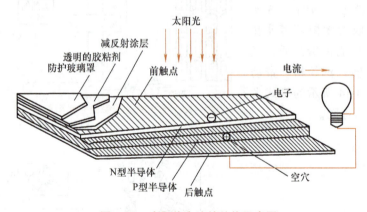

图4-16　太阳能电池的结构示意图

常用的太阳能电池按其材料可分为晶体硅电池、硫化镉电池、硫化锑电池、砷化镓电池、非晶硅电池、硒铟铜电池等。目前，太阳能光伏发电工程中广泛使用的光电转换器件是晶体硅电池，其生产工艺技术成熟，已进入大规模产业化生产阶段。其中，单晶硅电池的光电转换效率在20%以上，多晶硅电池的效率也已达18%，而成本仅为单晶硅电池的70%。砷化镓电池转换效率很高，达28%，规模生产效率可达24%，但价格较贵，主要应用于空间领域。非晶硅电池价格最低，但转换效率较低，仅为10%，多用作电子表、玩具和袖珍计算器的电源。随着太阳能电池新材料技术的不断发展和太阳能电池生产工艺的改进，转换效率更高、成本更低、性能更稳定的太阳能电池将不断被研发成功,并投入商品化生产。

与火力、水力发电相比,太阳能光伏发电具有安全可靠、无噪声、无污染、资源取用方便、不受地域限制、不消耗化石能源、故障率低、维护简便、建设周期短、可方便地与建筑物结合等优点。太阳能电池既可做小型电源,又可组合成大型电站,目前已从高科技的航空航天领域走向人们的日常生活,如太阳能汽车、太阳能自行车、太阳能冰箱、太阳能电扇、太阳能路灯等,如图 4-17 所示。从可持续发展的角度考虑,太阳能光伏发电具有广阔的发展前景。目前,太阳能光伏发电大规模应用的主要障碍是其成本较高。预计未来几年内,太阳能光伏发电的成本将会下降到同常规能源发电的成本相当,届时,太阳能光伏发电将成为人类电力的重要来源之一。

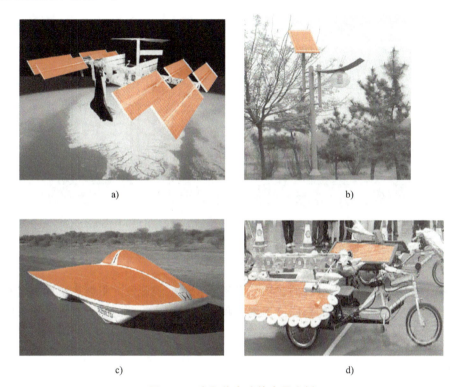

图 4-17 太阳能电池的应用实例

a) 国际空间站上安装的太阳能电池板　b) 太阳能路灯　c) 太阳能汽车　d) 太阳能自行车

4.2.3　太阳能的应用前景

人们生活水平的不断提高,以及人们对生活热水需求的激增,促进了太阳能热水器市场的迅速发展。现在,太阳能热水器的性能价格比已经可以与电热水器和燃气热水器相竞争,太阳能热水器已经成为市场上提供生活热水的三大设备之一,我国也已成为世界上最大的太阳能热水器生产和应用的国家。

在发达国家,建筑能耗已占总能耗的 25%~40%。在建筑能耗中,采暖、制冷、空调和热水能耗占 75%。太阳能低温热转换技术可实现以合理成本来满足部分建筑用能的需求,因而它作为一种建筑节能技术将有广阔的市场。在今后的 10~15 年,低温太阳能热利用仍是太阳能热利用的发展主流。太阳能系统与建筑一体化的设计思想为太阳能热利用开拓了新的发展空间。在太阳能资源丰富的地区,如西藏、甘肃、新疆、青海和宁夏等部分地区,有发展中、高温太阳能热利用的前景,如工业用热或热发电。目前,我国用于建筑的太阳能热利用系统是太阳能热水器和被动太阳采暖,如图 4-18 所示。被动太阳房是指通过建筑结构设计和新材料的应用来实现太阳能采暖的技术。而近十多年来,在大量的现有建筑上,特别是住宅建筑上,主要采用主动式的太阳能热水器采暖。但由于缺乏规划和安装零乱,城市景观受到了影响,而且工程安装的造价也有所增加。解决的办法是预先将太阳能装置(包括集热器、热水箱、管道和附件等)的布置考虑到建筑设计中去,实现太阳能系统与建筑的一体化。

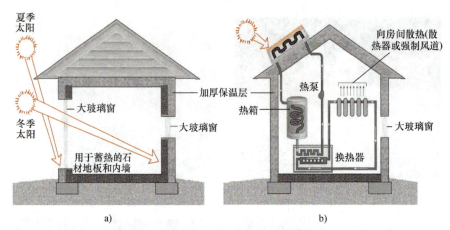

图 4-18 建筑的太阳能热利用系统
a) 被动式 b) 主动式

近年来,随着太阳能热水系统的成功开发利用,进一步开发太阳能热水、采暖和空调的综合系统,扩大太阳能热利用的范围已提到日程。太阳能热驱动的空调系统已列入国家科技攻关项目。

4.3 风能

4.3.1 认识风能

风是地球上的一种自然现象,它是由太阳辐射热引起的。太阳照射到地球表面,地球表面各处受热不同产生温差,引起大气层中压力分布不均,大气的流动也像水流一样从压力高处流向压力低处,从而引起大气的对流运动。空气运动所形成的动能称为风能。图 4-19 所示为风能形成的示意图。风有一定的质量和速度,且有一定温度,因此具有一定的能量。据估计,到达地球的太阳

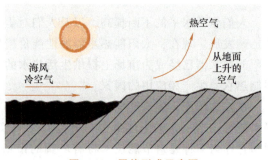

图 4-19 风能形成示意图

能虽然只有大约2%转化为风能,但其总量仍十分可观。全球的风能约为$2.74×10^9 MW$,其中可利用的风能为$2×10^7 MW$,比地球上可开发利用的水能总量还要大10倍,可见,风能是地球上重要的能源之一。

风的大小常用风速来表示,即单位时间内空气在水平方向上所移动的距离。空气流动所产生的风能具有巨大的能量。风速8~10m/s的5级风,吹到物体表面上的力,每平方米面积上约有10kgf(1kgf=9.80665N);风速20m/s的9级风,吹到物体表面上的力,每平方米面积可达50kgf左右;台风的风速可达50~60m/s,它对每平方米物体表面上的力,可高达200kgf以上。汹涌澎湃的海浪是被风激起的,它对海岸的冲击力相当大,有时可达每平方米20~30tf(1tf=9.80665kN)的力,最大时甚至可达每平方米60tf左右的力。

风不仅能量很大,而且在自然界中所起的作用也很大。它可使山岩发生侵蚀,造成沙漠,形成风海流、沙尘暴,还可在地面做输送水分的工作。水汽主要是由强大的空气流输送的,从而影响气候,造成雨季和旱季。因此,合理利用风能,既可减少环境污染,又可减轻越来越大的能源短缺的压力。

根据国家气象局估计,全国风力资源的总储量为每年16亿kW,近期可开发的约为1.6亿kW,内蒙古、青海、黑龙江、甘肃等省及自治区的风能储量居我国前列,年平均风速大于3m/s的天数在200天以上。风能作为一种无污染、可再生的新能源,具有巨大的发展潜力,特别是对于沿海岛屿、交通不便的边远山区、地广人稀的草原牧场,以及远离电网和近期电网还难以达到的农村、边疆,风能作为解决生产和生活能源的一种可靠途径,有着十分重要的意义。即使在发达国家,风能作为一种清洁的新能源也日益受到重视。

风能与其他能源相比,既有其明显的优点,又有其突出的局限性。风能具有的四大优点是蕴量巨大、可以再生、分布广泛和没有污染,其缺点是能量密度低、不稳定、地区差异大。风能密度是决定风能潜力大小的重要因素,是指通过单位面积的风所含的能量,单位为W/m^2。密度低是风能的一个重要缺陷。由于风能来源于空气的流动,而空气的密度很小,所以风力的能量密度也很小,只有水力的1/816。表4-1为几种新能源和可再生能源的能流密度对比。从表中可以看出,在各种能源中,风能所含能量是极低的,这对于其利用会造成很大的困难。由于气流瞬息万变,风能的波动很大,极不稳定。由于地形的影响,风力的地区差异非常明显。在邻近的区域内,有利地形下的风力往往是不利地形下风力的几倍甚至几十倍。

表 4-1 几种新能源和可再生能源的能流密度对比

能源类别	风能 (3m/s)	水能 (流速3m/s)	波浪能 (波高2m)	潮汐能 (潮差10m)	太阳能	
					晴天平均	昼夜平均
能流密度/(kW/m²)	0.02	20	30	100	1.0	0.16

4.3.2 风能的利用技术

我国利用风能已有悠久的历史。公元前数世纪,人们就利用风力提水、灌溉、磨面、舂米,用风帆推动船舶前进。唐代大诗人李白的诗句"乘风破浪会有时,直挂云帆济沧海",说明当时风帆船已广泛用于江河航运。到了宋代,更是我国应用风车的全盛时代,当时流行的垂直轴风车,一直沿用至今。明代宋应星的《天工开物》中有"扬郡以风帆数扇,俟风转车，风息则止"的记载，表明在明代以前，我国劳动人民就会制作将风力的直线运动转变为风轮旋转运动的风车，在风能利用上前进了一大步。

但是，数千年来，由于风能存在天然的不足，风能技术发展缓慢，没有引起人们足够的重视。自1973年世界石油危机以来，在常规能源告急和全球生态环境恶化的双重压力下，风能作为新能源之一才重新有了长足的发展。1978年，我国将研制风电设备列为国家重点科研项目后，进展加快，先后研制生产了微型和1~200kW风电机组，其中以户用微型机组技术最为成熟。2016年，全国风力发电总容量为14864万kW，占全国电力总装机容量的9%。风电技术作为一门不断发展和完善中的多学科的高新技术，通过技术创新、提高单机容量、改进结构设计和制造工艺，以及减轻部件重量、降低造价，它的优势和经济性必将日益显现出来。

目前，风能主要用在风力发电、风力泵水、风力制热等方面。

1. 风力发电

风力发电是风能利用的一种基本形式，也是一种重要的形式，日益受到世界各国的高度重视。风力发电机一般由风轮、发电机（包括传动装置）、调向器（尾翼）、塔架、限速安全机构和储能装置等构件组成。图4-20所示为小型风力发电机的基本组成示意图。

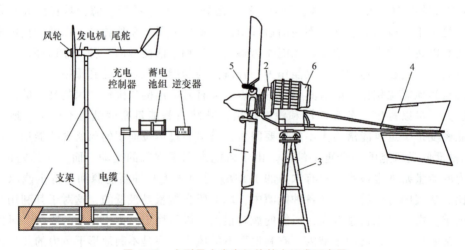

图4-20 小型风力发电机的基本组成示意图

1—风轮（集风装置） 2—传动装置 3—塔架 4—调向器（尾翼） 5—限速调速装置 6—做功装置（发电机）

当风力发电机工作时，风轮在风力的作用下旋转，带动风轮轴转动，发电机在风轮轴的驱动下旋转产生电能。风轮是风力发电机的集风装置，一般由2个或3个叶片构成，其作用是把流动空气的动能转换成风轮旋转的机械能。发电机的作用是将风轮旋转的机械能转换成电能，有直流发电机、同步交流发电机和异步交流发电机三种形式；调向器的作用是使风轮随时都迎着风向，从而最大限度地利用风能。限速安全机构用来保证风力发电机安全运转，可使风力发电机的风轮在一定的风速范围内保持转速稳定。另外，风力发电机一般还设有专门的制动装置，当风速过高时，可将风轮制动以保护风力发电机在特大风速下的安全。

风力发电机的输出功率与风速的大小有关。而自然界中风速的大小和方向时刻在变化，因而风力发电机的输出功率也随之变化，这样发出的电能不能保持一个恒定的频率，一般无法直接用于各种电器，需要先储存在蓄电池中，再由蓄电池向直流电器供电，或通过逆变器把蓄电池的直流电转变为交流电后再供给交流电器。

风力发电通常有以下三种运行方式。

1) 独立运行方式。通常是由一台小型风力发电机向一户或几户供电，用蓄电池蓄电，以保证在无风时提供电力。

2) 风力发电与其他发电方式相结合。通常是柴油机发电或太阳能发电，主要用于向一个单位、一个村庄或一个海岛供电。这两种运行方式都属于独立的风电系统，一般由风力发电机、逆变器和蓄电池等组成，主要建造在电网不易到达的边远地区。

3) 风力发电并入常规电网运行，向大电网提供电力。这种方式属于并网的风电系统。通常是一个风电场安装几十台甚至几百台风力发电机，如图 4-21 所示。这种发电方式是风力发电的主要发展方向。由于风机的转速随着外来风力的改变而改变，发出的电不能保持一个恒定的频率，因此需要一套交流变频系统。风力发电机发出的电进入交流变频系统，被转换成与电网相同频率的交流电，再进入电网。

图 4-21　陆地和海上的大型风场

选择安装场址对于风力发电是十分重要的，如果场地选择不合理，即使性能再好的风力发电机也不能很好地工作。在选择风力发电机安装场址时，首先应考虑当地的能源供求状况、负荷的性质和每昼夜负荷的动态变化，然后再根据风力资源的情况选择合适的场址。另外，还要考虑发电机的安装和运输方便，以便降低风力发电机的整体成本。所选择的安装场址应具备以下条件：

1) 风能资源丰富。根据我国气象部门的有关规定，当某地域的年有效风速时数在 2000~4000h、年 6~20m/s 风速时数在 500~1500h 时，该地域即具备安装风力发电机的资源条件。

2) 具有较稳定的盛行风向，且随季节变化较小。

3) 气流的湍流小。当风吹过粗糙的表面或绕过突起物时就会产生湍流，湍流不仅会减少风力发电机的输出功率，还会造成风力发电机的机械振动，甚至导致风力发电机破坏。

4) 自然灾害小。风力发电机的安装场址应尽量避开强风、冰雪、盐雾、沙尘等有严重自然灾害的地域。

5) 安装场址的选择还应考虑风力发电机对环境的影响。这种影响主要体现在风力发电机的噪声，风力发电机对鸟类的伤害、对景观的影响、对无线通信的干扰等方面。

2. 风力泵水

风力泵水从古至今一直都得到广泛的应用，尤其是近几十年，为了解决农村、牧场的生活、灌溉和牲畜用水以及节约能源，风力泵水有了很大的发展。现代风力泵水根据用途主要分为两类：一类是高扬程小流量的风力泵水机，它与活塞泵相配合用来提取深井地下水，主要用于草原、牧区，为人、畜提供饮用水；另一类是低扬程大流量的风力泵水机，它与螺旋桨相配合，用来提取河水、湖水或海水，主要用于农田灌溉、水产养殖或制盐。

3. 风力制热

风力制热也是风能利用的一个发展方向，目前主要用于家庭及低品位工业热能等方面。风力制热就是将风能转换成热能，目前主要有三种转换方法：①风力机发电，再将电能通过电阻丝发热，产生热能。因风能转换成电能的效率太低，这种方法不可取。②由风力机将风能转换成空气压缩能，再转换成热能，即风力机带动空气压缩机，对空气进行绝热压缩而放出热能。③用风力机将风能直接转换成热能，这种方法的制热效率最高。

风力机直接将风能转换成热能有多种方法，常用的有搅拌液体制热（即风力机带动搅拌器转动使液体变热）、液体挤压制热（即风力机带动液压泵，使液体加压后再从狭小的阻尼小孔中高速喷出，使工作液体加热）、固体摩擦制热和涡电流制热等。

4.3.3　风电技术的发展趋势

20世纪50年代末，我国的风力机以各种木结构的布篷式风车为主要形式，1959年仅江苏省就有木风车20多万台。到了20世纪60年代中期，主要是发展风力提水机。70年代中期以后，风能开发利用列入"六五"国家重点项目，得到迅速发展。进入80年代中期以后，我国先后从丹麦、比利时、瑞典、美国、德国引进了一批中、大型风力发电机组。至1990年底，全国风力提水的灌溉面积已达2.58万亩（1亩=666.6m²），1992年全国风电装机容量已达8MW，1997年新增风力发电10万kW，截至2008年，已研制出100多种不同形式、不同容量的风力发电机组，并初步形成了风力机产业。其中，新疆达坂城的风力发电场装机容量已达3300kW，是全国目前最大的风力发电场。

自此之后，我国风电发展进入"快车道"。2010年，我国风力发电机生产销售数量与装机容量均为世界第一，2017年度的风电发电量为3057亿kW·h，同比增长26.3%。

目前，风电技术的发展具有如下特点：①风力发电机的单机装机容量由2MW增加到3~5MW，并且还将继续增大，现已开发出10MW级的风力发电机。②随着风电单机容量的不断增大，风电机桨叶的长度也不断增加。风机叶轮扫风直径与风机容量的对应关系如图4-22所示，2MW风机叶轮扫风直径已达72m。涡轮风机的叶片有2片、3片和多片三种，目前投

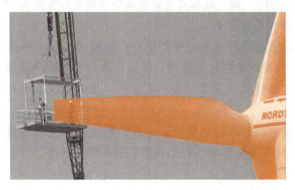
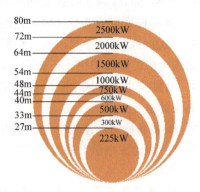

图4-22　风机叶轮扫风直径与风机容量的对应关系

入工程应用的绝大多数是3片涡轮风机。风机桨叶的制造和安装如图4-23所示。③实践证实，地处平坦地带的风机，在50m高处捕捉的风能要比30m高处多20%。因此，在大、中型风力发电机的设计中，常采用更高的塔架。④控制技术的发展大大提高了捕风效率，降低了风机基础费用。

图 4-23　风机桨叶的制造和安装

随着电力电子技术的发展，一种变速风力发电机得到了开发。它是直接将发电机轴连接到叶轮主轴上，取消了沉重的增速齿轮箱，发出的交流电频率随转子转速（或风速）而变化，经过置于地面的大功率电力电子变换器，将频率不定的交流电整流成直流电，再逆变成与电网同频率的交流电输出。

尽管风力发电具有很大的发展潜力，但是目前它对世界电力的贡献还是有限的。这是因为大规模发展风电仍受一些因素影响，如风力发电机的效率不高、寿命有待延长，风力发电的成本仍高于常规发电，风能资源区远离主电网、联网的费用较高等。随着风力发电技术的进步，加上政府对风力发电的扶持，风力发电必将具有广阔的发展前景。

4.4　生物质能

4.4.1　生物质能概述

生物质是指由光合作用而产生的各种有机体。生物质的光合作用即利用空气中的二氧化碳和土壤中的水，将吸收的太阳能转换为碳水化合物和氧气的过程。农作物、树木、陆地和水中的野生动植物体及某些有机肥料，都属于生物质。

生物质能是太阳能以化学能形式储存在生物中的一种能量形式，是一种以生物质为载体的能量，它直接或间接地来源于植物的光合作用。在各种可再生能源中，生物质能比较独特，它是储存的太阳能，更是唯一可再生的碳源，可转化成常规的固态、液态和气态燃料。生物质遍布世界各地，蕴藏量极大，据估计，地球上每年植物光合作用固定的碳达 $2×10^{11}$ t，含能量达 $3×10^{21}$ J，每年通过光合作用贮存在植物的枝、茎、叶中的太阳能，相当于全世界每年消耗能量的10倍。因此，生物质能一直是人类赖以生存的重要能源之一，就其能源当量而言，仅次于煤、石油、天然气而列为第四大能源。

世界上生物质资源数量庞大，形式繁多，其中包括薪柴、农林作物，尤其是为了生产能源而种植的能源作物、农业和林业残剩物、食品加工和林产品加工的下脚料、城市固体废弃物、生活污水和水生植物等。各种生物质在生物质能利用中所占的比例见表4-2。我国的生物质资源主要包括农业废弃物及农林产品加工业废弃物、薪柴、人畜粪便、城镇生活垃圾等。

表4-2 各种生物质在生物质能利用中所占的比例

种　　类	利用比例(%)	种　　类	利用比例(%)
薪柴、秸秆	94	海洋生物、污水和污油	0.90
粪便	1.70	其他	1.00
城市垃圾	2.40		

(1) 薪柴　薪柴通常指的是薪炭林产出的薪柴及用材林产出的枝杈、木材加工的下脚料。目前，我国每年产出的薪柴约为2.1亿m^3，其发热量约为15MJ/kg，折合标准煤1.2亿t。

(2) 秸秆（发热量均为14.5MJ/kg）　在农田里，秸秆产量约是粮食产量的1.1倍，每年各种作物产生的秸秆总量达6.2亿t。但其中仅有25%~30%被作为燃料使用，约合0.75亿t标准煤，其余的均弃之于田。

(3) 粪便（发热量约为13MJ/kg）　在我国，每年动物的粪便总量约为8.2~8.4亿t，约合0.7亿t标准煤，但只有边远的牧区直接将牲畜粪便用作燃料。在一些地区，人们采用微型沼气装置对粪便加以利用，一些大型饲养场近年来为净化环境，以较大规模的沼气化方式处理粪便，使之能源化。

(4) 城市生活垃圾（发热量为5~6MJ/kg）　我国城市生活垃圾的年产量已达1.5亿t。由于垃圾的特殊性，其发热量利用率只有15%~25%，发电量约400亿kW·h。据报道，乌克兰已经研制出将垃圾转化为汽油和甲醇的方法，有望将其投入生产使用。

(5) 海洋生物　目前对海洋生物的研究还比较少，但是海洋生物的利用潜力极大。美国可再生能源实验室近年来应用现代技术开发了海洋微藻，并进行户外种植试验，经过测量发现，微藻的脂质含量高达40%，每亩产品可提炼生物柴油1~2.5t，在近海种植的前景很好。

(6) 污水和污油　全世界每年有大量的污水和污油产生，其中油脂每年可提炼生物柴油达200多万t，利用微生物技术还可以使大量高浓度的废水产生数量可观的氢气。

生物质能具备下列优点：①提供低硫燃料，燃烧时不产生SO_2等有害气体，生物燃料有"绿色能源"之称。②提供廉价能源（于某些条件下）。③将有机物转化成燃料可减少环境公害（例如，燃料垃圾），在生物质的生长过程中，它会吸收大气中的CO_2，因此开发利用生物质能不仅有助于减轻温室效应和形成生态良性循环，而且可替代部分石油、煤炭等化石燃料，成为解决能源与环境问题的重要途径之一。④与其他非传统性能源相比较，技术上的难题较少。

生物质能的缺点有：①目前仅适合于小规模利用。②植物仅能将极少量的太阳能转化成有机物。③单位土地面积的有机物能量偏低。④缺乏适合栽种植物的土地。⑤有机物的水分偏多（50%~95%）。

生物质能的开发和利用具有巨大的潜力。目前看来最有前途的技术手段有：

1) 直接燃烧生物质来产生热能、蒸汽或电能。但传统的直接燃烧,不仅利用效率低,还严重污染环境。美国利用现代化锅炉技术直接燃烧生物质进行发电,装机容量已达 7500kW。

2) 利用能源作物生产液体燃料。目前具有发展潜力的能源作物包括快速成长作物和树木、糖与淀粉作物(供制造乙醇)、含有碳氧化合作物、草本作物、水生植物等。

3) 生产木炭和炭。

4) 生物质(热解)气化后用于电力生产,如集成式生物质气化器和喷气式蒸汽燃气轮机(BIG/STIG)联合发电装置。

对农业废弃物、粪便、污水及城市固体废物等应进行厌氧消化以生产沼气,应避免用错误的方法处置这些物质,以免引起环境危害。

4.4.2 生物质能利用技术

生物质能的利用技术开发,旨在把森林砍伐和木材加工剩余物以及农林剩余物如秸秆、麦草等原料通过物理或化学化工的加工方法,转化为高品位的能源,提高热效率,减少化石能源使用量,保护环境,走可持续发展的道路。纵观国内外已有的生物质能利用技术,大体上分为四大类,四类技术中又包含了不同的子技术,如图 4-24 所示。

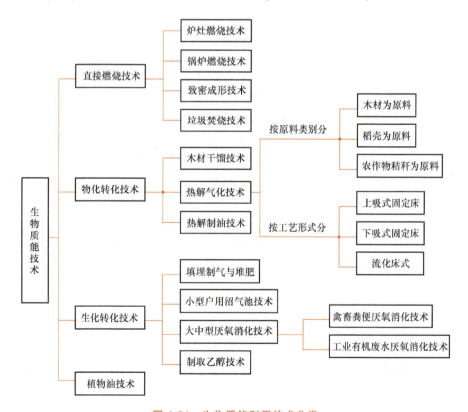

图 4-24 生物质能利用技术分类

(1) 直接燃烧技术 传统的直接燃烧方式,不仅利用效率低,还严重污染环境。利用现代化锅炉技术直接燃烧和发电,可实现清洁而高效。

(2) 物化转化技术　物化转化技术包括木材或农副产品的干馏、气化成燃气，以及热解成生物质油。图 4-25 所示为郑州大学节能技术研究中心正在开发和研究的生物质热解气化、液化装置。

(3) 生化转化技术　生化转化技术主要利用厌氧消化和特种酶技术，将生物质转化成沼气或燃料乙醇。厌氧消化主要是把水中的生物质分解为沼气，包括小型的农村沼气技术和大型的厌氧处理污水的工程。其主要优点是提供的能源形式为沼气（CH_4），非常洁净，具有显著的环保效益；主要缺点是其能源产出低，投资大。所以生化转化技术比较适宜于以环保为目标的污水处理工程或以有机易腐物为主的垃圾的堆肥过程。

图 4-25　生物质气化、液化利用装置

建立以沼气为中心的农村新能量物质循环系统，使秸秆中的生物能以沼气的形式缓慢地释放出来，可解决农村的燃料问题；种植甘蔗、木薯、海草、玉米、甜菜、甜高粱等作物，既有利于食品工业的发展，植物残渣又可以制造酒精以代替石油。

(4) 植物油技术　植物油技术是将植物油提炼成动力燃油的技术。植物油除了可以食用或作为化工原料，也可以转化为动力油，作为能源利用。其主要优点是提炼和生产技术简单，主要缺点是油产率较低，速度很慢，而且品种的筛选和培育也比较困难。

目前，各项生物质能利用技术都在逐渐完善和发展之中，随着研究的深入和技术的进步，其应用的层次也在逐步提高。例如，生物质经气化得到的可燃性气体，既可用作燃料提供热能，也可用作发电的燃料，从内燃机到燃气轮机，乃至为燃料电池、氨的合成提供原料。用生物质制取的甲醇、乙醇，可代替部分石油作为内燃机的燃料，用于交通运输行业中。生物质经干馏得到的木炭可用于有色金属的冶炼及用作环保行业的吸附剂、土壤的改良剂。生物质在厌氧条件下，被沼气微生物分解代谢，得到含有甲烷的可燃性气体（沼气），是民用高发热量的气体燃料，还可与柴油混烧作为内燃机的燃料，沼渣、沼液是优质的有机肥料，沼液还可用来浸种。可见，生物质能利用技术正在向纵深发展，生物质能的应用范围将会越来越广。

4.4.3　生物质能开发利用进展

自古以来，农牧民就直接燃烧生物质用来做饭和取暖，直到现在，包括我国在内的发展中国家的广大农村，基本上还沿用这种传统的用能方式。旧式炉灶热效率很低，只有 10%～15%；经过一些改造如改为省柴灶，热效率也没超过 25%，资源浪费严重。在一些地区，人们直接燃用秸秆、薪柴、干粪、野草等，劳动强度大，不卫生，烟熏火燎，易使人感染呼吸道疾病，既影响了人们的健康，也浪费了资源，如图 4-26 所示。

面对上述情况，我国政府部门要求科研单位和有关组织抓紧生物质能新技术的研究与应用，制订了许多相关政策与规划并付诸实施，经过 20 年的努力，我国生物质能开发利用取得了长足的进步。

图 4-26 水土流失和秸秆焚烧情况

（1）沼气 20 世纪 90 年代以来，我国沼气建设一直处于稳定发展的势态。以沼气及沼气发酵液、沼渣在农业生产中的直接利用为主的沼气综合利用技术得到迅速推广与应用，其中我国北方采用的是"四位一体"能源生态模式，南方则采用"猪-沼-果"能源生态模式。

（2）生物质气化 经过十几年的研究、试验、示范，生物质气化技术已基本成熟，气化设备已有系列产品，气化效率达 75% 以上。很多农户将生物质燃气作为生活燃料，有的还将其用作干燥热源和发电。以前用固定床气化炉，以稻壳为原料进行气化发电，规模较小，现在国内已有数家用流化床气化炉，可以用稻壳、锯末乃至粉碎的秸秆为原料进行气化发电。

（3）薪炭林 薪炭林是指以生产薪炭材和提供燃料为主要目的的林木（乔木林和灌木林），如石油树、绿玉树、续随子。建立"能量林场""能量农场""海洋能量农场"，变"能源植物"为"能源作物"，对缓解农村能源短缺起到了一定作用。

（4）生物质压缩成形技术 我国已研制出螺旋挤压式、活塞冲压式和环模滚压式等几种生物质压缩成形设备，其中螺旋挤压式压缩成形机推广应用较多，有关单位对挤压螺杆的耐磨性作了较深入的研究，并延长了它的使用寿命。生物质经压缩成形后可直接用作燃料，也可经炭化炉炭化，获得生物炭，用于烧烤和冶金工业，还可生产块状饲料。

在环保节能要求的推动下，车用生物质燃料的开发已成趋势。进入 21 世纪以后，世界各国政府对汽车的尾气排放提出了更高的限制及要求，从而对汽油和柴油的质量也提出了越来越高的标准。在环保、节能和高效化的推动下，一些新型车用生物质燃料应运而生，研发和推广新型车用生物质燃料已成为 21 世纪的一大热点。业已面世或开发中的新型车用生物质燃料主要有醇类（甲醇和乙醇）以及生物柴油等。

（1）车用甲醇燃料 车用甲醇燃料主要有 M85 和 M100 两种品种。M85 含甲醇的体积分数为 85%，其余为汽油和少量添加剂；M100 不含汽油。甲醇可由生物质经生物加工技术获得。

（2）车用乙醇燃料 乙醇俗称酒精，是清洁燃料，用可再生的生物资源生产。乙醇制取方便，发热量高，无污染，是较理想的车用燃料替代品。乙醇与汽油理化指标的比较见表 4-3。如今，很多国家都已将增产乙醇提上议事日程。

目前，乙醇的生产费用较高，但采用改进技术的新工艺和使用较廉价的原料，可望降低生产费用。目前，工业乙醇的主要原料是谷物淀粉，采用酶催化剂使纤维素转化成发酵糖类的新技术正在研发之中。

表 4-3 乙醇和汽油理化指标的比较

项　目	汽油	乙醇	项　目	汽油	乙醇
分子式	$C_4 \sim C_{12}$烃	C_2H_5OH	沸点/℃	35~205	78.3
闪点(闭口)/℃	-43	12.8	饱和蒸气压/kPa	60~80	17
发热量/(kJ/kg)	44390	27370	辛烷值(ROM)	90~95	121
发热量比	1	0.61	辛烷值(MON)	80~86	97
理论混合气发热量/(kJ/kg)	2939	2977	自燃点/℃	495	423
氧质量分数(%)	0	35	燃烧速度/(m/s)	0.33	0.48
理论空气/燃料比	14.73	8.97	着火极限(体积分数,%)	1.4~7.6	4.3~19.0
蒸发热/(kJ/kg)	349	913			

(3) 生物柴油　生物柴油有优良的环保特性,含硫量低,不含芳香烃。与普通柴油相比,燃用生物柴油车辆的 SO_2 排放量可减少约 30%,尾气中有毒有机物的排放量仅为燃用柴油车辆的 10%、颗粒物为 20%、CO_2 和 CO 排放量仅为 10%。生物柴油作为一种可再生能源,其资源不会枯竭。

(4) 开发利用车用生物质燃料的意义

1) 缓解能源供需矛盾。全世界的能源本身就处于紧缺状态,更何况煤、石油等化石燃料为不可再生资源,开发生物质燃料可在一定程度上缓解能源紧缺的现状,同时,由于生物质能源属于可再生能源,理论上是用之不竭的。

2) 有利于改善环境。生物质燃料不同于化石燃料,它是一种洁净的能源。使用生物质燃料不但不会对环境造成危害,反而有利于改善环境,对恢复生态有着重要作用,这是一种有极好生态服务功能的能源。

4.5　核能

4.5.1　核能概述

核能也称原子能或原子核能,是由人眼看不见的原子核内释放出来的巨大能量。1g 铀原子核裂变时所放出的能量,相当于燃烧 2.5t 煤得到的热能。铀放热是原子核内发生了变化,铀原子核分裂成两个较小的原子核,并释放出大量的核能。

1942 年,美籍意大利人弗米在美国芝加哥大学建造了世界上第一座核裂变反应堆,首次完成了受控"核能释放",被后人称为核能时代的奠基石。1954 年,苏联在布洛欣采夫的领导下,建成了世界上第一座功率为 5MW 的商用核电厂,向工业电网并网发电,使和平利用核能发电步入了一个飞速发展的新纪元。在半个多世纪里,核能的发展异常迅速,近 20 年来,它已成为世界能源的一个重要内容。预计到 21 世纪中叶,核能将会取代石油等矿物燃料而成为世界各国的主要能源。

使原子核内蕴藏的巨大能量释放出来有两种方法:

1) 核裂变反应。将较重的原子核打碎,使其分裂成两半,同时释放出大量的能量,这种核反应称为核裂变反应,所释放的能量叫作裂变核能。目前,各国所建造的核电站都是采用核裂变反应,用于军事上的原子弹爆炸也是核裂变反应。

2) 核聚变反应。把两种较轻的原子核聚合成一个较重的原子核,同时释放出大量的能量,这种核反应称为核聚变反应,氢弹爆炸就属于核聚变反应。核聚变反应是在极短的瞬间完成的,不易控制。

核能具有以下显著的优点:

1) 核能的能量非常巨大且集中,运输方便,地区适应性强。一座容量为 20 万 kW 的火电站,一天要烧掉 3000t 煤,这些燃料需要用 100 辆货车来运输;而发电能力相同的核电站,一天仅用 1kg 铀即可。

2) 储量丰富。核能资源广泛分布在陆地和海洋中。储藏在陆地上的铀矿资源约 990～2410 万 t,其中储量最多的是北美洲,其次是非洲和大洋洲。海洋中的核能资源比陆地上丰富得多,每 1000t 海水中有 3g 铀,海洋里铀的总储量达 40 多亿 t,是陆地上已知的铀储量的数千倍。此外,海洋中还有更为丰富的核聚变所用的燃料——重水。如果将这些能源开发出来,那么即使全世界的能量消耗比现在增加 100 倍,也可保证供应人类使用 10 亿年左右。

3) 目前世界各国的核能发电技术已相当成熟。大量投入使用的单机容量达百万千瓦级的发电机组,使核电站得到了迅速的发展。近十多年来,人们已经成功地研制出能充分利用铀燃料的核反应堆——被称为"明天核电站锅炉"的快中子增殖核反应堆。1991 年,欧洲联合核聚变实验室首次成功地实现了受控核聚变反应,使人类在核聚变研究方面取得了重大突破,为今后利用储量极为丰富的重水建造核聚变电站打下了初步的基础。随着核能技术的发展,核能已由过去的新能源发展成为目前的常规能源。

4.5.2 核能利用技术

1. 核反应堆的分类

实现大规模可控核裂变链式反应的装置,即用来实现核裂变反应装置的总称,称为核反应堆。核反应堆是核电厂的心脏,核裂变链式反应在其中进行。按照核反应堆的用途、慢化剂种类、冷却剂类型及堆内中子能谱等不同,反应堆的分类见表 4-4。

表 4-4 核反应堆的分类

按中子能量分类	快中子堆(FWR)	中子能量大于 1MeV
	中能中子堆	中子能量大于 0.1eV 小于 0.1MeV
	热中子堆	中子能量大于 0.025eV 小于 0.1eV
按冷却剂和慢化剂分类	轻水堆	压水堆(PWR)、沸水堆(BWR)
	重水堆	压力管式、压力容器式、重水慢化轻水冷却堆
	有机介质堆	重水慢化有机冷却堆
	石墨堆	石墨水冷堆、石墨气冷堆
	气冷堆	天然铀石墨堆、改进型气冷堆(AGR)、高温气冷堆、重水慢化气冷堆
	液态金属冷却堆	熔盐堆、钠冷快堆
按堆心结构分类	均匀堆	堆心核燃料与慢化剂、冷却剂均匀混合
	非均匀堆	堆心核燃料与慢化剂、冷却剂呈非均匀分布,按要求排列成一定形状

(续)

	天然铀堆	以天然铀为燃料
按核燃料分类	浓缩铀堆	以浓缩铀为燃料
	钚堆	以钚为燃料
按用途分类	生产堆	生产 Pu、氚以及放射性同位素
	发电及供热堆	生产电力及供热
	动力堆	为船舶、军舰、潜艇作动力
	试验堆	做燃料、材料的科学研究工作
	增殖堆	新生产的核燃料（Pu-239, U-233）大于消耗的（Pu-239, U-233, U-235）

反应堆的类型繁多，在核电工业中更多的是按照冷却剂和慢化剂进行分类。轻水堆、重水堆、石墨堆是工业上成熟的发电堆。轻水反应堆是目前技术最成熟、应用最广泛的堆型。轻水反应堆的优点是体积小、结构和运行都比较简单、功率密度高、单堆功率大、造价低廉、建造周期短和安全可靠；缺点是轻水吸引中子的概率比重水和石墨大，因此，仅用天然铀（天然铀浓度非常小）无法维持链式反应，需要将天然铀浓缩，浓缩度在3%左右，称作低浓铀。目前采用轻水堆的国家，在核燃料供应上大多依赖美国和独立国家联合体。此外，轻水堆对天然铀的利用率低，仅为33%，如果系列地发展轻水堆要比系列地发展重水堆多用50%以上的天然铀。尽管如此，目前轻水堆在反应堆中仍占统治地位，全球正在运行的以及在建的核反应堆中，大部分是轻水反应堆，占所有反应堆的85%以上。

世界核电站各种堆型的应用情况见表 4-5。

表 4-5　世界核电站的堆型应用情况

堆型	压水堆	沸水堆	气冷堆	重水堆	轻水冷却石墨慢化堆	液态金属快中子增殖堆
运行机组数比率(%)	58.4	21.0	7.3	9.8	3.0	0.5
运行净功率比率(%)	64.4	22.6	3.0	6.2	3.6	0.2

2. 压水核反应堆本体结构

核动力发电厂广泛采用的压水核反应堆本体结构如图 4-27 所示，其核心构件是堆心和防止放射性物质外逸的高压容器——压力壳。

(1) 堆心　堆心是发生链式核裂变反应的场所，是反应堆的心脏，在这里核能转化为热能，由冷却剂循环带出堆外。为缩短反应堆起动时间及确保起动安全，在堆心的邻近处设置人工中子源点火组件，由它不断地放出中子，引发堆内核燃料的裂变反应。

(2) 压力壳　反应堆的压力壳是放置堆心和堆内构件、防止放射性物质外逸的高压容器。对于压水反应堆，要使一回路的冷却剂在350℃左右保持不发生沸腾，冷却水的压力要保持在 13.7MPa 以上。反应堆的压力壳要在这样的温度和压力下长期工作，所用材料要有较高的力学性能和抗辐射性能及热稳定性。目前，国内外大多用低合金高强度钢锻制焊接而成，并在其内壁上堆焊上一层几毫米厚的不锈钢衬里，以防止高温含硼水对压力壳材料的腐蚀。

反应堆的压力壳是一个不可更换的关键性部件，一座 900MW 压力堆的压力壳，其直径为 3.99m、壁厚为 0.2m、高为 12m 以上,重达 330t。压力壳的外形为圆柱体,上下采用球形封头,顶盖与筒体之间采用密封良好的螺栓联接。通常压力壳的设计寿命不少于 40 年。

为了防止核反应堆里的放射性物质泄漏出来,人们给核电站设置了四道屏障:

1) 对核燃料芯块进行处理。现在的核反应堆都采用耐高温、耐腐蚀的二氧化铀陶瓷型核燃料芯块,并经烧结、磨光后,能保留住 98% 以上的放射性物质不泄漏出去。

2) 用锆合金制作包壳管。将二氧化铀陶瓷型芯块装进管内,叠垒起来,就成了燃料棒。这种用锆合金或不锈钢制成的包壳管,能保证在长期使用中不使放射性裂变物质逸出,而且一旦管壳破损能够及时发现,以便采取必要的措施。

3) 将燃料棒封闭在严密的压力容器中。这样,即使堆心中有 1% 的核燃料元件发生破坏,放射性物质也不会泄漏出来。

4) 把压力容器放在安全壳厂房内。通常,核电站的厂房均采用双层壳件结构,对放射性物质有很强的防护作用。万一放射性物质从堆内泄漏出去,有这道屏障阻挡,就会使人体免受伤害。

事实证明,核电站的这些屏障是十分可靠和有效的,即使像美国三里岛核电站那样大的事故,对环境和居民造成的危害也是极小的。核能与其他能源相比,也是最安全的能源之一。

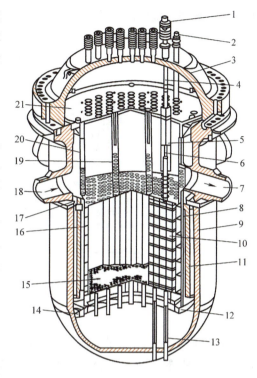

图 4-27 压水核反应堆本体结构

1—控制棒驱动机构 2—上部温度测量引出管
3—压力壳顶盖 4—驱动轴 5—导向筒
6—控制棒 7—冷却剂出口管 8—堆心幅板
9—压力壳筒体 10—燃料组件 11—不锈钢筒
12—吊篮底板 13—通量测量管 14—吊篮定位块
15—堆心下栅格板 16—堆心围板 17—堆心上栅格板
18—冷却剂进口管 19—支承筒 20—吊篮部件
21—压紧组件

3. 压水堆核电厂工作流程

核电站是利用核燃料在裂变过程中产生的热量将冷却水加热,使其变成高压蒸汽,然后推动汽轮发电机组发电的。它与火电站的主要区别是热源不同,而将热能转换为机械能,再转换为电能的装置则基本相同。核电站系统和设备通常由两大部分组成,即核反应堆系统与设备(称为核岛),常规系统与设备(称为常规岛)。各种类型核电厂的系统布置和设备各有差异,但总体上无根本差别。压水堆核电厂的工作流程如图 4-28 所示。

(1) 核岛部分 核岛部分是指在高压、高温和带放射性条件下工作的部分。该部分由压水堆本体和一回路系统设备组成,它的总体功能与火力发电厂的锅炉设备相同。冷却剂循环流通相连的反应堆本体、蒸汽发生器、一回路循环泵及其附属设备、连接管路,称作核电厂的一回路系统。

(2) 常规岛部分 常规岛部分是指核电厂在无放射性条件下的工作部分。核电厂正常运行中，无放射性危害的汽轮机、发电机及其附属设备，合理布置在安全壳以外的厂房里。常规岛部分主要由二回路系统的汽轮发电机组、高低温预热器、二回路循环泵和三回路系统的凝汽器、三回路循环泵、三回路冷却水循环系统等组成。

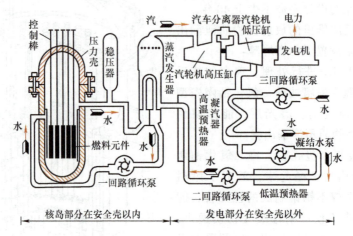

图 4-28　压水堆核电厂工作流程

通常一个压水堆有 2~4 个并联的一回路系统（又称环路），但只有一个稳压器。每一个环路都有一台蒸发器和 1~2 台冷却剂泵。压水堆的主要参数见表 4-6。

表 4-6　压水堆的主要参数

主要参数	回路数			主要参数	回路数		
	2	3	4		2	3	4
堆热功率/MW	1882	2905	3425	燃料组件数	121	157	193
净电功率/MW	600	900	1200	控制棒组件数	37	61	61
一回路压力/MPa	15.5	15.5	15.5	回路冷却剂流量/(t/h)	42300	63250	84500
反应堆入口水温/℃	287.5	292.4	291.9	蒸汽量/(t/h)	3700	5500	6800
反应堆出口水温/℃	324.3	327.6	325.8	蒸汽压力/MPa	6.3	6.71	6.9
压力容器内径/m	3.35	4	4.4	蒸汽含湿量(%)	0.25	0.25	0.25
燃料装载量/t	49	72.5	89				

压水堆核电站由于以轻水作慢化剂和冷却剂，反应堆体积小，建设周期短，造价较低，同时由于一回路系统和二回路系统分开，运行维护方便，需处理的放射性废气、废液和废物少，因此压水堆在核电站中有广泛的使用。

4.5.3　核能的和平利用前景

自 1954 年苏联建成世界上首座 5000kW 试验性原子能电站以来，人类对核能的商业利用实践已经走过了半个多世纪。期间经历了 20 世纪 70 年代的快速发展时期，以及因三里岛和切尔诺贝利核电站事故所引发的 20 世纪 80 年代的缓慢增长期。在近 20 年里，世界 400 多座核电站机组安全运行积累的经验，使得核电站改进措施成效显著，核电的安全性和经济性均有所提高。另外，近年来各国在激光核聚变、核电池、太空核电站和海底核电站等研究

第4章 新能源的开发利用

方面也都取得了一定的成果,促进了核能发电技术的进一步提高。面对经济迅猛发展带来的越来越大的能源缺口,世界各国纷纷将目光聚焦于核能。但由于公众对核电产业发展仍然心存余悸,世界核能产业的发展稍为缓慢。

1. 我国核能的和平利用

发展核能对我国21世纪的经济发展有着重要意义。我国首座核电站——秦山核电站于1991年正式投入运行,这标志着我国核能利用已经进入了一个新阶段。2007年8月18日,随着一号机组核岛第一罐混凝土的浇筑,我国东北地区第一个核电站——辽宁红沿河核电站主体工程正式开工。该核电站工程项目规划建设6台百万千瓦级核电机组,到2014年一期4台机组按计划建成并全部投入商业运营,年发电量达到300亿 kW·h。辽宁红沿河核电站是我国政府首次批准一次4台百万千瓦级核电机组标准化、规模化建设的核电项目,表明我国能源结构调整迈出实质性步伐。

我国核能和平利用产业是在核军工的基础上逐步建立起来的,经过几十年的发展,已经形成了比较完整的产业体系。但是,就总体而言,目前尚处于结构调整期,发展水平还不高。与许多国家相比,我国的核能和平利用产业对国民经济的贡献率以及技术水平均存在着相当大的差距,尚不能满足经济和社会发展的需求。

2. 国际核能利用的争议

目前,在全球范围内有8个国家仍在兴建新核电站,这8个国家是中国、俄罗斯、印度、日本、乌克兰、阿根廷、罗马尼亚和伊朗。在核能利用的问题上,1995年国际气候变化委员会出台了一个草案,认为到2100年世界上50%的电力将由核能生产。如果实现这个目标,在未来的100年内,每一年全世界都要兴建75个新的核电站,但2004年全世界只有5个核电站投入运营。由此说明,目前世界各国政府还没有将核能作为解决能源短缺的主要途径。

国际上对核能利用的意见不一。目前,核能在英国的能源结构中大约占10%,而在电力领域核能发电约占23%。由于在能否有效地控制核废料的问题上存在争论,所以公众未能对是否使用核能形成一致意见,约有30%的英国公众支持兴建新的核电站,但也有30%持反对意见。英国未来可能有2/3的核电站被关闭。在法国,有3/4的电力来自核能,但欧洲的大部分国家,例如德国、瑞典、西班牙、荷兰等却都在关闭自己的核电站,德国也决定不再兴建核发电站。在大力发展核电站热潮的背后,有不少人对核电站的发展担心,但全世界已投入运行的核电站已近450座,30多年来基本上是安全。

3. 核能利用的发展展望

(1) 海底核电站 海底核电站是人们随着海洋石油开采不断向深海海底发展而提出的一项大胆设想。海底核电站与陆地上核电站的原理基本相同,但海底核电站要比陆地核电站的工作条件苛刻。首先,海底核电站的所有零部件要能承受几百米深的海水压力;其次,要求海底核电站的所有设备密封性好,达到滴水不漏的程度;再次,海底核电站的各种设备和零部件都要耐海水腐蚀。因此,海底核电站所用的反应堆都是安装在耐压的堆舱里,汽轮发电机则密封在耐压舱内,而堆舱和耐压舱都固定在一个大的平台上。为了安装方便,海底核电站可在海面上进行安装。安装完工后,将整个核电站和固定平台一起沉入海底,坐落在预先铺好的海底地基上。当核电站在海底连续运行数年以后,要能像潜水艇一样浮出海面,以便由海轮将其拖到附近的海滨基地进行检修和更换堆料。随着海洋资源特别是海底石油和天然气的开发，海底核电站的研究与开发将进一步被推动，相信在不久的将来海底核电站将会问世。

(2) 海上核电站　建造海上核电站的优点有：①造价要比建在陆地上低。②核电站站址选择余地大。③因海上条件基本相同，海上核电站装置可"标准化"，从而降低制造成本，缩短建造周期。

由于人们对海上核电站的安全性等问题有不同意见，致使海上核电站没有得到迅速发展和应用。近年来，人们对海上核电站产生了浓厚的兴趣，特别是英国、日本、新西兰等国家，由于陆地面积小，适宜建造核电站的地方少，但其海岸线却很长，可以充分利用这一优势，大力发展海上核电站。

(3) 太空核反应堆　早在1965年，美国就发射了一颗装有核反应堆的人造卫星。核反应堆装在卫星上，有质量轻、性能可靠、使用寿命长、成本较低的优点，是比较理想的卫星和太空飞行器用电源。采用核反应堆作为太空飞行器电源之前，还广泛使用了核电池，直到现在，一些太空飞行器还广泛采用这种核电池。核电池的使用寿命一般可达5~10年，电容量可达几十至上百瓦。而太空核反应堆的电容量可达几百瓦至几千瓦，甚至可高达百万瓦。太空核反应堆在工作原理上与陆地上的基本一样，只是太空核反应堆要求反应堆体积小，轻便实用。

(4) 核发动机　核动力是核能利用的一种具有可行性的方案。如果利用核裂变的方式，可以在十年内制造出核裂变动力火箭。如果采用核聚变的方式，则需要在受控核聚变方面取得进一步进展。

核动力的利用方式有三种：①利用核反应堆的热能。②直接利用来自反应堆的高能粒子。③利用核弹爆炸。利用反应堆的热能是最简单也是最明显的方式，核动力航空母舰和核潜艇都是利用核裂变反应堆的动力来推动螺旋桨，只不过太空没有水或者空气这种介质，不能采用螺旋桨而必须利用喷气的方式。但方法仍然很简单，反应堆中核子的裂变或者聚变产生大量热能，将推进剂（液态氢）注入，推进剂会受热迅速膨胀，然后从发动机尾部高速喷出，产生推力。总的来说，核裂变发动机具有很大的可行性，而核聚变发动机则需要有很多技术突破才能变成现实。

4.6　地热能

4.6.1　地热能的来源

地热能天生就储存在地下，是来自地球深处的可再生能源，不受天气状况的影响。它起源于地球的熔融岩浆和放射性物质的衰变，地下水的深处循环和来自极深处的岩浆侵入到地壳后，把热量从地下深处带至近表层。地热能的储量相当大，据估计，每年从地球内部传到地面的热能相当于100kW·h。若以目前全世界的能耗总量来对地热能进行估计，即便是全世界完全使用地热能，4100万年以后也只能使地球内部的温度至多下降1℃。可见，地热能的开发利用潜力是巨大的。不过，地热能的分布相对来说比较分散，开发难度较大。实际上，如果不是地球本身把地热能集中在某些地区（一般是那些与地壳构造板块的界面有关的地区），目前的技术水平是无法将地热能作为一种热源和发电能源来使用的。

第4章 新能源的开发利用

地球内部是一个高温高压的世界,是一个大型"热库",蕴藏着无比巨大的热能。假定地球的平均温度为2000℃,地球的质量为 $6×10^{24}$ kg,地球内部介质的比热容为1.045J/(g·℃),那么整个地球内部的热能大约为 $1.25×10^{31}$ J。即便是在地球表层10km厚这样薄薄的一层,所储存的热能就有 $1×10^{25}$ J。地球通过火山爆发、间歇喷泉和温泉等途径,源源不断地把它内部的热能通过传导、对流和辐射的方式传到地面上来。据估计,全世界地热资源的总量大约为 $14.5×10^{25}$ J,相当于 $4948×10^{12}$ t标准煤燃烧时所放出的热量。如果把地球上储存的全部煤炭燃烧时所放出的热量按100%来计算,那么石油的储量约为煤炭的8%,目前可利用的核燃料的储量约为煤炭的15%,而地热能的总储量则为煤炭的17000万倍。可见,地球是一个名副其实的巨大"热库",人类居住的地球实际上是一个庞大的"热球"。

地球的内部构造及其温度分布如图4-29所示。在地壳中,地热的分布可分为可变温度带、常温带和增温带。在地壳的常温带以下,地温随深度增加而不断升高,越深越热。这种温度的变化用地热增温率来表示,也叫作地温梯度。各地的地热增温率差别很大,平均地热增温率为每加深100m,温度升高3℃。到达一定的温度后,地热增温率由上而下逐渐变小。根据各种资料推断,地壳底部至地幔上部的温度大约为1100~1300℃,地核的温度大约在2000~5000℃之间。按照正常的地热增温率来推算,80℃的地下热水,大致是埋藏在2000~2500m的地下。

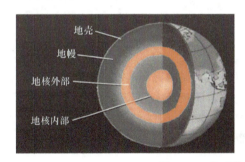
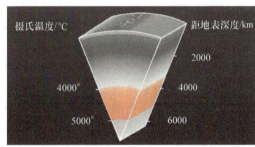

图4-29 地球的内部构造及其温度分布

按照地热增温率的差别,把陆地上的不同地区划分为正常地热区和异常地热区。地热增温率接近3℃的地区,称为正常地热区;远超过3℃的地区,称为异常地热区。在异常地热区,存在天然露出的地下热水或蒸汽,目前,一般认为地下热水和地热蒸汽主要是由在地下不同深处被热岩体加热了的大气降水所形成的,如图4-30所示。地壳中的地热主要靠传导传输,但地壳岩石的平均热流密度低,一般无法开发利用,只有通过某种集热作用才能开发利用。例如盐丘集热,常比一般沉积岩的热导率大2~3倍;大盆地中深埋的含水层也可大量集热。

4.6.2 地热资源的分类及特征

一般来说,深度每增加100m,温度就增加3℃左右。这意味着地下2km深处的地球温度约为70℃;深度为3km时温度将

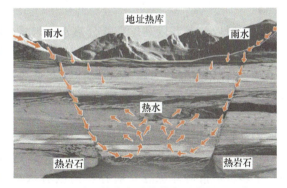

图4-30 地下热水和地热蒸汽形成原理示意图

达到100℃。在某些地区，地壳构造活动可使热岩或熔岩达到地球表面，从而在技术可达到的深度上形成许多个温度较高的地热资源储存区。要提取和应用这些地热能，需要用载体把这些热能输送到热能提取系统。这个载体就是在渗透性构造内形成热含水层的地热流。这些含水层或储热层称为地热田。地热田在全球分布很广，但很不均匀。高温地热田位于地质活动带内，常表现为地震、活火山、热泉、喷泉和喷汽等现象，如图4-31所示。地热带的分布与地球大构造板块或地壳板块的边缘有关，主要位于新的火山活动地区或地壳已经变薄的地区。

图4-31 地热引起的火山喷发和喷汽

地质学上常把地热资源分为蒸汽型、热水型、地压型、干热岩型和岩浆型五类。

1. 蒸汽型

蒸汽型地热田是最理想的地热资源，它是指以温度较高的饱和蒸汽或过热蒸汽形式存在的地下储热。形成这种地热田要有特殊的地质构造，即储热流体上部被大片蒸汽覆盖，而蒸汽又被不透水的岩层封闭包围。这种地热资源最容易开发，可直接送入汽轮机组发电，腐蚀较轻。蒸汽型地热田储量很少，仅占已探明地热资源的0.5%，而且地区局限性大。

2. 热水型

热水型是指以热水形式存在的地热田，通常包括温度低于当地气压下饱和温度的热水和温度高于沸点的有压力的热水，还包括湿蒸汽。这类资源分布广，储量丰富，温度范围很大。温度在90℃以下的地热田称为低温热水田，温度在90~150℃之间的称为中温热水田，150℃以上的称为高温热水田。中、低温热水田分布广，储量大，我国已发现的地热田大多属于这两种类型。

3. 地压型

地压型地热资源以高压高盐分热水的形式储存于地表以下2~3km的深部沉积盆地中，并被不透水的页岩所封闭，可以形成长1000km、宽几百千米的巨大的热水体。地压水除了高压（可达几十兆帕）、高温（温度在150~260℃范围内）外，还溶有大量的甲烷等碳氢化合物。因此，地压型地热资源中的能量实际上是由机械能（高压）、热能（高温）和化学能（天然气）三部分组成。由于沉积物的不断形成和下沉，地层受到的压力会越来越大。地压型地热资源常与石油资源有关。

4. 干热岩型

干热岩是指地球深处普遍存在的没有水或蒸汽的热岩石，其温度范围很广，一般在150~650℃之间。干热岩的储量十分丰富，比蒸汽、热水和地压型资源大得多。目前大多数国家把这种资源作为地热开发的重点研究目标。从现阶段来说，干热岩型资源专指深度较浅、温度较高的有经济开发价值的热岩。提取干热岩中的热量需要有特殊的办法，技术难度大。干热岩体开采的基本方法是形成人造地热田，即开凿深井（4~5km）通入温度高、渗透性低的岩层中，然后利用液压和爆破碎裂法形成一个大的热交换系统。这样，注水井和采水井便通过人造地热田连接成一个循环回路，水便通过破裂系统进行循环。

5. 岩浆型

岩浆型是指蕴藏在地层深处处于动弹性状态或完全熔融状态的高温熔岩，温度高达600~1500℃。在一些多火山的地区，这类资源可以在地表以下较浅的地层中找到，但多数则是深埋在目前钻探还比较困难的地层中。火山喷发时常把这种岩浆带至地面。据估计，岩浆型资源约占已探明地热资源的40%左右。在各种地热资源中，从岩浆中提取能量是最困难的。

4.6.3 地热资源的开发利用技术

地热能是新能源家族中重要的成员之一，是一种相对清洁、环境友好的绿色能源。著名地质学家李四光说过："开发地热能，就像人类发现煤、石油可以燃烧一样，开辟了利用能源的新纪元。"地热资源的常见利用方式有：把地热能就地转变成电能通过电网远距离输送；中低温地热资源直接向生产工艺过程、生活设施及农业供热；提取某些地热流体和热卤水中的矿物原料等。

地热能既可作为基本热负荷使用，也可根据需要转换使用。在有些地方，地热能随自然涌出的热蒸汽或水到达地面，通过钻井，又可将热能从地下的储层引入水池、房间和发电站，应用于温室、热力泵和某些热处理过程的供热。在商业应用方面，利用干燥的过热蒸汽和高温水发电已有几十年的历史，利用中等温度（100℃）的水通过双流体循环发电设备发电，在过去的10年中已取得了明显的进展，该技术现在已经成熟。地热发电系统如图 4-32 所示。

1. 地热发电

地热发电实际上就是把地下的热能转变成机械能，然后再将机械能转变为电能的能量转变过程。地热发电的原理与一般火力发电并无根本区别，所不同的是地热电站用天然地热锅炉，代替火电站燃烧化石燃料把化学能转变为热能的过程。地热锅炉的载热体可以是蒸汽或热水，其温度和压力要比火电站高压锅炉生产的蒸汽的温度和压力低得多。

图 4-32　地热发电系统示意图

由于地热锅炉的地热介质类型、温度、压力和焓的不同，地热发电可分为地热蒸汽发电和地热水发电两大类。

（1）地热蒸汽发电　地热蒸汽发电有一次蒸汽法和二次蒸汽法两种。一次蒸汽法直接利用地下干饱和（或稍具过热度）蒸汽，或利用从汽、水混合物中分离出来的蒸汽发电。二次蒸汽法有两种含义，一种是不直接利用比较脏的天然蒸汽（一次蒸汽），而是让它通过热交换器汽化洁净水，再利用洁净蒸汽（二次蒸汽）发电，这样可避免天然蒸汽对汽轮机的腐蚀和汽轮机结垢；第二种含义是，将从第一次汽水分离出来的高温热水进行减压扩容产生二次蒸汽，压力仍高于当地大气压力，和一次蒸汽分别进入汽轮机发电。图 4-33 所示为扩容蒸汽电站地热发电系统示意图。

（2）地热水发电　地热水按常规发电方法不能直接送入汽轮机做功，必须以蒸汽状态输入汽轮机做功。目前，对温度低于 100℃ 的非饱和态地下热水发电有两种方法。一是减压扩容法，利用抽真空装置使进入扩容器的地下热水减压汽化，产生低于当地大气压力的扩容蒸汽，然后将汽和水分离、排水、输汽充入汽轮机做功，这种系统称为闪蒸系统。减压扩容法的优点是运行过程安全，缺点是发电机组容量小、存在结垢问题。另一种是中间工质法，利用低沸点物质如氯乙烷、正丁烷、异丁烷和氟利昂等作为发电的中间工质，地下热水通过热交换器加热使低沸点物质迅速汽化，利用所产生的气体进入发电机做功，做功后的工质从汽轮机排入凝汽器，并在其中经冷却系统降温，又重新凝结成液态工质后再循环使用。这种系统称为双流系统或双工质发电系统，如图 4-34 所示，这种发电方式的安全性较差。

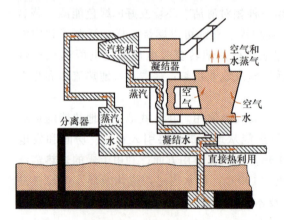

图 4-33　扩容蒸汽电站地热发电系统示意图

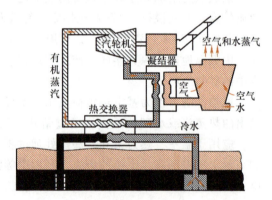

图 4-34　地热双工质电站发电系统示意图

2. 地热在工业方面的利用

地热能在工业领域中应用广泛，可用于任何形式的烘干和蒸馏过程，也可用于简单的工艺供热、制冷，或用于各种采矿和原材料处理工业的加温过程。地热能在工业上的主要应用如下：

（1）造纸和木材加工　在造纸工业的工艺过程中，需要利用地热的工艺是纸浆蒸煮与烘干。新西兰塔斯曼公司的纸浆和纸张工厂是利用天然蒸汽的第一座造纸工厂。纸厂紧靠塔腊威拉河右岸，紧临地热田，该公司为厂区自备电源，除向装机 10MW 的地热发电站提供蒸汽外，还通过两条主管线将大约 90720kg/h 的地热蒸汽输送到厂房，用于烘干原木、纸浆和纸张等工艺流程，烘干过程所用蒸汽约占整个工厂蒸汽用量的 2.5%。该公司正在实施扩大利用地热能计划，可节省进口燃料费的 70%，每年可节省 200 多万新西兰元的开支。

（2）纺织、印染、缫丝的应用　我国许多纺织、印染、缫丝轻纺工业中，早已利用当地的地热水进行生产或满足某些特殊工艺所需热水的供应。各个厂家利用地热水后有一些共同的优点：提高了产品质量，增加了产品色调的鲜艳程度，着色率也提高了，并使一些毛织品的手感柔软、富有弹性，还节约了部分常规燃料。此外，由于地热水的硬度适宜，这样既节省了软化水的处理费用,又节省了许多原材料,相应地降低了产品的成本。

(3) 从地热流体中提取重要元素和矿物质 地热水(汽)中含有很多重要的稀有元素、放射性元素、稀有气体和化合物等,诸如碘、钾、硼、锂、锶、铷、铯、氦、重水及钾盐等,这些都是国防、化工、农业等领域不可缺少的原料。

3. 地热供热

地热供热主要包括地热采暖和生活用热水两个方面。地热供热系统如图 4-35 所示。一般人感到舒适的最佳环境温度在 16~22℃ 之间,这一温度范围与人们的体力活动和环境因素(如相对湿度、空气流速、阳光辐射等)有一定关系。利用地热采暖就可以保持这种温度,不仅使室温稳定舒适,避免了燃煤锅炉取暖时忽冷忽热的现象,还可节约燃料,减少对环境的污染。这也是近十多年来全球在地热采暖领域发展很快的重要原因之一。另外,地热采暖与其他清洁能源的生产成本相比,具有一定的竞争优势。

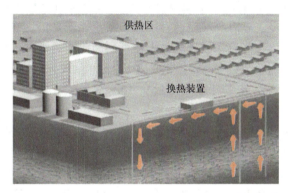
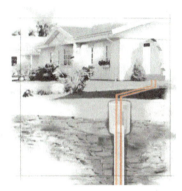

图 4-35 地热供热系统示意图

4. 地热在农业方面的利用

地热在农业方面主要用在地热温室种植和水产养殖两大领域。据 2013 年数据统计显示,我国目前利用地热的温室大棚有 133 万 m^2,侧重于高档的跨季节果蔬、花卉和菌类的种植和育苗。地热温室所需的是低温热源,水温可低至 60℃,很少超过 90℃。在温室应用的同时,室外土壤也可应用,其加热需要的水温不超过 40℃,甚至最低的初温也能用。养殖所需水温可以更低些。

4.7 海洋能

4.7.1 认识海洋能

海洋能是指依附在海水中的可再生能源,包括潮汐能、波浪能、海水温差能、海(潮)流能和海水盐度差能等,更广义的海洋能源还包括海洋上空的风能、海洋表面的太阳能以及海洋生物质能等。潮汐与潮流能来源于月球、太阳引力,其他海洋能均来源于太阳辐射。海水温差能是热能,潮汐、海(潮)流、波浪能都是机械能,河口水域的海水盐度差能是化学能。全球海洋能的可再生量很大,上述五种海洋能理论上可再生的总量为 766 亿 kW。

在可再生能源中,海洋能具有可观的能流密度。以波浪能为例,每米海岸线平均波功率在最丰富的海域是50kW，一般的有5~6kW（后者相当于太阳的能流密度$1kW/m^2$）。又如潮流能，最高流速为3m/s的舟山群岛潮流，在一个潮流周期的平均潮流功率达$4.5kW/m^2$。海洋能作为自然能源是随时变化着的。但海洋是个庞大的蓄能库，将太阳能以及派生的风能等以热能、机械能等形式蓄在海水里，不像在陆地和空中那样容易散失。海水温差、盐度差和海流都比较稳定，24h不间断，昼夜波动小，仅稍有季节性的变化。潮汐、潮流则作恒定的周期性变化，对大潮、小潮、涨潮、落潮、潮位、潮速、方向都可以准确预测。

海洋通过各种物理过程接收、储存和散发能量，这些能量以潮汐、波浪、温度差、海流、盐度梯度等形式存在于海洋之中。下面分别予以说明。

1. 潮汐能

潮汐能是地球自转所产生的能量通过太阳和月亮的引力作用传递给海洋的，是由长周期波储存的能量，潮汐的能量与潮差大小和潮量成正比。潮汐变化由于地球表面的不规则外形而复杂化，在陆地边缘，由于水深梯度大，潮汐的能量变化剧烈，相当大的能量也随之消失。近1/3的潮汐能消耗于地球上的浅海、海湾及河口区，巨大的潮汐能就是由这样许许多多临近大陆的海洋边缘区域凝聚而成的，这些边缘区域就是人类利用潮汐能的潜在场所。全世界海洋的潮汐能约有$3×10^6$MW，若用来发电，年发电量可达$1.2×10^{12}kW·h$。我国潮汐能蕴藏量丰富，约为$1.1×10^5$MW，若用来发电，年发电量近$9×10^{10}kW·h$。

2. 波浪能

波浪能是一种在风的作用下产生的，并以位能和动能的形式由短周期波储存的机械能，波浪的能量与波高的平方和波动水域面积成正比。波浪能是海洋能源中能量最不稳定的一种能源。波浪对1m长的海岸线所做的功，每年约为100MW。全球海洋的波浪能大约为$7×10^7$MW，可供开发利用的波浪能为$(2~3)×10^6$MW，每年发电量可达$9×10^{13}kW·h$，其中我国波浪能的蕴藏量约有$7×10^4$MW。

3. 海水温差能

海水温差能又称海洋热能。热带海区的表层水温高达25~30℃，而深层海水的温度只有5℃左右，两者之间的温差达20℃以上，这就为发电提供了一个总量巨大且比较稳定的能源。海水温差能与温差的大小和水量成正比。据估计，世界海洋的温差能达$5×10^7$MW，而可能转换为电能的海水温差能仅为$2×10^6$MW。我国南海地处热带、亚热带，可利用的海洋温差能约有$1.5×10^5$MW。

4. 海（潮）流能

海（潮）流能是指海水流动的动能，主要是指海底水道或海峡中较为稳定的流动，以及由于潮汐导致的有规律的海水流动。海（潮）流的能量与流速平方和流量成正比。相对于波浪能而言，海（潮）流能的变化平稳且有规律。潮流能随潮汐的涨落每天两次改变大小和方向。世界上可利用的海流能约为$5×10^4$MW。我国沿海的海（潮）流能丰富，蕴藏量约为$3×10^4$MW。

5. 海水盐度差能

海水盐度差能是指海水和淡水之间或两种含盐浓度不同的海水之间的化学电位差能，主要存在于江河入海口水域。由于淡水与海水间有盐度差，若以半透膜隔开，淡水向海水一侧渗透可产生渗透压力，促使水从浓度低的一侧向另一侧渗透，使浓度高的一侧水位升高，直至膜两侧的含盐量相等为止。海水盐度差能与压力差和渗透流量成正比。海水盐度差能是海洋能中能量密度最大的一种可再生能源,世界海洋可利用的海水盐度差能约为 $2.6×10^6$MW。我国海水盐度差能的蕴藏量约为 $1.1×10^5$MW。

各种类型的海洋能具有下列共同特点:

1) 可再生性。海洋能来源于太阳辐射能以及天体间的万有引力,只要太阳、月亮等天体与地球共存,海水的潮汐、海(潮)流和波浪等运动就周而复始,海水受太阳照射总要产生温差,江河入海口永远存在盐度差。

2) 能流分布不均、密度低。尽管在海洋总水体中海洋能的蕴藏量丰富,但单位体积、单位面积、单位长度拥有的能量较小,并且在不同地理位置和海拔的水域能流差别较大。

3) 能量不稳定。海水温差能、盐度差能及海(潮)流能变化缓慢,潮汐能和海(潮)流能变化有规律,而波浪能有明显的随机性。

4) 海洋能开发对环境无污染,属于清洁能源。

4.7.2 海洋能开发利用技术

潮汐发电是海洋能利用技术中最成熟、利用规模最大的一种,其发电原理如图4-36所示。潮汐发电的类型一般分为单库单向型、单库双向型和双库单向型。全世界潮汐电站的总装机容量为 265GW。我国海洋能开发已有近 40 年的历史,迄今已建成潮汐电站 8 座,已有较好的基础和丰富的经验,小型潮汐发电技术基本成熟,已具备开发中型潮汐电站的技术条件。但是现有潮汐电站的整体规模和单位容量还很

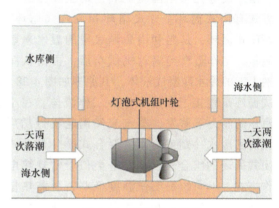

图 4-36 潮汐发电原理

小,单位千瓦造价高于常规水电站,水工建筑物的施工还比较落后,水轮发电机组尚未定型标准化。这些均是我国潮汐能开发中存在的问题。其中的关键问题是中型潮汐电站水轮发电机组技术问题没有完全解决,电站造价亟待降低。

我国波浪能发电技术研究始于 20 世纪 70 年代,80 年代以来获得较快发展。波浪能发电原理如图 4-37 所示。波能发电航标灯已趋商品化,现已生产数百台,在沿海海域航标和大型灯船上推广应用。我国与日本合作研制的后弯管型浮标发电装置,已向国外出口,该技术达到国际领先水平。我国首座波力独立发电系统汕尾 100kW 岸式波力电站于 1996 年 12

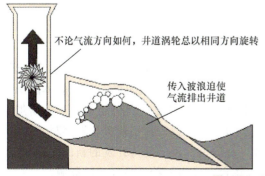 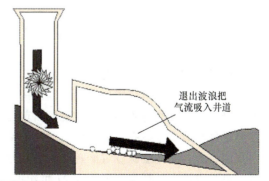

图 4-37 波浪能发电原理

月开工,2001年进入试发电和实海况试验阶段,2005年第一次实海况试验获得成功。2009年,世界首座海岛可再生独立能源电站在广东珠江口的珠海担杆岛初步建成投产。总之,我国波力发电虽起步较晚,但发展很快。微型波力发电技术已经成熟,小型岸式波力发电技术已进入世界先进行列。但我国波浪能开发的规模远小于挪威和英国,小型波浪发电距实用化尚有一定的距离。

海(潮)流发电研究国际上始于20世纪70年代中期,主要有美国、日本和英国等进行潮流发电试验研究,至今尚未见有关发电实体装置的报道。我国潮流发电研究始于20世纪70年代末,首先在舟山海域进行了8kW潮流发电机组原理性试验。在80年代,一直在进行立轴自调直叶水轮机潮流发电装置试验研究,目前正在采用此原理进行70kW潮流试验电站的研究工作,在舟山海域的站址已经选定。我国已经开始研建实体电站,在国际上居领先地位,但一系列技术问题还有待解决。

温差发电是海水温差能利用的主要方式。其工作方式有闭式循环、开式循环和混合式循环三种。所谓闭式循环,是指利用海洋表层的温水来蒸发工作流体,工作蒸汽经涡轮机做功后,再由从海洋深处抽上来的冷水冷凝成液体,其原理如图4-38所示。开式循环是直接把表层水作为工作流体,在小于其蒸汽压的压力下蒸发,蒸汽流经涡轮机做功后,再被深海的冷水冷却或凝聚。混合式循环是开式循环和闭式循环的组合。温差发电类似于常规热电站的工作方式,不同的是工作温度低些,所需热量来源于海水而不是燃料燃烧产生的热能。海水温差能发电与潮汐能和波浪能发电的不同之处在于它可提供稳定的电力。

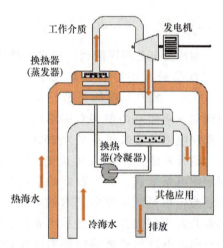

图4-38 闭式循环温差发电原理

海水盐度差能研究利用历史较短,目前还处于初期的原理研究和试验阶段。海水盐度差能发电系统有渗透压式盐度差能发电系统、蒸汽压式盐度差能发电系统、机械-化学式盐度差能发电系统和渗析式盐度差能发电系统,但均处于研发阶段,要达到经济性开发目标尚需一定时间。

4.8 氢能

4.8.1 氢能的特性及制备方法

由于目前像电能这样的过程性能源尚不能大量地直接储存,所以机动性强的现代交通运输工具尚无法大量地使用从发电厂输出的电能,只能采用像柴油、汽油这一类含能体能源。也就是说,过程性能源和含能体能源目前还不能互相替代。随着化石燃料耗量的日益增加,其储量日益减少,终有一天这些资源要枯竭,因此迫切需要寻找一种不依赖化石燃料、储量丰富的新的含能体能源。氢能正是一种在常规能源出现危机、人们期待开发的新的含能体能源。科学家认为,氢能有可能在21世纪的世界能源舞台上成为一种举足轻重的能源。

氢元素位于元素周期表之首，原子序数为1，在常温常压下为气态，在超低温高压下又可成为液态。作为能源，氢有以下特点：①在所有元素中，氢重量最轻。②在所有气体中，氢气的导热性最好。③氢是自然界存在最普遍的元素。④氢的发热值为142351kJ/kg，是汽油发热量的3倍。⑤氢燃烧性能好，点燃快。⑥氢清洁无毒，可反复循环使用。⑦氢能利用形式很多。⑧氢能够以气态、液态或固态的金属氢化物出现，贮运方便。

由以上特点可以看出，氢是一种理想的新的含能体能源。目前液氢已广泛用作航天动力的燃料，但氢能的大规模商业应用还需解决以下关键问题：

1）廉价的制氢技术。氢只能通过一定的方法利用其他能源来制取，而不像煤、石油和天然气等可以直接从地下开采，因此氢是一种二次能源。从水中分离氢必须用热分解或电分解的方法，如果用煤、石油和天然气等燃烧所产生的热或所转换成的电能分解水制氢，显然是不合算的。因为它的制取不但需要消耗大量的能量，而且目前制氢效率很低。因此，寻求大规模的低能耗、高效率制氢技术是各国科学家共同关心的问题。

2）安全可靠的储氢和输氢方法。氢易汽化、着火和爆炸，因此，妥善解决氢能的储存和运输问题，开发安全、高效、高密度、低成本的储氢技术，是将氢能利用推向实用化、规模化的关键。

氢的大规模工业制备常用的方法有水制氢、化石能源制氢和生物质制氢等；另外，太阳能制氢是目前最有发展前景的制氢技术。

（1）水制氢　水制氢的常见方法有水电解制氢、热化学制氢、高温热解水制氢等。

1）水电解制氢。水电解制造氢气是一种传统的制造氢气的方法，该技术具有产品纯度高和操作简便的特点，但该生产工艺的电能消耗较高，因此，目前利用水电解制造氢气的产量仅占总产量的4%左右。水电解制氢过程是氢与氧燃烧生成水的逆过程，氢氧可逆反应式为

$$H_2 + \frac{1}{2}O_2 \rightleftharpoons H_2O + \Delta Q$$

因此，只要提供一定形式的能量，即可使水分解。水电解制氢气的工艺过程简单，无污染，其效率一般在75%~85%，但消耗电量大，每立方米氢气电耗为4.5~5.5kW·h，因此，该生产工艺通常意义上不具有竞争力，目前主要用于工业生产中要求氢的纯度高且用量不多的工业企业。

2）高温热解水制氢。当水直接加热到很高温度时，例如3000℃以上，部分水或水蒸气可以离解为氢和氧。但这种过程非常复杂，突出的技术问题是高温和高压。高温热解水制氢需要很高的能量输入，一般需要2500~3000℃以上的高温，因而用常规能源是不经济的。采用高反射高聚焦的实验性太阳炉可以实现3000℃左右的高温，从而能使水分解，得到氧和氢。但这类装置的造价很高，效率较低，因此不具备普遍的实用意义。关于核裂变的热能分解水制氢已有各种设想方案，至今均未实现。人们更寄希望于今后通过核聚变产生的热能制氢。

3）热化学制氢。水热化学制氢是指在水系统中在不同温度下，经历一系列不同但又相互关联的化学反应，最终将水分解为氢气和氧气的过程。在这个过程中，仅仅消耗水和一定热量，参与制氢过程的添加元素或化合物均不消耗，整个反应过程构成一封闭循环系统。与水的直接热解制氢相比较，热化学制氢每一步的反应均在较低的温度（1073~1273K）下进

行,能源匹配、设备装置耐温要求以及投资成本等问题都相对比较容易解决。热化学制氢的其他显著优点包括:能耗低(相对水电解和直接热解水成本低);能大规模工业生产(相对可再生能源);可以实现工业化(反应温和);能直接利用反应堆的热能,省去发电步骤,效率高等。

(2)化石能源制氢 化石能源制氢的常见方法有煤制氢、气体原料制氢、液体化石能源制氢等。

1)煤制氢。以煤为原料制取含氢气体的方法主要有两种:一是煤的焦化(或称高温干馏),二是煤的气化。焦化是指煤在隔绝空气条件下,在900~1000℃制取焦炭,副产品为焦炉煤气。每吨煤可得煤气300~350m^3,可作为城市煤气,亦是制取氢气的原料。煤的气化是指煤在高温常压或加压下,与气化剂反应转化成气体产物。气化剂为水蒸气或氧气(空气)。气体产物中含有氢气等组分,其含量随不同气化方法而异。

2)气体原料制氢。天然气的主要成分是甲烷。天然气制氢的方法主要有天然气水蒸气重整制氢、天然气部分氧化重整制氢、天然气水蒸气重整与部分氧化联合制氢以及天然气(催化)裂解制造氢气。

3)液体化石能源制氢。液体化石能源如甲醇、乙醇、轻质油和重油等也是制氢的重要原料。主要方法有甲醇裂解-变压吸附制氢技术,其工艺简单、技术成熟、投资省、建设期短,且具有所需原料甲醇价格不高、制氢成本较低等优势,被一些制氢厂家所看好,成为制氢工艺技改的一种方式;甲醇水蒸气重整理论上能获得氢气的体积分数是75%。

(3)生物质制氢 生物质不便作为能源直接用于现代工业设备,往往要转化为气体燃料,或转化为液体燃料。氢是重要的能源载体,因而生物质制氢成为可能。图4-39所示为生物质制氢的主要方法。

生物制氢技术具有清洁、节能和不消耗矿物资源等突出优点。作为一种可再生资源,生物体又能进行自身复制、繁殖,还可以通过光合作用进行物质和能量转换,这一种转换系统可以在常温、常压下通过酶的催化作用得到氢气。从长远和战略的角度来看,以水为原料,利用光能通过生物体制取氢气是最有前途的方法。许多国家正投入大量财力对生物制氢技术进行开发研究,以期早日实现该技术的商业化。

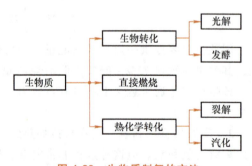

图4-39 生物质制氢的方法

(4)太阳能制氢 目前,把氢从水中分离出来常用的方法是热分解或电分解,但如果用煤、石油或天然气等燃烧所产生的热或所转换成的电来分解水制氢,显然是不经济的。现在看来,高效率制氢的基本途径是利用太阳能。如果能用太阳能来制氢,那就等于把无穷无尽的、分散的太阳能转变成了高度集中的干净能源。目前,利用太阳能分解水制氢的方法有太阳能热分解水制氢、太阳能发电电解水制氢、阳光催化光解水制氢、太阳能生物制氢等。利用太阳能制氢是一个十分困难的研究课题,有大量的理论问题和工程技术问题要解决,然而世界各国都十分重视,投入不少的人力、财力、物力,并已取得了多方面的进展。

4.8.2 氢能的储存与输送

在工业实际应用中,大致有五种储氢方法:

1) 常压储存。如湿式气柜、地下储仓。

2) 高压容器。如钢制压力容器和钢瓶。

3) 液氢储存。采用液氢储存,就必须先制备液氢。生产液氢一般可采用三种液化循环:①带膨胀机的循环效率最高,在大型氢液化装置上被广泛采用;②节流循环效率不高,但流程简单,运行可靠,所以在小型氢液化装置中应用较多;③氦制冷氢液化循环消除了高压氢的危险,运转安全可靠,但氦制冷系统设备复杂,故在氢液化中应用不多。

4) 金属氢化物。当用储氢合金制成的容器冷却和压入氢时,氢即被储存;加热这一储存系统或降低其内部压力,氢就会释放出来。目前,金属氢化物合金体系主要有 $LaNi_5$ 系合金、$MnNi_5$ 系合金、TiMn 系合金、TiMn 系合金(ABZ)、镁系合金、纳米碳等。

5) 除管道输送外,高压容器和液氢槽车也是目前工业上常规应用的氢气输送方法。

在氢的制备、储存和输送问题解决后,下一步的研究就是氢化物储氢装置的开发,目前主要包括以下两类:

1) 固定式储氢装置。其服务场合多种多样,容量则以大中型为主。美国以 TiFe0.9Mn0.1 合金为基体开发了中型固定式储氢器;日本则用 MgNi4.5Mn0.5 储氢合金开发了叠式固定装置;德国用 TiMn2 型多元合金开发的储罐是由 32 个独立储罐并联而成的,容量为目前世界上最大;我国浙江大学分别用(MgCaCu)(NiAl)5 增压型储氢合金、Mg-Ni4.5 Mn0.5 合金分别开发了两种固定式贮氢装置。

2) 移动式储氢装置。其除了携带运输氢气外,还可用于燃料电池氢燃料的储存。作为移动式装置,要兼顾储存与输送双重功能,因而要求重量轻、储氢量大等。其中,金属氢化物储氢器不需附加设备(如裂解及净化系统),安全性高,适于车船方面应用;如果用常温型合金,质量储能密度与 15MPa 高压钢瓶基本相同,但体积可小得多。

4.8.3 氢能的应用前景

1. 国际上氢能的应用概况

早在第二次世界大战期间,氢即用作 A-2 火箭发动机的液体推进剂。1960 年,液氢首次用作航天动力燃料。1970 年,美国发射的"阿波罗"登月飞船使用的起飞火箭也是用液氢做燃料的。氢的能量密度很高,是普通汽油的 3 倍,这意味着燃料的自重可减轻 2/3,这对航天飞机无疑是极为有利的。

目前,科学家们正在研究一种"固态氢"的宇宙飞船。固态氢具有金属的特性,既作为飞船的结构材料,又可作为飞船的动力燃料。在飞行期间,飞船上所有的非重要零件都可以转化为能源而"消耗掉",这样飞船在宇宙中就能飞行更长的时间。

氢不但是一种优质燃料,还是石油、化工、化肥和冶金工业中的重要原料和物料。石油和其他化石燃料的精炼需要氢,如烃的增氢、煤的气化、重油的精炼等;化工中制氨、制甲醇也需要氢。此外,氢还用来还原铁矿石。

用氢制成燃料电池(Fuel Cell)可直接发电。燃料电池是一种将存在于燃料与氧化剂中的化学能直接转化为电能的发电装置,其工作原理如图 4-40 所示。燃料电池发电是在一定

条件下使 H_2、天然气或煤气（主要是 H_2）与氧化剂（空气中的 O_2）发生化学反应，将化学能直接转换为电能和热能的过程。与常规电池的不同之处在于，只要有燃料和氧化剂供给，就会有持续不断的电力输出。与常规的火力发电不同，它不受卡诺循环（由两个绝热过程和两个等温过程构成的循环过程）的限制，能量转换效率高。采用燃料电池和氢气-蒸汽联合循环发电，其能量转换效率将远高于现有的火电厂。随着制氢技术的进步和储氢手段的完善，氢能将在 21 世纪的能源舞台上大展风采。

2. 我国氢能的研究与发展

我国对氢能的研究始于 20 世纪 60 年代初，对作为火箭燃料的液氢的生产、H_2/O_2 燃料电池的研制与开发进行了大量而有效的工作。将氢作为能源载体和新的能源系统进行开发，则是 20 世纪 70 年代以后的事。多年来，我国氢能领域的科研人员在制氢、储氢和氢能利用等方面进行了开创性工作，取得了不少的进展和成绩。但由于我国在氢能方面投入的资金数量与实际需求相差甚远，虽在单项技术的研究方面有所成就，有的甚至达到了世界先进水平，并且在储氢合金材料方面已实现批量生产，但氢能系统技术的总体水平与发达国家仍有一定差距。

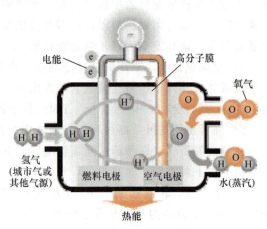

图 4-40　氢燃料电池工作原理

氢能开发利用首先要解决的是廉价的氢源问题。从煤、石油和天然气等化石燃料中制取氢气，国内虽已有规模化生产，但从长远观点看，这不符合可持续发展的需要。从非化石燃料中制取氢气才是正确的途径。利用太阳能光解水制氢，适用于海水及淡水，资源极为丰富，是一种非常有前途的制氢方法。

储氢技术是氢能利用走向实用化、规模化的关键。根据技术发展趋势，今后储氢研究的重点是新型高性能规模储氢材料。镁系合金虽有很高的储氢密度，但放氢温度高，吸放氢速度慢，因此，研究镁系合金在储氢过程中的关键问题，可能是解决氢能规模储运的重要途径。近年来，纳米碳在储氢方面已表现出优异的性能，有关研究国内外尚处于初始阶段，应积极探索纳米碳作为规模储氢材料的可能性。

在氢能利用方面，燃料电池发电系统是实现氢能应用的重要对象。在我国质子交换膜燃料电池（Proton Exchange Membrane Fuel Cell，PEMFC）技术已取得了一定进展。PEMFC 发电在原理上相当于水电解的逆装置，具有如下优点：其发电过程不涉及氢氧燃烧，因而不受卡诺循环的限制，能量转换率高；发电时不产生污染，发电单元模块化，可靠性高，组装和维修都很方便，工作时也没有噪声。所以，PEMFC 电源是一种清洁、高效的绿色环保电源。

今后 PEMFC 在已有技术基础上，除继续加强大功率 PEMFC 的关键技术研究外，还应注意 PEMFC 系统工程关键技术开发和系统技术集成，这是 PEMFC 发电系统走向实用化过程的关键。此外，天然气重整制氢技术开发与实用化对在我国推广 PEMFC 发电系统有着重要的现实意义。PEMFC 电动汽车具有零排放的突出优点，在各类电动汽车发展中占有明显的优势。随着科学技术的进步和氢能系统技术的全面进展，氢能应用范围必将不断扩大，氢

4.9 天然气水合物

4.9.1 天然气水合物简介

自 20 世纪 60 年代以来,人们陆续在冻土带和海洋深处发现了一种可以燃烧的"冰"。这种"可燃冰"在地质上称为天然气水合物,是由大量的生物和微生物死亡后沉积到海底、分解后和水形成的类冰状化合物。

天然气水合物(Natural Gas Hydrate,简称 Gas Hydrate),又称笼形包合物(Clathrate),是在一定条件(合适的温度、压力、气体饱和度、水的盐度、pH 值等)下由水和天然气组成的类冰的、非化学计量的、笼形结晶化合物。它可用 $M \cdot nH_2O$ 来表示,M 代表水合物中的气体分子,n 为水合指数(也就是水分子数)。形成天然气水合物的主要气体为甲烷,甲烷体积分数超过 99%的天然气水合物通常称为甲烷水合物(Methane Hydrate),实际上它是在水分子中锁定了一个甲烷分子,外形呈冰的状态,如图 4-41 所示。

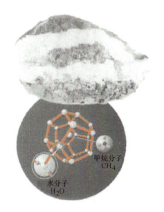
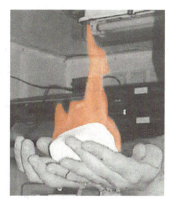

图 4-41 天然气水合物的外貌、结构及燃烧状况

天然气水合物是一种白色固体物质,有极强的燃烧力,遇火即可燃烧,因而又称为可燃冰,可作为上等能源。天然气水合物在给人类带来新的能源前景的同时,对人类生存环境也提出了严峻的挑战。天然气水合物中的甲烷,其温室效应为 CO_2 的 20 倍,而温室效应造成的异常气候和海平面上升正威胁着人类的生存。全球海底天然气水合物中的甲烷总量约为地球大气中甲烷总量的 3000 倍,若有不慎,让海底天然气水合物中的甲烷气逃逸到大气中去,将产生无法想象的后果。对于固结在海底沉积物中的水合物,一旦条件变化使甲烷气从水合物中释出,还会改变沉积物的物理性质,极大地降低海底沉积物的工程力学特性,使海底软化,出现大规模的海底滑坡,还会毁坏海底工程设施,如海底输电或通信电缆和海洋石油钻井平台等。

4.9.2 世界上天然气水合物的分布

天然气水合物在自然界广泛分布在内陆、岛屿的斜坡地带,活动和被动大陆边缘的隆起处,极地大陆架以及海洋和一些内陆湖的深水环境。

世界上绝大部分的天然气水合物分布在海洋里，据估算，海洋里天然气水合物的资源量是陆地上的 100 倍以上。据最保守的统计，全世界海底天然气水合物中储存的甲烷总量约为 1.8 亿亿 m^3（$18000×10^{12} m^3$），约合 1.1 万亿 t（$11×10^{12}t$）。在标准状况下，一单位体积的天然气水合物分解最多可产生 164 单位体积的甲烷气体，可以说天然气水合物是甲烷的天然储库。如此数量巨大的能源是人类未来动力的希望，是 21 世纪具有良好前景的后续能源。

到目前为止，世界上已发现的海底天然气水合物主要分布区是大西洋海域的墨西哥湾、加勒比海、南美东部陆缘、非洲西部陆缘和美国东海岸外的布莱克海台等，西太平洋海域的白令海、鄂霍茨克海、千岛海沟、冲绳海槽、日本海、四国海槽、日本南海海槽、苏拉威西海和新西兰北部海域等，东太平洋海域的中美洲海槽、加利福尼亚滨外和秘鲁海槽等，印度洋的阿曼海湾，南极的罗斯海和威德尔海，北极的巴伦支海和波弗特海，以及大陆内的黑海与里海等。

从 20 世纪 80 年代开始，美、英、德、加、日等发达国家纷纷投入巨资相继开展了本土和国际海底天然气水合物的调查研究和评价工作，同时美、日、加、印度等国已经制定了勘查和开发天然气水合物的国家计划。特别是日本和印度，在勘查和开发天然气水合物的能力方面已处于领先地位。

4.9.3 我国天然气水合物开发现状

作为世界上最大的发展中的海洋大国，我国能源短缺状况十分突出。目前我国的油气资源供需差距很大，1993 年我国已从油气输出国转变为净进口国，因此急需开发新能源以满足我国经济的高速发展。我国海底天然气水合物资源丰富，其上游的勘探开采技术可借鉴常规油气开采技术，下游的天然气运输、使用等技术都很成熟。因此，加强天然气水合物调查评价是贯彻实施党中央、国务院确定的可持续发展战略的重要措施，也是开发我国 21 世纪新能源、改善能源结构、增强综合国力及国际竞争力、保证经济安全的重要途径。

2007 年 6 月，我国国土资源部宣布，在南海北部钻获可燃冰实物样品，从而成为继美国、日本、印度之后第 4 个采到天然气水合物的国家。我国对海底天然气水合物的研究与勘查已取得一定进展，在南海西沙海槽等海区已相继发现存在天然气水合物的地球物理标志 BSR，这表明我国海域也分布有天然气水合物资源，值得开展进一步的工作；同时，青岛海洋地质研究所已建立有自主知识产权的天然气水合物实验室，并成功点燃天然气水合物。

我国天然气水合物资源丰富，陆上冻土层与海域均发现有天然气水合物矿藏。青海天峻县木里镇的冻土层、南海海上神狐海域浅层海床沉积层中均发现了可供研究或开发的天然气水合物。依照相关科研数据，在 50% 的概率条件下，我国南海地区天然气水合物的资源量约为 64.9680 万亿 m^3；依照国土资源部最新的官方数据，我国海域的天然气水合物资源量已经达到 800 亿 t 油当量，开采潜力巨大，前景十分乐观。

2015 年，在我国南海神狐海域钻探发现了具有超大型、大厚度、高孔隙度、高饱和度特征的天然气水合物矿藏，并通过重力取样器取得海底浅表层水合物样品，为海域水合物开采指出了重要目标区域。2016 年 6 月 29 日，中国地质调查局勘探技术研究所采用自行研制的定向钻探技术设备，在祁连山木里永久冻土区域，首次成功实现两口天然气水合物试采井地下水平对接，建立开采通道进行试采。2017 年 5 月，我国在南海神狐海域的天然气水合物开采取得重大突破，实现连续生产 1 个月以上，总产气量达 21 万 m^3，平均日产气

第4章 新能源的开发利用

$6800m^3$，获得各项测试数据264万组，标志着我国天然气水合物开采已经达到"技术上可行"，成为第一个实现在海域天然气水合物试开采且能够连续稳产的国家。

我国天然气水合物开发面临的主要问题如下：

（1）运输困难　天然气水合物在低温、高压的管道及陆地运输过程中，对设备的承压、制冷技术等方面提出了很高的要求，并直接提高了运输成本，而我国这个世界上最大的发展中国家正面临由粗放型经济增长转型为节约型经济的过渡期，经济及技术的矛盾亟待解决。

（2）开采难度大　天然气水合物的开采主要有三种方式，分别是热解法（热激化法）、降压法（减压法）和置换法（注入剂法）。在天然气水合物的开采过程中，海底压力巨大，仪器的耐压性需要解决；在取芯的过程中，天然气水合物极易融化，保压取芯难度大；在钻井过程中，受海水洋流因素的影响，井眼轨迹及井眼靶位极易变动；由于地层压力巨大，甲烷气体泄漏是更加严重的问题。

（3）开采成本高　天然气水合物开采成本高，且开采技术要求高，对其开发必须有资金雄厚的大型企业介入。有关数据表明，在海底提取$1m^3$的天然气需花费超过2.5元的资金，因此商业化生产一再被推迟。

（4）开发对环境造成污染　海洋中天然气水合物的储量巨大，在海洋区域进行勘探开发以及生产的过程中，甲烷一旦泄漏于海洋环境中，会迅速通过氧化反应改变海水的特性，改变海洋环境，使大量的海洋生物群死亡，破坏海洋生态系统。同时，开发过程会改变储层孔隙结构，破坏地应力系统，严重时会造成海底坍塌及滑坡，甚至引发大规模海啸等严重地质灾害，并破坏海底工程工具、管道及钻井平台地基等，后果极其严重。

我国基础性、公益性天然气水合物的科学研究与试采取得了世人瞩目的突破，值得期盼。但与此同时，由于天然气水合物开采可能会引发温室气体排放量剧增、不可控的海（陆）地质灾害和生态变化等，需要更加冷静、更加认真地对其加以思考。

思 考 题

4-1　简述我国开发新能源的意义。
4-2　简述太阳能利用原理。
4-3　太阳能集热器的种类有哪几种？
4-4　太阳能热水器可分为哪几种？
4-5　简述太阳能制冷和空调的工作流程。
4-6　太阳能热发电系统的种类有哪几种？
4-7　风能的利用方式有哪几种？
4-8　生物质能的种类有哪几种？
4-9　简述生物质能在车用燃料上的应用。
4-10　简述核反应堆的类型、结构及运行过程。
4-11　简述地热资源的分类及特征。
4-12　简述海洋能的类型及特点。
4-13　简述氢能的制备方法。
4-14　简述天然气水合物的形成过程与特点。

第5章 能源工程中的节能环保技术

5.1 节能原理及方法

能源是国民经济发展的原动力,是现代文明的物质基础。安全、可靠的能源供应和高效、清洁的能源利用是实现社会经济可持续发展的重要保证。当前,常规能源尤其是优质能源供应紧张是世界各国面临的共性问题。为了缓解能源的供需矛盾,世界各国在寻求能源可持续发展道路的同时,都把提高能源利用效率、节能降耗列为能源发展战略的关键环节,并将"节约能源"视为除了煤、石油、天然气和水力能之外的"第五大能源"。节能减排是我国建设资源节约型、环境友好型社会的必然选择,是推进经济结构调整、转变经济增长方式的必由之路,是提高人民生活质量和全面建设小康社会的必然要求。

5.1.1 节能的定义及意义

1. 节能的定义

我国自1998年1月1日起施行《中华人民共和国节约能源法》,其中明确给出了节约能源(简称节能)的定义:节能是指加强用能管理,采取技术上可行、经济上合理以及环境和社会可以承受的措施,从能源生产到消费的各个环节,降低消耗,减少损失和污染物排放,制止浪费,有效、合理地利用能源。

节能并不是简单的能源消耗量的减少,更不能影响社会活力、降低生产和生活水平,而是要充分发挥能源利用的效果和价值,力求以最小数量的能源消耗获得最大的经济效益,为社会创造出更多的财富,从而达到发展生产、改善生活的目的。换句话说,生产同样数量的产品或者获得同样多的产值,要尽可能减少能源的耗费量,或者以同样数量的能源,能生产出更多的产品或产值,这就是节能的经济性。

按照节约能源的形式,节能可分为狭义的节能和广义的节能。狭义的节能是指在满足相同需要的前提下,减少煤、石油、天然气等能源消耗量,所减少的数量就是节能的数量。广义的节能是指节约人们的日常消费品、家庭用品、办公用品和水、食品,以及生产中各种生产设备和原材料等,除了节约资源也属于节能的范畴。所有物资在获取过程中或多或少都要消耗一定的能量，因此，减少了物质消耗就等同于节能。例如，机械行业每年在锻造、切削等加工过程中要损坏数百万吨钢材，这意味着我国有大量的高炉、炼钢炉及轧钢机的工作量和几十万工人一年的劳动，以及与此相应的生产这些钢材所必需的煤、焦炭、电力等都被浪费掉了。再进一步看，供应这些煤、焦炭、电力所进行的连锁生产也都白费了。

按照节约能源的途径，节能可分为直接节能和间接节能。直接节能主要是通过技术进步来提高能源利用效率，并通过降低产品或产值的能源消耗量来实现节能。直接节能的措施包括生产工具、作业设备和工艺流程或作业程序及方法的改革，工艺操作方法和技能的改进，以及使用新材料、能源综合利用等，其最大特点是节能量可直接测量。间接节能是指通过调整结构（如能源生产结构和消费结构、产业结构、行业结构、产品结构等），提高产品产量和质量，在生产中减少原材料消耗，降低生产成本，提高劳动生产率，合理分配和输送，加强能源管理等途径来减少能源消耗。据统计，在我国节能潜力中，直接节能潜力占1/3，间接节能潜力占2/3。

一切能源利用的过程，本质上都是能量的传递和转换过程。这两个过程在理论和实践上都存在着一系列物理、技术和经济方面的限制因素。例如，热能的利用首先要受到热力学第一定律（能量守恒）和热力学第二定律（能量贬值）的制约。能量在传递和转换过程中，由于热传导、热对流和热辐射，能量的数量要产生损失，能量的品质也要降低。因而能源有效利用的实质是，在热力学原则的指导下提高能量传递和转换效率，宏观上表现为使所有消费能源的地方做到最经济、最合理地利用能源，充分发挥能源的利用效果。节约能源既要着眼于提高用能设备的效果，也要考虑整个用能系统的综合优化。

广义上讲，节能就是要挖掘用能潜力，降低能源消费系数，使实现同样的国民生产总值M所消耗的能源量E减至最少。按照节约能源所采用的方法，节能又可分为：

1）工艺节能。通过改进传统工艺或采用新工艺，降低某产品的有效能耗。

2）技术节能。通过技术创新来提高用能设备的能源利用效率，直接减少能耗和E/M值。

3）结构节能。通过调整工艺结构和产品结构，以及能源的生产结构和消费结构等，发展耗能少的产业，以降低E/M值。

4）管理节能。通过科学的组织管理，减少能源和材料消耗，提高产品质量，以间接减少能耗。

为了提高能源的有效利用率，可采用以下工艺节能和技术节能措施：

1）从设备的功能和技术上提高能量传递和转换设备的效率，尽量减少转换的次数和传递的距离。

2）大力开发研究节能新技术，如高效清洁的燃烧技术、高温燃气涡轮机、高效小温差换热设备、热泵技术、热管技术及低品质能源动力转换系统等。

3）根据热力学原则从能量的数量和质量两方面考虑，计算能量的需求和评价能源使用方案，按能量的品质合理使用能源，尽可能防止高品位能量降级使用。

4）按系统工程的原理，实现整个企业和地区用能系统的热能、机械能、电能、余热和余压全面综合利用，使能源利用过程实现综合优化。

5）作为节约高品质化石能源的一个有效途径，把太阳能、风能、生物质能、地热能、海洋能等低品质低密度替代能源纳入节能技术，因地制宜地加以开发和利用。

6）加快核能、氢能、可燃冰利用等高新技术的研究开发，推动新能源的应用，从而使之替代常规能源。

结构节能和管理节能皆属于间接节能，可采用以下节能措施：

1）调整产业和工业结构。各种产业和工业部门的耗能量和产值差别很大，如钢铁工业耗能大，但产值较低；而纺织、仪表、电子等轻工业能耗较少，产值较高。在不影响全局的情况下，可以创造条件适当调整产业和轻重工业的比例，适当降低冶金工业的比例，发展高新技术的电子产业和生物工程等。

2）合理布局工业。我国的能源生产和能源消费在地区分布上很不均衡，能源生产主要集中在西部、西南和华北地区，能源消费则主要集中在东部和南部，因而造成了"北煤南运""西电东送""西气东输"的局面，从而消耗了大量运输能力和电能，增加了能源消费成本。根据能源资源分布的特点，在调整工业结构时，合理布局工业是间接节能的主要措施。

3）合理使用能源。各种能源要按品质合理使用，发挥各自优势，以取得最大的经济效益。例如，石油作为优质能源资源，除作为化工原料外，应首先用于运输机械；发电要优先选用煤炭，因为燃煤和燃油的电厂热效率相差不大；地热资源一般温度较低，应优先应用于采暖；农村要大力发展沼气工程，既生产能源又生产肥源。

4）多种能源互补综合利用。在工业生产和日常生活的能源选择中，要开展多种能源的互补和综合利用。例如，燃煤电站以煤为主要燃料，可以把油作为辅助燃料来实现锅炉的点火和稳燃；在核电站中，若把油作为辅助燃料，出现紧急停电事故时，各种备用的柴油发电机组即可紧急起动供电。对于缺乏能源的广大农村地区，除利用薪柴外，还可考虑利用风能、水能和太阳能，并要积极推广沼气，同时也要提供部分商品煤。

5）企业改造、设备更新和工艺改革。通常老企业、小企业的设备落后，效率低，能耗高，而且会对环境产生严重污染。因此，对老企业进行设备更新和工艺改造是降低能耗的关键；对于小煤窑、小化肥厂、小造纸厂和小冶炼厂必须进行关、停、并、转。我国电力工业是耗煤大户，其中，中、低压小型发电机组占相当大的比例，耗煤量大，因此必须对能耗过多的小型机组有计划地加以改造和淘汰。又如，在水泥生产中每吨水泥熟料的平均燃料消耗，湿法窑炉比悬浮预热干式窑炉要高63%。可见改革工艺同样可以大大降低能耗。

6）改善企业的能源管理。改善企业的能源管理是节能的重要方向，可从以下几方面着手：①摸清企业的耗能状况、用能水平、节能潜力、省能效果；②建立节能管理体系，制定能源消耗的定额及奖惩制度；③健全能源管理的规章制度，即燃料进厂—分区存放—技术档案—定量供应—定额管理—奖惩制度；④加强能源计量管理；⑤合理组织产品的生产过程；⑥消除明显的浪费现象，如跑、冒、滴、漏，管道和设备保温不良，可燃气体的放空等。

2. 节能的意义

近年来，随着我国城市化建设的快速发展，能源紧缺问题凸显，已严重影响和制约了我国社会经济的发展。加快建设节约型社会，切实做好节能工作，在减少能耗和保护环境的同时，也可有效缓解我国能源供应紧张的状况，对于促进我国能源、经济、环境的可持续发展具有重要意义。

1）节能是弥补能源缺口和实现经济可持续发展的基本要求。我国是世界第二大能源生产国，也是世界第二大能源消费国。2015年全国能源消费总量为43亿t标准煤，比2012年增长6.9%,年均增幅为2.3%。其中,煤消费总量在2015年达到39.6亿t,占64.0%;石油消费约5.5亿t,占18.1%;天然气消费1930亿m^3,占5.9%;电力消费5.6万亿kW·h,电力及其他能源消费占12%。清洁能源(包括天然气、电力及太阳能、风能等其他能源)消费共占17.9%。我国经济已进入高速发展阶段,国家发展改革委、国家能源局2017年初发布的《能源发展"十三五"规划》指出,到2020年我国能源消费总量要控制在50亿t标准煤以内,煤消费总量控制在41亿t以内,全社会用电量预期为6.8万亿至7.2万亿kW·h。即使保持能源供应稳步增长,预计届时国内一次能源生产量仅有约40亿t标准煤,这之间的差额只有靠节能来解决。可见节能事关可持续发展。

节约能源就是要在使用能源的各个环节减少浪费,提高能源的有效利用程度,要用相同数量的能源,获得生产和生活水平的提高。我国的经济增长方式粗放,又处在工业化进程和消费结构升级加快的历史阶段。据有关资料显示,如果以世界人均水平为基本单位计算,我国资源除煤占58.6%之外,其他重要矿产资源都不足世界人均水平的50%,水资源为世界人均水平的28%,耕地为32%,石油、天然气等重要矿产资源的人均储量仅分别相当于世界人均水平的7.69%、7.05%。可见,只有节能才有利于国家的可持续发展。

2)节能是保护环境和应对全球气候变化的客观要求。我国当前面临着经济社会快速发展与资源环境约束的突出矛盾。目前,我国的生态破坏和环境污染已经达到自然生态环境所能承受的极限,为了使经济增长可持续、缓解巨大的环境压力,必须采取环境友好的方式推动经济增长。节能减排就是从源头上预防污染产生,最有效地减少资源消耗,控制废弃物排放,从而真正走出发展困境。

众所周知,矿物燃料在燃烧过程中都会排放出硫和氮的氧化物如SO_x、NO_x等,这些氧化物会造成环境酸化,危及食物链和生物的生存环境,危害人体健康,也会毁坏包括钢铁、油漆、塑料、水泥、砖砌体、镀锌钢材、石材等在内的多种建筑材料。因此,节约能源不但是为了发展经济和解决能源资源匮乏的问题,也是对人类赖以生存的地球环境进行保护的一项严峻而又迫切的任务。

矿物燃料燃烧所排放的大量CO_2阻碍了地球表面向宇宙空间发射长波,对地球起到类似温室的作用,从而导致地球变暖。在1750年以前,地球表面CO_2的体积分数为百万分之二百八十,地球平均每2000年升温0.5℃。到了1990年,地球表面CO_2的体积分数增加到百万分之三百五十四。在过去100多年内,地球表面就升高了约0.5℃。21世纪,预计每10年地球表面可能要升温0.3~0.5℃,也就是说升温速度将大大加快。世界气象组织2000年底发表公报指出,自1860年有全球平均气温统计以来的140年中,在10个全球平均气温高峰年中,有8个出现在1990年以后,其中1998年是最热的年份,创历史最高水平。我国自1986年出现明显的"暖冬"以来,暖冬不断,2001~2002年已是第16个暖冬。预计未来地球变暖的过程将比过去100年发生得更快。这对人类和生物界都是非常严重的威胁。地球变暖会使全世界的生态环境发生重大变化,如极地融缩、冰川消失、海面升高、洪水泛滥、干旱频发、风沙肆虐、物种灭绝、疾病流行等。这些生态灾难已经降临,在世界各地频繁发生,并将愈演愈烈而危及人类的生存。

温室气体排放引起的全球气候变化一直备受国际社会的关注。自2007年以来,从世界环境日、八国峰会、亚太经合组织(APEC)峰会到夏季达沃斯峰会等,气候变化、节能减排几乎是逢会必谈的主题。目前，全球气候变暖已经是一个不争的事实，这与煤、石油和天然气等化石燃料燃烧过程中排放的二氧化碳数量密切相关。气候变暖是人类共同面临的挑战，需要国际社会共同应对。我国作为发展中国家，尽管发展经济、消除贫困依然是我们的主要任务，但在全球气候变暖的大背景下，也要主动承担节能减排的国际责任。因为减少排放、保护环境是我国"以人为本"发展理念的基本要求，也是可持续发展的内在要求。降低能源强度和碳排放强度是经济社会发展的约束性指标。我国政府承诺，到2020年，单位生产总值二氧化碳排放量比2005年下降40%~45%。

  3）节能是提高生产效率和降低成本的重要手段。节能始终需要一个有效的能源组织管理体系。在项目前期阶段，一定要做好装置用能优化，特别是系统用能优化工作，打破各个工艺装置自成体系的传统模式，进行工艺装置和公用工程设施之间的协调优化，尤其是蒸汽/电力和工艺热源之间的协调优化。提高燃料的利用率，采用节能新技术、新设备。与周围其他企业进行能量合作，创造条件，实现大系统范围内的能量逐级利用、热电联产，达到减少能源消耗、减少环境保护压力、提高经济效益的目的。引入能源合同管理模式于企业节能工作中，解决节能投入资金困难的问题。建立科学用能的理论、方法和技术，做到多层次节能与全方位科学用能。

  节能是要充分发挥在自然规律所决定的限度内能源利用的潜力，包括利用效率和利用质量，优化能源结构，降低能源成本。优化能源结构有两个含义，一是根据不同燃料的热价，不同的热利用率，在不同市场情况下及时调整能源结构，降低能源的购入成本；二是尽量使用绿色能源，逐渐加大绿色能源比例，节约有限的化石能源，合理规划化石能源的使用。节能是可持续消费的具体体现，是应对能源短缺、解决环境问题的一种合理有效的能源消费行为。

  4）节能是我国政府和国家保护环境意志的体现。党中央、国务院始终高度重视节能减排工作，把它放在维护中华民族长远利益的战略高度坚持不懈地推进，明确提出了建设资源节约型、环境友好型社会的战略任务。

  我们要努力走出一条低消耗、低排放、高效益、高产出的新型工业化道路，努力实现经济发展和保护环境"双赢"的目标，这是对世界可持续发展和应对气候变化做出的一大贡献。节能是我国可持续发展道路上迈出的坚实步伐，也表现了我们敢于承担国际义务的勇气和胸襟，是我国政府向国际社会的承诺，向全国人民的承诺。

  5）节能是减小我国国际压力的重要措施。我国对国外资源需求的增长推动了全球资源需求总量的上升。伴随着我国工业化、城市化进程的不断加快，能源需求将呈现增长快速、需求刚性的特点。目前，我国能源进口依赖度持续增加，2011年原油对外依存度达到57%，此后大致每年提升1到2个百分点，而且这一趋势在较长时期内难以扭转。2011年我国煤进口量已经跃居世界首位，在保证能源安全可靠及持续供应上，我国面临巨大压力。我国的能源需求增长已经成为影响全球石油和初级金属产品市场供求的重要因素，并成为国际投机集团哄抬价格的幌子，我国已经受到一些初级产品进口国的指责，并有一些国家对此表示担心。此外，我国二氧化硫和温室气体排放总量的快速增长已经成为国际关注的另一个焦点。虽然我国人均排放量远小于发达国家，但我国是全球二氧化硫第一大排放国和二氧化碳第二大排放国，二氧化硫和二氧化碳的排放量均占全球排放量的14%的左右，对全球大气污染有着重要影响。随着全球经济一体化的发展，环境问题已经成为影响未来世界格局及国家发展和安全的重要因素。未来我国在这方面的国际压力将不断增加。因此，节约能源、减少需求量是减小国际压力的重要措施。

5.1.2 节能的基本原理

对于能的本质认识的当代水平，早在20世纪中叶就已经达到，其标志就是热力学第一定律和热力学第二定律的建立。节能原理正是依据能量守恒及能量转换的客观规律，开展节能分析工作，科学地找出节能潜力与部位，制定节能措施的指导原则，规划长短期节能目标。

1. 节能潜力的分析方法

节能潜力就是在经济结构、生产结构及资源结构等因素均不变的情况下，依靠改进技术装备和提高技术管理水平等措施，进一步提高能源开采、加工、运输、转换、使用等全过程的能源利用效率，从而节约的能量。节能潜力可以用节能的量予以评估，考虑到能源消费量和所需要的有效能量随经济发展而增长，将节能量 ΔE 定义为

$$\Delta E = \frac{\eta_1 E_1}{\eta_0} - E_1 = E_1 \left(\frac{\eta_1}{\eta_0} - 1 \right) \tag{5-1}$$

式中，E_1 为对比年的能量消耗；η_1 为对比年的能源有效利用率；η_0 为基准年的能源有效利用率。

实际上，节能量 ΔE 就是对比年的有效能量（$\eta_1 E_1$）按基准年效率折算后的能源量（$\eta_1 E_1 / \eta_0$）与对比年的实际能源投入量 E_1 之差。由于 $E_1 = E_0 + \Delta E'$，所以上式也可改写为

$$\Delta E = (E_0 + \Delta E') \left(\frac{\eta_1}{\eta_0} - 1 \right) \tag{5-2}$$

式中，E_0 为基准年的能源消耗；$\Delta E'$ 为能源消费增量。

通常，对节能潜力的分析主要采用热力学第一定律分析法和热力学第二定律分析法，另外，还可采用热经济学分析法和系统节能分析法等。

（1）热力学第一定律分析法　热力学第一定律指出：能量是物质运动的量度，能有多种形式，当任何一种形式的能量被转化为另一种形式的能量时，能的量不发生变化。由此可知，自然界的能量在任何情况下，既不能被创造，也不能被消灭。热力学第一定律具有原则的普遍的重要性，使人们解决了并正在解决着大量的科学与技术问题。热力学第一定律已成为一切能的计量、能的定量计算及分析研究有关能的各种问题的理论基础。可见，热力学第一定律所涉及的是关于能在"量"的方面的本性，说明能在"量"上的守恒性，没有区分不同形式的能在"质"上的差别。

节能问题的研究与分析由来已久，其传统的方法主要以热力学第一定律为依据，并沿用至今，称为热力学第一定律分析法。该分析法主要是用热效率的高低来估计节能潜力，热效率越高说明节能潜力越大。能量平衡工作正是基于这一定律，把能量的来龙去脉搞清楚，确定多少能量被利用，多少能量损失掉。其优点是：简单直观，容易理解和掌握，若运用得当，对节能工作能起到重要作用。其缺点是：由于它所依据的仅是能量在数量上的守恒性，在挖掘节能潜力时有较大的局限性和不合理性。

（2）热力学第二定律分析法　在20世纪50年代以后，热力学第二定律的理论开始在节能研究和节能实践中广泛地应用。事实上，能量不仅有量的多少，还有质的高低。例如，

一大桶温水的热量可谓很多，却不足以煮熟一个鸡蛋，而一勺沸水所含的热量可能很少，却可以烫伤人。可见，同样多的两部分热量，如果它们的温度不同，即能的品位不同，所产生的客观效果差异也会很大。能的"质"就是能的品位、可用性。

热力学第二定律指出了能量转换的方向性，它涉及的是能在"质"的方面的本性：自然界的一切自发的变化过程都是从不平衡状态趋于平衡状态，例如一杯热水自发地将热量传给低温的空气，最后水和空气达到热平衡，而不可能相反。热力学第二定律的表述方法很多，其中之一是：当任何一种形式的能量被转移或转化为另一种形式的能量时，其品位通常会发生变化，但只可能降低或不变，绝不可能提高。这一定律说明，能具有丧失其可用性的特性，或者说，能在质上具有贬值的特性。能量在数量上的守恒性和质量上的贬值性，就构成了能量的全面本性。

现代节能原理与传统的节能原理不同，所依据的不仅是热力学第一定律，而是同时依据热力学第一、第二定律，并通过直观实用的方式，来体现能的全面本质，由此建立的节能理论和方法，称为第二定律分析法。这种方法有两大类，即熵分析法和㶲分析法。由于熵分析法比较抽象，不能评价能量的使用价值，且熵本身也不是一种能量，目前已被㶲分析法所取代。㶲分析法认为：能量=㶲+㶲。㶲是这样一种能，在给定环境的作用下，可以完全连续地转化为任何一种其他形式的能量，而㶲是一种不可能转化的能量形式。㶲主要是针对热量提出的，即热量中最大转化为功的部分。采用㶲分析法，可从本质上找出能量损失。

热力学第一定律阐述了能在"量"上的守恒性，热力学第二定律阐述了能在"质"上的贬值性。因此，能量合理利用原则就是：追求供入系统的能量和系统供给用户的能量在数量上平衡，在质量上完全匹配，即能量利用的量和质匹配原则。要节约能源，必须要合理用能；只有遵照能量合理利用原则，才能达到节能的目的。

在用能和节能实践中，人们常常仅注重数量的守恒，而忽视质量的匹配。例如，为了方便而常使用高品位能换取低品位能、将高压蒸汽供低压动力使用、用电热取暖等。在节能工作中，首要的问题是"分析节能潜力是否存在及节能潜力的大小"，传统的方法一是用热效率的高低来评估，二是用能量平衡或热平衡率分析，甚至将能量的来龙去脉绘制成能流图，看有多少能量为终端利用，多少能量被损失。显然两种方法均依据热力学第一定律，仅仅考虑了能的数量守恒，体现的只是能量本性的一个侧面，而不是全面本性。单纯用该分析法得到的结果往往带有不确切、不科学的成分。因此，要真正成功地解决使用能源和节约能源过程中的一系列问题，在运用热力学第一定律的同时，还要自觉地运用热力学第二定律去考察分析，以免对能的认识发生偏颇，这样才能把贯彻"节能优先"的能源战略方针落到实处。

（3）**热经济学分析法** 20世纪60年代以来，在节能原理领域中又出现了一种新的发展趋势，产生了将㶲分析法与经济因素及优化理论有机结合起来的分析方法，称为热经济学，即除了研究体系与自然环境之间的相互作用外，还要研究一个体系内部的经济参量与环境经济参量之间的相互作用。一般来说，热力学第一定律和第二定律分析法，在方案比较中仅能给出一个参考方向，而不能得出具体结论。而热经济学分析法可以直接给出结果，这种方法特别适用于解决大型、复杂的能量系统分析、设计和优化问题。

（4）**系统节能分析法** 系统节能是近年来发展起来的新型节能技术。系统节能就是按照能量品位的高低进行梯级利用，总体安排好功、热（冷）与物料内能等各种能量之间的配合关系和转换利用，从系统高度上总体综合利用好各类能源，并取得最有利的技术经济效果。简单地说,就是利用系统工程的原理,全面考虑能源转换、传递和消费以及整个系统的用能,使之实现整体优化,以达到整个系统的节能。按照系统划分的范围不同,系统节能可分为企业系统节能、行业系统节能、城市或地区系统节能和国家系统节能等。

过程系统能量综合优化及高效节能过程装备是当今工程节能中的主要手段,国内外对此一直都非常重视。在过程能量系统集成优化研究方面,英国学者 Linnhoff 等提出了"夹点技术",用于分析换热网络的综合优化,在工业应用中卓有成效。该技术运用拓扑学的概念和方法,对过程系统进行宏观、形象的描述,使工程技术人员容易掌握。但该技术也存在着一些问题和缺陷,例如很难找到整个系统综合的真正最优结果,未涉及系统综合的热力学和热经济学的定量分析等。

国内华贲教授提出了过程系统能量优化综合的"三环技术"。"三环技术"基于能量转换、利用、回收三个子系统的"三环节模型",以能量的工艺利用环节为核心,通过分解协调,在子系统㶲经济化基础上实现全局调优。但目前"三环技术"在理论和建模环境及应用软件开发上还需进一步研究,才能达到比较实用的程度。

在高效节能过程装备方面,特别是热交换器方面,国内外进行了大量的研究和开发工作,如热管技术、高效传热低流阻纵流式热交换器技术等。但到目前为止,开发新型节能设备大多采用实验的方法,而传统的实验研究存在着费用高、开发周期长、不利于放大设计和优化设计等缺点。未来的发展方向将是采用计算流体动力学和计算传热学的方法来对设备进行数值模拟研究,以便应用这种先进的设计手段来快速开发新的高效节能过程装备。

2. 能源利用效率与用能效益

能源利用效率是衡量能源利用技术水平和经济性的一项综合性指标,对经济增长具有决定性作用。能源利用效率分析有助于改进企业的工艺和设备,挖掘节能潜力,提高能源利用的经济效果。

能源利用效率是指能源被有效利用的程度,通常用符号 η 表示。其通用计算公式为

$$\eta = \frac{\text{有效利用能量}}{\text{供给总能量}} \times 100\% = \left(1 - \frac{\text{损失能量}}{\text{供给总能量}}\right) \times 100\% \tag{5-3}$$

能源效率标识(Energy Label)是表示用能产品能源效率等级等性能指标的一种信息标识,属于产品符合性标志的范畴。国家对节能潜力大、使用面广的用能产品实行统一的能源效率标识制度。国家制定并公布《中华人民共和国实行能源效率标识的产品目录》,确定统一适用的产品能效标准、实施规则、能源效率标识样式和规格。能源效率标识包括以下基本内容:①生产者名称或者简称;②产品规格型号;③能源效率等级;④能源消耗量;⑤执行的能源效率国家标准编号。

对于不同的能源消耗对象,能源利用率的计算方法也不尽相同。常用的计算方法有以下几种。

(1) 按产品能耗计算 对于一个可能生产多种产品的国家或地区,对主要的耗能产品如电力、化肥、水泥、钢铁、炼油、制碱等,按单位产品的有效利用能量和综合供给能量加权平均,即可求得总的能源利用效率 η_t,即

$$\eta_t = \frac{\sum G_i E_{oi}}{\sum G_i E_i} \times 100\% \tag{5-4}$$

式中,G_i 为某项产品的产量;E_{oi} 为该项产品的有效利用能量;E_i 为该项产品的综合供给能

量（即综合能耗量）。

上述综合能耗量包括两部分，一部分为直接能耗，即生产该种产品所直接消耗的能量；另一部分是间接能耗，是生产该种产品所需的原料、材料和耗用的水、压缩空气、氧气等以及设备投资所折算的能耗。

（2）按部门能耗计算　将一个国家或地区所消耗的一次能源，按发电、工业、运输、商业和民用四大部门，分别根据技术资料和统计资料计算各部门的有效利用能量和损失能量，求得各部门的能量利用效率 η_d，即

$$\eta_d = \frac{某部门有效利用能量}{某部门有效利用能量+某部门损失能量} \times 100\% \tag{5-5}$$

全国或地区的总能量利用效率 η_t 则为

$$\eta_t = \frac{\sum 部门有效利用能量}{\sum 部门有效利用能量 + \sum 部门损失能量} \times 100\% \tag{5-6}$$

（3）按能量使用用途计算　一次能源在国民经济各部门中除了少数作为原料外，绝大部分是作为燃料使用。其中一类是作为各种炉窑、内燃机、炊事和采暖等的燃料直接燃烧，另一类是转换成二次能源如电力、蒸汽、煤气等再使用。因此，可按发电、锅炉、窑炉、蒸汽动力、内燃动力、炊事、采暖等用途分别计算各种用途的能源利用效率 η_p，即

$$\eta_p = \frac{某用途的有效利用能量}{某用途的有效利用能量+某用途的损失能量} \times 100\% \tag{5-7}$$

各种用途总的能量利用效率 η_t 则为

$$\eta_t = \frac{\sum 各种用途的有效利用能量}{\sum 各种用途的有效利用能量 + \sum 各种用途的损失能量} \times 100\% \tag{5-8}$$

（4）按能量开发过程计算　把能源从开采、加工、转换、运输、储存到最后使用分为若干个过程，分别计算出每个过程的能源利用效率 η_i，然后相乘求得总的能源利用效率 η_t，即

$$\eta_t = \prod_{i=1}^{n} \eta_i \tag{5-9}$$

（5）能源消费系数　除了用上述能源利用效率来衡量能源利用的技术水平和经济性以外，还可采用能源消费系数来评价能源利用的水平。能源消费系数是指某一年或某一段时间内，为实现国民经济产值平均消耗的能源量，它是从整个社会经济效益的角度去考察能源有效利用程度的一个指标。其表达式为

$$能源消费系数 = \frac{E}{M} \tag{5-10}$$

式中，E 为能源消费量，单位为 kg 标准煤；M 为同期国民生产总值，单位为元或美元（与国外比较）。

（6）用能效益　在节能工作中，如果运用价值工程的观点，用能效益就相当于价值，能源消耗则相当于成本，因此有如下关系

$$用能效益 = \frac{产品功能}{能源消耗} \tag{5-11}$$

不论产品的功能与能耗是增加还是减少，只要用能效益提高，就是取得了节能的效果。这样就从单纯的节能数量扩展到节能效益的范畴。根据产品功能和能耗的改变情况，有以下

几种节能类型：

1) 功能不变，能耗降低，称为纯节能型。这就是目前普遍采用的节能形式。
2) 功能提高，能耗不变，称为增值节能。这是一种值得提倡的节能方法。
3) 功能提高，能耗降低，称为理想节能。这种情况只有在改革工艺和改进技术后才能实现。
4) 功能大幅提高，能耗略有提高，称为相对节能。
5) 功能略有降低，能耗大量降低，称为简单节能。这是在能源短缺时不得已才允许采用的方式。
6) 功能或提高或不变或降低，但能耗为零，称为零点节能或超理想节能。例如，省去一道工序，或利用生产过程中的化学反应放热代替外供热源等，都属于零点节能形式。

3. 节能的环节和任务

节能既是技术性、经济性很强的任务，又是跨越时间、跨越地区、跨越部门和行业的具有很强综合性的工作，因此，要实现节能，就要涉及一系列的环节。对节能各个环节的重要作用没有充分估计，就很难全面地实现节能目标。

单位产品能耗的高低，标志着科学技术水平的高低。因此，科学技术进步与节能进程、节能深度和节能成效的关系十分密切。具体要实现某种产品的节能生产或节能使用，需要对该产品的生产工艺或使用过程进行针对性的研究。节能的技术性与经济性是不可分割的矛盾统一体。为创造经济而有效的节能技术，这种针对过程的个性所进行的研究常常要花费很大力气，越是节能的高级阶段，节能的难度就越大。当代高水平的节能工艺、节能产品常常是世界上为数众多的科研机构和工厂企业耗费大量资金经过长期的努力所取得的成果。

具体的节能技术终究带有局部性质，它只有与全局性的环节结合起来，才能在实现全面的节能目标中发挥其应有的作用。譬如一个国家或一个地区，尽管节能技术先进，但产品结构不合理，高耗能产品过多，那么从大局上就决定了单位能耗的产值不可能很高。能源使用的定额管理制度、能源的价格政策、信贷税收政策、奖惩政策等有关的方针政策规章制度，也属于大局性的，解决好了就能极大地调动各方面的积极因素，为实现节能目标和持久地开展节能工作而发挥作用。为了实施有关的方针政策、执行有关的规章制度，一个由相对稳定的专业人员组成的、从中央到企业具有统一性的、跨越地区与行业具有整体性的节能管理组织，也是实现节能关键的一环。这表明节能的推进除了涉及节能技术与节能经济以外，还涉及节能规划、节能政策、节能立法、节能管理等许多环节。

在众多的环节中，有一个环节是带有基础性的，那就是节能教育，包括节能的宣传与培训。科技教育是一种效应滞后、作用长期的潜生产力，是意义深远的智力建设。节能关系到每个人的切身利益，教育可以使广大群众特别是能源工作者及各级能源规划管理人员领悟节能的战略重要性，通晓节能的基础知识，就可以为节能工作持久扎实的开展奠定基础。

让更多的人了解节能原理是节能教育的一项重要内容。节能原理的依据是"能"的科学，是能及能量转换的客观规律性，它的任务在于科学地估计节能潜力的大小，确定潜力的部位及其分布，指出潜力的限度及其节能措施的指导原则，借以规定节能的近期任务与战略目标。

节能的推进涉及很多环节，每一环节都有其自身的丰富内容，对这些内容一知半解或缺乏实际的体验，就做不好那一环节的工作。节能原理并不能为节能技术、节能规划、节能政策等环节提供具体的答案。然而由于节能原理所探讨的是能的本性，是关于节能的一些大原则问题，因此它的重要性是不容低估的。在节能实践的历史和现实中，由于没有掌握节能原理而走弯路、浪费资金、贻误时间的事例屡见不鲜。如果没有掌握节能原理，就可能提出不恰当的节能指标，做出不恰当的节能战略决策，批准不恰当的节能技术方案。可见，在一定深度及广度上掌握节能原理是非常重要的。

研究节能不能笼统地谈损失，对能源利用过程中的能量损失需要作进一步的分析。一种是不可避免的能量损失，例如，锅炉总要排烟，炉体总要散热，灰渣总要带走一部分热量，最先进的大型电站锅炉的热效率也只能达到90%左右。又如，电动机运行时总有摩擦，铁心和线圈总要发热，最好的电动机也会损失掉一部分能量，而且无法回收利用。另一种则是可避免或可回收利用的能量损失，即其中一部分能量损失在现代技术和经济条件下，是应该而且可以回收利用的，例如某些热散失、摩擦损失、高温烟气余热、化学反应热等。第一种能量损失在目前条件下还难以回收利用，或者是利用起来经济上不合理。所以，在所有能量损失中，那些属于浪费或采取措施可以减少的能量损失，以及技术上可以回收利用而且经济上比较合理的能量损失，才是节能研究的主要对象。

5.1.3 节能的方法和途径

1. 节能的方法

一个国家、一个行业乃至一个企业的能耗水平是由错综复杂的多种因素共同决定的，如自然条件、政策倾向、社会因素、经济发展水平、管理水平、技术水平等。因此，无论是从国家层面制订宏观节能政策和制度，从行业角度制订节能标准与规范，还是从企业具体情况出发制订节能规划和具体措施，都应该综合考虑这些影响因素，从实际出发，找出最高效最经济的节能方法。概括起来，节能的方法主要有三类，即结构节能、管理节能和技术节能。

（1）结构节能 当前我国总的能源利用效率为34%左右，与世界先进水平相差10~20个百分点。我国单位产值能耗是世界平均水平的2倍多，主要产品能耗比世界平均水平约高出40%。我国的单位产值能耗之所以很高，除了技术水平和管理水平较低以外，经济结构不合理也是重要的原因。经济结构包括产业结构、地区结构、企业结构、产品结构等。

1）产业结构。产业结构是决定经济增长方式的重要因素，也是决定一个国家或地区能源消耗总量的关键因素。

我国在20世纪80年代中期引入了三次产业分类法，就是把全部的经济活动划分为第一产业、第二产业和第三产业。第一产业的属性是其生产物取于自然，指农、林、牧、渔业；第二产业则是加工取于自然的生产物，包括采矿业，制造业，电力、煤气及水的供应业和建筑业；第三产业被解释为繁衍于有形物质财富生产上的无形财富的生产部门，如交通运输、仓储和邮政业，信息传输、计算机服务和软件业，批发零售，住宿餐饮，金融地产，公共设施，科教文卫等。所谓产业结构，就是"各产业在其经济活动过程中形成的技术经济联系，以及由此表现出来的一些比例关系"。从静态看，三次产业间的联系表现为某一时点三次产业各自创造的国民生产总值在整个国家国民生产总值中所占的比重及相互的比例关系。从动态看，随着时间的推移和经济的发展，三次产业间的联系表现为三次产业上述比重和比例关系的变化及其趋势。

多年来，我国的产业结构发展很不平衡。改革开放以来，我国的产业结构经历了比较大的变化。从长期的变动趋势来看，三次产业之间的比例关系有了明显的改善，产业结构正向合理化方向变化。第一产业的比重呈不断下降的趋势。在改革开放初期，第一产业占全国

GDP 的比重约为 3%,但是到 2007 年第三季度,已经下降到 1.97%,降幅非常明显。第二产业在 GDP 中所占的比重呈现出先降后升的趋势,但总体上看,没有发生大幅度的变化。在 GDP 结构中,第二产业的比重从 1980 年的 48.22%下降到 1990 年的 41.34%,到 2007 年,再次回升到 50.27%。第三产业占 GDP 的比重总体呈现上升趋势。自改革开放到 20 世纪 80 年代前期,第三产业在 GDP 结构中所占比重一直没有发生变化,而在 1983 年以后,第三产业的比重迅速上升,并在 1985 年超过了第一产业。2002 年,第三产业和第二产业的差距最小,仅相差 3.7 个百分点,但是自 2002 年以后,第三产业在 GDP 结构中的比重却开始呈现下降的趋势。

进入 21 世纪以来,我国的产业结构得到了持续优化。就增长速度而言,第一产业增长相对缓慢,第二产业增长快速,第三产业则突破了以商贸、餐饮为主的单一发展格局,金融、保险、研发、咨询等行业发展迅速;从就业比重来看,第一产业就业比重明显下降,第二产业就业比重增长缓慢,第三产业就业比重的增长速度高于第二产业的增长速度。

总体上来看,我国产业结构在保持二、三、一型的基础上,根据实际情况不断地进行调整优化。但是,我国现阶段的产业结构仍然存在许多问题。例如,到 2007 年底,从我国三次产业结构的产值来看,第一产业的产值增加了 28910 亿元,占 GDP 的比重为 11.7%,第二产业增加 121381 亿元,占 GDP 比重为 49.2%;第三产业增加 96328 亿元,占 GDP 比重为 39.1%。这表明我国的国民经济还过分地依赖农业,而服务业相当落后。而在发达国家,GDP 的构成情况一般为:第一产业所占比重不超过 5%,第二产业不超过 30%,第三产业所占比重最大,为 65%以上。与发达国家相比,我国产业结构的优化空间还很大。

2)地区结构。地区结构的调整主要是指资源的优化配置,调整部分耗能型工业的地区结构。高耗能产品的生产应当在能源富裕的地区或离矿产资源较近的地区,这样不仅能保证产品生产有充足的能源供应,而且从全局来看,可以节省很多能源,减少能源运输的成本。例如,石油和化学工业乙烯生产基地应靠近油田或大型炼油厂;东部地区集中了我国的主要油田,又地处沿海,具有进口石油的条件,适宜发展石油化工;我国中部地区煤炭资源丰富,适宜大力发展煤化工。

3)企业结构。不同行业的不同产品对能源的依赖程度差异很大,有些耗能高,有些耗能低。在经济发展中,若增加省能型工业(如信息、仪表、电子等)的比例,减少耗能型工业(如化肥、炼油、冶金、火电等)的比重,全国的企业结构就会朝省能的方向发展。另外,调整企业的生产规模结构也是节能降耗的重要途径。与大型企业相比,中、小企业一般能耗较高,经济效益较差。所以,应该有计划、有步骤地调整企业的规模结构,缺乏竞争力的小企业应关、停、并、转。

4)产品结构。随着产业结构、企业结构不断向省能型方向发展,产品结构也应努力向高附加值、低能耗的方向发展。在化学工业中,发达国家在 20 世纪 80 年代就开始重点发展耗能少、附加值高的精细化工产品,据统计,一些国家 1985 年生产的精细化工产品占化学工业产值的 53%~63%,到 20 世纪 90 年代一般在 60%以上,而我国只有 35%左右。石油化工、精细化工、生物化工、医药工业及化工新型材料等能耗低而附加值高的行业适宜大力发展。

(2)管理节能 总体而言,目前我国的石油和化工企业的能源管理水平不高,还不够规范,通过加强能源管理实现节能的潜力还很大。企业加强节能管理主要包括以下四个方面:

1)建立健全能源管理机构。为了落实节能工作,必须有相对稳定的节能管理队伍,去管理和监督能源的合理使用，制定节能措施，并进行节能技术培训。国家发展改革委员会等五部门于 2006 年 4 月公布的《千家企业节能行动实施方案》明确提出：各企业（指重点用能单位）要成立由企业主要负责人挂帅的节能工作领导小组，建立和完善节能管理机构，设立能源管理岗位，明确节能工作岗位的任务和责任，为企业节能工作提供组织保障。《中华人民共和国节约能源法》指出：重点用能单位应当设立能源管理岗位，在具有节能专业知识、实际经验以及中级以上技术职称的人员中聘任能源管理负责人，并报管理节能工作的部门和有关部门备案。能源管理负责人负责组织对本单位用能状况进行分析、评价，组织编写本单位能源利用状况报告，提出本单位节能工作的改进措施并组织实施。能源管理负责人应当接受节能培训。

2）建立企业的能源管理制度。对各种设备及工艺流程，要制定操作规程；对各类产品，应制定能耗定额；对节约能源和浪费能源要有相应的奖惩制度等。

3）合理组织生产。应当根据原料、能源、生产任务的实际情况，确定运行设备数量，以确保设备的合理负荷率，并合理利用各种不同品位、质量的能源；根据生产工艺对能源的要求分配使用能源，协调各工序之间的生产能力及供能和用能环节等。

4）加强计量管理。没有健全的能源计量，就难以对能源的消费进行正确的统计和核算，更难以推动能源平衡、能源审计、定额管理、经济核算、计划预算和计划预测等一系列科学管理工作的深入开展。因此，各企业必须完善计量手段，建立健全仪表维护检修制度，强化节能监测。

（3）技术节能　针对各个用能系统和设备，采用新工艺、新材料、新技术、新设备、智能控制及新能源替换等技术，以实现用能量的大幅度下降。技术节能是节能的基础，因为只有通过技术创新，才能保证在正常生产和生活的前提下显著降低能耗，技术节能是所有节能方法中效果最显著、最可靠的方法。一些节能技术的实施还可以同时实现提高产品质量和产量，综合效益明显。尤其是针对高耗能行业中的石油和化学工业，通过技术手段实现节能是石油和化学工业节能最重要的方面。以石油和化学工业为例，其节能技术主要包括四个方面。

1）工艺技术节能，又称为系统节能。随着系统工程和热力学分析两大理论的发展及其相互结合与渗透，产生了过程系统节能的理论与方法，把节能工作推上了一个新的高度，节能涉及生产工艺过程的所有环节，包括工艺流程、设备、控制及辅助系统等。

2）化工过程系统节能。指从系统合理用能的角度，对生产过程中与能量的转换、回收、利用等有关的整个系统所进行的节能工作。从原料到产品的化工过程，始终伴随着能量的供应、转换、利用、回收、排放等环节，例如预热原料、化学反应、冷却产物、气体的压缩和液体的泵压等。这不仅要求提供动力和不同温度的热量，而且有不同温度的热量排出。可以根据外供的和过程本身放出的能量品位，合理匹配过程所需的动力和不同温度的热量。

用一个石油化工企业的例子可以说明该方法的优越性。一个由乙烯厂及其下游产品构成的联合企业，如果每个分厂自行优化节能改造，需投资 220 万英镑，年效益为 114 万英镑，投资回收期 18 个月；而如果对企业进行整体优化节能改造，需投资 330 万英镑，可将效益提高到 266 万英镑，投资回收期为 15 个月。可见，采用过程系统节能方法，很容易取得显著的节能效果与经济效益。

3）设备技术节能。针对生产工艺流程中某个或某些设备采用创新技术以降低其能耗，因为其节能改造涉及面较小，所以实施比较方便。在化工单元操作过程中，设备很多，包括流体输送设备（泵、压缩机等）、换热设备（锅炉、加热炉、热交换器、冷却器）、蒸发设备、塔设备（精馏、吸收、萃取、结晶等）、干燥设备等，每一类设备都有其特有的节能方式。

① 流体输送设备。对可变负荷的设备，可采用变频调速控制等；对于多级压缩过程，可回收机间压缩热等。

② 换热设备。换热设备的节能方法有：设计时减小设备内流体的流动阻力，加强设备保温，防止换热面结垢，保持合理传热温差，采用强化传热技术等；对锅炉和加热炉还有控制过量空气系数，提高燃料特性，预热燃烧空气，回收烟气余热，以及采用高效率设备，如热管热交换器等。

③ 蒸发设备。蒸发设备的节能措施有预热原料，多效蒸发，热泵蒸发等。

④ 塔设备。其节能途径有减少回流比、预热进料、塔顶热的利用、使用串联塔、采用热泵、采用中间再沸器和中间冷凝器等。

⑤ 干燥设备。其节能途径有控制和减少过量空气、余热回收、排气的再循环、热泵干燥等。

4）控制技术节能。控制技术节能包括两个方面：一方面是节能需要操作控制，即通过仪器仪表加强能源的计量和调节工作，做好生产现场的能量衡算和用能分析，为节能提供基本条件；另一方面是通过操作控制节能，特别是节能改造之后，回收利用了各种余热，物流与物流、设备与设备等之间的相互联系和相互影响加强了，使得生产操作的弹性缩小，更要求采用智能控制系统进行操作。控制技术节能投资小、潜力大、效果好，有很大的发展空间。

另外，为了搞好运行中的节能，必须加强操作控制。例如，产品纯度不够导致产品不合格，将使厂家蒙受巨大的经济损失，也包括能量损失，所以一些设备留有较大的设计裕度，使产品的纯度高于所需的纯度，这将大大增加能耗。在生产过程中，各种参数的波动是不可避免的，如原料的成分、温度、产量、蒸汽需求量等，若生产优化能随着这些参数的变化而进行相应的实时调整，将会取得很好的节能效果。

2. 节能的途径

结合实际用能状况和节能方法，可从以下几个方面探寻节能减排的有效途径。

1）变革发展理念，转变经济增长方式。节能减排是建立环境友好型社会的前提和基础。在制定经济发展战略时应把自然作为主体，把自然看作是与人类平等的生存对象，把人类社会的道德伦理延伸到自然界，这样我们的政策才会既关注到人、又关注到自然，真正实现人与自然和谐共存。要改变"GDP等于发展""重化工就是工业化"等片面认识，使经济增长方式朝着有利于生态环境的方向发展。

2）建立循环经济发展模式，推进循环经济发展，大力推行可用废弃物资源化。按照循环经济理念，要加快园区生态化改造，推进生态农业园区建设，构建跨产业生态链，推进行业间废物循环。要推进企业清洁生产，从源头减少废物的产生，实现由末端治理向污染预防和生产全过程控制转变，促进企业能源消费、工业固体废弃物、包装废弃物的减量化与资源化利用，控制和减少污染物排放，提高资源利用效率。

大力发展循环经济是节能减排的具体体现，也是可持续发展的重要方面。要优化能源利用方式，提高能源生产、转化和利用效率。以减量化、再利用、资源化为原则，以低消耗、低排放、高效率为基本特征，实现最佳生产、最适消费、最少废弃。

加强对冶金、煤炭、化工、建材、造纸等废弃物产生量大、污染重的行业的管理，提高废渣、废水、废气的综合利用率；综合利用各种建筑废弃物、秸秆、畜禽粪便等农业废弃物，推广沼气，积极发展生物质能；大力回收和循环利用各种废旧物资，推动不同行业通过产业链延伸与耦合，实现废弃物循环利用；加快城市生活污水再生利用设施建设，推进中水回用和垃圾资源化利用；发挥建材、钢铁、电力等行业废弃物消纳功能，降低废弃物最终处置量。

积极推进清洁生产。重点抓好冶金、建材、化工、电力、造纸等关键行业的清洁生产，并逐步将清洁生产理念和措施推广到农业、建筑业及服务行业等社会各个领域；以重点工业产业、工业园区为重点，采用清洁生产技术，建成一批"零排放"企业。抓好循环经济试点示范工作，以技术和体制、机制、政策法规建设为重点，从试验示范入手，逐步形成一批循环经济企业，在不同层次建立试点，推动循环经济发展。积极开发和推广资源节约、替代和循环利用技术，加快企业节约资源、能源的技术改造。

3）坚决遏制高耗能产业过快增长，大力发展第三产业，引导产业结构的调整和升级。高耗能、高污染物排放、低附加值产品行业，在技改不投入、工艺不改进的条件下，大量消耗能源，牺牲生态环境，盲目扩大生产，以技术的低投入和产量的大规模获取利润。因此，必须将对高耗能重点行业的监控作为当前乃至今后的宏观调控重点，多管齐下，灵活运用经济杠杆，强化调控手段，务求实效。

要大力发展第三产业，以专业化分工和提高社会效率为重点，积极发展生产性服务业；以满足人们需求和方便群众生活为中心，提升发展生活性服务业；要大力发展高技术产业，坚持走新型工业化道路，促进传统产业升级，提高高技术产业在工业中的比例。要积极实施"腾笼换鸟"战略，加快淘汰落后生产能力、工艺、技术和设备；对不按期淘汰的企业，要依法责令其停产或予以关闭。

第三产业的大力发展，无疑会降低单位 GDP 能耗。但在现实中，结构调整是一个缓慢的过程，不是一个部门所能解决的，应加强部门之间的协调，通过制度安排和政策引导来实现。要使各级领导和管理者处理好当前利益与长期利益的关系、局部利益和全局利益的关系，兼顾经济社会发展与资源环境的保护。要加强部门之间的协调，减少管理和政策的相互抵消效应，防止部门追求利益最大化以及由此产生的问题。

4）以绿色科技为动力，推进节能减排科技进步，提高节能减排效益。发展绿色科技不仅是节约资源、保护环境的重要动力，也是提高自主创新能力、突破绿色贸易壁垒的重要措施。科技创新的一个重要方向就是节能减排、保护环境。企业在生产过程中要开发能够有效地利用资源、尽可能地减少污染物排放的技术和工艺，实行清洁生产，充分发挥科学技术在节能减排中的作用。

要组织实施节能减排科技专项行动，组建一批国家工程中心和国家重点实验室，攻克一批节能减排关键和共性技术。积极推动以企业为主体、产学研相结合的节能减排技术创新与成果转化体系建设，增强企业自主创新能力。在电力、钢铁和有色冶炼等重点行业，推广一批潜力大、应用面广的重大节能减排技术。制定政策措施，鼓励和支持企业进行节能减排的技术改造，采用节能环保新设备、新工艺、新技术。

5）积极倡导环境友好的消费方式，强化污染防治。大力倡导适度消费、公平消费和绿色消费，反对和限制盲目消费、过度消费、奢侈浪费和不利于环境保护的消费。通过环境友好的消费选择向生产领域发出价格和需求的激励信号，刺激生产领域清洁技术与工艺的研发和应用，带动环境友好产品的生产和服务。同时，通过生产技术与工艺的改进，不断降低环境友好产品的成本,促进绿色消费,最终形成绿色消费与绿色生产之间的良性互动。

抓好污染防治,一是解决工业污染问题,引导现有工业企业走科技含量高、经济效益好、资源消耗低、环境污染少、人力资源得到充分发挥的新型工业化路子;二是强化城市环境污染综合整治;三是强化农业和农村污染防治,大力发展生态农业,壮大绿色农业产业,降低农药、化肥施用量,治理规模化畜禽养殖场污染;四是严格控制新污染,严格执行国家环保法律法规和产业政策,执行环境影响评价和"三同时"制度。

6) 建立长期有效的制度保障,切实加强节能减排法制建设,加大监督检查执法力度。首先应建立健全有利于环境保护的决策体系。建立环境问责制,将环境考核情况作为干部选拔任用和奖惩的依据之一;探索绿色国民经济核算方法,将发展过程中的资源消耗、环境损失和环境效益纳入经济发展的评价体系;积极推动以规划环境影响评价为主的战略环评,从发展的源头保护环境;保障公众的环境知情权、监督权和参与权,扩大环境信息公开范围。

加快完善节能减排法律法规体系,提高处罚标准,切实解决"违法成本低、守法成本高"的问题。要制定和执行主要高耗能产品能耗环保限额强制性国家标准。要加大节能减排执法力度。中央和地方政府每年都要开展节能环保专项执法检查,坚持有法必依、执法必严、违法必究,严厉查处各类违法行为。完善节能和环保标准,开展节能减排专项执法检查。

7) 加强行业准入管理,控制增量,加快淘汰落后生产能力。继续严把土地、信贷"两个闸门"和市场准入门槛,严格执行项目开工建设必须满足的土地、环保、节能等"六项必要条件",对新建和改扩建的项目,有关部门在进行投资管理、环境评价、土地供应、信贷融资、电力供给等审核时,要以行业准入条件为依据,严格把关。要控制高耗能、高污染行业过快增长,加快淘汰落后生产能力,完善促进产业结构调整的政策措施,积极推进能源结构调整,制定促进服务业和高技术产业发展的政策措施。

同时,要严格实施公告制度,对符合准入条件的企业予以公告,并实施动态管理。对已明令淘汰的小钢铁、土焦、改良焦等落后产能要坚决淘汰,杜绝自焙槽电解铝生产能力的死灰复燃。按照国家发展改革委员会《关于做好淘汰落后水泥生产能力有关工作的通知》要求,加快制定淘汰落后水泥产能量化指标,提出具体关闭企业和淘汰生产线名单,并制订切实可行的淘汰落后水泥产能工作实施方案,落实相关责任。严格执行水泥生产许可证换发实施细则、水泥工业污染物排放标准,加速淘汰落后生产能力。

3. 节能的具体措施

节约能源的具体措施很多,概括起来有以下几个方面。

1) 加强宣传,提高全民节约意识。组织好每年一度的全国节能宣传周、全国城市节水宣传周及世界环境日、地球日、水宣传日活动。把节约资源和保护环境理念渗透在各级各类的学校教育教学中,从小培养儿童的节约意识。将发展循环经济、建设节约型社会宣传纳入"科学发展,共建和谐"重大主题宣传活动。组织开展全国节能宣传周活动和节能科普宣传活动,实施节能宣传教育基地试点,组织《中华人民共和国节约能源法》和《中华人民共和国循环经济促进法》宣传和培训工作,开展节能表彰和奖励活动。

2) 依法加强节能降耗管理工作,实施强制性能源效率标准和标识制度。要继续保持在节能降耗工作中所取得的成绩,不断更新思想观念,理清工作思路,创新工作方法。进一步认清当前生产形势,进一步挖掘内部潜力,进一步提高节约意识,狠抓成本管理。要强化艰苦奋斗意识,精打细算,从大处着眼,小处着手,从节约每一滴水、一度电、一张纸开始,逐步养成勤俭节约的好习惯。要加大废旧物品的回收和循环利用,加大资源消耗管理力度,加强物资管理,提高其循环水利用率。要加强工艺纪律、劳动纪律,加强技能培训,使工人熟练掌握操作技能,提高其操作水平。要定期对设备进行维护、检查,确保设备运行质量,提高其运转效率,缩短停机时间,延长使用周期。坚决杜绝因工作失误引起的各种突发事故,将节能降耗工作做精、做细、做全面。

3)大力支持节能技术和可再生能源的研究与开发。加快节能减排技术研发,加快节能减排技术产业化示范和推广,加快建立节能减排技术服务体系,推进环保产业健康发展,加强国际交流合作;加强节能环保电力调度;加快培育节能技术服务体系,推行合同能源管理,促进节能服务产业化发展。

对企业节能技术研发项目给予资金补助,有效地提高企业节能技术研发投入的积极性。要组织培育科技创新型企业,提高区域自主创新能力。加强与科研院校的合作,构建技术研发服务平台,着力抓好技术标准示范企业建设。要围绕资源高效循环利用,积极开展替代技术、减量技术、再利用技术、资源化技术、系统化技术等关键技术研究,突破制约循环经济发展的技术瓶颈。开发利用太阳能、氢能、风能、生物质能、地热能等可再生能源,有利于优化世界能源结构,改善生态环境,促进世界经济的可持续发展,也代表着能源未来发展的方向。

4)采用分布式能源系统。分布式能源系统为分布在用户端的能源综合利用系统,所用一次能源以气体燃料为主,可再生能源为辅。可以使用沼气、风能、太阳能等可再生能源作为分布式能源系统的能源资源,从而减少对化石燃料的使用,既提高了能源转换效率,又减少了环境污染。

5)全面实施节能减排重点工程。着力抓好节约和替代石油、燃煤锅炉改造、热电联产、电机节能、余热利用、能量系统优化、建筑节能、绿色照明、政府机构节能以及节能监测和服务体系建设等重点节能工程。组织实施一批节能降耗和污染减排行业的共性、关键技术开发和产业化示范项目,在重点行业中选一批节能潜力大、应用面广的重大技术,加大推广力度。加强节能环保电力调度,加快培育节能技术服务体系,推行合同能源管理,促进节能服务产业化发展。

6)加大节能减排的投入,建立政府引导、企业为主和社会参与的节能减排投入机制。各级政府要加大对节能减排的投入,引导社会资金投入到节能减排项目中。鼓励和引导金融机构加大对循环经济、环境保护及节能减排技术改造项目的信贷支持。解决节能减排的资金问题,主要采用市场机制的办法,按照"谁污染、谁治理,谁投资、谁受益"的原则,促使企业开展污染治理、生态恢复和环境保护。

7)要加强组织领导,健全考核机制。要成立发展循环经济、建设节约型社会的工作机构,研究制定发展循环经济和建设节约型社会的各项政策措施。要设立发展循环经济、建设节约型社会的专项资金,重点扶持循环经济发展项目、节能降耗活动、减量减排技术创新补助等。要把万元生产总值、化学需氧量和二氧化硫排放总量纳入国民经济和社会发展年度计划;建立健全能源节约和环境保护的保障机制,将降耗减排指标纳入政府目标责任和干部考核体系。

5.2 能源转换与利用节能技术

能量的转移或转换过程就是能源的利用过程,该过程涉及人们生活和工作的方方面面。

其中，工业是我国的主要耗能行业，在过去的三十多年间，我国工业能源消耗约占全国能源消耗总量的70%左右。工业涉及的部门多、范围广，有些工业部门是能耗大户，如钢铁、有色、建材工业；有些是能源转换加工企业，如炼油厂、煤加工企业、火力（热力）发电厂等。工业企业不仅消耗一次能源，也消耗大量的二次能源（如电能）。因此，做好工业节能工作，不仅能降低本行业的能源消耗，同时也对交通节能、建筑节能、农业节能以及民用节能带来影响。

5.2.1 重点耗能设备节能技术

工业生产部门中有许多通用设备，如锅炉、窑炉、泵和风机、电动机等，这些通用设备也是工业部门中的主要耗能设备。下面重点介绍工业锅炉、泵和风机的节能技术。值得注意的是，各种工业节能技术都有一定的适用条件，且节能技术在不断发展。因此，工业企业应结合自身的实际用能状况，开发或选用最合适的节能技术。

1. 工业锅炉节能技术

锅炉的总体结构包括锅炉本体和辅助设备两大部分。锅炉本体一般包括锅和炉两部分，其中锅是指锅炉的汽水系统，由锅筒（汽包）、下降管、集箱、导管及各种受热面（水冷壁、过热器、省煤器、空气预热器）组成，其作用是吸收燃料系统放出的热量；炉是指锅炉的燃烧系统，包括炉膛、燃烧器、烟道、炉墙构架等，其作用是提供尽可能良好的燃烧条件。锅炉本体中最主要的两个部件是炉膛和锅筒。

炉膛又称燃烧室，是供燃料燃烧的空间。将固体燃料放在炉排上，进行火床燃烧的炉膛称为层燃炉，又称火床炉；将液体、气体或磨成粉状的固体燃料，喷入火室燃烧的炉膛称为室燃炉，又称火室炉；空气将煤粒托起使其呈沸腾状态并燃烧，且适用于燃烧劣质燃料的炉膛称为沸腾炉，又称流化床炉；利用空气流使煤粒高速旋转并强烈燃烧的圆筒形炉膛称为旋风炉。链条炉属于典型的层燃炉，其典型结构如图5-1所示。

炉膛的横截面一般为正方形或矩形。燃料在炉膛内燃烧形成火焰和高温烟气，所以炉膛四周的炉墙由耐高温材料和保温材料构成。在炉墙的内表面上常敷设水冷壁管，它既保护炉墙不致烧坏，又吸收火焰和高温烟气的大量辐射热。炉膛设计需要充分考虑所用燃料的特性，每台锅炉应尽量燃用原设计的燃料。燃用特性差别较大的燃料时，锅炉运行的经济性和可靠性都会降低。

锅筒是自然循环和多次强制循环锅炉中，接受省煤器来的给水、连接循环回路，并向过热器输送饱和蒸汽的圆筒形容器。锅筒筒体由优质厚钢板制成，是锅炉中最重的部件之一。锅筒的主要功能是储水、进行汽水分离，并在运行中排除锅水中的盐水和泥渣，避免含有高浓度盐分和杂质的锅水随蒸汽进入过热器和汽轮机中。

锅筒内部装置包括汽水分离和蒸汽清洗装置、给水分配管、排污和加药设备等。其中汽水分离装置的作用是将从水冷壁来的饱和蒸汽与水分离开来，并尽量减少蒸汽中携带的细小水滴。中、低压锅炉常用挡板和缝隙挡板作为粗分离元件；中压以上的锅炉除广泛采用多种形式的旋风分离器进行粗分离外，还用百叶窗、钢丝网或均汽板等进行进一步分离。锅筒上装有水位表、安全阀等监测和保护设施。

锅炉运行时，对于汽水系统，软化水在加热器中加热到一定温度后，经给水管道进入省煤器，进一步加热后送入锅筒，与锅水混合后沿下降管下行至水冷壁进口集箱；水在水冷壁

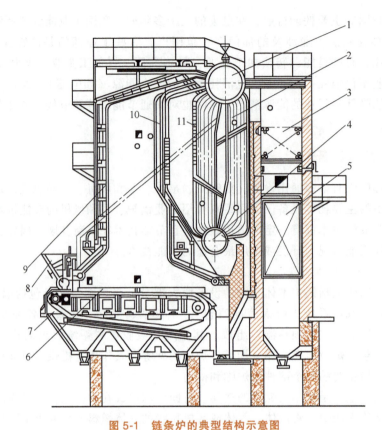

图 5-1 链条炉的典型结构示意图
1—上锅筒 2—锅炉管簇 3—省煤器 4—下锅筒 5—空气预热器 6—防焦箱
7—链条炉排 8—煤斗 9—水冷壁 10—凝渣管簇 11—烟气隔墙

管内吸收炉膛辐射热形成汽水混合物经上升管到达锅筒中,由汽水分离装置使水、汽分离;分离出来的饱和蒸汽由锅筒上部流往过热器,继续吸热后成为一定温度的过热蒸汽(目前大多数 300MW、600MW 机组的主汽温度约为 540℃),然后送往汽轮机。

对于燃烧和风烟系统,送风机将空气送入空气预热器并加热到一定温度,磨煤机将煤块磨成一定细度的煤粉,热空气携带煤粉经燃烧器喷入炉膛;燃烧器喷出的煤粉与空气的混合物在炉膛中与热空气混合燃烧,产生高温火焰并放出大量的热;燃烧后的热烟气流经炉膛、对流受热管束、过热器、省煤器和空气预热器后,再经过除尘装置,除去其中的飞灰,最后由引风机送往烟囱排向大气。

为了考核燃烧性能和改进设计,锅炉通常要进行热平衡试验。直接通过有效利用的热量来计算锅炉热效率的方法称为正平衡,采用各种热损失来反算热效率的方法称为反平衡。考虑锅炉房的实际效益时,不仅要看锅炉热效率,还要计及锅炉辅机所消耗的能量。

单位质量或单位容积的燃料完全燃烧时,按化学反应方程式计算出的空气需求量称为理论空气量。为了使燃料在炉膛内有更多的机会与氧气接触燃烧,实际送入炉内的空气量总要大于理论空气量。虽然多送入空气可以减少不完全燃烧热损失,但排烟热损失会增大,还会加剧硫氧化物和氮氧化物生成。因此,应设法改进燃烧技术,争取以尽量小的过量空气系数使炉膛内的燃料燃烧完全。

目前，我国在用中小型锅炉约为 50 万台，实际运行效率为 65% 左右，其中 90% 为燃煤锅炉。若将运行效率提高到 80%，年节能潜力约为 7500 万 t 煤。锅炉的用能平衡图如图 5-2 所示。在燃煤锅炉产生蒸汽的体系中，进入体系的总能量等于体系输出的总能量（即能量守恒），可用下式表示

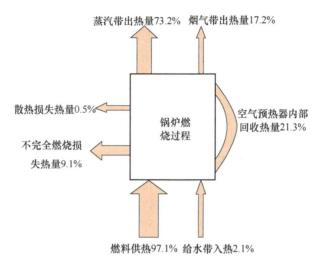

图 5-2 锅炉的用能平衡图

$$Q = Q_1 + Q_2 + Q_3 + Q_4 + Q_5 + Q_6 \tag{5-12}$$

式中，Q 表示燃料燃烧输入锅炉的热量；Q_1 表示锅炉有效利用热，包括锅炉中水或汽吸收的热量；Q_2 表示锅炉的排烟热损失；Q_3 表示气体未完全燃烧热损失（或称物理热损失）；Q_4 表示固体未完全燃烧热损失（或称化学热损失）；Q_5 表示散热损失；Q_6 表示灰渣物理热损失，量小可忽略。

则锅炉的能量有效利用率 η 可用下式计算

$$\eta = \frac{Q_1}{Q} \times 100\% \tag{5-13}$$

由图 5-2 可见，煤燃烧产生的能量中只有 73.2% 转移到人们期望的蒸汽中，另一部分约占 26.8% 的能量通过多种形式转移到了环境中（即损失掉了）。分析发现，损失掉的能量中，17.2% 由锅炉烟气带走，不完全燃烧损失能量占 9.1%，锅炉散热损失占 0.5%。因此，能量守恒分析指明了节能的基本方向，即尽量减少那些转移到体系之外（即环境中）的能量。具体节能方法包括：

1) 减少排烟损失。包括控制适当的空气过量系数，强化对流传热；考虑锅炉改造，增设省煤器或空气预热器；如果不方便增设，考虑采取高效烟气余热回收装置，如高效热管热交换器，可预热助燃空气或预热补给软水。但需作全面经济核算，以判断哪种节能措施的经济效果最佳。

2) 改进锅炉结构和燃烧方式，以提高燃烧效率，减少不完全燃烧损失。具体方法包括：空气量充足，并能与燃料充分接触；燃烧空间足够大，使燃料在炉内有足够的停留时间而能完全燃尽；炉膛有足够高的温度使燃料着火。

3) 加强锅炉隔热保温措施，以减少热损失。

从宏观层面，可通过对锅炉运行加强管理和采取高新技术来实现锅炉节能，具体方法如下：

1) 推行集中供热，发展热电联产（属于工艺节能）。单纯火力发电的能源利用效率为40%，而热电（冷）联产的能源利用效率可提升为80%。

2) 加强运行管理，堵塞浪费漏洞（属于管理节能）。具体管理措施包括：①做好燃料供应工作，不同的锅炉供应不同规格的煤（主要是粒度和含水量，以链条炉为例，煤粒度应为6~15mm）；②严格给水处理，防止锅炉结垢；③清除积灰，提高传热效率；④防止锅炉超载，保持稳定运行；⑤加强保温，防止漏风、泄水、冒汽；⑥提高入炉空气温度，一般入炉空气温度增加100℃，可使理论燃烧温度升高30~40℃，可节约燃料3%~4%。

3) 采用新设备和新技术（属于设备节能和控制节能）。具体节能技术有：①锅炉（炉窑）富氧燃烧技术；②链条炉分层燃烧技术；③链条炉宽煤种喷粉复合燃烧技术；④循环流化床锅炉节能技术；⑤采用蒸汽蓄热器，保证锅炉在最佳工况下运行，可比采用前节能5%~15%；⑥设置冷凝水回收装置，减少锅炉一次供水量，节能效果可达25%以上；⑦采用高效热管热交换器来回收烟气余热，余热回收效率达26%以上，锅炉热效率可提高3.1%以上；⑧采用真空除氧器，比热力除氧器节能50%以上；⑨采用新型节能保温材料，减少炉壁和管道热量损失。

下面重点介绍两种实用性强且效果显著的锅炉节能技术，即链条炉分层燃烧节能技术和循环流化床锅炉节能技术。

(1) 链条炉分层燃烧节能技术　链条炉是国内使用最广泛的火床锅炉，大量用于工业领域，这些锅炉在实际运行中燃烧效率只有70%~80%，锅炉的低效性使企业内部能耗高、成本高。在链条炉中，可通过调节煤闸板的高度来调节煤层的厚度，空气从炉排下方自下而上进入，通过调节各风门开度来实现分段送风，达到较好的燃烧工况。

该炉型存在的主要问题是：实际使用中出力不足，不适应负荷剧烈变化，锅炉热效率较低，炉渣含碳量偏高，炉排漏煤量大；由于煤的落差比较大，造成仓内颗粒分配不均，两侧煤块多，中间细煤多，导致煤层通风不均，火床燃烧不均匀，燃烧工况不佳。

在链条炉运行调节过程中，主要调节送风量和炉排速度，而调节送风量对负荷变动最为灵敏。由于火床燃烧的温度很高，燃烧的反应速度取决于空气的供应量，增加送风量可提高风速，就能使燃烧加快，并使出力立即增大，反之亦然。因此，应研究煤层分布，寻求同等煤层厚度下风阻最小的布置方式，从而使调节送风量对负荷变动更为灵敏，以达到更好的节能效果。

由流体力学及空气动力学可知，颗粒大小不一的煤粒混合时，理想火床分布形式是大煤粒在下，自下而上煤粒逐渐变小。这种形式使煤面分层间距加大，透风阻力减小，同时较大颗粒的煤块被空气包裹的面积增大，更利于燃烧。可见，较大颗粒在下，不仅降低了鼓风机、引风机风压，减小了电能消耗，而且减少了炉排漏煤损失，对燃烧工况的改善较大。

分层燃烧技术便于在传统闸板式给煤链条炉上进行实践，因而近年来得到了广泛应用。分层燃烧也是国家重点推广的新型节能环保技术，有效地解决了目前链条炉普遍存在的煤种适应性差、出力不足、炉渣含碳量高、冒黑烟等问题。

分层燃烧是通过一台特殊的筛分装置来实现的，如图5-3所示。该装置的外形尺寸和原煤斗相同，内部设置连续转动的转辊，动力源自于锅炉主轴，该转辊主要用来疏松、搅动原煤，便于原煤下落。转辊上部设有防漏煤板，同转辊一起来限制给煤量。筛分装置使原煤颗粒有规律地铺撒在炉排上，即大颗粒在下面、中颗粒在中间、小颗粒在上面，并且原煤颗粒之间保持一定间隙，从而形成一种松散、分层、透风空隙大的煤层结构，有效地避免了炉排上出现火口和燃烧不均的现象，进而提高了煤层的燃尽速度，杜绝拉火现象，提高了锅炉燃烧效率。

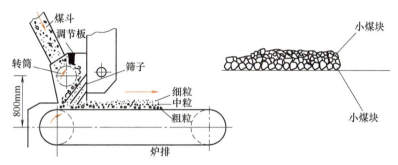

图 5-3 单辊式分层燃烧装置结构示意图

分层燃烧包含三项内容，一是分层的煤进入燃烧状态后由上而下逐层燃烧，分层的煤层通风好，燃烧温度高；二是煤层的燃烧过程包括动力燃烧、过度燃烧和扩散燃烧三个阶段，这三个阶段随着燃烧条件和燃烧工况的变化而变化；三是强化燃烧室内悬浮可燃物燃烧。

分层燃烧技术的基本特征可概括为：①均匀给煤，在锅炉炉排上燃烧的煤的颗粒度基本一致；②动力给煤，在煤仓向炉排给煤的工艺流程中增加了动力给煤装置——给煤机，其作用是减小落煤压力，变密实煤层为松散煤层；③分层给煤，使炉排上的煤层颗粒由大到小自下而上铺撒；④强化悬浮燃烧物燃烧，采用二次风或蒸汽助燃及炉拱的配合，强化悬浮在燃烧室内的微粒煤、挥发分和其他可燃气体完全燃烧；⑤分层燃烧，分层煤进入燃烧室后，必须由上而下逐层燃烧起来。

随着人们节约能源、保护环境等意识的加强，链条炉的分层燃烧技术在生活中得到了越来越广泛的应用。在应用实践中发现，这项技术具有以下优越的特点：

1）对煤种的要求有所降低，提高了对煤种的适应性。

2）点火方便，能改善着火条件，使锅炉升温升压变快，增强了对锅炉负荷变化的适应性。

3）减少漏煤量，通风性好，燃烧充分，使炉渣含碳量大幅度下降，降低了不完全燃烧损失。

4）通风阻力小，减少漏风量，降低了排烟损失，从而提高锅炉热效率，同时也提高了锅炉出力，即使燃用劣质煤也可达到或接近额定出力。

5）提高燃烧效率，降低灰渣中可燃物的含量，达到节煤的效果。使用该装置后锅炉效率一般可提高 8%～12%，炉渣含碳量可以降低 10% 左右，炉膛温度可以提高 50～100℃。满负荷运行半年左右，仅节约燃料费用一项即可收回全部设备的改造费用。

6）分层给煤装置故障率低，使烧损挡渣器的现象从根本上消除，节省了锅炉维修费用。

7）消除了煤斗两侧煤块多而中间煤粉多的不均匀给煤状态，达到均匀分层布煤的效果。

8）由于炉排表面煤层燃烧时保持平衡，免除了司炉人员捅火的繁重体力劳动，为锅炉自动化运行创造了有利条件。

9）燃料得到了更充分的燃烧，减少了烟尘及有毒气体的排放，减轻了环境压力。

分层燃烧技术虽然有很强的优势，但在使用中也有负面影响，其不可避免地增加了设备的初投资和日常运行费用，扩大了设备的占用面积。

当用户选择了适合本单位具体工况的分层分行给煤装置后，在其他条件不变的情况下，与普通煤斗相比，平均可节煤10%，投资回收期一般在两个连续运行月之内，炉渣含碳量、鼓引风电耗、排烟浓度均有不同程度的下降。具体节煤效果对比见表5-1。

表5-1 分层燃烧节煤效果对比

锅炉吨位/(t/h)	小时煤耗/(t/h)	日煤耗/t	日节煤/t	煤均价/(元/t)	日节费用/元
6	1.4	33.6	3.36	380	1276
10	2	48	4.8	380	1824
20	3	72	7.2	380	2736
30、45	5	120	12	380	4560
60、130	12	288	28.8	380	10944

分层燃烧技术自1993年开始应用于正转链条锅炉领域，经过20多年的发展，已由单辊式分层给煤机发展到目前最先进的三辊式分层分行给煤装置。

1）单辊式给煤装置。该装置属第一代装置（见图5-4），构造比较简单，有一定的节煤效果，但分层后的煤层表面不平整，煤层厚度控制板的布置不太科学，无论煤层厚度控制板在哪个位置，总有一部分原煤是靠拨煤辊上的拨煤条拨转下去的，而另一部分原煤却是靠其自重落下，这样前者的下煤量可得到控制，而后者的下煤量会失去控制，造成炉排上的煤层厚度不一，甚至出现垄沟现象。雨季时，由于煤比较潮湿，拨煤辊上的拨煤条很难有效地拨出原煤。在冬季，冻煤块会在拨煤处打滑，从而造成炉排断煤或出现燃煤滞留的"死区"现象。

2）双辊式给煤装置。双辊式给煤装置（在图5-5中去掉湿煤搅拌辊2后所剩余部分）是

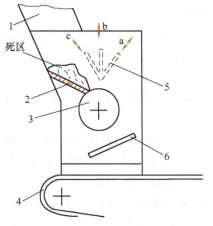

图5-4 单辊式分层燃烧装置结构示意图
1—下煤筒 2—防漏煤板 3—拨煤辊
4—炉排 5—煤层厚度控制板 6—筛分器

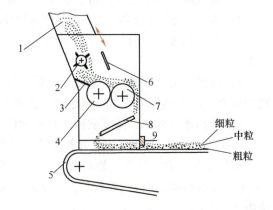

图5-5 三（双）辊式分层燃烧装置工作示意图
1—下煤筒 2—湿煤搅拌辊 3—防漏煤板
4—移煤辊 5—炉排 6—倾斜式煤层厚度控制板
7—拨煤辊 8—筛分器 9—防漏风活动翻板

在单辊式的基础上发展而来的,较单辊式横向增加了一根移煤辊,其作用是承接下煤筒或电动翻斗的供煤,并将其平行移位到拨煤辊上。该结构增大了燃煤与转辊之间的接触面积,使得煤层闸板可以布置在拨煤辊垂直轴线的延长线上,弧顶燃煤受到煤闸板的有效控制,消除了单辊式设备无法克服的"燃煤自流"现象。

3) 三辊式给煤装置。三辊式分层燃烧装置(图5-5)标志着分层燃烧技术不断得到改进和完善。它是在双辊的基础上增加了第三根转辊,即湿煤搅拌辊2。湿煤搅拌辊的上面设置破碎齿,可以对湿煤实施强制搅拌,使原煤下落不再单靠自重,而是靠不断施予的机械外力,有效避免了湿煤的沉积。湿煤搅拌辊可将冻煤块有效破碎,使下煤始终保持均匀连续,从而保证正常燃烧。因此,三辊式分层燃烧装置从根本上解决了分层燃烧惧怕使用湿煤和冻煤的顽症。三辊式给煤装置是目前发展最完善、应用最多的分层给煤装置。

4) 钢筋条式筛分器。钢筋条式筛分器是筛分器的最初形式,相同直径的圆钢按疏密两种间隔做成两个排面,上密下疏地搭接起一个整体排面,双层筛体将炉排上的燃煤按下大上小的顺序筛分出三个层面。其节能效果及应用范围与渐扩渐缩式筛分器、波峰波谷式筛分器和可变形组合式筛分器有明显的差距。

5) 渐扩渐缩式筛分器。渐扩是指燃煤经过筛分器时,其漏煤间隙逐渐均匀扩大,渐缩是指构成筛分器的每根筛条按燃煤走向由宽逐渐均匀缩小,其分层机理等同于钢筋条式,但筛分出的煤层不仅是固定的三层,而是无数层,

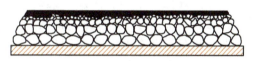

图 5-6 分层布煤剖面图

整个煤层断面呈底部大粒、上部小粒均匀的递减趋势(在拨煤辊落煤均匀的前提下),上部表面被最细小的煤颗粒覆盖成为一个平面,如图5-6所示。

6) 波峰波谷式筛分器。波峰波谷式筛分器一改渐扩渐缩式筛分器将煤层上表面筛分出一个平面的形式,而是把煤层的上表面沿炉排宽度方向布置成均匀的波峰波谷形式,自炉前看去,像垄沟垄台一样分行排列,如图5-7所示,其煤层的上表面积较炉排的有效面积增加了20%~40%。

7) 可变形组合式筛分器。可变形组合式筛分器是将上述渐扩渐缩式筛分器和波峰波谷式筛分器的结构与功能集合于一体(相当于两套筛分器)。所谓可变有两种含义,一是指当用户

图 5-7 分层分行布煤剖面图

煤种发生变化时,在不停炉的前提下,几分钟之内可将其在分层布煤(渐扩渐缩式筛分器形式)与分层分行布煤(波峰波谷式筛分器形式)间互相切换;二是指当按波峰波谷式筛分器运行时,通过调整筛分器还可改变相邻或全部波峰之间的距离(周波),块多处增大周波,加大燃煤的堆积密度,粉多处增大峰谷间高差,以减小通风阻力,此调整可有效弥补炉排各区间块粉不均、风阻不一所带来的缺陷,为细化调整燃烧提供了手段。

(2) 循环流化床锅炉节能技术 循环流化床锅炉是20世纪80年代才获得规模化发展的燃煤锅炉炉型,是一种新型、高效、低污染的清洁燃煤设备。它具有煤种适应性强、负荷调节范围大、燃烧稳定、脱硫成本低、分级燃烧、有效降低碳氧化合物排放、灰渣综合利用等优点。特别适用于燃用高灰分、低挥发分等其他燃烧设备难以适用的劣质燃料,以及负荷

要求较高、负荷波动较大的场合。因此，循环流化床技术是国际上公认的商业化程度最好的洁净煤技术之一。

我国的煤种多且分布较广，有很大一部分是劣质煤及难燃型煤。层燃炉燃用此类煤种时，存在着火困难、负荷量不足、燃烧效率低等问题，难以满足用户的需要。而循环流化床锅炉为流化燃烧方式，燃料适应性较强，可燃用烟煤、褐煤、无烟煤、煤矸石等，很好地解决了上述问题。因此，我国对流化床锅炉的发展提出了迫切的要求。

1988年，我国第一台蒸发量为10t/h的循环流化床工业锅炉通过产品鉴定，并投入批量生产。1989年，国内第一台35t/h循环流化床发电锅炉通过了技术鉴定。之后，各种循环流化床锅炉逐渐向大型化发展。从20世纪90年代开始，国家有关部门组织建设了完善化的75t/h循环流化床锅炉示范工程，此后相继成功开发了130t/h、220t/h、410t/h、440t/h、480t/h、670t/h、1025t/h循环流化床锅炉。目前，采用国内技术的循环流化床锅炉的可用率、可靠性、热效率均已达到国际先进水平，普遍优于引进技术，并积累了大量的实践经验，使我国成为世界上拥有循环流化床锅炉最多、技术示范广泛的国家。

经过20余年的发展，循环流化床锅炉作为高效低污染的首选新型燃烧设备，已被广泛应用于电力、石油、化工及垃圾处理等领域，带来了巨大的经济效益和社会效益。

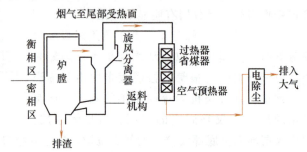

图5-8 循环流化床锅炉系统构成示意图

1）循环流化床锅炉的结构和类型。循环流化床锅炉具有布置合理、结构紧凑的优点，其系统构成如图5-8所示，一般分为两部分：第一部分由炉膛（流化床燃烧室）、气固分离设备（分离器）、固体物料再循环设备（返料装置、返料器）和外置热交换器（有些循环流化床锅炉没有该设备）等组成一个固体物料循环回路；第二部分为尾部对流换热烟道，布置有过热器、再热器、省煤器和空气预热器等余热回收设备。

根据物料分离器的结构和布置，循环流化床锅炉可分为外循环锅炉（见图5-9）和内循环锅炉（见图5-10）。物料分离器采用立式旋风分离器且布置在炉膛外部的称为外循环锅炉。物料分离器采用水冷蜗壳卧式且布置在炉膛上部的称为内循环锅炉。内循环锅炉的分离器由膜式壁构成并布置在炉膛内部，为了最大限度地降低磨损，在分离器上覆盖有耐磨材料。然而这样会造成辐射面积减少，吸热效率降低。为了补偿这部分损失，在炉膛底部密相区设置埋管。锅炉在运行中，煤粒对埋管的磨损十分严重，埋管外的防磨

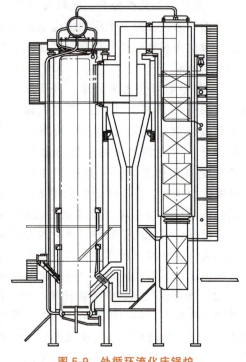

图5-9 外循环流化床锅炉

筋一般 0.5~1 年就要重置，埋管发生爆管的概率比较大。因此，根据循环流化床锅炉的使用情况，一般蒸汽量在 20t/h 以下的锅炉选内循环锅炉，20t/h 以上选外循环锅炉。内、外循环流化床锅炉性能比较见表 5-2。

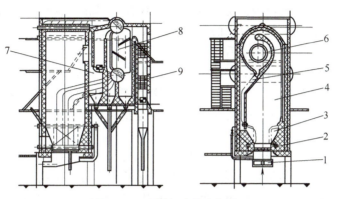

图 5-10 内循环流化床锅炉

1—一次风 2—给煤口 3—二次风 4—炉膛 5—返料系统 6—分离器 7—U 形烟道 8—对流管束 9—省煤器

表 5-2 内、外循环流化床锅炉性能对比

	内循环	外循环
分离器结构	膜式壁涡壳卧式	旋风分离立式
炉膛面积	较大,点火较难	小,点火易
有无埋管	有、有磨损	无
水冷壁管	膜式壁	光管
负荷调节	较高	高
维修周期	0.5~1 年	5~5.5 年
压火	长	短

2) 循环流化床锅炉的工作原理。典型的循环流化床锅炉的工作原理如图 5-11 所示，基

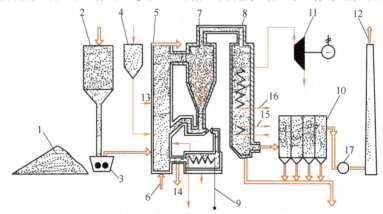

图 5-11 典型的循环流化床直流锅炉的工作原理图

1—煤场 2—燃料仓 3—燃料破碎机 4—石灰石仓 5—水冷壁 6—布风板底下的空气入口 7—旋风分离器
8—锅炉尾部烟道 9—外置式热交换器的被加热工质入口 10—布袋除尘器 11—汽轮发电机组 12—烟囱
13—二次空气入口 14—排渣管 15—省煤器 16—过热器 17—引风机

本工作流程是：煤和脱硫剂被送入炉膛后，迅速被大量惰性高温物料包围，着火燃烧，同时进行脱硫反应，并在上升烟气流的作用下向炉膛上部运动，对水冷壁和炉内布置的其他受热面放热；粗大粒子进入悬浮区域后在重力及外力作用下偏离主气流，从而贴壁下流；气固混合物离开炉膛后进入高温旋风分离器，大量固体颗粒（煤粒、脱硫剂）被分离出来再送回炉膛，进行循环燃烧；未被分离出来的细粒子随烟气进入尾部烟道，以加热过热器、省煤器和空气预热器，最后经除尘器除尘后排向大气。

从循环流化床锅炉的工作原理可以发现，循环流化床锅炉燃烧必须具备三个条件：①要保证一定的流体速度，且要保证物料粒度处于适当的、使床层维持在快速流区域的粒度；②要有足够的物料被分离出来；③要有物料回送，以及完善的措施以维持物料的平衡。

循环流化床锅炉是一种新型燃用固体燃料的锅炉，与其他燃用固体燃料的锅炉最主要的区别是，其燃料（包括惰性炉料）颗粒处于流态化的反应与热交换过程，物料在炉膛内不断聚集、沉降、吹散、上升又再聚集，使循环床中的气体与固体粒子间发生剧烈的热量和质量交换，形成炉内的热介质循环。

在燃煤循环流化床锅炉中，燃烧系统的具体运行过程如下：燃料煤首先被加工成一定粒度范围的宽筛分煤，然后由给煤机经给煤口送入循环流化床密相区进行燃烧，且流化速度较高，小颗粒被吹起很多，其中许多细颗粒物料将进入稀相区（衡相区）燃烧，在稀相区产生很高的颗粒浓度，并有部分随烟气飞出炉膛。飞出炉膛的大部分细颗粒由固体物料分离器分离后经返料器送回炉膛，再参与燃烧，加大可燃物燃烧深度。可见，循环流化床锅炉燃烧在整个炉膛内进行，而且炉膛内具有很高的颗粒浓度，高浓度颗粒通过床层、炉膛、分离器和返料装置，再返回炉膛，进行多次循环，颗粒在循环过程中进行燃烧和传热。简单地说，有大量物料在炉膛→分离器→返料器→炉膛之间循环，这就是循环流化床锅炉燃烧区域二相流的重要特征。燃烧过程中产生的大量高温烟气，流经过热器、省煤器、空气预热器等受热面后，进入除尘器进行除尘，最后由引风机排至烟囱进入大气。

循环流化床锅炉的床温一般控制在 850~900℃。送入布风板下的一次风是用来流化物料的，而二次风则沿炉墙从不同高度送入（分级送风）。床的惰性物料（床料）在任何时候都占全部床内固体物的 97%~98%，碳的质量分数仅占 1.95%~2.18%，因而可以将燃烧温度控制在 850~900℃，以保持稳定和高效的燃烧。床内 98%以上惰性热物料的巨大热容量及流态化燃烧过程，使得燃烧强度增大，其炉膛面的热强度可达 3~8MW/h，炉膛容积热强度可达 $1.5~2MW/m^3$，是煤粉炉的 8~11 倍。因此，与同等功率的其他锅炉相比，循环流化床锅炉的容积、金属耗量都小得多。

循环流化床锅炉具有以下燃烧特点：①低温的动力控制燃烧。由于循环流化床燃烧温度较低，一般在 850~900℃之间，其燃烧反应控制在动力燃烧区内，并有大量固体颗粒的强烈混合，燃烧效率可达到 98%~99%。②高速度、高浓度、高通量的固体物料流态化循环过程。循环流化床锅炉内的物料参与了两种循环，即炉膛内部的内循环及由炉膛、分离器和返料装置所组成的外循环，整个燃烧过程及脱硫过程都是在这两种循环运动过程中逐步完成的。③高强度的热量、质量和动量传递过程。在循环流化床锅炉中，可以人为改变炉内物料循环量，以适应不同的燃烧工况。

循环流化床锅炉的传热是极其复杂的过程，不仅涉及导热、对流、辐射三种基本传热方式,而且传热过程也受到同时存在的燃烧过程、气固流动过程及诸多运行参数操作过程的强烈影响。一般认为,近壁处颗粒或颗粒团非稳定导热是传热的主要部分,在燃烧室上部燃烧区域也占相当份额,而气体对流换热比例相对而言要小得多。若运行于较低气流速度及床内颗粒浓度很高时,对流换热可忽略不计。因此,炉膛中固体颗粒浓度是影响传热的最主要因素,其次,传热还与床温和换热表面的纵向长度有关。循环流化床的总传热系数 K 值由实验得到,一般在 $100\sim200W/(m^2\cdot℃)$ 之间,其值随床内颗粒密度的变化而变化,密度越高 K 值越大。

3) 循环流化床燃烧技术的特点。循环流化床燃烧技术作为一种成熟的高效低污染清洁煤利用技术,具有以下优点:

① 燃料适应性强。循环流化床锅炉的炉膛中存在大量由固体颗粒构成的床料,这些炽热的固体颗粒可以是沙子、砾石、石灰石及煤灰。加入的燃料按质量分数计算只占床料总量的 $1\%\sim3\%$。由于循环流化床是快速床,不会在运行工况中出现气泡,炉膛内温度能均匀地保持在850℃左右,加入炉膛中的燃料颗粒被迅速加热到炉膛温度并着火燃烧,因而循环流化床不需辅助燃料。实际运行中其不仅能燃烧烟煤、无烟煤、贫煤、褐煤,而且造气炉渣、煤矸石等劣质燃料也能很好地在其中燃烧。

② 锅炉的效率高。循环流化床锅炉具有循环分离装置,加之生产厂家对分离装置的不断改进和完善,使得分离器的效率高达99%以上,因而该类型锅炉的热效率达到85%以上,燃烧效率在98%以上。

③ 锅炉负荷调节范围宽。从国内循环流化床锅炉用户的运行情况来看,该炉型可在 $30\%\sim110\%$ 设计负荷范围内运行,蒸汽温度、蒸汽压力均能保持在正常范围。

④ 锅炉的密封可靠。国内生产厂家大多采用全密封的膜式水冷壁,取消了原有的膨胀缝,这样既提高了锅炉的效率,又大大改善了操作人员的工作环境。

⑤ 锅炉的防磨措施可靠。由于国内循环流化床锅炉不断发展,原来让人们头疼的磨损问题现已基本解决,从而使循环流化床锅炉的连续运行时间达到了4000h。国内600多台循环流化床锅炉的运行情况表明,目前采用的一些防磨措施如喷涂、设计预防、密排销钉加耐磨材料、加装金属防磨片瓦、采用合理的管子避让等方法都比较可靠。

⑥ 脱硫效果好。一般燃煤锅炉排烟中含有大量二氧化硫气体,进入大气后将严重污染环境。为了减少烟气中的二氧化硫含量,需要用价格昂贵的烟气脱硫装置,或在燃烧过程中加入脱硫剂(如石灰石)。而循环流化床锅炉是低温燃烧,对脱硫非常有利,且循环流化床锅炉的分离器效率高,脱硫剂颗粒可以很细,再加上物料循环使脱硫剂得以循环利用,因此大大降低了二氧化硫的排放量,达到了环保要求。

⑦ NO_x 排放量低。烟气中的 NO_x 按其生成机理可分为热力型、快速型和燃料型。热力型 NO_x 是燃烧所用空气中的 N_2 在高温时氧化生成的;快速型 NO_x 是燃料燃烧分解时所产生的中间产物与氮气反应生成的;燃料型 NO_x 是燃料中所含的有机氮化合物在燃烧时氧化生成的。在燃煤炉的烟气中,快速型占 NO_x 的总量较少,一般在5%以下,因此主要是热力型和燃料型 NO_x,而它们与燃烧温度有关,温度越高其生成量越大。循环流化床的炉膛温度一般在850℃左右,此时生成的热力型 NO_x 已较少,再加上合理组织分段送风和分段燃烧,可以有效地减少燃料型 NO_x 的生成。

⑧ 床内不布置埋管受热面。循环流化床锅炉的床内不布置埋管受热面,因而不存在埋

管受热面磨损的问题。此外，由于床内没有埋管受热面，起动、停炉、结焦处理时间短，并且长时间压火之后可直接起动。

⑨ 易于实现灰渣综合利用。循环流化床燃烧过程属于低温燃烧，同时炉内优良的燃烧条件使得锅炉的灰渣含碳量低，活性好，可作为水泥的掺和料或建筑材料，同时低温烧透也有利于灰渣中稀有金属的提取。

⑩ 循环流化床锅炉尽管有上述诸多优点，但也存在一些不足：循环流化床的一次风从底部喷出，需要依靠风使燃料保持沸腾状态，因此需要较大的出力；循环流化床的运行维护比较麻烦，不如煤粉炉那么便利；与煤粉炉相比，循环流化床更容易结焦；循环流化床的炉膛磨损严重，锅炉密封也往往不太好。

4) 循环流化床燃烧运行的注意事项。根据循环流化床锅炉的长期运行经验，该锅炉在运行时要特别注意以下事项：

① 做好煤质分析。每一批次的煤都应进行煤质分析，还要观察其粒度情况，不同的煤不要混放。循环流化床锅炉虽然对煤种的适应性强，但不同的煤种对应的调节方法各不相同，操作人员必须根据当班使用的煤质进行调节。如果更换煤种，还要预见性地进行调整，以适应新煤种的燃烧需求，保证锅炉无波动正常运行。循环流化床锅炉对煤质的反应比较敏感，当发现炉况波动时，再去分析是否改变了煤种，然后再去调节，已经来不及了，轻者造成炉况大的波动，重者有可能造成结焦、停炉。

② 防止结焦。结焦是循环流化床锅炉运行中的常见现象，特别是初次使用，在点火时更容易发生。根据操作经验，防止结焦有以下措施：首先是防止点火时结焦。底料碳的质量分数一定要在3%以下，并且要细一点，最好是掺部分黄沙；风量应开到冷态试验时提供的能使底料完全沸腾的最小风量；投料要得当，当温度升到投料温度时（烟煤≥550℃，无烟煤≥600℃）采取脉冲投料，连续三次，每次投料时间不超过30s，如果温度继续上升，说明投料成功；当温度达到800℃以上时，关闭助燃源，转入正常运行。特别要注意的是第一次试投料，如果温度不升反降，应立即停止投料，防止底料残炭过高，待温度恢复后再进行第二次试投料。其次是防止运行时结焦。在正常运行时炉膛不容易结焦，结焦多是由煤种的改变和没有及时调节所造成的，也有可能是装置的故障造成的，如风帽损坏、浇筑料脱落、机械故障等。

③ 压火后再起动时注意防爆。如果系统外需要短时间停炉，可采用压火停炉的方式进行操作。压火就是关闭所有进口风门、关停鼓风机和引风机。开车时利用炉膛内储蓄的热量将锅炉起动，无需重新点火。由于停炉时炉膛内聚集大量的煤气，起动锅炉时一定要特别注意，先起动引风机3~5min，将炉内煤气抽出，再开鼓风机，否则容易引起爆炸等安全事故。

④ 防止分离效率下降。首先检查是否漏风、窜气，如有漏风和窜气问题应及时解决；检查分离器内壁磨损情况，若磨损严重则需修补；检查燃煤粒度和流化风量，应使流化风量与燃煤粒度相适应，以保证一定的循环物料量。

实际运行情况表明，循环流化床锅炉不但具有较高的燃烧效率（达97%以上），而且具有较好的脱硫效果。以130t/h、220t/h、410t/h循环流化床锅炉测算（按年运行5000h、脱硫效率80%），每台锅炉每年可分别燃用劣质煤12万t、19万t、35万t，分别减排二氧化硫2784t、4560t、8502t，节约脱硫费用分别为222万元、364万元、680万元；由于循环流化床锅炉比煤粉炉的辅助设备少、投资少，因而综合经济效益较好。

2. 泵与风机变频调速节能技术

在工业生产和产品加工制造业中，风机、泵类设备应用范围广泛。通常风机设备主要用于锅炉燃烧系统、烘干系统、冷却系统、通风系统等场合，根据生产需要对炉膛压力、风速、风量、温度等指标进行控制和调节，以适应工艺要求和运行工况。最常用的控制手段是调节风门、挡板的开度来调整受控对象。这种情况下，不论生产需求大小，风机都要全速运转，而运行工况的变化使能量以风门、挡板的节流损失形式消耗掉了。在生产过程中，不仅控制精度无法保障，而且还会造成能源浪费和设备损耗。从而导致生产成本增加，设备使用寿命缩短，设备维护、维修费用居高不下。

泵类设备在生产领域同样有着广阔的应用空间，如提水泵站、水池储罐给排水系统、工业水（油）循环系统、热交换系统等均使用离心泵、轴流泵、齿轮泵、柱塞泵等设备。根据不同的生产需求往往采用调节阀、回流阀、截止阀等节流设备进行流量、压力、水位等参数的控制。这样不仅会造成大量的能源浪费，以及管路、阀门等的密封性能降低，还加速了泵腔、阀体的磨损和汽蚀，严重时还会损坏设备、影响生产、危及产品质量。

风机、泵类设备多数采用异步电动机直接驱动的方式运行，存在起动电流大、有机械冲击、电气保护特性差等缺点。这不仅影响设备的使用寿命，而且当负载出现机械故障时不能瞬间动作保护设备，时常出现泵损坏的同时电动机也被烧毁的现象。据不完全统计，全国风机、水泵、压缩机共配有4200万台电动机，用电量占全国总发电量的40%~50%，其电能消耗和阀门、挡板相关设备的节流损失，以及维护、维修费用占企业生产成本的7%~25%。这些设备的驱动电机的电能利用率大多较低，若将这些电动机的电能利用率提高10%~15%，全年可节电300亿 kW·h 以上。

众所周知，在通风或供水系统中，风机和水泵的功率都是根据最大流量设计的，而使用中实际流量随各种因素（如季节、温度、工艺、产量等）的变化而变化，往往比设计的最大流量小得多。通常情况下，流量调节只能通过调节阀门、挡板的开度，即通过关小和开大阀门、挡板来实现。当所需流量调小时，管网内的流体压力反而增大，而此时电动机的轴功率基本不变，部分电动机功率消耗于管网的扬程（压头）增加（这是无谓的消耗）。可见，阀门、挡板调节流量（即节流调节）时，实质上是通过改变管网阻力来实现的，是一种不节能的调节方式。

20世纪80年代初发展起来的变频调速技术，正是顺应了工业生产自动化发展的要求，开创了一个全新的智能电动机时代。变频调速技术一改普通电动机只能以定速方式运行的陈旧模式，通过调速控制装置改变电动机转速，使得电动机及其拖动负载在无须任何改动的情况下即可按照生产工艺要求调节输出，从而降低电动机功耗，达到系统高效运行的目的。加之变频调速器（简称变频器）易操作、免维护、控制精度高，并可实现多功能化等特点，因而采用变频器的控制方案正逐步取代风门、挡板、阀门的控制方案。

交流电动机的调速方式有多种，变频调速是最佳的调速方案，可以实现风机、水泵的无级调速，并可方便地组成闭环控制系统，实现恒压或恒流量控制。目前，变频调速技术已经成为现代电力传动技术的一个主要发展方向。变频调速技术具有诸多优点，如卓越的调速和起动性能，高功率因数和显著的节电效果，能够改善现有设备的运行工况，提高系统的安全可靠性和设备利用率，延长设备使用寿命，适用范围广泛等，被认为是最有发展前途的调速方式。

风机、泵类等设备采用变频调速技术是我国节能的一项重点推广技术,受到政府部门的普遍重视,《中国节能技术政策大纲》中把泵和风机的变频调速技术列为国家"九五"计划重点推广的节能技术项目。实践证明,变频技术用于风机、泵类设备调速控制具有显著的节电效果,是一种理想的调速控制方式,既满足了生产工艺要求,又提高了设备效率,并大大减少了设备维护、维修费用,还缩短了停产周期,直接和间接经济效益十分明显,设备一次性投资通常可在 9~16 个月内全部收回。

(1) 变频调速技术的工作原理 根据泵和风机的比例定律(也称为相似定律),流体的流量 q 与叶轮转速 n 的一次方成正比,即

$$q/q_e = n/n_e \tag{5-14}$$

输送流体的扬程(全压)H 与叶轮转速 n 的二次方成正比,即

$$H/H_e = (n/n_e)^2 \tag{5-15}$$

电动机消耗的功率 P 则与叶轮转速 n 的三次方成正比,即

$$P/P_e = (n/n_e)^3 \tag{5-16}$$

式 (5-14)、式 (5-15)、式 (5-16) 中的 q、n、H 和 P 分别表示流量、转速、扬程和功率,下标"e"均表示额定工况参数。

由上面的公式可知:当叶轮转速减小时,输送流体的流量成正比例减少,而电动机功率以三次方的速率下降。采用变频调速技术后,从理论上计算,若转速由 100% 降到 70%,则流量相应降到 70%,扬程降到 49%,而电动机的功率降到 34.3%,即节约电能 65.7%。由此可见,变频调速技术的节电效果非常显著。

由电机学可知,电动机转速 n 与电源频率 f 之间存在如下关系

$$n = \frac{60f}{p}(1-s) \tag{5-17}$$

式中,n 为电动机转速;f 为电源输入频率;s 为电动机转差率;p 为电动机磁极对数。

变频调速就是通过改变供给电动机的工作电源频率达到改变电动机转速的目的。变频器就是基于上述原理采用交-直-交电源变换、电力电子、微电脑控制等技术的综合性电气产品。

(2) 泵与风机变频调速的节电原理 水泵实际扬程 $H(Q, t)$ 是流量 Q 和时间 t 的函数,其大小同工艺要求和设备自身的调节能力有关。在带有调速装置的泵站系统中,$H(Q, t)$ 可按工艺要求(如管网特性要求、生产工艺要求)通过调节水泵转速或开启泵的台数实现。在没有调速装置的情况下,由于水泵自身特性同工艺要求不匹配,泵输出的实际扬程 $H(Q, t)$ 一般会大于工艺要求的扬程,这样将有部分扬程被浪费。水泵轴功率 P 即水泵电耗与出口流量 Q、扬程 H 及泵效率 η 有关,轴功率(输入功率)P 可用下式计算

$$P = \frac{9.81QH}{\eta} \tag{5-18}$$

式中,Q 为水泵流量,单位为 m^3/s;H 为水泵扬程,单位为 m;η 为效率,单位为%。

图 5-12~图 5-14 可以说明泵与风机变频调速的节电原理。在图 5-12 中,N_1 为泵与风机的特性曲线;曲线 1 为泵与风机在给定转速下满负荷即系统阀门全开运行时的阻力特性曲线;曲线 2 为部分负荷即系统阀门部分开启时的阻力特性曲线,即泵与风机克服管路摩擦后,管内压力(或流动阻力)随流量平方的变化曲线。泵与风机的实际运行工况点是泵与

风机的特性曲线与管路阻力曲线的交点。当用阀门控制时，如果要减少流量，就要关小阀门，使阀门的摩擦阻力变大，阻力曲线从 1 变成 2，流量从 Q_1 减小到 Q_2，扬程则从 H_1 升高到 H_2，实际运行工况点从 C_1 移到 C_2。

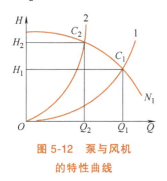

图 5-12　泵与风机的特性曲线

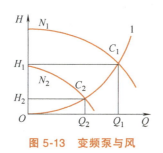

图 5-13　变频泵与风机的特性曲线

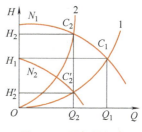

图 5-14　泵与风机变频前后的特性曲线

从图 5-12 可以看出，随着阀门关小，所输送流体的流量虽然减少，但扬程却反而增加，而轴功率与调节前基本相当。若采用变频调速，管路的阻力特性曲线不变，随着电动机转速下降，扬程—流量特性在图 5-13 中由曲线 N_1 变为曲线 N_2，系统实际工况点也由 C_1 变到 C_2，代表轴功率的面积比采用阀门调节时显著减少，两者之差即为节省的轴功率，也就是图 5-14 中的矩形 $C_2H_2H'_2C'_2$ 的面积。

由泵与风机的相似定律可知，当改变电动机转速以改变泵与风机的转速时，如果保持效率不变，则流量 Q、扬程 H、功率 P 与转速 n 存在如下关系

$$\frac{Q_2}{Q_1}=\frac{n_2}{n_1},\frac{H_2}{H_1}=\left(\frac{n_2}{n_1}\right)^2=\left(\frac{Q_2}{Q_1}\right)^2,\frac{P_2}{P_1}=\left(\frac{n_2}{n_1}\right)^3=\left(\frac{Q_2}{Q_1}\right)^3 \tag{5-19}$$

采用变频调速来调节流量时，流量变化引起的功率变化见表 5-3。从表中可以看出，随着流量变化，功率显著下降；同时，扬程下降，进而使噪声将大大降低。这种控制方式可从根本上消除风机、水泵设备由于选型或负荷变化而造成的"大马拉小车"的动力浪费现象，消除了挡板节流阻力，使风机、水泵始终运行在最佳工作状态。如果采用多泵并联恒压变量供水，其中一台泵可使用变频泵，其余采用工频泵，也可两台泵同时采用变频调节。

表 5-3　变频流量风机理论节能效果（%）

Q_2/Q_1	n_2/n_1	H_2/H_1	P_2/P_1
100	100	100.0	100.0
90	90	81.0	72.9
85	85	72.3	61.4
80	80	64.0	51.2
70	70	49.0	34.3
60	60	36.0	21.6
50	50	25.0	12.5

（3）变频调速技术的特性及注意事项　我国变频调速技术的应用已取得显著成绩，主要表现在以下两个方面：

1）变频调速技术的应用已发展到新阶段。以石油、石化、冶金、机械等行业为例，都

经过了单系统试用、大量使用和整套装置系统使用三个发展阶段。如广东某石化公司和九江某石油化工厂现已应用常减压和催裂化变频装置,取得了节能、增产的显著效果。

2)变频调速技术已成为节约能源及提高产品质量的有效措施。很多用户实践证明,变频调速技术的节电率一般在10%~30%,有的高达40%,更重要的是生产中的一些技术难题也得到了解决。例如,包钢1150轧机采用变频装置后,年平均事故时间降至工作时间的0.1%以下,大幅度提高了产品质量和产量,且年节约电费约50万元。

变频调速技术具有以下优良的特性:①在电厂系统运行时,泵与风机采用变频变流量技术,节能效果显著,特别适用于负荷波动较大的系统;②采用变频调速技术后,由于电动机、风机的转速普遍下降,减少了机械摩擦,将延长设备的使用寿命,降低设备的维修费用,同时也降低了风机的噪声;③采用变频调速后,电动机可以软起动,起动电压降减少,大幅度减少了对电网的冲击;④变频调速时平滑性好,效率高,相对稳定性好;⑤变频调速范围较大,精度高,能保证生产工艺稳定,提高产品的质量和产量;⑥变频器体积小,便于安装调试,维修简便。

变频调速技术的缺点是,必须要有专用的变频电源,造价较高,一次投入成本较大。在使用变频调速时,还应注意以下几点:①由于变频器集成度高,整体结构紧凑,散热量大,对于温度、湿度和粉尘含量要求较高,所以提供一个良好的运行环境才能保证变频器的稳定运行;②对于新控设备电动机需长期运行时,需在变频器上加装手动工频旁路装置,以便在变频器出现故障短时间无法恢复时,可切换到工频旁路运行;③变频器的设定参数多,每个参数均有一定的选择范围,使用中常常遇到因个别参数设置不当而导致变频器不能正常工作等问题;④变频调速控制系统是集计算机技术与电力电子逆变技术于一体的新型传动控制系统,为了更好地发挥其功能,维护保养是必不可少的工作。总之,在使用过程中,如果对变频器的性能掌握不全面,会出现各种各样的问题,只有熟悉它的性能及原理,使用起来才能得心应手。

5.2.2 工业余热回收节能技术

在工业生产系统的能量利用过程中,输入系统的总能量可分为可利用的有效能和不可利用的损失能,对有效能的重复利用部分和损失能的回收利用部分统称为可回收的能量,这些能量都是系统排放的能量,因而简称余能。余能可分为载热性余能、压力性余能和可燃性余能。载热性余能即余热,包括各种排汽、工质、物料、产品、废物、冷却水等所携带的热能,如锅炉的烟道气、燃气轮机、内燃机的排气,焦炭、熟料、炉渣等物理热等。压力性余能又称为余压,是指某些排气、排水等有压力或有落差流体的能量。利用流体的余压可以驱动机械做功或发电。可燃性余能是指可以作为燃料利用的可燃物,包括排放的可燃废气、废液、废料等,如高炉气、转炉气、焦炉气、炼油气、油田伴生气、矿井瓦斯气、炭黑尾气、纸浆黑液、甘蔗渣、可燃垃圾等。

余热是在一定经济技术条件下,在能源利用设备中没有被利用的能源,也就是多余、废弃的能源,因而过去常称为废热。它包括高温废气余热、冷却介质余热、废汽废水余热、高温产品和炉渣余热、化学反应余热、可燃废气废液和废料余热,以及高压流体余热等。根据调查,各行业的余热资源总量约占其消耗燃料总能量的17%~67%,可回收利用的余热资源约为余热总资源的60%。

在我国的工业生产过程中,大量的余热都未加以充分利用而白白地浪费掉,如各种炉窑的烟道气(200~300℃)、高炉炉气(约1500℃)、需要冷却的化学反应工艺气(300~1000℃)、高温炼焦炉排出的赤焦(温度高达1000℃)等。而且随着工业的发展和工厂设备的大型化,对动力和电力的需求量增大,工厂排放的余热(废热)量也增大。

在我国的能源消费结构中,工业生产部门消费的能源约占全国总能耗的70%。我国工业生产部门能耗较高的原因,除了产业结构不合理以外,主要还包括生产设备陈旧、生产工艺落后、技术的高科技含量低、能源缺乏综合利用,尤其是缺少余热回收利用装置,即使有余热回收利用装置,设备也比较陈旧或设计不够合理,热效率偏低。另外,我国工业生产系统自动化程度低,工作人员节能意识淡薄,能源管理工作不完善等,也是造成能源浪费的原因。

在我国冶金、石油、化工、轻工、建材、电力等部门的炉窑中,余热资源分布广泛,见表5-4。

表5-4 我国各类工业部门的余热来源

工业部门	余 热 来 源	余热约占部门燃料消耗量的比例(%)
冶金工业	高炉转炉、平炉、均热炉、轧钢加热炉	33
化学工业	高温气体、化学反应、可燃气体、高温产品等	15
机械工业	锻造加热炉、冲天炉、退火炉等	15
造纸工业	造纸烘缸、木材压机、烘干机、制浆、黑液等	15
玻璃搪瓷工业	玻璃熔窑、坩埚窑、搪瓷窑等	17
建材工业	高温排烟、窑顶冷却、高温产品等	40

随着工业的快速发展和能源供求关系的日益紧张,为提高能源利用率,减少能源消耗,并降低产品的成本,各个工业企业不得不开始回收利用过去废弃的余热,用它产生蒸气、热水作为供热、供气和动力的辅助能源,或预热其他物料。我国工业余热种类及主要利用方式见表5-5。

表5-5 我国工业余热种类及主要利用方式

余热种类	形态	回收方式	回收产物	余热用途
产品、炉渣的显热	固体载热	固—气热交换器、固—水热交换器	热风、蒸汽、热水	供热、干燥、采暖、发电、动力、制冷
锅炉、窑炉、发动机的排气	气体余热	余热锅炉、空气预热器、管壳热交换器、热泵	蒸汽、热风、热水	内部循环、干燥、供热、发电、动力、采暖、制冷、海水淡化
工艺过程冷却水	液体余热	热交换器、热泵、蒸汽发生器	热水、蒸汽	锅炉给水、供热、采暖、制冷
副产品可燃气	化学潜热	余热锅炉	燃料、蒸汽、热水	发电、动力、供热、采暖、制冷

余热利用的主要方式有三种:第一种是余热的直接利用,即把余热当作热源使用,如通过燃烧器、热交换器等设备来预热空气、烘干物料、产生热水或蒸汽、进行供热或制冷等;第二种是余热的间接利用(作动力使用),即把余热通过动力机械转换为机械功,带动转动机械或带动发电机转换为电力;第三种是余热的梯级综合利用。其中,余热的直接利用是最

经济、最方便的利用方式,具体利用方式有以下几种:

1) 预热空气或煤气。利用烟气余热,通过热交换器(空气预热器等)预热工业炉的助燃空气或低热值煤气,将热能返回炉内,同时提高燃烧温度和燃烧效率,减少燃料消耗。

2) 预热干燥。利用烟气余热来预热、干燥原料或工件,将热能带回装置内,也可起到直接节约能源的作用。例如,利用电炉的高温废气预热废钢,可降低电炉冶炼的能耗;利用工业生产过程中的排气来干燥加工零部件和材料,如干燥铸工车间的铸砂模型等,还可以干燥天然气、沼气等燃料,在医学上,工业余热还可以用来干燥医疗器械。

3) 生产蒸汽或热水。通过余热锅炉回收烟气余热,产生蒸汽或热水满足生产工艺或生活的需要。温度在40℃以上的冷却水也可直接用于供暖。高温金属构件由水冷改为汽化冷却,产生蒸汽,则可提高余热的利用价值,扩大使用范围。

4) 余热制冷。用低温余热或蒸汽作为吸收式制冷机的热源,加热发生器中的溶液,使工质蒸发,通过制冷循环达到制冷的目的。当夏季热用户减少,余热有富余时,余热制冷不失为一种有效利用余热的途径。

5) 驱动热泵。对不能直接利用的更低温度的余热,可作为热泵系统的低温热源,通过热泵提高其温度水平,然后再加以利用。

余热的间接利用,也可称作动力回收。对于中高温余热,最好使其产生动力,直接作用于水泵、风机、压缩机或带动发电机发电。例如,工业窑炉和动力机械的排烟温度大都在500℃以上,甚至高达1000℃左右,这样就可以装设余热锅炉生产蒸汽,推动汽轮机产生动力或发电;对于中温余热,为提高动力回收效率,宜采用低沸点介质(如正丁烷),按朗肯循环进行能量转换,达到余热动力回收的目的。

余热的梯级综合利用方式是根据工业余热的温度高低而采取的不同方法,以做到"热尽其用",因而它是最有效的余热利用途径。例如,利用高温余热产生蒸汽,通过供热机组取得热电联供的效果;利用有一定压力的高温废气,先通过燃气轮机做功,再利用其排气通过余热锅炉产生蒸汽,进入汽轮机做功,形成燃气-蒸汽联合循环,以提高余热的利用效率,加之使用汽轮机抽气或排气供热,余热经多次利用,更提高了回收利用的效果。

就余热的利用效果来说,余热的梯级综合利用效果最好,其次是直接利用(产生蒸汽、热水和热空气即供热),第三是间接利用(转换为机械功或转换为电力)。在余热的实际利用过程中,要根据余热资源的数量和品位及用户需求,尽量做到能级匹配,同时要遵循"先易后难,效益大者优先"的原则。余热蒸汽的合理利用顺序是:①动力供热联合使用;②发电供热联合使用;③生产工艺使用;④生活使用。余热热水的合理利用顺序是:①供生产工艺使用;②返回锅炉使用;③生活使用。余热空气的合理利用顺序是:①生产使用;②暖通空调使用;③动力使用。

常见的烟气余热利用方式有:①安装热交换器;②安装余热锅炉;③炉底管汽化冷却;④热电联产;⑤制冷。回收后的热量主要用于预热助燃空气、预热煤气和生产蒸汽等。目前,我国冶金企业烟气的余热利用中,高温烟气余热的利用情况较好,而中低温烟气余热的回收利用率较低。各钢铁企业一般只回收利用烟气温度较高的部分,例如用高温烟气预热助燃空气,而对于通过空气预热器后400~500℃的中温烟气,大部分企业则没有加以利用,至于温度更低的300℃以下的低温烟气更是没有得到利用。国外已研究开发利用200℃以下的低温烟气余热用于供暖和制冷。就我国现有的技术水平而言,排入烟囱的烟气合理温度可以达到150~180℃，发达国家排入烟囱的烟气温度可低于100℃。因此，如何利用300℃以下的低温烟气余热是一个急需解决的问题。

1. 余热资源对口回收利用设备

我国余热资源存在于各个工业生产部门，热源载体种类繁多，且热量多少、品位高低、特性等各不相同，从而导致回收余热的设备结构各异、规格也千变万化，但总体上都可归属于余热锅炉、热交换器和热泵三大类。

工业余热（或废热）按照温度等级大体可划分为三类：高温余热，即温度高于600℃，如工业炉窑、冶炼高炉的废气、炉渣的余热；中温余热，即温度介于200~600℃之间，如一般立式、卧式烟火管锅炉的烟气余热；低温余热，即温度低于200℃，如一般机械化燃烧锅炉的烟气、工厂企业的废水、废汽等的余热，这种余热虽然品位低，但余热数量很大。

这种温度等级的划分具有一定的主观性，合理的等级划分应根据某种温度的余热所能产生的最大经济效益来确定，即回收的余热价值应大于所采用的余热回收装置的投资。温度不同即所含热能的品位不同，回收利用的方法和难易程度也不同，尤其高、中温余热不可能一次性充分利用，可进行二级甚至四级利用，如果高温余热直接用作低温热源，同样会造成"大材小用"。因此，应综合考虑经济性和技术性两方面因素，开发余热对口高效回收和梯级综合利用技术及装备，使热能利用效益最大化。

（1）高温余热　工业用燃料一般为碳氢化石燃料，它在大气压下的燃烧装置中燃烧时，最高理论燃烧温度可达1900℃，但在实际装置中测到的火焰温度却在1650℃以下，其原因是二次空气和其他冷却介质进入炉内，从而降低了火焰温度。由于实际燃烧温度低于理论燃烧温度，所以，所排放的高温余热的温度也会相应降低，实际生产过程中的最高余热温度在1100~1200℃之间。常见的高温余热形式有高温气体余热与高温固体余热两类。

1）对于高温气体余热，可采用余热锅炉进行回收，采用余热发电系统更符合能级匹配的原则，也可采用既能回收对流热又能回收辐射热的高温气体用热交换器。余热的综合回收利用，可先用余热锅炉，再用热交换器。对于较低温度烟气的余热，在没有适当热用户的情况下，将余热转换成电能再加以利用，也是一种可以选择的回收方案。

余热发电有以下几种方式：①利用余热锅炉生产蒸汽，再通过汽轮发电机组，按凝汽式机组循环或背压式供热机组循环发电；②以高温余热作为燃气轮机工质的热源，经加压、加热的工质推动燃气轮机做功，在带动压气机工作的同时，带动发电机做功；③采用低沸点工质（氟利昂等）回收中、低温余热，产生的氟利昂蒸汽按朗肯循环在涡轮机中做功，带动发电机发电。

2）高温固体主要有炼焦炉的炽热焦炭、锅炉煤渣、炼钢厂的钢坯及生产或深加工的管件等，这些固体具有较高的余热利用价值。高温固体余热的回收比较困难，要根据实际情况采取对应的回收技术：①对于较小颗粒的高温固体，可采用流态化过程来回收余热；②对于较大块的高温固体，可采用气体热载体进行余热回收，如干熄焦工艺，它是利用惰性气体来冷却炽热的焦炭，再使吸热后的高温气体流进余热锅炉，产生蒸汽发电。

（2）中温余热　由于带中温余热的介质温度不高，余热回收过程中换热设备的温差较小，传热效率必然不如高温余热回收设备，因此，在余热回收过程中必须参考高温余热回收和低温余热回收的技术和装置，才能提高经济效益。中温余热的对口回收利用设备有以下几种：

1）蒸汽锅炉空气预热器。空气预热器是锅炉尾部烟道中的中温烟气通过翅片管将进入锅炉的空气预热到一定温度，用于提高锅炉的入炉空气温度，降低燃料消耗。它多用于燃煤电站锅炉，可分为管箱式、回转式两种。

2）燃气轮机热交换器。燃气轮机由压气机、燃烧室、涡轮机、控制系统和辅助设备组成，是将气体压缩、加热后送入涡轮机中膨胀做功，以连续流动的气体为工质带动叶轮高速旋转，把一部分热能转变为机械能的旋转原动机。涡轮机排出的中温气体可采用热交换器来回收余热。

3）省煤器。省煤器是利用锅炉尾部烟道中的中温烟气来加热锅炉给水的热交换器，它吸收的是中温烟气的余热，降低了烟气的排烟温度，可节省燃料，提高锅炉的热效率，故称之为省煤器。

（3）低温余热　低温余热一般有两个来源：一是在生产过程中排放的低温介质或循环水；二是在高、中温余热回收过程中排放的低温余热。在实际生产中，低温余热的量往往比高、中温两种余热的总和还要多，因此对大量低温余热的回收非常重要。绝大部分低温余热来自生产设备排出的200℃以下的各种气体或液体，其特点是传热温差小、传热效率低、排出量大、在工业企业的分布面很广。低温余热的利用在技术上相当复杂，通常把低温余热资源作为预热物料的一种辅助热源，只要在经济上有一定价值，就应当尽可能地回收。随着热泵技术的发展，低温余热可以作为驱动热泵的热源，并在此过程中提高了热能的品位。

低温余热的对口回收利用设备主要是热泵，它是一种利用高位能使热量从低位热源流向高位热源的节能装置。热泵实质上是一种热量提升装置，其作用是从周围环境中吸收热量，并把它传递给被加热的对象（温度较高的物体）。依据热泵的驱动力不同，热泵主要分为压缩式热泵和吸收式热泵等。

2. 工业余热回收利用技术

余热的种类和形态不同，所采用的余热利用技术也差别很大。对于流体介质携带的余热，最基本的方法是将一种较高温度的流体经过传热装置将热量传给温度较低的流体。在比较不同的余热回收方案时，基本原则是：①回收率尽可能高；②回收成本尽可能低，或回收期尽可能短；③适应热负荷变化的能力强。

下面分别举例说明固体余热、液体余热和气体余热的利用技术。

（1）固体余热利用——干法熄焦余热利用技术　在工业生产中，许多产品需要经过高温加热才能形成，如焦炭、钢坯、钢锭、砖瓦陶瓷、耐火材料等，刚出炉的产品及炉渣都含有大量显热可回收利用。现以干法熄焦余热利用技术为例，说明固体所含显热的利用方法。

焦炭是由煤在炼焦炉中经过高温加热释放出挥发分而生成的产品。从炼焦炉排出的焦炭温度一般在1000℃左右，以前通常采用湿法熄焦，将冷却水喷淋于赤焦进行冷却，冷却水吸收焦炭的热量后排放于环境中。可见，湿法熄焦不但浪费了赤焦的全部显热，而且还会造成大气热污染。目前可采用干法熄焦，将温度较低的惰性气体通入密封的熄焦室，对赤焦进行冷却，吸热后温度升高的惰性气体被送入余热锅炉作为热源，产生的蒸汽可用于工艺需要或发电。

干法熄焦余热利用的工艺流程如图5-15所示。温度约1000℃的赤焦出炼焦炉后进入盛焦桶，将盛焦桶吊至干熄焦室内，被循环的惰性气体冷却到约200℃后，由排料装置送至带式运输机运往储焦槽。用于熄焦的惰性气体由循环风机将冷风从干法熄焦室底部鼓入，经过赤焦层后被加热到 800~850℃，然后从熄焦室进入沉降室，在沉降室内除去大粒焦粉后送入余热锅炉作热源。从余热锅炉尾部排出的惰性气体降温至 200℃左右，经除尘器除去焦粉后，用循环风机送入熄焦室继续循环使用。循环气体来源于空气，在循环冷却过程中，空气中的氧气和焦炭反应生成 CO 和 CO_2 后即形成惰性气体，其成分为：N_2（体积分数为 70%~75%）、H_2（体积分数为 2%）、CO（体积分数为 8%~10%）、CO_2（体积分数为 10%~15%）。操作中要加强检测，控制 CO 的体积分数不要超过 18%，以免发生爆炸事故。给水预热后用给水泵送入余热锅炉，用循环水泵促进炉内水的强制循环。从锅筒产生的饱和蒸汽经继续加热后变成过热蒸汽，可供发电使用。沉降室及除尘器排出的焦灰粉由焦粉输送机送至粉槽。

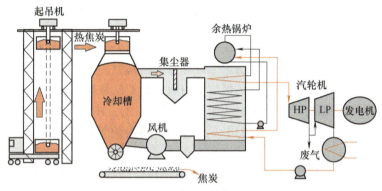

图 5-15 干法熄焦余热利用工艺流程

一般情况下，1t 赤焦在干法熄焦室可供利用的显热约为 $1.2×10^6$ kJ，考虑给水预热到 150℃，则余热锅炉可产生 3.9MPa、440℃的过热蒸汽约为 0.3~0.4t/h。对每小时熄焦 70t 的熄焦室，可配置 6000kW 凝汽式汽轮发电机组。我国宝钢焦化厂引进干法熄焦装置，其设计产焦炭量为 $171×10^4$ t/a，干法熄焦装置约可产蒸汽 $70×10^4$ t/a。

（2）液体余热利用——工业炉冷却水余热利用技术　一般工业炉（如冶金炉、矿热炉等）的冷却水余热利用系统，冷却水套中水的温度通常为 50~60℃，有的高达 80~90℃，因为温度不高，其应用受到限制，主要用作工业或民用供暖热源，或者低沸点发电系统的热源，也可以作为热泵的低温热源等。

这些热水可直接供给热用户使用，也可经余热加热器由工业炉烟气余热加热后供给热用户使用。用户排出的冷水集中在储水箱内，由循环泵将冷水供给工业炉冷却水套使用。为了保证工业炉的冷却效果，另配备了辅助冷却系统，即将水套排出的部分高温水在散热水池中降温后，用循环泵将低温水供给工业炉水套使用。

（3）气体余热利用——炼油厂催化裂化装置再生烟气余热利用技术　重油在高温和催化剂的作用下裂解，催化剂逐渐结焦而失活，需要除去催化剂表面的积炭，在烧焦过程中产生 660℃、0.23MPa 左右的再生烟气。对于这些高温烟气中的热能和压力能的回收利用，大型装置一般采用烟气轮机、轴流风机、汽轮机、电动机（或发电机）的联机方式来回收能量，再采用余热锅炉回收再生烟气余热，产生大约 3.8MPa、440℃左右的蒸汽，并入管网后供应催化裂化装置气压机的使用。重油催化裂化产生的烟气主要成分是 N_2 和 CO_2，还有部分 SO_2 和粉尘，容易造成省煤器管束的磨损、堵塞和锅炉产汽下降，以及省煤器受热面被腐蚀等问题。

(4) 气体余热利用——水泥窑炉高温烟气余热发电技术　水泥工业是建材行业的第一耗能大户,是建材行业节能减排的重要环节。在水泥生产过程中,窑头熟料冷却机和窑尾预热器排放350℃以下的大量废气,热量约是水泥熟料烧成系统总耗热量的30%。为了降低水泥熟料热耗及电耗,提高废气余热利用率,采用纯低温余热发电技术将水泥窑头、窑尾排放的废气余热转化为电能。我国水泥窑余热发电技术发展较快,开发了针对不同窑型的发电系统,水泥生产线耗电量的30%可通过余热发电供给,具有良好的经济效益和社会效益,现已接近国际先进水平。

3. 余热锅炉

余热锅炉是节能工程中回收高温余热普遍采用的一种技术装备,是以工业生产过程中所产生的余热(如高温烟气余热、化学反应余热、可燃废气余热、高温产品余热等)为热源,吸取其热量产生一定压力和温度的蒸汽或热水的设备。其主要设备为锅炉本体和锅筒,辅助设备有给水预热器、过热器等。余热锅炉也常称为废热锅炉,从余热锅炉在工艺流程中的作用出发也可称为急冷器或激冷器。余热锅炉利用的余热不仅是高温气体的显热,而且还有某些废气中所含的少量可燃物质的化学能,如 CO、H_2、CH_4、H_2S、C、C_6H_6 等。余热锅炉是余热回收和利用设备中最重要的设备之一。利用余热锅炉是回收高温余热最经济有效的途径。

(1) 余热锅炉的结构组成　余热锅炉的主体结构包括辅助燃烧装置、过热器、对流蒸发受热面和省煤器等。辅助燃烧装置主要是调节由于烟气变化而引起的蒸汽量的波动,可提高供汽的稳定性和可靠性,或增加蒸汽量,或在加热炉管时利用此装置的燃烧继续产生蒸汽,故视具体情况决定是否设置辅助燃烧装置。对蒸汽量波动和供汽可靠性等因素无要求时,一般不设置辅助燃烧装置;当余热锅炉尾部装有空气预热器时,不能设置辅助燃烧装置。当蒸汽用户或全厂管网有过热蒸汽要求时,应设置过热器。省煤器主要用于降低排烟温度,以充分利用余热,但相应地增加了烟气阻力,采用自然引风的余热锅炉时不能设置省煤器。

余热锅炉的结构和工作原理基本上与普通工业、动力锅炉相同,也由省煤器、蒸发受热面和过热器等组成,但由于热源分散,温度高低不同,因此不能像普通锅炉那样组成一个整体,也没有一个比较固定的理论燃烧温度。它的布置应服从工艺要求,多采用分散布置,但并不一定将其放置在生产工艺的尾部。此外,余热载体的组分各种各样,生产过程排出的废热气体中往往含有腐蚀性气体和大量半熔状态的灰尘,腐蚀问题比普通锅炉严重得多,而灰尘会导致余热锅炉的高温区和水冷壁上产生熔灰和结焦现象,从而严重影响其正常传热和水循环。因此,在余热锅炉的设计中应充分考虑废气的特点,设置完善的除灰清焦装置并采取防腐蚀措施。在大多数情况下,余热能源的热负荷是不稳定或周期波动的,为了使余热锅炉保持供汽稳定,在系统中常常还需要并联工业锅炉,在锅炉中加装辅助燃烧器或蒸汽蓄热器,以调节负荷。

1) 受热面的选定。烟道式余热锅炉形式陈旧、效率低、金属耗量大、清灰困难,故目前投产的余热锅炉绝大部分是水管蒸汽锅炉,其不足之处是受热面热强度大,对水质的要求高,水容积小,适应蒸汽负荷的变化性能差,需要砖堵作为围护结构,故外形尺寸较大,整体性差,安装较复杂。

管壳式余热锅炉按水管组成方式不同又可分为三种形式：一是排管式，采用集箱与锅筒连接。由于其管径大，循环回路短，水循环阻力小，故适用于自然循环的锅炉。排管又分为水平倾斜管与垂直管两种。前者管束易积灰，锅筒设置较高，后者占地面积较大。二是弯管式，由弯管组成，也适用于自然循环的锅炉，它又可分为双锅筒弯管与上锅筒下集箱两种，前者适宜布置在独立烟道中，后者适用于布置在主炉本体或炉头、炉尾作为水冷壁管。三是蛇管式，由于管径小，水循环阻力大，故适用于强制循环锅炉。其中又分为卧式、立式两种。

2）循环方式的确定。强制循环的余热锅炉，汽水混合物借助于循环泵在受热管中流动，故受热面的布置比自然循环更为灵活、紧凑。单位受热面积的吸热量比自然循环大，在同样烟气温度和流速下可节约钢材20%左右。其缺点是耗电量大，运行费用比自然循环高，停电时会被迫停炉，循环泵订货困难，并会增加管理和维修的工作量。而自然循环则耗电量比强制循环少，循环可靠，不受停电限制，操作管理方便，故目前各中、小型余热锅炉大部分是自然循环的，只有在蒸发量大、余热锅炉在车间布置受到限制时，才考虑强制循环方式。

3）排烟方式。增设余热锅炉后，工作炉排烟系统的阻力相应增加，故需考虑整个排烟系统的排烟方式是自然的还是强制的。对于蒸发量在4t/h以上的余热锅炉，可采用强制排烟方式；对于蒸发量为2~4t/h或更小些的余热锅炉，可采用降低烟气流速的方式减小整个系统的烟气阻力，亦可采用增加烟囱抽力的办法实现自然排烟。

（2）余热锅炉的结构形式　由于各种余热载体的成分、特性等千差万别，因此所设计的余热锅炉在不同场合各具特点，形式也是多种多样的。余热锅炉的形式、结构及特点见表5-6。

表5-6　余热锅炉的形式、结构及特点

分类	形式	结构	特点
按烟气通路分类	壳管式（火管式）	烟气在管内流动，水在管外和壳体之间流动	结构简单，价格低，不易清灰；适用于低压、小容量
	烟道式（水管式）	水在管内流动，烟气在管外流动	结构复杂，耐热、耐压，工作可靠
按水循环方式分类（水管式锅炉）	自然循环式	利用水和汽水混合物密度的差异循环	结构简单
	强制循环式	依靠水泵的扬程实现强制流动	拥有水量少，结构紧凑，可布置形状特殊的受热面
按传热方式分类（水管式锅炉）	辐射型	只在烟气通路四周壁面设置水冷壁结构	适合于对高温烟气进行余热回收
	对流型	在烟气通路中设置受热面，靠对流换热	适合于对中、低温烟气进行余热回收
按受热面形式分类（水管式锅炉）	光滑管型	受热面采用光滑管	这是一种最基本的形式，工作可靠，用途广泛
	翅片管型	受热面采用翅片管	结构紧凑，可使锅炉小型化；但在耐热、积灰、耐腐蚀方面，受到限制

(续)

分类	形式	结构	特点
按传热管布置分类(水管式锅炉)	叉排式	传热管相互交叉排列	传热性能好;清灰、维修困难
	顺排式	传热管相互顺排排列	传热性能差;清灰、维修容易
按烟气流动方向分类	平行流动式	烟气平行与传热管流动	传热性能差;受热面磨损少,不易积灰
	垂直流动式	烟气流动方向与传热管相垂直	传热性能好;适用于烟尘含量低的烟气
按受热面构成分类		只有蒸发器	结构简单
		装有蒸发器和省煤器	余热回收量增大
		装有蒸发器、省煤器和过热器	可提高回收蒸汽的品位

1)管壳式余热锅炉。管壳式余热锅炉由蒸发器、分配室、汽锅筒、上升管、下降管组成。高温过热气体流入分配室,经蒸发器放热流至出口管排出;给水进入锅筒后,经外部下降管流入蒸发器吸热,汽水混合物经上升管到锅筒,在锅筒内经汽水分离器将水分离出,水蒸气由蒸汽出口流出。

2)烟道式余热锅炉。烟道式余热锅炉由上、下锅筒和管束组成,有的烟道式余热锅炉还有过热器和省煤器。高温过程气体流经过热管束后,进入对流管束和省煤器,放热后由余热锅炉尾部排出,给水经过省煤器预热后进入上锅筒,并在上、下锅筒和对流管束之间循环,同时被加热。水蒸气经上锅筒的汽水分离装置分离后,进入过热管进行过热,过热蒸汽从过热管出口流出。

(3)余热锅炉的特点 余热锅炉与工业锅炉的主要区别在于:

1)理论燃烧温度不固定。余热锅炉一般不直接燃用化石燃料或其他可燃物质,除特制的燃烧可燃废料的废热锅炉外,余热锅炉的热源大部分为某些生产过程中的剩余热量或过程尾部排出的热量。由于生产工艺过程及排放条件不同,余热温度也不一样,一般在500~1000℃之间,高的可达1500℃以上。因此,余热锅炉没有一个固定的理论燃烧温度。

2)锅炉部件的布置分散。余热锅炉的热源来自于各种生产工艺过程的排放物,且排放废热的部位也不固定,尤其在化工、石油企业中,锅炉部件的布置一般比较分散,并不一定是将余热锅炉放在生产过程的尾部。因此,有的余热锅炉就不能像普通锅炉那样把换热部件组装在一个壳体内。但一般为了节省投资和检修方便,在设计余热锅炉时,还应该考虑尽量把它们集中配置。

3)腐蚀严重。余热锅炉的热源比普通的工业锅炉广泛,余热载体的组分各种各样,有的也和普通燃料的烟气差不多,但有的则含有腐蚀性极强的组分,如SO_2、SO_3、NO、H_2S、CH_4、H_2、NH_3等,因而腐蚀问题要比普通工业锅炉严重得多。并且由于露点的关系,某些废热气体的出炉温度要受到一定的限制。

4)完善的除灰清焦装置。有些生产过程排出的废气中夹带有大量半熔状态的粉尘和烟灰,因而会导致余热锅炉的高温区和水冷壁上产生熔灰和结焦,严重影响余热锅炉的正常传热和水循环。如果没有完善的除灰清焦装置,余热锅炉就不可能正常运行。

5)自控和调节装置要求高。化学工业中余热锅炉的换热部件分散安装在流程的各个部位，相互之间的联系非常紧密，锅炉水侧的工况变化将会通过传热面影响到工艺气侧的操作条件，致使整个工艺流程产生连锁反应，影响产量和质量。例如，由于传热的影响而使工艺气流温度上升或下降，不能保证本设备或后续设备的最佳反应温度，从而导致转化率下降，影响了产量或质量；这一设备的产量变化，进一步会使后续设备的负荷受到影响，而且反应温度若经常波动，还会降低催化剂的使用寿命。现代余热锅炉向高温高压的形式发展，对可靠性、安全性和稳定性的要求很高。因此，要保证余热锅炉在稳定条件下连续正常运行，以保证产品的产量和质量，自动控制和调节机构以及与之相配的仪表相当重要。

6）余热锅炉的设备要求高。在一些石油化工企业中，有的余热锅炉不但水侧是高温高压，而且工艺气侧也是高温高压，因此对余热锅炉设备的严密性、材料的耐热性、水质以及避免产生不必要的热应力等都有很高的要求。

余热锅炉利用高温烟气来生产蒸汽具有下列优点：①在沸腾过程中，加热面上的热流率很高，余热锅炉是余热回收装置中结构最紧凑的形式；②与其他相似结构的余热回收装置相比，余热锅炉的设备总投资额较低；③一般情况下，余热锅炉适用于高温烟气，其传热系数较高，液体接近沸腾时可使管子保持在较低的温度，因而不必考虑使用特殊材料及寿命长短等问题。

由于上述优点，余热锅炉已成为余热回收和利用系统中重要的设备之一。利用余热锅炉回收高温余热是最经济、有效的一种途径，它在各个工业部门都得到了广泛应用。

（4）余热锅炉的布置　余热锅炉一般有三种布置方式：

1）布置成独立单体。此类布置方式的余热锅炉都设在副烟道上，并有引风机，但往往受到主体车间的位置限制，余热锅炉距工业炉较远。由于烟气由副烟道接入余热锅炉，因而不影响工业炉生产，余热锅炉检修也不受工业炉生产的限制。目前此类布置较普遍，也比较合理。

2）布置在工业炉的烟道内。余热锅炉直接放在工业炉的烟道内，距工业炉较近，一般不设引风机，烟气仅借工业炉烟囱抽力抽出，由于烟囱抽力小，受热面积不能过多过密，通过烟气的流速也较低，一般在4m/s左右，故易使烟灰沉积，尤其是没有旁通烟道时，可能会影响生产。当烟气热量不大，或受车间位置限制，引风机设备不能解决时，可采用此类布置方式。

3）直接设在主炉炉壁上。退火炉、隧道窑的冷却段及加热炉的炉头，其相应区段温度在1000℃左右，设置余热锅炉主要利用烟气的辐射热。此类布置方式不需要引风机，烟气由主炉的烟囱抽力引出。

4. 管壳式热交换器

热交换器是把热量从一种介质传递到另一种介质以满足规定工艺要求的传热设备。在过程工业中，热交换器是保证工业系统正常运转、工艺介质温度合理、节约能源及回收余热的关键设备，并且在金属消耗、动力消耗和投资方面在整个工程中占有较大份额。据统计，在一般的石油化工企业中，换热设备投资占全部投资的40%~50%；在现代石油化工企业中占30%~40%；在热电厂中，换热设备投资约占整个电厂总投资的70%；在热泵系统中，蒸发器的质量要占制冷机总质量的30%~40%。由此可见，换热设备的合理设计和运行对企业节约金属材料、能源、资金和空间都十分重要，提高换热设备的综合性能并减小其体积，在能源日趋短缺的今天具有更大的经济效益和社会效益。

热交换器作为一种技术成熟的设备，在工业生产中占有重要的地位。特别是在余热回收利用中，借助热交换器回收余热可获得热空气、热水、蒸汽等，以供助燃、干燥、采暖、制冷等工业及生活之用。因此，热交换器是余热回收工程中的关键设备。

热交换器按照工作原理可分为三大类：混合式热交换器、蓄热式热交换器和间壁式热交换器。

（1）混合式热交换器　混合式热交换器又称为直接接触式热交换器，其热量交换是依靠热流体和冷流体直接接触互相混合来实现的，在热量传递的同时伴随有相态的变换或混合。它具有传热速度快、效率高、设备简单等优点。工业生产中的冷却塔、洗涤塔、气压冷凝器等都是冷热流体直接接触式的热交换器。

（2）蓄热式热交换器　蓄热式热交换器又称为蓄能式热交换器，是热流体和冷流体交替流过同一蓄热体、间歇操作的换热设备。当热流体通过蓄热体壁面时为加热期，热量被壁面吸收并储存起来；而当冷流体再通过此壁面时则为冷却期，壁面将所储存的热量传给冷流体。热量的传递是通过同一壁面周期性地加热和冷却来实现的。这类设备通常用于气体介质间的换热。

（3）间壁式热交换器　间壁式热交换器又称为表面式热交换器，其主要特点是冷、热两种流体被导热的壁面隔开，在换热过程中两种流体互不接触，热量由热流体通过壁面间接地传递给冷流体。按其换热壁面形状不同，间壁式热交换器有如下结构形式：①管式热交换器，包括管壳式热交换器、蛇形管热交换器、套管式热交换器、喷淋式热交换器、翅片管式热交换器、盘管式热交换器和缠绕管式热交换器等；②板式热交换器，如螺旋板式热交换器、平板式热交换器、板翅式热交换器、板壳式热交换器等；③特殊形式的热交换器，如流化床热交换器和热管热交换器、非金属材料热交换器等。

管壳式热交换器是间壁式热交换器中最常用的一种结构形式，也是最早标准化和规范化的换热设备。其主要结构形式有固定管板式热交换器、浮头式热交换器、U形管式热交换器、填料函式热交换器、双壳程热交换器、外导流筒热交换器等。按照管束支撑（或折流板）的结构形式不同，管壳式热交换器可分为单弓形折流板热交换器、双弓形折流板热交换器、三弓形折流板热交换器、圆盘-圆环型折流板热交换器、螺旋折流板热交换器、折流杆热交换器、空心环热交换器、整圆形孔板热交换器、异型管自支撑热交换器等。管壳式热交换器以其高度的可靠性、广泛的适用性、选材广和成本低等优点，尤其是适用于高温、高压的工况，以及在长期使用过程中积累的丰富经验，在石油、化工、轻工、能源、动力、医药和食品等行业得到了广泛应用。

传统的管壳式热交换器采用光滑圆管和单弓形折流板组合结构，流体在壳程作垂直于管轴线的横线流动，存在较大的传热死区，使得这种结构的热交换器的整体传热效率有所降低、流动阻力增大，并且在大雷诺数下易发生流体诱导振动而导致热交换器失效。为解决这些问题，国外于20世纪70年代首先开发出折流杆热交换器。它以折流杆取代传统的折流板来支撑管束，所产生的自由流道使壳程流体做平行于管轴线的纵向流动。该技术不但有效地避免了流体诱导振动，而且还克服了传统强化传热手段的弊病，即不增加泵功率也可实现强化传热。在一定工况下，其总传热系数与压降之比高于折流板热交换器。

随着国际能源形势日益紧张，为了最大限度地利用热能和回收余热，国内外学者对热交换器的强化传热技术开展了大量的研究，研究重点在于使之结构更紧凑、换热效率更高、运行时流动阻力更小。概括起来，管壳式热交换器的强化传热及结构发展主要表现在以下三个方面：

1)各种新型高效换热管的开发和应用,以强化管程的对流传热。热交换器管程主要通过改变传热面的形貌或管内插入物来增加流体湍流度、扩展传热面积,从而实现强化传热和节能的目的。现已开发出多种高效强化管,即对光管进行表面加工得到各种结构的异形管,如横纹(槽)管、螺旋槽(纹)管、缩放管、螺纹管、波纹管(波节管)、螺旋扁管、变截面管和螺旋翅片管等,如图 5-16 所示。其中螺旋槽管和波纹管等已有许多工程应用实例。多数强化管对管程和壳程的对流传热同时具有强化作用,以强化管程传热为主。根据不同工况,采用高效强化管与新型管束支撑的不同组合,可达到最佳的传热效果。

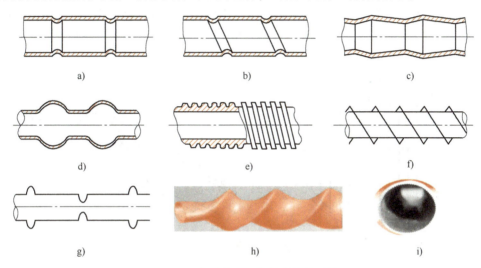

图 5-16 各种表面强化管的结构形式

a)横纹(槽)管 b)螺旋槽(纹)管 c)缩放管 d)波纹管(波节管) e)螺纹管
f)螺旋翅片管 g)变截面管 h)螺旋扁管 i)三维内肋管

2)管内插入物的开发和应用。提高管内流体的换热强度,除了采用强化管以外,还可采用简便易行的管内插入物,如扭带、螺旋扭片、静态混合器、螺旋(线)弹簧、波带、丝网和多孔体等,如图 5-17 所示。插入物是一种扰流子,以固定的形状加装于换热管内,与管壁相对固定或随着流体振动,它可以对流体产生扰动或破坏管壁表面的流体边界层,从而达到强化传热的目的,并具有防垢、除垢的效果。用插入物作为强化管内单相流体传热的一种手段,易于装拆,维护简便,尤其适用于在原有设备的基础上进行强化传热改造。

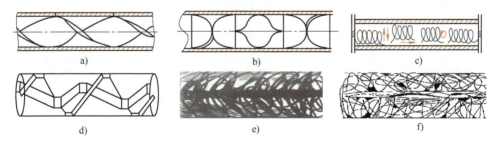

图 5-17 管内插入物的结构形式

a)扭带或螺旋扭片 b)静态混合器 c)螺旋(线)弹簧
d)交叉锯齿波带 e)Hitran 丝网内插物 f)金属丝制绕花丝多孔体

3) 管束支撑（或折流元件）的改变，使壳程流体的流动方向由横向流转变为纵向流或螺旋流，以强化壳程传热及提高换热管束的抗振性能等。管束支撑在热交换器壳程中，具有扰流作用，可直接影响壳程的流体流动状态和传热性能，因而是提高壳程传热系数的关键部件。目前，国内外已开发出多种新型管束支撑结构，如折流杆、空心环、刺孔膜片、整圆形孔板、格栅支撑等，如图5-18~图5-21所示。这些新型管束支撑结构热交换器的共同特征是：壳程流体沿轴向冲刷管束，与管程流体可实现完全逆流，有效温差大，传热死区小，支撑结构对壳程流体有扰动作用，能有效地促进流体湍流和强化壳程传热。此类热交换器在一定工艺条件下具有传热效率高、流体阻力小、基本消除了流体诱导振动、抗结垢能力强、设备投资及运行费用低等优点。近年来，人们又开发出了花瓣孔板支撑和螺旋折流板等结构形式，如图5-22、图5-23所示。

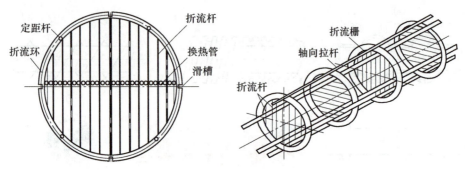

图 5-18　折流杆支撑及其折流栅组件

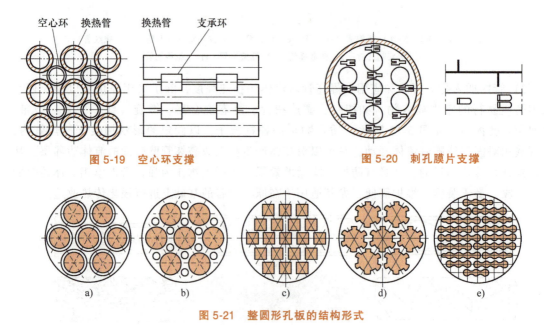

图 5-19　空心环支撑　　　　　　　　图 5-20　刺孔膜片支撑

图 5-21　整圆形孔板的结构形式

a) 大管孔　b) 小圆孔　c) 矩形孔　d) 梅花孔　e) 网状

实际应用的热交换器结构形式及种类繁多，每种热交换器都有各自适用的特定工况。为此，在实际应用中，应根据介质、温度、压力的不同，选择不同形式的热交换器，以便扬长避短，为工业生产带来更大的经济效益。

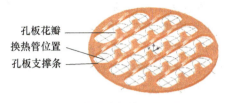

图 5-22 花瓣孔板的三维结构图

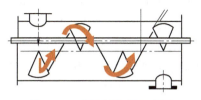

图 5-23 螺旋折流板示意图

5.2.3 热泵系统节能技术

1. 热泵的工作原理

热泵是一种制热装置,该装置以消耗少量电能或热能为代价,能将大量用途不大的低温热能输送到高温热源。热泵的工作过程与水泵相类比,如图 5-24 所示。水泵消耗少量电能或机械能 W,将大量的水从低位处泵送到所需的高位处;热泵也是消耗少量电能或热能 W,将环境中蕴含的大量免费低品位热能或生产过程中的无用低温废热 Q_2,变为满足用户要求的高温热能 Q_1。

根据热力学第一定律,Q_1、Q_2 和 W 之间满足如下关系

$$Q_1 = Q_2 + W \tag{5-20}$$

式中,Q_1 为热泵提供给用户有用的热能,单位为 kW;Q_2 为热泵从低温热源中吸取的免费热能,单位为 kW;W 为热泵工作时消耗的电能或热能,单位为 kW。

由式 (5-20) 可见,$Q_1 > W$,即热泵制取的有用热能总是大于所消耗的电能或热能,而用燃烧加热、电加热等装置制热时,所获得的热能一般小于所消耗的电能或热能,这是热泵与普通加热装置的根本区别,也是热泵制热最突出的优点。

热泵的工作原理与制冷机相同,都是热机的逆卡诺循环。所不同的是,制冷循环的目的是从低温热源(如冷库)不断地取出热量,以维持其低温;热泵则是从周围的低温环境吸取热量,向高温物体(如采暖的建筑物)提供热量,以维持其较高的温度。如图 5-25 所示,图中 T_a 是环境温度,T_0 是低温物体的温度,T_h 是高温物体的温度。图 5-25a 表示热泵装置,从环境中吸取热再传递给高温物体,实现供热目的;图 5-25b 表示制冷机,从低温物体吸取热量并传递到环境中去,实现制冷目的。

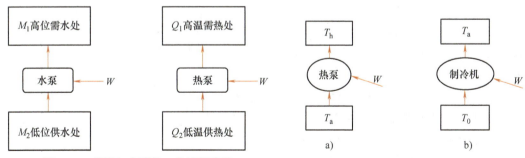

图 5-24 热泵与水泵的工作过程类比　　图 5-25 热泵与制冷机工作过程对比
a)热泵装置 b)制冷机

蒸气压缩式热泵同蒸气压缩式制冷机类似,其工作原理如图 5-26 所示。一台最简单的蒸气压缩式热泵由压缩机、冷凝器、节流阀、蒸发器组成。其工作过程为:压缩机不断地抽

吸蒸发器中产生的蒸气,并将它压缩到冷凝压力 p_h,然后送往冷凝器;在压力 p_h 下蒸气等压冷却和冷凝成液体,制冷剂冷却和冷凝时放出的热量传给被加热物体,冷凝后的液体通过节流阀进入蒸发器;当制冷剂通过节流阀时,压力从 p_h 降到了 p_a,部分液体汽化,剩余液体的温度降至 T_a,于是离开节流阀的制冷剂变成温度为 T_a 的两相混合物;混合物中的液体在蒸发器中蒸发,从环境中吸取它所需的汽化热,汽化后再流入压缩机。

图 5-27 所示为蒸气压缩式热泵的理论循环在温熵（T-s）图和压焓（p-h）图上的表示。在 T-s 图和 p-h 图上,线段 4-5 表示节流膨胀过程,工质在节流前后焓值没有改变,但工质压力、温度同时降低,并进入两相区;线段 5-1 表示蒸发过程,在此过程中工质从环境介质中吸取热量;线段 1-2 表示等熵压缩过程;线段 2-3-4 表示冷凝过程,它包括冷却（线段 2-3）及凝结（线段 3-4）两个阶段,2-3 阶段在较高温度下释放出部分高位热能,3-4 阶段在冷凝温度 T_0 下释放出凝结热。由此可见,线段 2-3-4 过程将由环境介质中吸取的热量和压缩功输送到温度较高的被加热物体中去。

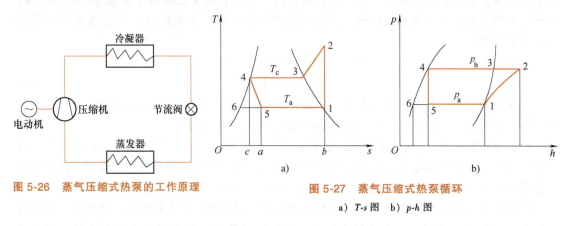

图 5-26　蒸气压缩式热泵的工作原理

图 5-27　蒸气压缩式热泵循环
a）T-s 图　b）p-h 图

热泵最主要的性能指标就是制热系数,可用符号 COP_H 表示。

制热系数的一般定义为

$$COP_H = \frac{用户获得的热能}{热泵消耗的电能或热能} \tag{5-21}$$

由式（5-21）可知,制热系数 COP_H 为无因次量,表示用户消耗单位电能或热能所获得的有用热能。与锅炉、电加热器等制热装置相比较,热泵的突出特点是消耗少量电能或热能,即可获得大量所需热能,这一特点可通过热泵装置的能流图和制热系数得到明确的体现。

热泵的简化能流图和制热系数如图 5-28 所示（图中,取热泵的制热系数为 4,即输入一份电能或燃料能,可从环境或废热中吸取 3 份热能,总计供给用户 4 份热能）。

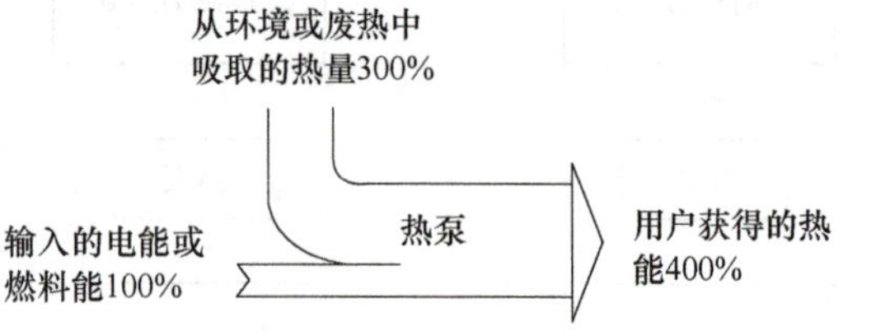

图 5-28　热泵的简化能流图

由图 5-24、图 5-28 和式（5-21）可知,热泵的制热系数 COP_H 为

$$COP_H = \frac{Q_1}{W} = \frac{Q_2 + W}{W} = 1 + \frac{Q_2}{W} > 1 \tag{5-22}$$

即热泵的制热系数永远大于 1，用户获得的热能总是大于所消耗的电能或热能。可见，热泵可将低品位热能变为高品位热能后加以有效利用，具有良好的节能效果。

2. 空气源热泵

空气源热泵是指工质通过热交换器与室外空气换热而制取热量的热泵系统，如图 5-29 所示。空气源热泵以环境空气作为低品位热源，取之不尽，用之不竭，处处都有，无偿获取，比太阳能热水器的应用范围更广，是目前世界上较为先进的节能环保热水系统。

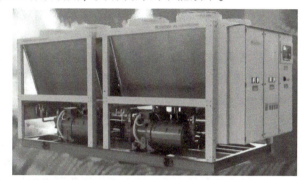

图 5-29 空气源热泵机组实物图

按照国家制冷标准，1000W 电能的输入能产生 2800W 的制冷量，根据热平衡原理，加上输入的 1000W 电能转化的热量，实际产生的热量应为 3800W。把这些热量输送到需要加热的冷水中，其耗电量只是电热水器的 1/4，而电热水器因为热量损耗，输入 1000W 电能平均只能转化为 860W 的热量。简单地说，以一份电能通过热泵的冷媒，激活了大气中相当于三份以上数量的热能，与电加热相比，可省电 75%～85%，节能效率是电热水器的 4 倍以上。

（1）空气源热泵的工作原理　热泵实质上是一种热量提升装置，它从周围环境中吸取热量，并传递给被加热的对象（温度较高的物体）。一台压缩式空气源热泵装置主要由蒸发器、压缩机、冷凝器和膨胀阀四部分组成，通过让工质不断完成蒸发（吸取低温环境中的热量）→压缩→冷凝（向高温热源放出热量）→节流→再蒸发的热力循环过程，从而将环境里的热量转移到特定空间的空气或水中（图 5-30）。

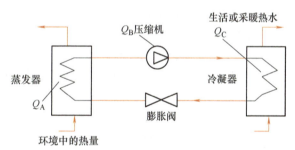

图 5-30 空气源热泵工作示意图

热泵在工作时，把环境介质中储存的能量 Q_A 在蒸发器中加以吸收；系统本身消耗一部分能量，即压缩机消耗的电能 Q_B；通过工质循环系统在冷凝器中进行放热 Q_C，$Q_C = Q_A + Q_B$，由此可以看出，热泵输出的能量为压缩机做的功 Q_B 和热泵从环境中吸收的热量 Q_A 之和。因此，采用热泵技术可以节约大量的电能。

（2）空气源热泵的类型及优缺点　按照蒸发器和冷凝器换热介质的不同，空气源热泵可分为以下两类：一类是空气-空气热泵机组，又称为空气源直接蒸发式热泵机组，它是以制冷剂作为传热介质，室外空气通过蒸发器直接将热量传给热泵机组，室内空气通过冷凝器被热泵机组直接加热；另一类是空气-水热泵机组，又称为空气源热泵热水机组。机组通过蒸发器从室外空气吸收热量，通过冷凝器放热使水升温。

空气源热泵具有如下优点：

1）空气源热泵系统冷、热源合一，不需要专门的冷冻机房，机组可任意放置于屋顶或地面，不占用建筑的有效使用面积，施工安装十分方便。

2）空气源热泵系统无冷却水系统，无冷却水损耗和冷却水系统动力消耗。另外，也避免了因冷却水污染形成的细菌污染，从安全卫生的角度讲，空气源热泵具有明显优势。

3）空气源热泵系统由于无需锅炉，无需相应的锅炉燃料供应系统、除尘系统和烟气排放系统，系统运行安全可靠，对环境无污染。

4）空气源热泵机组采用模块化设计方法，不必设置备用机组，系统设备少而集中，操作、维护管理简单方便。运行过程中计算机自动控制，调节机组的运行状态，使供热功率与工作环境相适应。

5）适用范围广。可用于酒店、宾馆、厂矿、学校、医院、桑拿浴室、美容院、游泳池、温室、养殖场、洗衣店、家庭住宅等，可独立使用，也可集中使用，不同的供热要求可选择不同的产品系列和安装设计，同时还可免费获取冷气。

6）空气源热泵的广泛应用可缓解能源紧张的情况。我国每年用于采暖、空调与生活用热水系统的能耗占全国能源消耗总量的15%，若采用空气源热泵技术，可节能50%以上；我国共有商用和家用空调上亿台，冬夏两季会消耗巨大的电能，电荒已成为制约国民经济发展的瓶颈。空气源热泵产品在工业用热水、蒸汽行业的大量运用可大大缓解能源紧张的现状。

7）空气源热泵的广泛应用可改善温室效应。空气源热泵在正常工作时，温室效应气体可实现零排放，如果全国范围内广泛使用空气源热泵节能产品，则每年可节约上亿t标准煤，且节约1亿t标准煤相当于少向大气中排放近4亿t的二氧化碳气体。

但是，空气源热泵也存在以下缺点：

1）空气源热泵的供热功率并非是固定的，而是会受到环境气温的影响。环境气温高时热泵的输出功率较高，反之亦然。

2）相比传统的燃油、燃气锅炉，空气源热泵的单位功率造价高，前期投资费用高，这让有些用户难以接受。空气源热泵热水机组与传统热水设备的性能比较见表5-7。

表5-7 空气源热泵热水机组与传统热水设备的性能比较

加热形式	空气源热泵	燃气锅炉	燃煤锅炉	燃油锅炉	电热锅炉
能源种类	电+空气	天然气	煤	柴油	电
污染情况	无	中	严重	有	无
安全性	安全可靠	漏气、火灾、爆炸等安全隐患	火灾、爆炸等安全隐患	漏油、火灾、爆炸等安全隐患	电热管老化、漏电等危险
环境影响	有一定的噪声	有燃烧废气	污染严重	污染严重	无污染
占地面积/m^2	3~5	10~15	10~15	20	10
燃值/(kJ/kg)	3600	42705	20934	42705	3600
效率（%）	400	75	55	55	95
所耗能量	9.04kW·h	1.83m^3	1.83m^3	4.9kg	42.8kW·h
所需费用/元	8.1	25.5	4.91	24.5	38.5
设备价格/万元	10	2.2	1.5	1.8	3

3）空气源热泵对使用环境有一定要求，并不是任何地方任何气候都可以使用空气源热泵。就目前国内生产的空气源热泵的技术特性而言，它工作的最低环境温度不能太低，冬季气温为零下几十度的地区使用该产品就不太实际，一般情况下建议在长江以南的地区使用。

在北方室外空气温度低的地方,由于热泵冬季供热量不足,需设置辅助设备。同时,在低气温工况下机组蒸发器就会出现结霜现象,从而阻碍机组与大气的热交换,若除霜不及时还会导致机组死机。

4)空气源热泵机组的噪声较大,对环境及相邻房间有一定影响。热泵通常直接置于顶层屋面,隔振隔声的效果较差,将直接影响到相邻房间及周围一些房间的使用。

(3)空气源热泵在我国的节能应用 我国的热泵行业近几年发展迅速,现已有多种产品投入市场。从热泵的工作性能曲线可以看出,热泵机组的性能参数与环境温度相关,越是气候暖和的地方,热泵的制热效果越好,通常在0~40℃的环境温度下热泵都能正常工作。我国长江流域及以南的地区气候特点是夏季炎热、冬季不太冷(一月份平均室外温度变化范围为0~15℃,年平均室外温度低于或等于10℃的时间为0~90天,年平均温度高于25℃的天数为80~190天),因此,空气源热泵型热水机组在我国南方的绝大部分地区都适用,尤其是在长江流域及以南地区的应用将更为广泛,取得更好的节能效果。

3. 水源热泵

(1)水源热泵的工作原理 水源热泵是以水为介质来提取热量,实现制热和制冷的系统。水源热泵机组是通过消耗少量高品位电能,将地表水中不可直接利用的低品位热能提取出来,变成可以直接利用的高品位热能的装置。采用地表水或地下水作为冷、热源的水源热泵是"地源热泵"中的一种。经过严格测试及不同地区热泵的应用实例测算,水源热泵制热的性能系数在3.3~4.4之间,制冷的性能系数在4.1~5.8之间。

地表水源(如地表的河流、湖泊和海洋)吸收了太阳发射到地球的辐射能量,地下浅层水源(如深度在1000m以内的地下水)吸收了地下熔融的岩浆和放射性物质衰变所产生的能量,这些水源的温度一般都十分稳定。水源热泵机组的工作原理就是在夏季将建筑物中的热量转移到水源中,由于水源温度低,所以可高效地带走热量;而冬季,则从水源中提取能量,由热泵通过空气或水作为载冷剂提升其温度后将其送到建筑物中。通常,水源热泵机组消耗1kW的能量,用户可以得到4kW以上的热量或冷量。

地下水源热泵通常配套打两眼井,一眼抽水井,一眼回灌井。在夏季运行工况下,地下水源作为冷却水通过冷凝器吸热,空调系统冷冻水进入蒸发器排热,由制冷剂蒸发吸热产生的冷冻水送入室内的风机盘管系统,达到制冷的目的。在过渡季节,一些公共建筑需要提前制冷,且当地的地下水温度较低,地下水可以直接进入制冷系统,进而节省水源热泵机组的运行费用。在冬季运行工况下,地下水源作为低温热源通过蒸发器被制冷剂吸热,而空调系统中的水进出冷凝器,通过吸收冷凝器的冷凝放热而升温,进入房间末端系统。这种冬夏季的运行转换只需要机外换向就可以完成,即用阀门切换空调系统中的水进出蒸发器制冷或进出冷凝器供热。水源热泵的系统原理如图5-31所示。

水源热泵根据对水源的利用方式不同,可以分为闭式系统和开式系统两种。闭式系统是指在水源侧为一组闭式循环的换热盘管,该组盘管一般水平或垂直埋于湖水或海水中,通过与湖水或海水换热来实现热量转移(该组盘管直接埋于土壤中的系统称为土壤源热泵);开式系统是指从地下或地表水中抽水后经过热交换器直接排放的系统。水源热泵无论是在制热还是制冷过程中均以水为热源和冷却介质,即用切换工质回路来实现制热和制冷的运行。虽然在水源热泵系统中水源可以直接进入蒸发器(制冷时为冷凝器),但在某些场合,为避免污染封闭的冷水系统,需间接地用一个热交换器来供水;另一种方法是利用封闭回路的冷凝

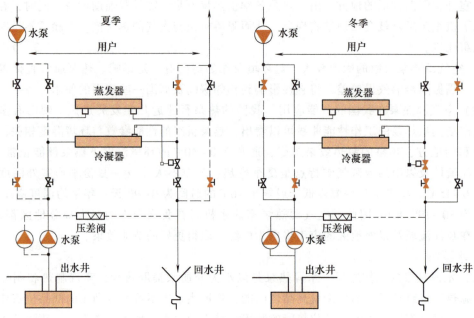

图 5-31 水源热泵的系统原理

器水系统。水作为热泵制热、制冷过程的热源和热汇，满足以下两个条件即可利用：一是水的温度在 7~30℃ 之间，二是水量要充足。水源水可以是各种工业用废水、生活用水、海水、江水、河水等。提取水中的热（冷）量比较简单易行的方式是打井，利用水泵提取地下水作为循环介质。

（2）水源热泵的优点 水源热泵技术多数情况下利用地表水作为空调机组的冷热源，具有以下优点：

1）环保效益显著。利用地表水作为冷热源，供热时省去了燃煤、燃气、燃油等锅炉房系统，没有燃烧过程，避免了排烟、排污等污染；供冷时省去了冷却水塔，避免了冷却塔的噪声、霉菌污染及水耗。所以说，水源热泵是利用清洁的可再生能源的一种技术。

2）高效节能。水源热泵使用的电能本身为一种清洁的能源。设计良好的水源热泵机组，与空气源热泵相比，相当于减少了 30% 以上的电力消耗，与电采暖相比，相当于减少了 70% 以上的电力消耗。所以，水源热泵在节能的同时，还减少了污染物排放，降低了温室效应。

3）应用范围广。可广泛地应用于宾馆、办公楼、学校、商场、别墅区、住宅小区的集中供热及制冷，以及其他商业和工业建筑空调，并可用于游泳池、乳制品加工、啤酒酿造、冷轧锻造、冷库及室内种植和恒温养殖等行业。

4）一机多用。利用一套设备既可供冷又可供热，还可提供生活热水。对空调系统来说，一台热泵实现冷热兼供，可节省一次性投资，其总投资额仅为传统空调系统的 60%，并且安装容易，安装工作量比其他空调系统少，安装工期短，改造安装也容易。

5）运行稳定、可靠，维护方便。水体的温度一年四季相对稳定，其波动的范围远远小于空气的变动，是很好的热泵热源和空调冷源。水体温度较恒定的特性，使得热泵机组运行更可靠、更稳定，也保证了系统的高效性和经济性，不存在空气源热泵的冬季除霜等问题。

由于系统简单，机组部件较少，运行简单、稳定，相对来说维护费用要低得多，使用寿命可达 20 年以上。

不过，在利用地下水资源进行热泵设计时，应关注以下两个问题。

一是地下水源的选择。采用地下水源热泵时，选择水源的原则应为：水量充足，水温适当，水质良好，供水稳定。就某项工程来说，应根据当地实际情况，判断是否具备可利用的地下水源。一项工程所需的水量，主要取决于该项工程的冷热负荷和地下水温度。适用的地下水源条件是，水文地质特征为砂、卵石、砾石地层及裂隙地带；含水层厚度大于 5m，冬季地下水温度不低于 10℃。此外，还要注意水质情况，包括含砂量与浑浊度，以及水的化学性质。含砂量与浑浊度高易造成机组和管阀磨损，回灌时会造成含水层堵塞，因此，地下水源含砂量应小于二十万分之一，向地下含水层回灌水的浑浊度应小于 20mg/L；总矿化度小于 3g/L，希望水中 Cl 的含量小于 100mg/L，H_2S 的含量小于 0.5mg/L。当地下水的腐蚀性条件达不到要求时，应考虑水源热泵系统防腐措施。

二是人工回灌。我国水资源非常缺乏，主管部门对开采地下水有严格管理，并且规定，除非有较大的需水用户进行二次利用，否则必须进行回灌。当然，为了保证地下水源热泵空调系统长期正常运行，应补充地下水源，调节水位，维持储量平衡。为了避免热泵装置回灌到地下的水因短路而又被抽回，回灌井与取水井之间的距离应尽可能远一些。目前，虽然还没有回灌水质的国家标准，但回灌水质至少应等于原地下水水质，以保证回灌后不会引起区域性地下水水质污染。

（3）水源热泵在我国的应用情况　我国在 20 世纪 50 年代，曾在上海、天津等地尝试夏取冬灌的方式抽取地下水制冷，1965 年研制成功国内第一台水冷式热泵空调机。目前，国内的清华大学、天津大学、重庆建筑大学、中国科学院广州能源研究所等多家单位都在对水源热泵进行研究。其中，清华大学经过多年对水源热泵的研究，已形成产业化的成果，建成数个示范工程。

自 20 世纪 80 年代以来，我国采用水源热泵空调系统的建筑也在逐年增多。目前，在深圳、上海、北京及一些中小城市均有工程实例。例如，北京天安大厦、西安建国饭店、青岛华侨饭店、深圳同贸大厦等均采用了闭式环路水源热泵空调系统。北京在 2008 年奥运会期间，充分利用了得天独厚的地热条件，发挥了地热温泉的清洁能源优势和保健作用，相继将一些先进的技术如地热尾水回灌、水源热泵等应用到地热采暖系统上，水源热泵空调系统成为 2008 年北京奥运会指定选用的空调形式。

在未来的几年中，我国面临着巨大的能源压力。为了适应市场需求并参与国际竞争，我们必须加快中国品牌的水源热泵的产业化研究开发。

（4）水源热泵应用中存在的问题　从技术的角度，尤其是从热泵机组的角度上看，水源热泵已相当成熟。但考虑到我国的国情，以及将水源热泵制冷采暖作为一个整体系统来推广应用时，还存在一些问题。

1）水源的使用政策。为了保护有限的水资源，我国制定了《中华人民共和国水法》，各个城市也纷纷制定了《城市用水管理条例》。这些政策均强调了用水审批，用水收费，而审批的标准中对类似水源热泵用水的要求没有规定，因而水源热泵很容易被用水指标所限制，可能会导致水费偏高，使得水源热泵的经济性变差。所以，水源热泵的推广需要政府从可持续发展的角度，综合能源、环保和资源等多方面进行考虑，调整水源热泵水源使用的政策,才能促使其大规模的发展。

2) 水源的探测开采技术和费用。在我国,目前对水源,尤其是城市水源的探测开采技术应当提高,水源热泵应用的前提之一是必须了解当地的水源情况,在水源热泵设计的前期,必须实地对水源的状况进行调查,包括地下水量是否足够,场地是否适合打井和回灌等,而探测开采技术的提高和费用的降低,会推动水源热泵机组更好地应用。

3) 地下水的回灌技术。利用地下水,必须考虑地下水的回灌问题,对于回灌技术,必须结合当地的地质情况来考虑回灌方式。由于对不同地区的地质结构了解得还不多,这也制约了水源热泵机组的推广使用。

4) 整体系统的设计。作为一个系统,水源热泵的节能必须从各个方面考虑。水源热泵机组可利用较小的水流量提供更多的能量,但如果系统设计对水泵等耗能设备选型不当或控制不当,也会降低系统的节能效果。同样,若机组提供了较高的水温,但设计的空调系统末端未加以相应的考虑,也可能会使整个系统的效果变差,或者使得整个系统的初投资增加。所以,水源热泵的推广应用,需要各专业、各领域的人共同努力,从政府政策、主机设计制造、系统设计和运行管理等各个方面共同参与。

5.3 能源工程中的环保技术

5.3.1 我国环境污染现状及危害

能源与环境问题是关系国家长远发展和全局性的战略问题。能源工业的稳定发展有利于社会经济的稳步发展,环境状况的改善为实现可持续发展提供了切实的保障。我国属于发展中国家,由能源问题引起的环境问题比发达国家更为严重。这是因为在世界能源消费结构中,以石油、天然气和可再生能源等清洁能源为主,而我国的资源结构决定了在较长时期内仍然以煤炭为主的消费模式,这种能源消费结构导致了环境问题的加剧。

据《2016中国环境状况公报》显示,2016年,长江、黄河、珠江、松花江、淮河、海河、辽河等七大流域和浙闽片河流、西北诸河、西南诸河的1617个国考断面中,Ⅰ类34个,占2.1%;Ⅱ类676个,占41.8%;Ⅲ类441个,占27.3%;Ⅳ类217个,占13.4%;Ⅴ类102个,占6.3%;劣Ⅴ类147个,占9.1%,主要污染指标为化学需氧量、总磷和五日生化需氧量,断面超标率分别为17.6%、15.1%和14.2%。国考断面的全称是国家地表水考核断面。根据《地表水环境质量标准》(GB 3838—2002)规定,Ⅰ、Ⅱ类水质可用于饮用水源一级保护区、珍稀水生生物栖息地、鱼虾类产卵场、仔稚幼鱼的索饵场等;Ⅲ类水质可用于饮用水源二级保护区、鱼虾类越冬场、洄游通道、水产养殖区、游泳区;Ⅳ类水质可用于一般工业用水和人体非直接接触的娱乐用水;Ⅴ类水质可用于农业用水及一般景观用水;劣Ⅴ类水质除调节局部气候外,几乎无使用功能。

流经城市的河段普遍受到污染,水污染事故频繁发生。严重的水污染问题,已经成为制约经济发展、危害群众健康、影响社会稳定的重要因素。近年来,我国大气污染程度已相当于发达国家20世纪五六十年代污染最严重时期的程度。2016年,全国338个地级及以上城市中,仅24.9%的城市环境空气质量达标,75.1%的城市环境空气质量超标。

引起环境问题的重要原因是过度消耗资源(尤其是能源)并大量排放污染物。概括起来，我国环境污染主要有以下几个原因：①粗放式发展模式。我国每增加单位 GDP 的废水排放量比发达国家高 4 倍，单位工业产值产生的固体废弃物比发达国家高 10 多倍。②我国产业转型。从第一产业向第二产业转移，所有国家在这个阶段都曾出现过高污染情况，例如英国的伦敦曾长期被工业烟雾笼罩。③我国的城市化正在引发人类历史上最大的移民潮，数亿人口短时间内涌入城市，而城市的生态建设却相对滞后。④国际污染转入我国，工业产品消耗资源最多、制造污染最严重，我国成为世界工厂和工地，输出高污染的工业产品换取低污染的高附加值产品，必然伴随着城市环境的恶化。此外，发达国家通过进口我国的工业产品而将污染间接转移到我国。⑤我国以煤为主要的一次能源，年排放二氧化硫近 2000 万 t，有酸雨的城市比例为 19.8%，流经城市的河段有 70%受到不同程序的污染。

1. 环境污染的定义及类型

环境污染是指由于对生态系统有害的物质进入环境后对生态系统造成干扰和损害的现象，主要是指由于人类的活动而造成危及生物的生存或生命的副作用或有害的影响。能源的开采、输送、转换、利用和消费都直接或间接地改变着地球上的物质平衡和能量平衡，对生态系统也有一定的破坏，因此能源的开发利用是环境污染的一个主要因素。联合国最新公布的研究结果显示，在过去的 30 年中，虽然国际社会在环保领域取得了一定成绩，但全球整体的环境状况持续恶化。国际社会普遍认为，贫困和过度消费导致人类无节制地开发和破坏自然资源，这是造成环境恶化的罪魁祸首。

全球环境恶化主要表现在大气和江海污染加剧、大面积土地退化、森林面积急剧减少、淡水资源日益短缺、大气层臭氧空洞扩大、生物多样性受到威胁等诸多方面。同时，温室气体的过量排放导致全球气候变暖，使自然灾害发生的频率和强度大幅增加。

环境污染除了会给生态系统造成直接的影响和破坏外，污染物的积累和迁移转化还会引起多种衍生的环境效应，给生态系统和人类社会造成间接的危害。有时，这种间接的环境效应危害比当时造成的直接危害更大，也更难消除。例如，温室效应、酸雨和臭氧层破坏就是由大气污染衍生出的环境效应。这种由环境污染衍生的环境效应具有滞后性，往往在污染发生时不易察觉或预料，然而一旦发生，就表示环境污染已经发展到相当严重的地步。

环境污染所造成的最直接、最容易让人感受到的后果是使人类生存环境的质量下降，影响人类的生活质量、身体健康和生产活动。例如，城市的空气污染造成空气污浊、人们的发病率上升、产生肺部疾病等；水污染使水环境质量恶化，饮用水源的质量普遍下降，威胁人的身体健康，可能会引起胎儿早产或畸形等。严重的污染事件不仅会带来健康问题，也会造成社会问题。随着污染的加剧和人们环境保护意识的提高，污染引起的人群纠纷和冲突逐年增加。

目前，在全球范围内都出现了不同程度的环境污染问题，具有全球性影响的有大气环境污染、海洋污染、城市环境问题等。随着经济和贸易的全球化，环境污染也日益呈现国际化趋势，近年来出现的危险废物越境转移问题就是这方面的突出表现。

根据产生的原因不同，环境问题大致可分为两类，即原生环境问题和次生环境问题。由自然力引起的为原生环境问题，也称第一环境问题，如火山喷发、地震、洪涝、干旱、滑坡等引起的环境问题。由于人类的生产和生活活动引起生态系统破坏和环境污染，反过来又会威胁人类自身的生存和发展的现象，称为次生环境问题，也称第二环境问题。次生环境问题包括生态破坏、环境污染和资源浪费等方面。目前人们所说的环境问题一般是指次生环境问题。

对环境污染可以从不同角度进行分类。根据受污染的环境系统所属类型或其中的主导要素，可分为大气污染、水体污染、土壤污染等；按污染源所处的社会领域，可分为工业污染、农业污染、交通污染等；按照污染物的形态或性质，可分为废气污染、废水污染、固体废弃物污染及噪声污染、辐射污染等。

环境污染物按其性质可分为化学污染、物理污染和生物污染。化学污染物包括燃料的污染、烹调油烟的污染、吸烟烟雾的污染、建筑材料的污染（放射性污染，石棉的污染，涂料、填充料及溶剂所含挥发性有机化合物的污染）、装饰材料的污染、家用化学品的污染、VOC 的污染、室外污染对室内空气质量的影响、臭氧的污染及其他污染物的影响。物理污染包括噪声的污染、电磁波的污染、噪光的污染。生物污染包括尘螨的污染和宠物的污染。

2. 能源利用造成的环境污染形式

能源的开发和利用对环境造成的污染主要有以下几种形式。

（1）热污染　热污染包括局部热污染和全球性热污染两种。

1）局部热污染，是能源在转换和利用过程中的热损失传给周围环境造成的。如火力发电厂与核电厂用江河、湖泊的水作冷却水，冷却水吸取汽轮机乏汽放出的热量后，温度升高 5~9℃ 后又排放到江河、湖泊中。300MW 的火电厂每小时排放约 1.4×10^{12} J 的热量，在较短时间内，电厂周围的自然水域温度会升高，从而导致水中含氧量降低，造成水中的鱼类甚至水草死亡。同时，水温升高会使水中藻类大量繁殖，破坏自然水域的生态平衡。采用冷却塔的火电厂和核电厂，虽然减少了热水排放，但却使周围环境空气温度升高，湿度增大，这种温度较高的湿空气对电厂周围建筑、设备均有强烈的腐蚀作用。这种局部热污染不仅仅来自电厂的冷却水排放，原则上一切能量转换和能源消费过程中都不可避免地伴随着损失，这些损失最终都将以低温热能的形式传给环境，如工业锅炉、工业窑炉、各种工业冷却设备等均不可避免地会造成热污染。

2）全球性热污染。随着世界上矿物燃料燃烧量和温室气体排放量的逐年增加，地球表面温度也随着宇宙空间的辐射增大而逐年升高，约每 100 年地球表面温度会升高 1℃。这足以产生以下严重后果：地球上的冰雪覆盖区会减少，地球的总反射率降低，地球表面因吸收更多的太阳能温度会继续升高，引起连锁反应，最终影响生态平衡，造成全球性热环境污染。

（2）二氧化碳污染和温室效应　空气是氮气、氧气、氢气、二氧化碳和水蒸气等气体的混合物。由气体辐射理论可知，双原子气体如氮气、氧气和氢气等对红外长波热射线可看作透明体；而多原子气体如二氧化碳和水蒸气等对热射线却具有辐射和吸收能力，它们能吸收地面上发出的红外热射线，太阳的可见光短波射线可以自由通过。随着矿物能源消耗量的不断增加，向大气层中排放的 CO_2 等气体量也不断增加，破坏了自然环境中 CO_2 量的自然平衡。过多的 CO_2 较多地吸收地面红外辐射，并将部分能量辐射回地球，减小了地球表面散失到宇宙的热量，从而导致地球表面气温升高，造成温室效应。像 CO_2 这类会使地球变暖的气体就称为温室气体，温室气体还包括水蒸气、NO、甲烷、氟利昂等。

据统计，从工业革命到 1959 年，地球周围大气中的 CO_2 浓度增加了 13%，从 1959 年到 1997 年大气中的 CO_2 浓度又增加了 13%，从 1997 年到 2005 年末大气中的 CO_2 浓度增加了 21%，导致全球气候变暖趋势加快。目前，全球的平均温度比 100 年前提高了 0.61℃。计算机模拟预测表明，当 CO_2 等气体浓度增加为目前的两倍时，地面平均温度将上升 1.5～4.5℃。这将引起南极冰山融化、海平面上升以及大片陆地被淹没，并造成生态环境的严重破坏，人类将面临巨大的威胁。海平面上升将使太平洋上的美丽岛国——图瓦卢面临灭顶之灾。

由温室效应引起的全球气候变暖问题已引起了全世界的关注。1992 年，在里约热内卢由 150 多个国家发起并组织召开了气候变化框架会议，就如何减少温室气体的排放、提高对气候变化过程影响的认识等许多方面达成了共识。如提倡政府对减少温室气体排放给予财政和科技支持，各国在减少温室气体方面的科研成果应实现共享等。解决温室效应的具体措施包括：①提高能源的利用率，减少化石燃料的消耗量，大力推广节能新技术；②开发不产生 CO_2 的新能源；③推广植树绿化，限制森林砍伐，制止对热带森林的破坏；④减慢世界人口增长速度，在农村发展"能源农场"，一方面种植薪柴树木使之通过光合作用固定 CO_2，另一方面燃烧薪柴替代燃烧化石燃料；⑤采用天然气等低含碳燃料，大力发展氢能。

(3) 硫化物污染和酸雨污染　硫化物（如 SO_2、H_2S）主要来自矿物燃料的燃烧，SO_2、H_2S 都是有毒气体，若大气中含量过大，会对人体的健康、植物生长有害。当雨水在近地的污染层中吸收了大量 SO_2 后，会产生 pH 值低于正常值的酸雨（pH<5.6），造成设备和建筑物腐蚀。酸雨会使土壤的酸度升高，影响树木、农作物的健康成长，如德国巴伐利亚山区某森林区的树木有 1/4 因酸雨而死亡。酸雨还会使得湖泊的酸度增加，水生态系统被破坏，某些鱼群和水生物绝迹。酸雨也会造成建筑、桥梁、水坝、工业设备、名胜古迹和旅游设施的腐蚀，并使地下水和江河水的酸度增加，直接影响人类和牲畜饮用水的质量，影响人畜健康。我国酸雨类型总体仍为硫酸型，酸雨污染主要分布在长江以南-云贵高原以东地区。

(4) 氮化物污染　高温下燃烧的矿物燃料都可能生成氮氧化物 NO_x，浓度很低的 NO_x 就会破坏臭氧层。大气中臭氧层的浓度每降低 1%，地面的紫外线辐射就会增加 2%，从而损坏人体健康。若雨水吸收了空气中的 NO_x，同样会产生酸雨。

20 世纪 70 年代酸雨造成的污染在世界上仅是局部性问题，进入 80 年代后，酸雨的危害日趋严重并扩展到世界范围，成为全球面临的严重环境问题之一。世界各国都在采取切实有效的措施控制 SO_2 和 NO_x 排放，其中最重要的方法是洁净煤技术的开发与推广。

(5) 臭氧层的破坏及臭氧污染　臭氧（O_3）是氧的同素异构体，存在于距离地面 35km 左右的大气平流层中，形成臭氧层。臭氧层能吸收太阳射线中对人类和动植物有害的大部分紫外线，是地球防止紫外线辐射的天然屏障。随着工业革命的开始，人类对能源的需求和消费不断增加，并且过多地使用氟氯烃类物质（CFCs）作为制冷剂或其他用途，以及燃烧矿物燃料产生大量的 NO_x，造成了臭氧层中的臭氧被大量消耗而迅速减少，形成所谓的臭氧层空洞，导致臭氧层的破坏。1984 年，英国科学家首先发现了南极上空出现了臭氧空洞，据近年来的研究表明，臭氧层空洞正在迅速扩大，1999 年发现的臭氧空洞已达到 2600 万 km^2 的面积。

集中在平流层中的臭氧对于阳光中的紫外线具有隔除的作用。如果没有臭氧层，进入大气层的紫外线就很容易被地球上人类及动植物的细胞核吸收，破坏生物的遗传物质 DNA，陆地上的生物便无法存在。科学研究发现，臭氧层每减少 10%，紫外线可能增加 20%，皮肤癌患者约增加 30%。此外，还会产生下列几种现象：①白内障患病率增加；②免疫系统受到抑制；③谷物的收成减少，品质降低，植物和浮游生物减少，破坏自然界的生物链；

④塑料、橡胶制品加速老化；⑤紫外线直射会引起对流层臭氧的增加，致使光化学烟雾产生，造成空气污染。

目前，人类尚未找到对已被破坏的臭氧层进行补救的措施，但全世界正努力限制和停止对消耗臭氧层的物质的生产和使用。最早使用 CFCs 的 24 个发达国家已于 1985 年和 1987 年分别签署了限制使用 CFCs 的《维也纳公约》和《蒙特利尔议定书》。1993 年 2 月，我国政府批准了《中国消耗臭氧层物质逐步淘汰方案》，确定在 2010 年完全淘汰消耗臭氧层的物质。另一方面，人类正努力开发无害的制冷剂、发泡剂等，关心保护臭氧层的人们都在自觉地选择对臭氧层无害的消费品。

(6) 放射性污染和电磁辐射污染　放射性污染是指核燃料的开采、运输及三废（废水、废气、废渣）的处理过程中产生失误，或核反应堆发生泄漏，对人类环境造成严重的污染。另外，火电厂的粉尘、灰渣，煤矿开采时的废土、杂质，海上采油的漏油问题，水力发电要拦河筑坝、开山辟岭等，也会破坏周围的生态环境。

电磁辐射人们既看不见也听不着，但确实存在。打开收音机能听到声音，打开电视机能看见图像，就是因为空中有电磁波存在。随着现代技术的发展，大功率高频电磁场和微波在广播、医学、国防、工业及家用电器中，得到广泛的应用，为人们带来了方便，同时也给生活环境造成了电磁辐射污染。电磁波具有一定的生物效应，如果长期接触，会使肌体组织温度上升，继而引起蛋白质性变、酶活性改变、工作效率降低、记忆力减退等症状。脱离电磁波的作用后几小时，症状就会消失。但是由于长期受到低强度的电磁辐射，中枢神经系统会受到影响，产生许多不良生理反应，如头晕、嗜睡、无力、记忆力减退等，还可能会影响心血管系统。

(7) 生态环境破坏　生态环境破坏是人类活动直接作用于自然界引起的。这方面的问题主要是植被破坏、土地沙化、水土流失，导致农田、森林、草原和江、河、湖、海、地下水等自然生态系统生产力下降。例如，乱砍滥伐引起的森林植被的破坏、过度放牧引起的草原退化、大面积开垦草原引起的沙漠化、滥采滥捕使珍稀物种灭绝、危及地球物种的多样性、破坏食物链，而植被破坏又会引起水土流失等。由于非农业人口大量聚集，城市建设规模不断扩大，绿地不断减少，森林、草地和土壤等自然地表被砖瓦、水泥等人工地表所代替，城市生态系统的结构和功能也发生了某些不良变化。

3. 我国环境污染的现状

与所有的工业化国家一样，我国的环境污染问题是与工业化相伴而生的。20 世纪 50 年代以前，我国的工业化刚刚起步，工业基础薄弱，环境污染问题尚不突出。20 世纪 50 年代以后，随着工业化的大规模展开以及重工业的迅猛发展，环境污染问题初见端倪。但这时候污染范围仍局限于城市地区，污染的危害程度也较为有限。到了 20 世纪 80 年代，随着改革开放和经济的高速发展，我国的环境污染渐呈加剧之势，特别是乡镇企业的异军突起，使环境污染向农村急剧蔓延，同时，生态破坏的范围也在扩大。时至今日，环境问题与人口问题一样，已成为我国经济和社会发展的两大难题。

由于我国现在正处于迅速推进工业化和城市化的发展阶段，对自然资源的开发强度不断加大，加之粗放型的经济增长方式，技术水平和管理水平比较落后，污染物排放量不断增加。从全国总的情况来看，我国环境污染仍在加剧，环境形势不容乐观。

(1) 大气污染　大气污染是指由于人类活动和自然过程引起某种进入大气层的污染物

第5章 能源工程中的节能环保技术

的含量超过环境所能允许的极限，使得空气中存在的有害物质的数量大到足以直接或间接地影响人们的安全和健康或干扰人们的物质生活，给正常的工农业生产带来不良后果的现象。空气污染和能源状况密切相关。工业生产、生活用热和交通运输的燃料燃烧所产生的烟尘和二氧化硫是城市空气污染的主要污染源。

据《2016 中国环境状况公报》显示，2016 年，全国 338 个地级及以上城市中，有 84 个城市环境空气质量达标，占全部城市数的 24.9%；254 个城市环境空气质量超标，占 75.1%。二氧化硫质量浓度范围为 3~88μg/m³，平均为 22μg/m³，比 2015 年下降 12.0%；超标天数比例为 0.5%，比 2015 年下降 0.2 个百分点。NO_2 质量浓度范围为 9~61μg/m³，平均为 30μg/m³，与 2015 年持平；超标天数比例为 1.6%，与 2015 年持平。其中，京津冀地区 NO_2 年均质量浓度为 49μg/m³，同比上升 6.5%，长三角地区 NO_2 年均质量浓度为 36μg/m³，同比下降 2.7%，珠三角地区 NO_2 年均质量浓度为 35μg/m³，同比下降 6.1%。PM_{10} 质量浓度范围为 22~436μg/m³，平均为 82μg/m³，比 2015 年下降 5.7%；超标天数比例为 10.4%，比 2015 年下降 1.7 个百分点；$PM_{2.5}$ 质量浓度范围为 12~158μg/m³，平均为 47μg/m³，比 2015 年下降 6.0%；超标天数比例为 14.7%，比 2015 年下降 2.8 个百分点。

据世界银行研究报告表明，我国一些主要城市的大气污染物浓度远远超过国际标准，在世界污染最为严重的城市之列。据统计，大气污染物的主要来源如下。

1) 能源使用。随着我国经济的快速增长及人民生活水平的提高，能源需求量不断上升。自 1980 年以来，我国原煤消耗量已增加了两倍以上，1997 年原煤消费已达 13.9 亿 t，到 2008 年，我国煤炭消费量已达到 27.4 亿 t，2015 年为 39.6 亿 t。以煤炭、生物能、石油产品为主的能源消耗是大气中颗粒物的主要来源。大气中细颗粒物（直径小于 10μm）和超细颗粒物（直径小于 2.5μm）对人体健康最为有害，它们主要来自工业锅炉和家庭煤炉所排放的烟尘。大气中的二氧化硫和氮氧化物也大多来自这些排放源。工业锅炉燃煤占我国煤炭消耗量的 33%，由于其燃烧效率低，加之低烟囱排放，它们在近地面大气污染中所占份额超过其在燃煤使用量中所占份额。虽然居民家庭燃煤使用量仅占煤炭消耗总量的 15% 左右，然而其占大气污染的份额是 30%。

我国二氧化硫排放量呈急剧增长之势。20 世纪 90 年代初，我国二氧化硫排放量约为 1800 万 t，到 1997 年，已上升至 2300 万 t，到 2007 年已达 2468 万 t。目前，我国已成为世界二氧化硫排放大国。研究表明，我国大气中 87% 的二氧化硫来自燃煤。我国煤炭的含硫量较高，西南地区尤甚，一般都在 1%~2%，有的高达 6%。这也是导致西南地区酸雨污染历时最久、危害最大的主要原因。

2) 机动车尾气。近几年来，我国主要大城市机动车的数量大幅度增长，机动车尾气已成为城市大气污染的一个重要来源。由于机动车尾气低空排放，恰好处于人的呼吸带范围，对人体健康的影响十分明显。例如，排放的一氧化碳和氮氧化物能大大阻碍人体的输氧功能，铅能抑制儿童的智力发育，还会造成肝功能障碍，而颗粒物对人体有致癌作用。尾气排放对交通警察有严重的危害，有资料表明，交通警察的寿命大大低于城市人的平均寿命。此外，汽车排放的一氧化碳、氮氧化物和碳氢化合物在太阳的照射下会在大气中反应，形成光化学烟雾，其污染范围更广，对人体健康和生态环境的危害更大。

北京、广州、上海等大城市，大气中氮氧化物的浓度严重超标，北京和广州氮氧化物空气污染指数已达四级,氮氧化物已成为大气环境中的首要污染因子,这与机动车数量的急剧增长密切相关。有关研究结果表明,北京、上海等大城市机动车排放的污染物已占大气污染负荷的60%以上,其中,排放的一氧化碳对大气污染的分担率(即某种污染物在污染过程中所占的比率)达到80%,氮氧化物达到40%,这表明我国特大城市的大气污染正由第一代煤烟型污染向第二代汽车型污染转变。1985年,全国机动车保有量仅有300万辆,1990年为500万辆,1997年增至1300万辆,2007年上半年全国机动车和驾驶人统计结果显示,机动车保有量逾1.5亿辆,截至2017年底,全国机动车保有量已达3.1亿辆。而目前我国机动车污染控制水平较低,相当于国外20世纪70年代中期的水平,我国单车污染排放水平是日本的10~20倍,美国的1~8倍。如北京市机动车数量仅为洛杉矶或东京的1/10,但这三个城市的汽车污染排放却大致处于同一水平。

此外,汽车排放的铅也是城市大气中重要的污染物。自20世纪80年代以来,汽油消费量年均增长率达70%以上,年平均加入汽油的四乙基铅量为2900t。含铅汽油经燃烧后,85%左右的铅会排放到大气中,造成铅污染。汽车排放的铅对大气污染的分担率达到80%~90%。从1986~1995年,我国累计约有1500t铅排入到大气、水体等自然环境中,并且主要集中在大城市,这会对城市居民的身体健康造成不良影响。

大气污染的危害有以下几个方面。

1)危害人体健康。我国严重的大气污染致使我国的呼吸道疾病发病率很高。慢性障碍性呼吸道疾病,包括肺气肿和慢性气管炎,是最主要的致死原因,其疾病负担是发展中国家平均水平的两倍多。疾病调查已发现暴露于一定浓度的污染物(如空气中所含颗粒物和二氧化硫)所导致的健康后果,诸如呼吸道功能衰退、慢性呼吸疾病、早亡及医院门诊率和收诊率的增加等。研究人员对2004~2008年某市大气污染短期暴露与居民死亡风险的相关性进行了研究,对主要大气污染物可吸入颗粒物(PM_{10})、二氧化氮(NO_2)和二氧化硫(SO_2)与每日死亡率相关性进行Poisson回归分析,通过控制年龄、性别、时间、星期几效应和气象因素,分析结果发现PM_{10}、NO_2和SO_2这三种大气污染物暴露与超额死亡风险存在正相关关系。该市这三种大气污染物在过去48h的暴露质量浓度每上升$10\mu g/m^3$,所对应的总死亡的超额风险分别为0.94%(0.79~1.09)、1.55%(1.31~1.78)和1.09%(0.91~1.27)。研究结果表明,大气污染物暴露与心血管系统疾病或呼吸系统疾病死亡的关联显著,对老年人和女性的影响更为显著。最终的结论是该市主要大气污染短期暴露与居民的超额死亡风险显著相关。

城市空气污染所带来的其他人体健康损失也很大。分析显示,由于空气污染而导致医院呼吸道疾病门诊率升高34600例;严重的空气污染还导致每年680万人次的急救病例;每年由于空气污染超标致病所造成的工作损失达450万人次。

室内空气质量有时比室外更糟。对我国一些地区室内污染的研究显示,室内的颗粒物(来自生物质能和煤的燃烧)水平通常高于室外(超过$500\mu g/m^3$),厨房内颗粒物浓度最高(超过$1000\mu g/m^3$)。保守估计,每年由于室内空气污染而引起的死亡达11万人。由于在封闭很严的室内用煤炉取暖,一氧化碳中毒死亡事件在我国北方年年发生。在我国,由室内燃煤烧柴所造成的健康问题与由吸烟产生的问题几乎相当。受室内空气污染损害最大的是妇女和儿童。

2)形成酸雨。二氧化硫等致酸污染物引发的酸雨,是我国大气污染危害的又一重要方面。酸雨是大气污染物（如硫化物和氮化物）与空气中的水和氧之间发生化学反应的产物。燃烧化石燃料产生的硫氧化物与氮氧化物排入大气层，与其他化学物质形成硫酸和硝酸物质。这些排放物可在空中滞留数天，并迁移数百或数千公里，然后以酸雨的形式回到地面。

目前，我国酸雨正呈急剧蔓延之势，是继欧洲、北美之后世界第三大重酸雨区。20世纪80年代，我国的酸雨主要发生在以重庆、贵阳和柳州为代表的川贵两广地区，酸雨区面积为170万 km^2。到20世纪90年代中期，酸雨已发展到长江以南、青藏高原以东及四川盆地的广大地区，酸雨面积扩大了100多万 km^2。据《2016中国环境状况公报》显示，2016年，我国酸雨区面积约69万 km^2，占国土面积的7.2%，比2015年下降0.4个百分点；其中，较重酸雨区和重酸雨区面积占国土面积的比例分别为1.0%和0.03%。酸雨污染主要分布在长江以南、云贵高原以东地区，主要包括浙江、上海、江西、福建的大部分地区，湖南中东部、广东中部、重庆南部、江苏南部和安徽南部的少部分地区。

酸雨的危害是多方面的，对人体健康、生态系统和建筑设施都有直接或间接危害。酸雨可使儿童免疫功能下降，慢性咽炎、支气管哮喘发病率增加，并且使老人眼部、呼吸道患病率增加。酸雨还可使农作物大幅度减产，特别是小麦，在pH值为3.5的酸雨影响下，可减产13.7%；pH值为3.0时减产21.6%，pH值为2.5时减产34%。大豆、蔬菜也容易受酸雨危害导致蛋白质含量和产量下降。酸雨对森林、植物危害也较大，常使森林和植物树叶枯黄，病虫害加重，最终造成植物大面积死亡。

根据对南方八省份的研究表明，酸雨每年造成的农作物受害面积为1.93亿亩，经济损失42.6亿元，造成的木材经济损失为18亿元。从全国范围来看，酸雨每年造成的直接经济损失为140亿元。

（2）水体污染　水体污染是指污染物进入河流、海洋、湖泊或地下水等水体后，使其水质和沉积物的物理、化学性质的组成发生变化，从而降低水体的使用价值和使用功能，影响人类正常生产、生活，以及影响生态平衡的现象。

据《2016中国环境状况公报》和水利部门报告显示，2016年，全国地表水1940个评价、考核、排名断面（点位）中，Ⅰ类、Ⅱ类、Ⅲ类、Ⅳ类、Ⅴ类和劣Ⅴ类分别占2.4%、37.5%、27.9%、16.8%、6.9%和8.6%。6124个地下水水质监测点中，水质为优良级、良好级、较好级、较差级和极差级的监测点分别占10.1%、25.4%、4.4%、45.4%和14.7%。地级及以上城市897个在用集中式生活饮用水水源监测断面（点位）中，有811个全年均达标，占90.4%。

水体污染的来源主要有以下几个方面。

1）工业废水。工业水污染主要来自造纸业、冶金工业、化学工业及采矿业等。而一些城市和农村水域周围的农产品加工和食品工厂，如酿酒厂、制革厂、印染厂等，往往也是水体中化学需氧量和生物需氧量的主要来源。

2）城市生活污水。尽管工业废水的排放量在过去的十年间逐年下降，而生活污水的总量却在增加。1997年与1990年相比，城市生活污水排放量整整翻了一番，达到189亿t，而我国城市污水的集中处理率仅为13.6%。全国各地生活污水对当地水体化学需氧量和生物需氧量的影响不尽相同。例如，山东省生活污水占废水总量的40%，而重庆市生活污水则产生了当地水体中68%的化学耗氧量和85%的生物耗氧量。

3）农业废水。除了农产品加工这一间接水污染行业外，作物种植和家畜饲养等农业生产活动对水环境也会产生重要影响。最近的研究结果表明，氮肥和农药的大量使用是水污染的重要来源。尽管我国的化肥使用量与国际标准相比并不特别高，但由于大量使用低质化肥以及氮肥与磷肥、钾肥不成比例地施用，导致其使用效率较低。特别值得注意的是大量廉价低质的氨肥的使用，这种地方生产的氨肥极易溶解而被冲入水体中造成污染。近年来，杀虫剂的使用范围也在扩大，导致物种（鸟类）的损失，并造成一些受保护水体的污染。牲畜饲养场排出的废物也是水体中生物需氧量和大肠杆菌污染的主要来源。肉类制品（包括鸡、猪、牛、羊等）在过去的15年中产量急剧增长，随之而来的是大量的动物粪便直接排入饲养场附近的水体。在杭州湾进行的一项研究发现，其水体中化学耗氧量的88%来自农业，化肥和粪便中所含的大量营养物是对该水域自然生态平衡及内陆地表水和地下水质量的最大威胁。

水污染危害人体健康、渔业和农业生产（通过被污染的灌溉水），也增加了清洁水供应的支出。水污染还会对生态系统造成危害——水体富营养化及动植物物种的损失。

一些疾病与人体接触水污染有关，包括腹水、腹泻、钩虫病、血吸虫、沙眼及线虫病等。改善供水卫生条件可以极大地降低此类疾病的发病率和危害程度，同时也可减少幼儿因腹泻而导致的死亡。总体而言，我国此类疾病的发病率比其他发展中国家低，与其他收入水平相当的亚洲国家相比，我国的水供应与卫生条件较好，尽管我国的城市和农村地区之间还存在一些差距。世界卫生组织（WHO）的调查表明，全世界80%的疾病与饮用水水质不良有关。

还有其他一些疾病也被认为与水污染有关，如皮肤病、肝癌和胃癌、先天残疾、自然流产等。研究人员曾经对水污染与这些疾病的关系做过一些研究。但如果没有进行多年的大规模病疫学调查，是很难找到这些疾病的准确病因的。与肠道疾病（如腹泻）不同，与水污染有关的癌症和先天残疾是由重金属和有毒化学物质造成的。

目前，我国的城市卫生系统正处于过渡时期——由于化肥的广泛使用及农村收入的提高，用于农业的粪便收集系统已基本消失了，城市污水总量随城市人口的增长而上升，但现代化的污水收集和处理系统尚未形成。这种情况可能会导致全国范围，尤其是北方地区的肠道疾病发病率的增加。

（3）固体废弃物污染　城市固体废物污染主要是工业固体废物（包括危险废物）和城市垃圾。随着工业化和城市化的推进，城市人民物质文化生活水平日益提高，固体废弃物的产生量迅速增加，成分发生变化，给城市发展和管理带来了新的困难，直接或间接地影响了生态环境，给居民的健康和生活造成了严重影响。在固体废弃物的处置和处理过程中，不仅要占用大批土地甚至良田，而且会污染空气、土壤和水体，造成传染病的传播和流行，破坏环境景观。《中华人民共和国固体废物污染环境防治法》把固体废物分为三大类，即工业固体废物、城市生活垃圾和危险废物。

1）工业固体废物是指工业、交通等生产活动中产生的固体废物，对人体健康或环境危害性较小，如钢渣、锅炉渣、粉煤灰、煤矸石、工业粉尘等。根据《环境统计年报》显示，2015年，全国一般工业固体废物产生量为32.7亿t，综合利用量19.9亿t，储存量5.8亿t，处置量7.3亿t，倾倒丢弃量55.8万t，全国一般工业固体废物综合利用率为60.3%。

2）危险废物。《环境统计年报》指出，2015年全国工业危险废物产生量为3976.1万t，综合利用量2049.7万t，储存量810.3万t，处置量1174.0万t，全国工业危险废物综合利用处置率为 79.9%。

3）城市生活垃圾。2003 年，全国生活垃圾清运量为 14857 万 t，比上年增加 8.8%；其中，生活垃圾无害化处理量为 7550 万 t，比上年增加 2.0%，生活垃圾无害化处理率为 50.8%。

我国传统的垃圾消纳倾倒方式是一种"污染物转移"的方式。而现有的垃圾处理场的数量和规模远远不能适应城市垃圾增长的要求，大部分垃圾仍呈露天集中堆放的状态，对环境的即时和潜在危害很大，污染事故频出，问题日趋严重。固体污染物的危害主要有以下几个方面。

1）严重破坏农田。堆放在城市郊区的垃圾侵占了大量农田。未经处理或未经严格处理的生活垃圾直接用于农田，或仅经农民简易处理后用于农田，后果严重。由于这种垃圾肥颗粒大，而且含有大量玻璃、金属、碎砖瓦等杂质，破坏了土壤的团粒结构和理化性质，致使土壤保水、保肥能力降低。据初步统计，累计使用不合理的垃圾肥，每 $0.06hm^2$ 达 10t 以上的土地，保水和保肥能力都下降了 10% 以上。重庆市因长期使用未经严格处理的垃圾肥，土壤的汞浓度已超过本底 3 倍。

2）严重污染空气。在大量垃圾露天堆放的场区，臭气熏天，老鼠成灾，蚊蝇滋生，有大量的氨、硫化物等污染物向大气释放。仅有机挥发性气体就多达 100 多种，其中含有许多致癌致畸物。

3）严重污染水体。垃圾不但含有病原微生物，在堆放和腐烂过程中还会产生大量的酸性和碱性有机污染物，并会将垃圾中的重金属溶解出来，是有机物、重金属和病原微生物三位一体的污染源。任意堆放或简易填埋的垃圾，其内所含的水和淋入堆放垃圾中的雨水产生的渗滤液会流入周围地表水体并渗入土壤，造成地表水或地下水的严重污染，致使污染环境的事件屡有发生。

4）垃圾爆炸事故不断发生。随着城市垃圾中有机质含量的提高和由露天分散堆放变为集中堆存，只采用简单覆盖的方法易造成产生甲烷气体的厌氧环境，使垃圾产生沼气的危害日益突出，事故不断，造成重大损失。例如，北京市昌平区一垃圾堆放场在 1995 年连续发生了三次垃圾爆炸事故。如果不采取措施，因垃圾简单覆盖堆放产生的爆炸事故将会有较大的上升趋势。

5.3.2 保护环境及防治污染的措施

环境保护就是运用环境科学的理论和方法，在更好地利用自然资源的同时，深入了解和分析环境污染与环境破坏的根源及危害，有计划地保护环境，预防环境质量恶化，控制环境污染，促进生态系统的良性循环，不断提高人类生存的环境质量，为人类造福。

世界上越来越多的国家认识到：一个能够持续发展的社会应该是一个既能满足当前社会的需要，而又不危及后代人发展的社会。因此，节约能源，提高能源利用效率，尽可能多地用洁净能源替代高含碳量的矿物燃料，是我国能源建设遵循的基本原则，也是实现经济可持续发展和保护环境的客观要求。具体可采用以下措施：

（1）大力发展洁净煤技术　我国是世界上最大的煤炭生产国和消费国，煤炭约占商品能源消费构成的 76%，已成为我国大气污染的主要来源。在今后很长一段时间内，煤炭仍将是我国的主要一次能源。目前，煤炭燃烧污染大、能量利用率低，所以洁净煤技术的开发和利用十分重要。洁净煤技术可显著地减少环境污染，提高能源利用率，确保能源的可靠供应，提高煤炭在能源市场中的竞争力，促进能源与环境协调发展。目前比较成熟的洁净煤技术主要包括型煤、洗选煤、动力配煤、水煤浆、煤炭气化、煤炭液化、洁净燃烧等。洁净煤技术是当前世界各国解决环境污染问题的主要技术之一，也是高技术国际竞争的一个重要领域。

（2）大力发展新能源和可再生能源利用技术　大力开发和利用清洁能源，减少对化石燃料的利用，不但可以优化我国的能源结构，还可以减少环境污染。清洁能源指的是对环境友好的新能源和可再生能源，即环保、排放少、污染程度小的能源，如太阳能、风能、核能、氢能、生物质能、地热能和海洋能等。大力开发新能源和可再生能源利用技术，将成为减少环境污染的重要措施之一。

我国是世界上最大的发展中国家，根据《中国统计年鉴》显示，2016年有5.9亿人口在农村。农村能源短缺，利用水平低，严重阻碍了农村经济和社会的发展。截至2016年，农村共有4335万的贫困人口的，占全国总人口的近7.3%。此外，由于农村燃料短缺，造成森林过度樵采，植被破坏，生态环境恶化。因地制宜，大力开发利用新能源和可再生能源，特别是把它们转化为高品位的电能，为边远偏僻和海岛等缺电无电地区提供照明、电视、水泵等动力能源，促进这些地区脱贫致富，使农村经济和生态环境协调发展，对实现小康社会具有重大意义。

从能源长期发展的战略高度来审视，我国必须寻求一条可持续发展的能源道路。新能源和可再生能源对环境不产生或很少产生污染，既是近期急需的补充能源，又是未来能源结构的基础。我国具有丰富的新能源和可再生能源资源，在其开发利用方面也取得了很大的进展，为进一步发展奠定了良好基础。

（3）工业污染的综合防治　工业污染综合防治以水污染和大气污染为主，实施全国主要污染物排放总量控制，有效削减污染物产生量和排放量。工业污染防治以电力、化工、造纸、冶金、建材等污染严重的行业为重点，结合经济结构的战略调整，淘汰一批落后的生产工艺和设备，关闭一批浪费资源、污染严重的企业。工业污染的综合防治主要应采取以下几方面的措施。

1）减少污染物排放量。改革能源结构，多采用无污染能源（如太阳能、风能、水力）和低污染能源（如天然气）、对燃料进行预处理（如烧煤前先进行脱硫）、改进燃烧技术等均可减少排污量。另外，在污染物未进入大气之前，使用除尘消烟技术、冷凝技术、液体吸收技术、回收处理技术等消除废气中的部分污染物，可减少进入大气的污染物数量。

2）控制排放并充分利用大气自净功能。气象条件不同，大气对污染物的容量便不同，排入同样数量的污染物，造成的污染物浓度便不同。对于风力大、通风好、对流强的地区和时段，大气扩散稀释能力强，可接受较多厂矿企业活动。逆温的地区和时段，大气扩散稀释能力弱，便不能接受较多的污染物，否则会造成严重的大气污染。因此，应根据不同地区、不同时段的具体情况，对排放量进行有效控制。

3）厂址选择、烟囱设计、城区与工业区规划等要合理，不要让排放量大的工厂等过度集中，不要造成重复叠加污染，形成局地严重污染事件。应该将排放量大的工厂等设在开阔、空气易流通、人口密度相对稀少的地方。

（4）城市环境污染综合防治　城市环境污染综合防治主要包括以下几个方面。

1）城市大气污染防治。主要是减少污染物排放量，改善能源结构，提高能源利用效率，治理烟尘及SO_2污染，酸雨和SO_2污染严重的城市要加强治理。对于特大城市，要加强对汽车尾气的治理，控制氮氧化物（NO_x）的污染，防止出现光化学烟雾。

2）城市水污染防治。要与节约用水紧密结合，推行清污分流和废水资源化政策。重点抓好城市集中饮用水源地和主要功能区的保护，确保居民饮水安全。另外，禁止在洗涤剂中添加磷，污水处理厂应采取除磷操作等措施，降低河流中磷的含量。

3）城市噪声污染控制。加强交通干线噪声防治，重点控制主要交通干线的噪声，加强工业、施工和社会噪声管理，解决噪声扰民问题。此外，对城市中的电磁波污染等其他物理污染也应注意防治。

4）城市固体废弃物污染控制。大力开展废物综合利用，加快城市垃圾无害化集中处置场的建设，积极防治"白色污染"。重点加强对危险废物的管理和合理处置。

（5）农业污染的防治　采取综合措施控制农业面源污染，指导农民科学施用化肥、农药，积极推广测土配方施肥，推行秸秆还田，鼓励使用农家肥和新型有机肥，鼓励使用生物农药或高效、低毒、低残留农药，推广作物病虫草害综合防治和生物防治；鼓励农膜回收再利用。加强秸秆综合利用，发展生物质能源，推行秸秆气化工程、沼气工程、秸秆发电工程等，禁止在禁烧区内露天焚烧秸秆。

（6）自然、土地和森林保护　贯彻执行建立环境保护区的策略，并将湿地保护纳入国家宪法；提倡可持续发展农业，实施的生态补偿机制，并使其在土地管理方面发挥积极作用，林业管理突破单纯追求产出，实现了森林生态、社会和经济多方面的平衡，实际上也增加了林地的面积。绿化造林，使有更多植物吸收污染物，减轻大气污染程度，植树造林、退耕还林和生态重建是极为重要的。治理沙化耕地，控制水土流失，防风固沙，增加土壤蓄水能力，可以大大改善生态环境，减轻洪涝灾害的损失，而且随着经济林陆续进入成熟期，产生的直接经济效益和间接经济效益巨大。

5.3.3 节约能源与保护环境的关系

我国是典型的能源消费型大国，近些年以能源的高消耗和牺牲环境为代价，虽然在经济上有一定程度的发展，但也造成了严重的环境问题。因此，能源工业面临经济增长与环境保护的双重压力，保护环境和节约能源是密不可分的，搞好节能对于环境保护至关重要。实现节能意识普遍化、节能过程链条化、节能方式多元化，在环境保护中将起着关键性的作用。

在一次能源利用过程中，产生大量的 SO_2、NO_x、CO_2、CO、烟尘及多种芳香烃化合物等污染物，对环境产生严重影响。我国巨大的能源消费规模、以煤为主的能源消费结构引起的环境污染已较为严重。2015 年，全国废气中二氧化硫排放量为 1859.1 万 t，其中工业二氧化硫排放量为 1556.7 万 t；全国废气中烟（粉）尘排放量为 1538.0 万 t，其中工业烟（粉）尘排放量为 1232.6 万 t。我国的环境污染为典型的能源消费性污染。近年来，在我国大中型城市，随着城市交通所需能源的不断增长，车辆尾气排放也使得环境质量日趋恶化。

2016 年，全国 338 个地级及以上城市中，有 84 个城市环境空气质量达标，254 个城市环境空气质量超标。以 $PM_{2.5}$ 为首要污染物的天数占重度及以上污染天数的 80.3%，以 PM_{10} 为首要污染物的占 20.4%，以 O_3 为首要污染物的占 0.9%。其中，有 32 个城市重度及以上污染天数超过 30 天，分布在新疆（部分城市受沙尘影响）、河北、山西、山东、河南、北京和陕西。

我国是世界上继北美和欧洲后的第三大酸雨污染区。目前，全国酸雨区面积约占国土总面积的 30%。据专家估算，全国每年因酸雨造成的直接经济损失约为当年 GDP 的 1%~2%，其潜在的损失有可能在 3% 以上。

大规模的能源消费所产生的 CO_2 等温室气体对全球气候变化的潜在威胁，已经成为国际社会关注的焦点。由于我国大规模的能源消费和以煤炭为主的能源消费结构，目前每年的 CO_2 排放量已占全球总排放量的 13% 以上，是仅次于美国的排放大国。我国的能源环境问题，已经成为国际能源环境问题的一个重要部分。

薪材的过度消耗使森林植被减少，造成大量水土流失。秸秆不能还田使土壤的有机质下降，影响农业增产。

（1）滥用能源是环境污染主因　能源在人类社会发展中扮演着极为重要的角色，人类一刻也离不开能源。但能源的消费也正在给人类带来众多的麻烦，占总量 80% 的化石能源的利用造成了日益严重的环境污染，不科学地滥用能源是造成环境恶化的主要原因。

近年来，随着工业的迅猛发展和人民生活水平的提高，能源的消耗量越来越大。能源的不合理开发和利用，致使环境污染也日趋严重。目前，全世界每年向大气中排放几十亿吨甚至几百亿吨的二氧化碳、二氧化硫、粉尘及其他有害气体，给人类生存环境带来了严重的损害。

目前，发达国家仍然是世界上有限资源的主要消费者和二氧化碳等大量有害气体的主要排放者，其排放量占到了全球排放总量的 3/4。我国的经济发展速度世界瞩目，但以煤炭为主的能源消费结构，也使我国面临着严峻的生态压力。能源消耗总量持续增长，是重点污染物排放总量增加的主要原因之一。在目前的技术发展水平下，要发展经济，必然要消耗资源、影响环境。

（2）节能是环保最有效的方式　人类社会和经济的发展永远离不开能源，要想减少能源消耗对环境带来的负面影响，最有效的办法之一就是走节能之路。

节能就是采取技术上可行、经济上合理以及环境与社会上可以接受的各种措施来更有效地利用能源，充分地发挥现有能源的作用。节能的范围很广，从能源生产到最终使用的全过程（包括开采、分配、输送、加工转换和终端消费等环节）减少损失和浪费，以及通过技术进步、合理有效利用、科学管理和结构优化等途径，提高能源利用率等，都属于节能的范畴。

从节能的概念和范围可以很清晰地看到，节能是一个链条式的过程，其方式是多元化的，并有着丰富的内涵和外延。节约能源和节省物资都是从源头上保护环境。

（3）节能对环保的推动作用　节能对环保的推动作用主要体现在以下三个方面。

1）节能意识普及化有利于环境保护。长期以来，人们对于节能的概念相对模糊。单独的个人都认为节能是企业的事，往往忽略了自己在节能中所扮演的角色及节能对于环境保护的意义。在官方的一些政策文件中，也是将企业的节能降耗放在首位，对其他方面及个人的约束相对较少，对节能与环境保护的关系阐释得不是很清晰。事实上，如果将所有人浪费的能源和资源集中起来，将是一笔巨大的财富，甚至远远超过工业设备与系统节约的能源和资源量。而这些能源和资源的节约将会花费每个人很少的代价，甚至不用花费任何代价而仅仅是节约意识的普及与提高。因此，如果在日常的生活中，能将节能的意识普及化，用平实的语言告诉人们节能是怎样一件事，包括哪些含义，倡导人们在日常的生活中节水、节电、节约粮食、节约各种物资、节约各种能源、杜绝浪费，本身就是对环境的极大保护。

2）节能过程链条化是环境保护的重要保证。从利用能源生产产品到消费者使用产品，再到使用后的废弃物处理，每个环节都存在着节能。从另一个角度看，消费需求刺激生产，不同的需求刺激不同的生产，这都决定了节能是一个链条式过程。企业在生产过程中要有效使用和节约能源，减少环境污染；销售者在销售的过程中也要注意节能环保；消费者在选择产品时要注意选择节能环保的，让那些浪费能源、污染环境的厂家彻底淡出我们的视线，在使用产品时要注意高效利用和节约能源。因而可以说，每个消费者都是节能与环保的主人。

3）节能方式多元化带动环保事业的发展。从广义的节能概念不难发现，节能有着多元化的方式。例如提高能源利用率，节约各种经常性消耗物质，合理组织分配和输送，提高劳动生产率，节约固定资产和流动资产占有量，提高产品质量，降低生产成本费用，优化产业结构和生产结构，加强能源科学管理，还包括开发新能源、开发新技术，小到居民生活用能的节约。可见，广义节能同每个行业、每个单位、每项工作和每个人都有着非常密切的关系。要全面有效地节能，就应该努力改善上述每个方面。

节能方式多元化的一个直接结果就是它牵动了整个社会的神经，它需要整个社会包括政府、企业、科研单位和个人的共同关注，是一场巨大的、任重而道远的事业。一个社会性的节能事业不仅是对整个人类经济可持续发展的深切关注，更是对环境保护的高度重视。节能理念深入人心的最大受益者就是环境，所以说，节能方式多元化会将节能事业深入到社会的每一个领域，每一个领域对节能的贡献，就是对环境保护的贡献，这不仅是一个意识层面的影响，而是保护环境的行动。

思 考 题

5-1 节能的定义是什么？节能有哪些类型？
5-2 节能的原理是什么？我国节能有哪些现实意义？
5-3 节能有哪些具体的方法和途径？
5-4 简述链条炉的结构组成及其工作原理。
5-5 如何对锅炉开展用能平衡分析，以及确定节能方向？
5-6 链条炉分层燃烧节能技术的关键是什么？有几种具体形式？
5-7 循环流化床锅炉的工作原理是什么？为什么说循环流化床锅炉是一种清洁燃煤技术？
5-8 简述泵与风机变频调速节能技术的工作原理。
5-9 我国工业余热有哪些类型？其对口利用设备有哪些？
5-10 气体余热、液体余热和固体余热在利用技术难度方面有何区别？
5-11 简述余热锅炉的结构形式、工作原理及性能特点。
5-12 在余热回收利用中热交换器强化传热有何意义？
5-13 简述热泵的工作原理及其应用前景。
5-14 简述空气源热泵的工作原理及特点。
5-15 简述水源热泵的工作原理及特点。
5-16 简述环境污染的定义及其产生原因。
5-17 简述能源利用造成的环境污染形式。

第 6 章

能源管理方法与节能新机制

6.1 能源管理概述

6.1.1 能源管理方法和内容

能源管理就是运用能源科学和经济科学的原理和方法,对能源资源的勘探、生产、分配、转换和消耗的各个环节进行能耗分析和节能技术管理的过程,以达到经济、合理并有效地开发和利用能源的目的。对于国家来说,能源管理是整个能源工作的重要组成部分,包括能源政策、规划、计划、法规、制度等的制定、执行和检查,以及能源的布局、价格、贸易、管理体系等。国家能源管理水平的高低,将直接关系到能源工业的发展水平,从而直接影响国民经济的发展水平。在目前能源需求增大而能源供求矛盾突出的情况下,如何把整个国家的、全局性的能源管理工作搞好,更是至关重要。就用能企业来说,想要合理利用有限的能源,提高能源利用效率,增收节支,以满足企业生产发展需要,也必须通过建立和健全能源管理的组织机构、制度、措施来达到。随着现代大工业的产生和发展,企业的组织形式经历着一个不断变化和发展的过程,企业管理工作成为制约生产的重要因素之一。

能源管理是企业管理体系中的重要组成部分,它与企业的计划、生产、技术和设备等方面的管理都有着极为密切的关系。能源管理的好坏将直接影响企业的整体管理,如果能源部门不能及时保质保量地供应能源,就会给企业的计划、生产、质量等管理环节带来许多困难,使企业的经济效益受到损失。同样,若企业管理不善,如企业的安全、生产管理不正常,导致事故不断发生,设备失修,其结果则是生产效率降低、单位产品能耗提高、能源利用率降低等。因此,能源管理与企业管理两者之间是相互依赖和相辅相成的。企业管理水平提高会促使能源管理水平提高,反过来,能源管理水平提高,也会促进企业管理水平的提高。

企业的能源管理与企业的物资管理及设备管理、技术管理、计划管理等专业管理既有联系,又有区别,是企业管理中一项独立的系统性很强的管理业务,它有自己的管理目标和职责范围。能源在企业生产活动中只是为生产过程提供燃料、动力和原材料,本身并不为社会提供最终产品。因此,企业能源消耗量的多少并不能完全直接地反映出能源利用的最终效

第6章　能源管理方法与节能新机制

益。企业能源管理的目标应该是力争用最少的能源生产出尽可能多的国家建设和人民生活所需要的物美价廉的产品，或者是用一定数量的能源生产出更多的优质产品。也就是说，企业能源管理的目标应着眼于整个企业乃至全社会的经济效益的提高，而不是单纯的节能。

能源管理是能源大系统工程的一个重要组成部分。能源管理的主要方法如下：

（1）能源的全过程管理　能源的全过程管理包括一次能源（煤炭、石油、天然气、水力资源、风力、海洋能、生物能等）及二次能源（石油制品、焦炭、电力、蒸汽、化学反应热及一切载能物质）的资源勘查、开发开采、运输、转换、分配、储存到使用过程的管理。对各个阶段和各个具体环节进行全面管理，妥善保管和综合平衡，只有这样才能保证能源生产与消费的各环节之间的协调发展。

（2）能源的职能管理　国家的能源职能管理包括能源方针、政策、规划、计划、标准、价格、法规等的制定和执行，以及负责能源管理机构的建立健全。企业的能源职能管理包括能源计划、生产、技术、设备、供应、资金、人员、计量、定额、核算、统计、节约等方面的工作，同时要建立和健全能源管理工作体系，从组织上、制度上、方法上保证能源管理工作的有效进行。

（3）能源的全员管理　人类的社会生产和生活都离不开能源，管理能源是所有人的事情。对用能企业来说，全体员工都是管好、用好能源的直接或间接参与者。要动员群众形成专业管理与群众管理相结合的管理网，共同管理好企业的能源。

（4）能源的全面管理　能源包括常规能源、新能源或一次能源、二次能源，以及自来水、氧气、压缩空气等间接能源或载能体。由于各种能源之间有着错综复杂的相互替代关系和不可分割的联系，因此必须注意横向联系，对能源领域进行全面管理，讲究综合效果和全社会经济效益。

企业能源管理的目的是：在满足企业能源需求的条件下，采用科学的方法和手段，合理有效地利用能源，以最少的花费和能耗，创造出更多符合社会需要的产品和产值。

企业能源管理内容包括能源供应管理和能源节约管理两方面。

（1）能源供应管理　能源供应管理主要是保证供应并完成或超额完成生产任务所需的能源，是企业生产的基础管理，是确定企业生产是否能够正常进行的关键。能源供应管理包括以下几方面：

1）计划管理。能源计划管理就是把能源的供应、使用、节约等管理工作纳入计划的轨道，通过能源消费计划的制定、落实，使企业能源管理工作有计划、有步骤地进行。能源计划管理的内容通常包括：编制、贯彻、落实各种能源供应和使用计划，搞好能源产供销调度平衡，合理分配和使用各种能源，保证企业生产经营活动的正常进行；进行能源需求预测，编制企业能源消费及节约能源的长期规划；编制节能规划，制订节能措施，即企业根据能源使用、供应的情况，在对企业各项计划综合平衡的基础上，提出节能计划，并根据资金、物资、人力等情况，统筹安排好节能技术措施和设备更新改造项目，制定每一个措施和项目的实施计划；搞好能源消费统计；下达和落实能耗计划指标等。

2）供应管理。企业能源供应管理包括两个方面：一是保证外购能源及时、有计划地供应到本厂，包括能源的选择，与供应单位谈判和签订供货合同，搞好进货检验、能源的储存、计量、检验等；二是将这些外购能源和经过本厂转换的各种能源，按质按量向各个生产过程和环节供应。在分配和供应过程中，应按照各种能源的性质和各个方面对能源的不同要求，合理分配能源，提高能源利用的经济效益。

3) 储存管理。企业使用的能源应保持适量的储备，以供企业内部调剂使用。对由远程运输获得能源的企业，应尽量避免因计划超产或偶然事故发生能源供应中断，储备工作要以企业的能源消费为依据，通过测算，确定合理的燃料储存量，并注意储存场地的设置，配备适当的设备，实行专门管理，尽量减少燃料在储存期间在数量和质量方面的损失。

4) 分配管理。企业应按各部门的生产工艺对能源质量、品种和数量的要求，把能源分配给各个部门。在进行分配时，应考虑和研究各种能源相互替代的技术可能性和经济合理性，避免能量的浪费和降价使用。能源分配部门要切实观察和掌握各部门的消费状况，严格考核，节奖超罚，及时纠正分配方面的问题，在能源短缺时要合理安排生产，减少经济损失。

5) 运输管理。企业要把各种能源安全经济地送到各个部门，并使能源的运输损失最小，必须考虑运输布局，缩短运距，充分发挥运输能力，提高运输效率，杜绝"跑、冒、滴、漏"。对电力线路，除减少输配电损失外，还要注意保证供电质量。对蒸汽和热水的输送要特别注意保温，减少输送热损失。同时，要搞好管路、传输带、车辆等输送设备的维修保养和更新改造，提高运输效率。

6) 消费管理。企业能源消费管理工作内容比较广泛，既包括能源消费情况的监督管理，如能源消耗的计量、消费情况的分析、能源消耗情况的汇报与统计报表的编制等，又包括加强和改进能源消费过程的管理，如合理组织生产、搞好设备的经济运行、实行科学用能、严格区分生产与非生产用能、减少浪费、提高能源利用率、降低产品单耗等。

(2) 能源节约管理　能源节约管理的目的是在完成生产任务的前提下，减少能源浪费，提高能源利用率，降低单位产品能耗，或在等量能源供应的条件下生产更多的产品。它是企业管理向纵深发展的表现。能源节约管理将直接影响企业的经济效益，在能源供应紧张的今天，显得尤其重要。能源节约管理主要包括能源全面计量、能源统计分析、能源定额管理、能源节奖超罚、能源设备管理、企业能量平衡（数量管理）、节能技术措施管理、规章制度管理、节能宣传教育和技术培训、开展广义节能和系统节能等方面。

1) 能源全面计量。能源计量是管理工作的定量计算基础，是企业用能水平的标志，也是统计分析企业用能的统计数据的主要来源和手段。能源计量主要是使用仪表对能量使用量、消耗量进行定量的测定。企业应遵照《全国厂矿企业计量管理实施办法》和《用能单位能源计量器具配备和管理通则》的要求，建立直属厂长和总工程师的计量管理机构，充实计量器具安装维修的技术机构，健全计量器具维修和定期检验制度，编制能源计量器具网络图和能源信息反馈网络图，做到统一抄表，"数"出一门，"量"出一家，按国家规定，达到应有的计量检测率和能源计量准确度。

2) 能源统计分析。能源统计分析工作是能源管理中一项十分重要的基础工作。能源的统计分析就是把企业能耗按每日、月、季度和年度分类记录和统计，并记录同期产品的产量和质量、原材料消耗和生产成本等；通过投入和产出的对比分析，以宏观方法查明企业能源使用的情况。制订合理的、切实可行的能源统计指标体系是加强能源管理的必要手段，也是分析企业能耗状况、改善能源利用的重要依据。企业应遵照《中华人民共和国统计法》以及国家统计局和主管部门的有关规定，按照能源标准制定计算规则，搞好企业总能耗、产品综合能耗、产值能耗和其他能源数据的统计分析，按时完成规定的报表，并建立健全有关的统计台账，对统计资料定期进行分析，写出能源统计分析报告上报主管部门。

3)能源定额管理。能源定额管理是企业能源科学管理的中心环节。整顿企业能源管理,变"四无"为"五有",即从耗能无计量、消耗无定额、节超无考核、管理无人抓,转变到管理有制度、进出有计量、消耗有定额、节超有奖罚、节能有措施。通过能耗定额的制定、修订和考核,实施严格的量的管理,把节能工作与落实经济责任制牢牢地挂起钩来,逐步消除在能源使用上长期存在的"吃大锅饭"的现象。

4)能源节奖超罚。按照能耗定额考核和实施节奖超罚,是企业能源科学管理的一项重要工作,是国家关于"能源包干、择优供应、超耗加价、节约受奖"经济政策的深入贯彻。企业开展节能评比表彰,并按国家规定提取节能奖金,以及本着"多节多奖、少节少奖、不节不奖"的原则进行合理分配,从精神鼓励和物质奖励两方面调动广大职工的节能积极性,是推动企业节能工作不断深入发展的有效手段。在实行节能奖励的同时,以及坚持正面教育的前提下,必须严格执行"浪费能源要罚"的政策,制定明确的条例,对由于各种原因造成的能源损失和浪费,根据具体情节给予批评、扣发奖金或罚款,乃至进行必要的行政处分。

5)能源设备管理。对于企业耗能设备,如锅炉、工业窑炉、风机、水泵、电解槽、自备发电装置、电动机和供配电装置、各种化学反应装置及其他各种用能设备,都要进行管理。设备管理应从设计抓起,无论新建、改建、大修,都应符合节能要求。企业要重视审核设计文件中有关节能的主导思想、能耗水平、节能措施等内容。平时,企业要加强重点用能设备的维修保养,其中加强对动能设备的管理尤为重要,这是因为动能设备是加工、转换能源集中的场所,能源损失数量大而集中。动能设备管理的内容大体上有:管好、用好动能设备,保证生产过程的正常进行;合理利用动能设备,解决动能设备"大马拉小车"的问题;对耗能高、浪费大的动能设备进行技术改造;制定动能设备管理和技术改造规划等。

6)企业能量平衡(数量管理)。能量平衡是对设备或企业的各种能源在工作和使用过程中,对输入能量和输出能量的平衡关系进行考查。它是企业节能工作的基础,对摸清企业能耗状况、挖掘节能潜力、提高能源利用率具有十分重要的意义。企业能量平衡的目的在于:①掌握企业用能情况,包括能源构成及消耗情况,能量的有效利用情况,以及余热资源和回收情况;②摸清企业的节能潜力,为制定节能规划和措施提供科学数据;③为制定能源消耗定额、能源利用指标及有关能源管理条例提供精确数据;④通过企业能量平衡找出提高能量有效利用率的途径。可见,企业能量平衡是分析能量分布、流向、利用和损失的科学管理方法,也是进行能源科学管理的有效手段。

企业能量平衡应按主管部门的规定,根据实际需要定期进行生产装置或重点耗能设备改造,改造前后应进行对比性测试,根据企业能量平衡测试结果,改革生产工艺,改造技术装备,改进经营管理,为强化能源科学管理和提高能源科学技术水平奠定基础。

7)节能技术措施管理。节能是能源科学管理的一项重要内容,能源科学管理又是节能的重要途径。企业要达到节能的目的,必须采取一系列节能技术组织措施,尤其是要对一些落后的设备、工艺进行更新和改革。这些措施项目涉及企业的设备、技术、劳动、财务等各项专业管理,不仅仅是能源管理的内容。节能技术措施项目的管理包括三个方面的基本内容:一是确定节能项目,搞好技术经济分析和可行性研究;二是管好、用好节能技术项目的资金、物资;三是组织好节能项目的实施、验收,鉴定其经济效果。在这三项内容中,节能项目的技术经济论证和可行性研究尤为重要。

8)规章制度管理。企业能源管理规章制度是指企业对能源生产、加工、转换、分配、使用等活动中所制定的各种规则、章程、程序和办法的总称。它是企业全体职工共同遵守的规范和准则。这些规章制度主要包括各级管理责任制、能源供应管理制、定额管理制度、奖励制度等。企业能源管理规章制度的制订要围绕企业的节能方针、目标和任务的要求，按各个层次的实际要求，采取企业内部经济责任制的形式进行。

9）节能宣传教育和技术培训。企业应以"节能始于教育，终于教育"为指导思想，大力开展节能宣传教育和技术培训，深入宣传国家的能源方针、政策，提高广大职工对节能工作的认识，增强节能的紧迫感和责任感，把不断提高能源利用水平建立在职工高度的政治思想觉悟和科学技术水平普遍提高的基础之上。

10）开展广义节能和系统节能。广义节能和系统节能包括合理组织生产（经济运行），提高产品质量，减少废次品，提高成品收得率，减少原材料消耗及进行产业结构、产品结构调整等。也就是说广义节能将直接或间接地影响能源消耗，应当予以重视。

总之，企业能源管理的主要任务如下：

1）搞好能源的供应和分配。要根据企业生产经营的需要，做好能源的采购、保管、分配工作，搞好各种能源产、供、销的调度平衡，保证按质、按量、按品种规格、按时满足生产经营的需要，保证企业生产经营不间断地进行。

2）搞好能源的消费管理。既要在保证产品产量、质量、品种的前提下，努力减少各种能源在生产过程中的消耗，又要在讲究综合经济效益的前提下，充分合理地利用余能，减少能源损失和浪费，提高能源利用效率。

3）管好、用好动能设备。要根据技术上先进、经济上合理的原则，正确选购动能设备，配合设备管理和技术管理，为企业提供优良的技术装备，保证动能设备处于良好的技术状态。

4）搞好节能技术项目管理。以提高企业综合经济效益为目标，以节能为重点，开展技术革新、设备更新、工艺改革和技术改造，不断提高企业生产技术水平和装备水平。

5）搞好能源制度管理。加强能源科学管理的基础工作，完善能源计量测试手段，建立和健全能耗定额及各种能源管理规章制度，加强能源统计，搞好能源管理的技术培训等。

6.1.2 能源管理节能新机制

"十三五"时期，我国在"十一五""十二五"控制能耗强度（即万元产值能耗）降低的基础上，实施能源消耗总量和强度"双控"行动，明确要求到2020年单位GDP能耗比2015年降低15%，能源消费总量控制在50亿t标准煤以内，旨在加快解决资源约束趋紧、环境污染严重、生态系统退化等突出问题。从国家发展改革委获悉，2016年全国单位GDP能耗降低5%，超额完成降低3.4%以上的年度目标，全国能源消费总量43.6亿t标准煤，同比增长约1.4%，低于"十三五"时期年均约3%的能耗总量增速控制目标。

随着我国社会的快速发展，能源对于我国经济发展越来越重要。为了使能源得到更加合理的利用，人们对能源管理机制进行了不懈的探索。在经济发达的国家，各种节能新机制得到了较快发展和应用。近年来，我国也在引进吸收国外先进管理机制的基础上，不断发展和逐步推广应用各种行之有效的能源管理新机制。下面概要介绍各种能源管理的新机制。

（1）固定资产投资项目节能审查　根据国家的相关法律法规，对投资项目用能的科学性、合理性进行审查的方法具有权威性，能够加强固定资产投资项目节能管理，促进科学合理利用能源，从源头上杜绝能源浪费，提高能源利用效率，加强能源消费总量管理。

（2）企业能源审计　企业能源审计指根据国家相关法律规定，用能单位自己或委托从事能源审计的机构，对能源使用过程进行检测、核查、分析和评价的活动，是一种加强企业能源科学管理和节约能源的有效手段和方法，具有很强的监督与管理作用。

（3）清洁生产审核　按照一定的程序，针对生产和服务过程中存在的耗能高的环节，提出降低能耗和减少污染物排放的方法，进而达到节能降耗和减污增效的目的。

（4）合同能源管理　合同能源管理是一种新型的市场化节能机制，其业务由专业的节能服务机构来完成，实质就是以减少的能源费用来支付节能项目全部成本的节能业务方式。

（5）能效标识管理　能效标识是表示用能产品能源效率等级等性能指标的一种信息标识，属于产品符合性标志的范畴。根据国家的相关法律法规，制定相应的实施方法，旨在加强节能管理，推动节能技术进步，提高能源利用效率。

（6）节能产品认证　节能产品认证指依据国家的相关法律规定，按照国际上通行的产品质量认证规定与程序，经中国节能产品认证机构确认并通过颁布认证证书和节能标志，证明某一产品符合相应标准和节能要求的活动。

（7）电力需求侧管理　电力需求侧管理是指通过采取有效的措施，使得电力用户改变原有的用电方式，提高用电效率，优化资源配置，改善和保护环境，以达到最小的电力服务成本，是促进电力工业与国民经济协调发展的一项系统工程。

（8）碳交易及其管理　把二氧化碳等温室气体排放权作为一种商品，从而形成了二氧化碳排放权的交易，简称碳交易。在国家政策指导下，建立碳交易市场，合同的一方通过支付另一方获得温室气体减排额，买方可以将购得的减排额为减缓温室效应而实现其减排的目标，有利于调动企业节能减排的积极性，减少生产过程中二氧化碳等温室气体的排放，帮助国家经济向低碳方向转型。

6.2　节能审查

6.2.1　节能审查的政策及意义

能源是制约我国经济社会可持续、健康发展的重要因素。解决能源问题的根本出路是坚持"开发与节约并举、节约放在首位"的方针，大力推进节能降耗，提高能源利用效率。固定资产投资项目在社会建设和经济发展过程中占据重要地位，在能源资源消耗中也占较高比例。固定资产投资项目节能审查工作作为一项节能管理的新机制，对深入贯彻落实节约资源的基本国策，严把能耗增长源头关，全面推进资源节约型、环境友好型社会建设具有重要的现实意义。固定资产投资项目包含了基建和技改投资项目。

固定资产投资项目节能管理，是指项目在决策、规划、设计和建造的前期，通过一系列的合理用能方案和管理措施的实施，使项目建成后软硬件能为项目合理用能打下坚实的基础。

2010年9月17日，国家发展和改革委员会颁布了第6号令《固定资产投资项目节能评估和审查暂行办法》（以下简称《暂行办法》），适用于各级人民政府发展改革部门管理的在我国境内建设的固定资产投资项目。固定资产投资项目节能评估文件（包括节能评估报告书、报告表和登记表）及其审查意见、节能登记表及其登记备案意见，作为项目审批、核准或开工建设的前置性条件以及项目设计、施工和竣工验收的重要依据。未按本办法规定进行节能审查，或节能审查未获通过的固定资产投资项目，项目审批、核准机关不得审批、核准，建设单位不得开工建设，已经建成的不得投入生产、使用。

节能评估与审查制度自 2010 年实施以来，在提高新上项目能效水平、从源头控制不合理能源消费、促进完成能耗"双控"目标等方面发挥了积极作用。为推进简政放权，做好节能审查"放管服"（简政放权、放管结合、优化服务的简称）工作，落实近期修订的《中华人民共和国节约能源法》，2016 年 11 月 27 日，国家发展和改革委员会发布了第 44 号令《固定资产投资项目节能审查办法》（以下简称《办法》），自 2017 年 1 月 1 日起施行，2010 年 9 月 17 日颁布的《暂行办法》同时废止。

1. 节能审查的相关政策

节能审查是指根据节能法律法规、政策标准等，由省市地方节能主管部门对项目节能情况进行审查并形成审查意见的行为。节能审查的对象是建设单位编制的固定资产投资项目节能报告。节能审查的目的是促进固定资产投资项目科学合理利用能源，从源头上杜绝能源浪费，提高能源利用效率，加强能源消费总量管理。

固定资产投资项目节能审查意见是项目开工建设、竣工验收和运营管理的重要依据。政府投资项目，建设单位在报送项目可行性研究报告前，需取得节能审查机关出具的节能审查意见。企业投资项目，建设单位需在开工建设前取得节能审查机关出具的节能审查意见。未按《办法》规定进行节能审查，或节能审查未通过的项目，建设单位不得开工建设，已经建成的不得投入生产、使用。

国家发展改革委负责制定节能审查的相关管理办法，组织编制技术标准、规范和指南，开展业务培训，依据各地能源消耗总量和强度目标完成情况，对各地新上重大高耗能项目的节能审查工作进行督导。

固定资产投资项目节能审查由地方节能审查机关负责。国家发展改革委核报国务院审批以及国家发展改革委审批的政府投资项目，建设单位在报送项目可行性研究报告前，需取得省级节能审查机关出具的节能审查意见。国家发展改革委核报国务院核准以及国家发展改革委核准的企业投资项目，建设单位需在开工建设前取得省级节能审查机关出具的节能审查意见。年综合能源消费量 5000t 标准煤以上（改扩建项目按照建成投产后年综合能源消费增量计算，电力折算系数按当量值，下同）的固定资产投资项目，其节能审查由省级节能审查机关负责。其他固定资产投资项目，其节能审查管理权限由省级节能审查机关依据实际情况自行决定。年综合能源消费量不满 1000t 标准煤，且年电力消费量不满 500 万 kW·h 的固定资产投资项目，以及用能工艺简单、节能潜力小的行业（具体行业目录由国家发展改革委制定并公布）的固定资产投资项目应按照相关节能标准、规范建设，不再单独进行节能审查。

国家发展改革委公布的《不单独进行节能审查的行业目录》（以下简称《目录》）中，将风电站、光伏电站（光热）、生物质能、地热能、核电站、水电站、抽水蓄能电站、电网工程、输油管网、输气管网、水利、铁路（含独立铁路桥梁、隧道）、公路、城市道路、内河航运、信息（通信）网络（不含数据中心）、电子政务、卫星地面系统列入不单独进行节能审查的行业。同时规定：①对于《目录》中的项目，建设单位可不编制单独的节能报告，可在项目可行性研究报告或项目申请报告中对项目能源利用情况、节能措施情况和能效水平进行分析。②节能审查机关对《目录》中的项目不再单独进行节能审查,不再出具节能审查意见。③建设单位投资建设《目录》中的项目应按照相关节能标准、规范建设,采用节能技术、工艺和设备,加强节能管理,不断提高项目能效水平。④各地节能管理部门应依据《中华人民共和国节约能源法》《固定资产投资项目节能审查办法》和《节能监察办法》(国家发展改革委2016年第33号令),对《目录》中的项目进行监督管理,对违反节能法律法规、标准规范的项目进行处罚。⑤年综合能源消费量不满1000t标准煤,且年电力消费量不满500万kW·h的固定资产投资项目,以及涉及国家秘密的项目参照适用以上规定。

节能审查机关受理节能报告后,应委托有关机构进行评审,形成评审意见,作为节能审查的重要依据。节能审查应依据项目是否符合节能有关法律法规、标准规范、政策;项目用能分析是否客观准确,方法是否科学,结论是否准确;节能措施是否合理可行;项目的能源消费量和能效水平是否满足本地区能源消耗总量和强度"双控"管理要求等对项目节能报告进行审查。

固定资产投资项目投入生产、使用前,应对其节能审查意见落实情况进行验收。固定资产投资项目节能审查应纳入投资项目在线审批监管平台统一管理,实行网上受理、办理、监管和服务,实现审查过程和结果的可查询、可监督。

节能审查机关应加强节能审查信息的统计分析,强化事中事后监管,对节能审查意见落实情况进行监督检查。省级节能审查机关应按季度向国家发展改革委报送本地区节能审查实施情况。国家发展改革委实施全国节能审查信息动态监管,对各地节能审查实施情况进行定期巡查,对重大项目节能审查意见落实情况进行不定期抽查,对违法违规问题进行公开,并依法给予行政处罚。

对未按本办法规定进行节能审查,或节能审查未获通过,擅自开工建设或擅自投入生产、使用的固定资产投资项目,由节能审查机关责令停止建设或停止生产、使用,限期改造;不能改造或逾期不改造的生产性项目,由节能审查机关报请本级人民政府按照国务院规定的权限责令关闭;并依法追究有关责任人的责任。以拆分项目、提供虚假材料等不正当手段通过节能审查的固定资产投资项目,由节能审查机关撤销项目的节能审查意见。未落实节能审查意见要求的固定资产投资项目,节能审查机关责令建设单位限期整改。不能改正或逾期不改正的,节能审查机关按照法律法规的有关规定进行处罚。

与《暂行办法》对比,现行《办法》进行了较大幅度的修改,主要变化如下。

1)下放了节能审查管理权限。

根据推进简政放权、做好"放管服"工作的总体要求,下放了原来属于国家发改委的部分固定资产投资项目的节能审查管理权限。

《暂行办法》中规定:固定资产投资项目节能审查按照项目管理权限实行分级管理;国家发改委报国务院审批或核准的投资项目以及国家发改委审批或核准的项目,由国家发改委负责节能审查;地方政府或地方发改委审批、核准或备案的项目,由地方发改委负责。

《办法》中进行了调整:所有固定资产投资项目的节能审查均由地方节能审查机关负责;年综合能源消费量5000t标准煤以上的固定资产投资项目,其节能审查由省级节能审查机关负责;其他固定资产投资项目,其节能审查管理权限由省级节能审查机关依据实际情况自行决定。

2) 放宽了免于节能审查的范围。

按照《暂行办法》要求，所有的投资项目根据其用能情况，至少需要报送节能登记表、节能评估报告表、节能评估报告书中的一项。而《办法》取消了节能登记表，并取消了部分节能潜力小的行业的项目节能审查，提高了需要审查的项目用能起点标准。

《暂行办法》要求：用能在0~1000t标准煤的项目应填写节能登记表；用能在1000~3000t标准煤或年电力消费量200万~500万 kW·h，或年石油消费量500~1000t，或年天然气消费量50万~100万 m^3 的项目，应编制节能评估报告表；用能在3000t标准煤以上或年电力消费量500万 kW·h 以上，或年石油消费量1000t以上，或年天然气消费量100万 m^3 以上的项目，应编制节能评估报告书。

《办法》修改为：年综合能源消费量不满1000t标准煤，且年电力消费量不满500万 kW·h 的固定资产投资项目，以及用能工艺简单、节能潜力小的行业（具体行业目录由国家发展改革委制定并公布）的固定资产投资项目应按照相关节能标准、规范建设，不再单独进行节能审查。

3) 着重增加了对能耗"双控"目标等的审查。

《办法》在对建设单位的节能报告内容要求和节能审查机关的审查依据中，均增加了"项目的实施是否满足本地区能源消耗总量和强度'双控'管理要求的"相关内容，并要求建设单位报告项目对本地区煤炭减量替代目标的影响。

4) 弱化前置审批，强化过程监督管理。

《办法》取消了"节能评估文件及其审查意见、节能登记表及其登记备案意见，作为项目审批、核准或开工建设的前置性条件"的说法，企业投资项目只要在开工建设前取得节能审查意见即可。具体规定如下：政府投资项目，建设单位在报送项目可行性研究报告前，需取得节能审查机关出具的节能审查意见；企业投资项目，建设单位需在开工建设前取得节能审查机关出具的节能审查意见。

《办法》增加了项目投产前对节能审查意见落实情况进行验收的要求，增加了节能审查纳入项目在线水平监管平台统一管理，实现审查过程、结果的可查询、可监督的要求，增加了对节能审查信息进行统计分析、强化事中事后监管的要求，增加了国家发改委对各地节能审查实施情况进行定期巡查、不定期抽查的要求。

调整后，《办法》更加注重对节能审查意见的监督、检查，有效避免了过去节能审查"重审批，轻落实"的现象，切实将节能审查的作用、效果落到实处。

另外，从节能审查文件的形式上，《暂行办法》规定的节能评估报告书、节能评估报告表、节能登记表，《办法》中统一变更为节能报告；从节能审查文件的编制机构上，节能报告可由建设单位编制，也可由相关咨询机构编制。

2. 节能审查的意义

节能审查工作是我国节能管理工作从用能单位早期的能源消耗管理，进一步追根溯源介入项目建设前期的新举措，是标本兼治、卡住源头的有力措施。

1) 固定资产投资项目节能审查是一项节能管理制度。固定资产投资项目在社会建设和经济发展过程中占据重要地位。节能审查对深入贯彻落实"节约资源"基本国策，严把能耗增长源头关，全面推进资源节约型、环境友好型社会建设，具有重要的现实意义。

2) 节能审查是实现项目从源头控制能耗增长、增强用能合理性的重要手段。依据国家和地方相关节能强制性标准、规范及能源发展政策在固定资产投资项目审批、核准阶段进行用能科学性、合理性分析与评价,提出节能降耗措施,出具审查意见,可以直接从源头上避免用能不合理项目的开工建设,为项目决策提供科学依据。

3)节能审查是确保节能降耗目标实现、落实节能法规政策制度的有力支撑。开展固定资产投资项目节能审查工作,建立相关制度和办法是促进节能目标实现、落实《中华人民共和国节约能源法》等中央重要战略部署及法规政策中相关规定的重要保障。

4)节能审查是贯彻国务院投资体制改革精神、改进政府宏观调控方式的具体体现。在《国务院关于投资体制改革的决定》中,要求对投资项目从维护经济安全、合理开发利用资源、保护生态环境等方面重点进行核准把关,固定资产投资项目节能审查制度是贯彻落实国务院投资体制改革精神、转变和改进政府宏观监督管理职能的具体体现。

5)节能审查是提高固定资产投资效益、促进经济增长方式转变的必要措施。节能审查工作使决策单位从项目的源头开始树立起合理用能的意识,建立节能的预案机制,并贯穿于项目建设的全过程。开展固定资产投资项目节能审查,严把项目能源准入关是提高固定资产投资项目能源利用效率、促进产业结构调整、能源结构优化的重要举措。

6.2.2 节能报告的编制依据与评价方法

1. 节能报告主要的编制依据

1)《固定资产投资项目节能审查办法》(国家发展和改革委员会 2016 年第 44 号令)。
2)《中华人民共和国节约能源法》。
3)《中华人民共和国循环经济促进法》。
4)《能源发展"十三五"规划》。
5)《用能单位能源计量器具配备和管理通则》(GB 17167—2006)。
6)《综合能耗计算通则》(GB/T 2589—2008)。
7)《单位产品能源消耗限额编制通则》(GB/T 12723—2013)。
8)《企业节能量计算方法》(GB/T 13234—2009)。
9)《工业企业能源管理导则》(GB/T 15587—2008)。
10)《评价企业合理用电技术导则》(GB/T 3485—1998)。
11)《评价企业合理用热技术导则》(GB/T 3486—1993)。
12)《节水型企业评价导则》(GB/T 7119—2006)。
13)《供配电系统设计规范》(GB/T 50052—2009)。
14)《节电技术经济效益计算与评价方法》(GB/T 13471—2008)。
15)《工业设备及管道绝热工程设计规范》(GB/T 50264—2013)。
16)《设备及管道绝热技术通则》(GB/T 4272—2008)。
17)《采暖通风与空气调节设计规范》(GB 50019—2016)。
18)《公共建筑采暖空调能耗限额》(DB 37/935—2007)。
19)《建筑照明设计标准》(GB 50034—2013)。
20)《建筑采光设计标准》(GB/T 50033—2013)。
21)《民用建筑电气设计规范》(JGJ 16—2016)。

报告编写人根据项目实际情况来选择具体的编制依据,当发行新版本时以新版本为准。

2. 节能报告的评价方法

固定资产投资项目节能报告通用的评价方法主要有政策导向判断法、标准规范对照法、专家经验判断法、能量平衡分析法、类比分析法、综合分析法等。在实际节能分析评价过程中，要根据项目特点和需要，选择适用的评价方法。

(1) 政策导向判断法 根据国家及地方省市相关节能法律法规、政策及相关规划，结合项目所在地的自然条件及能源利用条件，对项目的建设方案进行分析评价，将其与相关产业规划、准入条件以及节能设计标准等进行对比。

(2) 标准规范对照法 对照项目应执行的节能技术标准和规范进行分析与评价，对项目和能源利用是否科学进行比对分析，特别是强制性标准、规范及条款应严格执行。如设备能效与能效标准一级能效水平（节能评价值）对比，项目能效指标与相关能耗限额标准对比等。

(3) 专家经验判断法 专家经验判断法是指在没有相关标准规范和类比工程的情况下，利用专家在专业方面的经验、知识和技能，通过直观经验分析的判断方法，对项目采取的用能方案是否合理可行、是否有利于提高能源利用效率进行分析评价；对能耗计算中经验数据的取值是否合理可靠进行分析判断；对项目拟选用节能措施是否适用及可行进行分析评价。该方法适用于项目用能方案、技术方案、能耗计算中经验数据的取值、节能措施的评价。

(4) 能量平衡分析法 能量平衡分析法是指使用能量平衡表或项目所属行业通用的平衡分析方法，分析项目各种能源介质输入与产出间的平衡，能源消耗、优先利用能源和各损失之间的数量平衡情况等，计算项目能源利用率、能量利用率、能源效率等，分析各工艺环节的用能情况，查找节能潜力。通过能量平衡分析，可以发现能量损失的大小、分布与损失发生的原因，以利于确定节能目标，寻找切实可行的节能措施。

(5) 类比分析法 类比分析法是指在缺乏相关标准规范的情况下，通过与处于同行业领先或先进能效水平的既有工程进行对比，分析判断项目的能源利用是否科学合理。类比分析法应判断所参考的类比工程能效水平是否达到国内领先或先进水平，并具有时效性。要点可参照标准规范对照法。该方法适用于能耗计算中经验数据的取值、节能措施的评价。

(6) 综合分析法 综合分析法是指参照有关标准、规范等，根据项目所在地气候区属情况、建设规模、工艺路线及设备工艺水平等，适当选取、计算基础数据和基本参数，确定主要能效指标，用能工艺、设备能效要求等。

上述评价方法为节能报告通用的主要方法，可根据项目特点选择使用。在具体的用能方案评价、能耗数据确定、节能措施评价方面，还可以根据需要选择使用其他评价方法。如能建立较为准确适用的物理模型和数学模型，可选物理模型法和数学模型法进行评价或计算。

6.2.3 节能报告的内容及编制

1. 节能报告的内容

《办法》规定，建设单位应编制固定资产投资项目节能报告。如果建设单位不具备编制节能报告的能力，也可请咨询公司编制。项目节能报告应包括下列内容：

1) 分析评价依据，包括有关法律、法规、标准、规范等。

2) 项目建设方案的节能分析和比选，包括总平面布置、生产工艺、用能工艺、用能设备和能源计量器具等方面。

第6章 能源管理方法与节能新机制

3）选取节能效果好、技术经济可行的节能技术和管理措施。

4）项目能源消费量、能源消费结构、能源效率等方面的分析。

5）对所在地完成能源消耗总量和强度目标、煤炭消费减量替代目标的影响等方面的分析评价。

与《暂行办法》相比，固定资产投资项目节能报告的内容要求总体上简化了，但更强调项目建设方案的节能分析和比选，以及方案中节能技术和管理措施的节能效果和技术经济性，突出了计算项目能源消费量、能源消费结构、能源效率等指标，尤其是能源消耗总量和强度目标、煤炭消费减量替代目标作为考核项目节能状况的最重要的指标。

2. 节能报告的编制

固定资产投资项目节能报告的编制工作可分为以下四个阶段。

（1）组建团队　报告编制机构应根据项目的行业和专业特点，组建符合节能报告所需各专业要求的工作团队。报告编制期间，工作团队应保持人员稳定。

（2）收集资料　主要工作包括：收集项目有关资料，赴项目现场进行调研，制定编写方案等。本阶段应重点了解项目所在地有关情况、项目建设方案及实际工作进展，收集和掌握项目节能报告分析评价必要的基础数据和基本参数等。

（3）编写报告　主要工作包括：分析前期收集材料、提出优化方案、计算有关指标和具体编写节能报告等。报告编写期间，项目建设单位等有关方面应积极参与，对报告描述的情况和提出的意见建议，表示认可接受和异议修改，编制完成后的节能报告应加盖项目建设单位公章。采用委托中介机构方式编制的，应同时加盖编制机构公章。

（4）修订完善　节能报告报送节能审查后，报告编制机构应组织各专业人员参加节能评审会，并根据节能审查（含节能评审）等有关要求和修改意见，在规定时限内对报告进行修改和完善。

节能报告的编制应遵循以下三项原则。

（1）专业性　节能报告的编写人员应熟悉与节能有关的法律政策和标准规范，了解节能报告编制的内容深度要求，具备分析和评价项目能源消费情况、提出有针对性的节能措施、判断项目能效水平以及对所在地能源消耗总量和强度的影响等专业能力，从而保证节能报告编制的专业性。

（2）真实性　节能报告的编制人员应坚持认真负责的工作态度，对项目用能情况等进行客观的研究、计算和分析，并从项目实际出发，对项目相关资料、文件和数据的真实性做出分析和判断，明确节能分析评价所需的基本参数、基础数据等，确保客观和真实地反映项目实际情况。当项目可行性研究报告、设计文件等包含的材料、数据能够满足节能分析评价的需求和精度要求时，应通过复核校对后引用；不能满足要求时，应通过现场调研、核算等其他方式获得第一手数据，并重新计算相关指标。

（3）实操性　节能报告应根据项目特点，针对建设方案的分析比选及设备选型，提出科学、合理、可操作的意见，以及节能技术和管理措施等，为设计、招标及施工、验收考核等提供具体依据。节能报告应观点鲜明，对于报告提出的能效指标、节能措施等，应明确要求项目在建设过程中落实到位，不能仅做原则性、方向性的描述。

3. 节能报告的参考文本

项目摘要表。摘要表中的项目有关指标应为采取节能措施后的数据，对比指标、参考指标等数据应在报告中提供明确来源及依据。

第1章 项目基本情况

1.1 项目建设情况

（1）建设单位情况　介绍建设单位名称、所属行业类型、地址、法人代表等情况。

（2）项目建设情况　介绍项目名称、立项情况、建设地点、项目性质、投资规模、内容简况，以及进度计划和实际进展情况等。

1.2 分析评价范围

说明项目的建设内容。结合行业特征，确定项目节能分析评价的范围，明确节能分析的评价对象、内容等。

1.3 报告编制情况

简要说明报告编制过程，报告编制前后项目用能工艺、设备等的主要变化情况等。一般应包括以下内容：

（1）工作简况　简要说明报告编制委托情况，以及工作过程、现场调研情况等。

（2）指标优化情况　指标优化情况包括主要能效指标、主要经济技术指标、年综合能源消费量，以及所需能源的种类、数量等的对比及变化情况。

（3）建设方案调整情况　建设方案调整情况包括项目主要用能工艺的对比及变化情况，主要用能设备的能效水平变化情况等。

（4）主要节能措施及节能效果　列表表述项目的主要节能措施及效果。

第2章 分析评价依据

2.1 相关法规、政策依据

（1）相关法律、法规、规划、行业准入标准、产业政策等。

（2）节能工艺、技术、装备、产品等推荐目录，国家明令淘汰的用能产品、设备、生产工艺等目录。

2.2 相关标准规范

相关标准及规范（国家标准、地方标准或相关行业标准均适用时，执行其中较严格的标准）。

2.3 相关支撑文件

项目可行性研究报告，有关设计文件、技术协议、工作文件等技术材料。

第3章 建设方案节能分析和比选

3.1 建设方案节能分析比选

3.1.1 项目建设方案

描述项目推荐选择的方案内容。

3.1.2 建设方案分析比选

分析评价该工艺方案是否符合行业规划、准入条件、节能设计规范等相关要求。将该工艺方案与当前行业内的先进的工艺方案进行对比分析，提出完善工艺方案的建议。

3.2 总平面布置节能分析评价

3.2.1 项目总平面布置

描述项目的总平面布置情况。

3.2.2 总平面布置分析评价

分析项目总平面布置对厂区内能源输送、储存、分配、消费等环节的影响，判断平面布置是否有利于过程节能、方便作业、提高生产效率、减少工序和产品单耗等，提出对节能措施的建议。

3.3 主要用能工艺（生产工序）节能分析评价

（1）介绍项目各主要用能工艺（生产工序），具体分析各用能工序（环节）的工艺方案、用能设备等的选择是否科学合理，提出节能措施建议。

（2）分析项目使用热、电等能源是否做到整体统筹、充分利用。

（3）计算工序能耗等指标，判断项目工序能耗指标是否满足相关能效限额及有关标准、规范的要求。

3.4 主要用能设备节能分析评价

（1）列出各用能工序（环节）的主要用能设备的选型情况及能效要求等，分析其是否满足相关能效限额及有关标准、规范的要求，或是否达到同行业先进水平等，提出节能措施建议。

（2）列出风机、水泵、变压器、空压机等通用设备的能效水平（或能效要求），并与国家发布的有关标准进行对比，判断能效水平。

3.5 辅助生产和附属生产设施节能分析评价

对辅助生产和附属生产的用能系统、主要用能设备进行分析评价。

3.6 能源计量器具配备方案

按电力、煤炭、热力等不同能源品种分类分级地列出能源计量器具一览表等。

第4章 节能措施

4.1 节能技术措施

梳理汇总建设方案节能分析比选章节所提出的节能技术措施，分析核算各项措施的技术经济可行性和节能效果，明确项目所确定选取的节能效果好、技术经济可行的节能技术措施，列出节能技术措施及节能效果汇总表。

4.2 节能管理方案

提出项目能源管理体系建设方案，能源管理中心建设以及能源统计、监测等节能管理方面的措施、要求等。

第5章 能源消费情况核算及能效水平评价

5.1 项目能源消费情况

依据采取节能措施后的项目能源消费情况，测算项目年综合能源消费量、年能源消费增量等。

5.2 项目主要能效指标

依据采取节能措施后的项目基础数据、基本参数等，计算项目主要能效指标。

5.3 项目能效水平评价

对项目主要能效指标的能效水平进行分析评价，评价设计指标是否达到同行业国内领先，或国内领先，或国际先进水平。对于项目能效指标未达到现有同行业、同类项目领先（先进）水平的，报告应客观、细致地分析原因。

第6章 能源消费影响分析

6.1 对所在地完成能源消耗总量目标的影响分析

(1) 对所在省完成能源消耗总量目标的影响分析

定量计算分析项目对所在省完成能源消耗总量目标的影响程度。

(2) 对所在地市完成能源消耗总量目标的影响分析

定量计算分析项目对所在地市完成能源消耗总量目标的影响程度。

6.2 对所在地完成节能目标的影响分析

(1) 测算项目达产之后的增加值及增加值能耗。

(2) 定量计算分析项目对所在省完成节能目标的影响程度。

(3) 定量计算分析项目对所在地市完成节能目标的影响程度。

6.3 对所在地完成煤炭消费减量替代目标的影响分析（如有）

明确煤炭消费减量替代明细表，对替代量进行详细论证核算。分析项目煤炭消费对所在地完成煤炭消费减量替代目标的影响。

第7章 结论

一般应包括下列内容：

(1) 项目是否符合相关法律法规、政策和标准、规范等的要求。

(2) 项目能源消费量、能源消费结构等是否满足有关要求，以及其对所在地能源消耗总量和强度目标、煤炭消费减量替代目标等的影响。

(3) 项目能效指标是否满足有关要求，是否达到国内（国际）领先或先进水平。

(4) 项目有无采用国家明令禁止和淘汰的落后工艺及设备，设备能耗指标是否达到有关水平。

(5) 对项目提出的节能技术和节能管理的建议。

第8章 附录

附录主要包括以下内容：

(1) 主要用能设备一览表。

(2) 能源计量器具一览表。

(3) 项目能源消费、能量平衡及能耗计算相关图、表等。

(4) 计算书（包括基础数据核算、设备所需额定功率计算、设备能效指标计算、项目各工序能耗计算、节能效果计算、主要能耗指标计算、增加值能耗计算等）。

4. 节能报告中关键参数的计算方法

(1) 项目年综合能源消费量计算　固定资产投资项目的年综合能源消费量，即项目在设计工况、设计产能下，一年消费的各种能源的总和。对于非能源加工转换项目，是指消费的各种能源的总和；对于能源加工转换项目（如火电），是指项目消费的各种能源总和扣除向社会（或项目以外）提供的自产二次能源（如电力及热力）后的能源量。

计算能源总和时，消费外购或自产的一次能源（可核算的）均需计入，消费的二次能源若为外购则计入，若为自产则不计入。根据综合能源消费量的计算方法，外购的耗能工质制取时消耗的能源无需计算。各种能源的折标系数应采用能源低位发热量的实测值进行折算，若无实测值，可参考相关标准或统计局公布数据进行折算。

(2) 项目年能源消费增量计算　项目年能源消费增量计算分为两种情况。对于新建项目，年能源消费增量为项目的年综合能源消费量；对于改扩建项目，年能源消费增量为建成投产后的年综合能源消费增量，可用项目年综合能源消费量与项目申报年度的上一个五年规划期末年的综合能源消费量之差；项目能源消费中超出规划部分的可再生能源消费量，可不纳入对所在地影响的分析评价范围。

（3）对所在地完成能源消耗总量和强度目标的影响分析计算　项目对所在地完成能源消耗总量目标的影响，可通过定量计算项目年能源消费增量占所在地能源消耗总量控制目标的比例，定性分析其影响程度。项目对所在地完成节能目标的影响，可通过定量计算项目增加值能耗影响所在地单位 GDP 能耗的比例，定性分析影响程度。详细计算及判定方法见表 6-1。

表 6-1　项目对所在地完成能源消耗总量和强度目标的影响分析判定方法

项目年能源消费增量占所在地能耗总量控制目标的比例 m	项目增加值能耗占所在地节能目标的比例 n	影响程度
$m \leqslant 1$	$n \leqslant 0.1$	影响较小
$1 < m \leqslant 3$	$0.1 < n \leqslant 0.3$	一定影响
$3 < m \leqslant 10$	$0.3 < n \leqslant 1$	较大影响
$10 < m \leqslant 20$	$1 < n \leqslant 3$	重大影响
$m > 20$	$n > 3$	决定性影响

m 值的计算公式为

$$m = \frac{i_p}{i_s} \quad (6\text{-}1)$$

式中，i_p 为项目年能源消费增量，新建项目为年综合能源消费量，改扩建项目为建成投产后年综合能源消费增量，项目能源消费中超出规划部分的可再生能源消费量，可不纳入考核；i_s 为所在地能耗总量控制目标，建议考虑已通过节能审查项目带来的能源消费增量，综合判断项目队所在地的影响，对于预期在下一个五年规划期建成投产的项目，可暂按本规划期类比。

n 值的计算公式为

$$n = \frac{\frac{(a+d)}{(b+e)} - c}{c} \quad (6\text{-}2)$$

式中，a 为上一个五年规划期末年项目所在地能源消费总量，单位为 tce；b 为上一个五年规划期末年项目所在地生产总值，单位为万元；c 为上一个五年规划期末年项目所在地单位 GDP 能耗，单位为 tce/万元；d 为项目年能源消费增量（等价值），单位为 tce；e 为项目年增加值，单位为万元。

6.3　企业能源审计

6.3.1　能源审计的背景及发展概况

1. 能源审计的背景

在我国经济体制和企业经营机制改革不断深化的情况下，如何运用科学合理的手段和方法，依法对企业的能源利用状况进行有效的监督管理，促使企业从粗放型管理向集约型管理即资源节约型和资源效率型转变，即通过技术进步、制度创新、管理水平的提高来推动企业节能管理工作，是摆在我国节能管理工作人员面前的一个重要课题。

企业能源审计是一种科学的能源管理方法，在欧美已实行了多年。在 1982 年的中国—欧洲经济共同体节能技术学习班上，企业能源审计这一名词首次被介绍到我国便引起了我国政府节能管理部门的重视，原国家经贸委组织全国各省、市、自治区的有关节能管理人员举办了企业能源审计培训班，并确定将河南、山东两省作为我国的首批企业能源审计试点省。国家标准化管理部门相应地发布了《企业能源审计技术通则》（GB/T 17166—1997）、《节能监测技术通则》（GB/T 15316—2008）、《工业企业能源管理导则》（GB/T 15587—2008）等一系列标准规范。国内一些著名的专家学者也相继出版了一些企业能源审计的论著，有效地促进了企业能源审计工作的开展，对加强企业能源量化管理、完善标准、强化考核，都发挥了很大作用。

2. 能源审计国内外发展概况

20 世纪 70 年代的能源危机引发了西方国家对节能的重视，在严峻的能源形势与沉重的能源费用负担面前，出现了"要把能源像管理钞票一样管理起来"的认识，"对能源使用的合理性要进行审计"的思想。在这种背景下，西方国家提出了"能源审计"的概念和方法。以英国和日本为代表的一些国家，结合其自身的地理特点及资源情况，在提高能源利用效率和节能方面开展了大量的工作，并取得了明显的成效。英国利用能源审计调查行业和企业能源利用状况，为政府制定能源政策提供技术依据。日本对企业开展了节能诊断，通过国家节能中心派出专家，免费对企业的用能设备进行节能诊断，以促进企业能源利用效率的提高。西方工业国家由于生产手段先进、管理现代化，用能设备自控化程度较高，其能源审计的特点是：充分利用信息化技术，通过网络等先进的通信手段对企业的相关资料进行"后台式"的审计。

在我国，早在 1982—1985 年原国家经委就组织了企业能源审计试点工作。同时，联合国亚太经社会（ESCAP）、联合国开发计划署（UNDP）、欧盟（EC）等国际组织在我国举办过企业能源审计的培训班。1989 年，我国向亚洲开发银行（ADB）申请的"工业节能"技术援助项目，对造纸、纺织、化工、炼油、水泥五个行业的相关企业进行了企业能源审计，并初步建立了一套定量的企业能源审计方法，随后贷款项目扩展到钢铁、有色、交通行业，先后有三十多个企业开展过能源审计工作。1996 年，国有技术监督局发布了三项有关企业能源审计的国家标准，1997 年颁布了《企业能源审计技术通则》（GB/T 17166—1997）国家标准，这是目前国内唯一的能源审计专项标准，是开展能源审计工作的技术依据。2006 年 9 月，国家发改委等五部委联合印发《千家企业节能行动实施方案》的通知，通知明确要求"各企业要按照《企业能源审计技术通则》的要求，开展能源审计，完成审计报告；通过能源审计，分析现状，查找问题，挖掘潜力，提出切实可行的节能措施。在此基础上，编制企业节能规划，并认真加以实施"。随后，国家发改委办公厅下发了《企业能源审计报告审核指南》，对能源审计所必须涵盖的主要内容和审核流程进行了明确的规定，从而规范了审计工作的开展。

根据通知要求，全国 1008 家年耗标准煤 18 万 t 以上的企业从 2006 年 10 月起相继开展了企业能源审计工作。2007 年 5 月起，国家发改委环资司委托有关单位，对千家企业能源审计报告进行了评议和汇总分析，通过审计，使企业清晰系统地认识到自身用能的现状。2011 年 12 月，为贯彻落实"十二五"规划《纲要》，推动重点用能单位加强节能工作，强化节能管理，提高能源利用效率，国家发展改革委、国家能源局等 12 个部门联合印发《万家企业节能低碳行动实施方案》，要求万家企业要按照《企业能源审计技术通则》的要求，开展能源审计，分析现状，查找问题，挖掘节能潜力，提出切实可行的节能措施。在能源审计的基础上，编制企业"十二五"节能规划并认真组织实施。通过对企业主要能耗指标与国际、国内行业先进水平、平均水平的对比，使企业看到差距、明确节能方向、分析节能潜力，对企业今后节能工作的开展具有重要的指导作用，推动了企业节能工作的深入发展，落实了节能技改项目，增强了企业完成节能目标的信心。

6.3.2 能源审计的定义及类型

1. 能源审计的定义

按照国家标准《企业能源审计技术通则》（GB/T 17166—1997），能源审计是审计单位依据国家有关的节能法规和标准，对企业和其他用能单位能源利用的物理过程和财务过程进行检验、核查、分析和评价。

能源审计是一种能源科学管理和服务的方法，是为政府节能主管部门及用能企业提供一种有效的评价方法与模式，其主要内容是对用能单位的能源利用效率、消耗水平和能源利用效果的客观考察。

能源审计是一种专业性的审计活动，是对企业用能状况进行考察与审核的管理手段，具有监管、公正与服务的职能。通过审计可以了解企业能源消费的过程和能源利用的效率、存在的问题，从而帮助企业寻找节能技术改造方向，确定节能方案，加强能源管理，降低生产成本，最终提高产品市场竞争力。同时，能源审计可以帮助政府节能主管部门加强对企业用能的监督与管理。能源审计的结果也是企业制订节能规划、编制企业能源审计报告的基础依据。

（1）能源审计的目的　①完成国家、省、市节能主管部门制定的能源审计任务；②为政府加强能源管理，提高能源利用效率，促进经济增长方式转变，持续发展经济，保护环境，落实科学发展观，提供真实可靠的决策依据；③通过对生产现状的调查、资料核查和必要的测试，分析能源利用状况，确认其利用水平，查找存在的问题和漏洞，分析对比，挖掘节能潜力，提出切实可行的节能措施和建议；④促进企业节能降耗增效，提高企业的综合素质和市场竞争力，完成企业的节能目标，实现可持续发展的战略要求；⑤运用科学的方法和合理的手段，对企业能源利用状况进行有效的监督和服务，通过技术进步、制度创新、改善管理，推动企业节能降耗工作，使企业提高能效水平，从粗放管理型向资源节约型转变。

（2）能源审计的好处　①由于能源审计是按一套预定的程序来进行的，所以有利于节能管理向经常化和科学化转变；②有利于促进计算机在能源管理中的应用，减少企业能源管理的日常工作量；③通过能源审计，可以计算出不同层次的能耗指标，有利于对企业的能源使用情况进行有效的监督和合理的考核；④国家的能源方针、政策、法令、标准是进行能源审计的基本依据，通过能源审计可以了解其贯彻情况与实施的效果。

（3）能源审计的作用　归纳起来，企业能源审计有三个作用：①更好地贯彻落实国家的能源政策、法规和标准；②对企业能源消费起监督和考核作用；③对企业能源生产与进行能源管理起指导作用。

企业能源审计是一种加强企业能源科学管理和节约能源的有效手段和方法，具有很强的监督与管理作用。通常，审计活动分为财务审计、效益审计和管理审计。能源审计是资源节约和综合利用的专业性审计活动,属于管理审计的范畴。政府通过能源审计,可以准确合理地分析评价本地区和企业的能源利用状况和水平,以实现对企业能源消耗情况的监督管理,保证国家能源的合理配置使用,提高能源利用效率,节约能源,保护环境,促进经济持续地发展。

能源审计可以使企业的生产组织者、管理者、使用者及时分析掌握企业能源管理水平及用能状况,排查问题和薄弱环节,挖掘节能潜力,寻找节能方向,降低能源消耗和生产成本,提高经济效益。从这个意义上来说,企业能源审计方法适用于国家对企业用能的监督与管理,也适用于企业内部进行能源管理与监督。

企业能源审计是一套集企业能源核算系统、合理用能的评价体系和企业能源利用状况审核考察机制为一体的科学方法,它科学规范地对用能单位能源利用状况进行定量分析,对企业能源利用效率、消耗水平、能源经济与环境效果进行审计、监测、诊断和评价,从而寻求节能潜力与机会。

2. 企业能源审计的类型

根据对企业能源审计的不同要求,可将能源审计分为三种类型:初步能源审计、重点能源审计、详细能源审计。能源审计的一般程序如图6-1所示,释义如下:

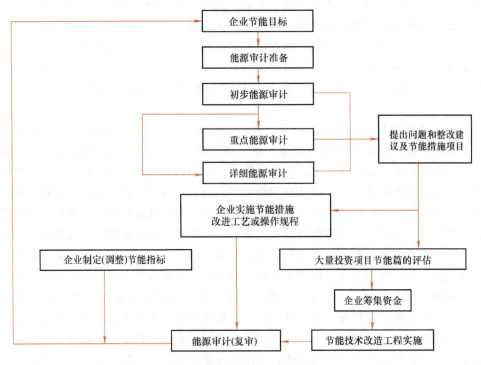

图6-1 能源审计的一般程序

(1) 初步能源审计 这种审计的要求比较简单,只是通过对现场和现有历史统计资料的了解,对能源使用情况和生产工艺过程做一般性的调查,所花费的时间也比较短,一般为1~2天。其主要工作包括两个方面,一是对企业能源管理状况的审计,二是对企业能源统计数据的审计分析。通过对企业能源管理状况的审计,可以了解企业能源管理的现状,查找能源跑、冒、滴、漏和管理上的薄弱环节。通过对能源统计数据的审计分析,重点是主要耗能设备与系统的能耗指标分析（如锅炉、工业窑炉、压缩机、空气调节或热力系统等），若发现数据不合理，还需进行必要的测试，取得较为可靠的基本数据，便于进一步分析查找设备运转中的问题，提出改进措施。初步能源审计可以找出明显的节能潜力以及在短期内就可以提高能源效率的简单措施，这是十分有效的。

（2）重点能源审计　通过初步能源审计，发现企业的某一方面或系统存在着明显的能源浪费现象，可以进一步对该方面或系统进行封闭的测试计算和审计分析，查找出具体的浪费原因，提出具体的节能技改项目和措施，并对其进行定量的经济技术评价分析。

（3）详细能源审计　在初步能源审计之后，要对企业用能系统进行更加深入全面的分析与评价，就要进行详细的能源审计，这就需要更加全面地采集企业的用能数据，必要时还需进行用能设备的测试工作，以补充一些缺少计量的重要数据，进行企业的能量平衡、物料平衡分析，对重点用能设备或系统进行节能分析，寻找可以节能的项目，提出节能技改方案，并对方案进行经济技术评价和环境效益评估；对重大固定资产投资项目（或节能技改项目）要通过能源审计编制节能篇；对企业的综合利用项目和热电联产项目，进行详细的能源和原材料审计，可以更加准确地核实企业的能源综合利用水平或热电联产水平，提出相应的整改措施，从而为政府节能主管部门的决策提供科学的依据，使企业能够合理地享受国家的优惠政策。

无论开展上述那种类型的能源审计，均要求能源审计小组应由懂财会、经济管理、工程技术等方面的人员组成，否则能源审计的作用不可能充分发挥出来。

企业能源审计的任务来源一般有以下三种。

（1）政府监管能源审计　政府监管能源审计是指国家或地方节能主管部门对重点用能单位的能源使用情况进行监管，开展企业能源审计。

国家或地方节能主管部门发布需要进行能源审计的企业名单，规定审计内容与期限，进行能源审计；同时，也可以对企业的主要工艺及重点用能设备进行专项能源审计。政府通过能源审计对用能大户实行监管，使之合理使用能源，节约能源，保护环境，以保持经济的持续发展。

（2）企业自主能源审计　企业自主能源审计是指企业自愿依据国家节能法规和国家能源管理标准所开展的企业能源审计活动。

企业为了取得国家节能政策的优惠或国际组织（金融机构）的贷款，自愿进行能源审计，评估节能成果，接受监察。企业实行科学用能管理，能够节约能源、降低成本、增加经济效益，同时也可提高自身的竞争能力。企业节约能源，从而减少排放，保护环境，企业的社会形象也会有所提高。

（3）受委托的能源审计　在千家企业能源审计工作中，有近一半的审计工作是由第三方审计机构完成的，其总体质量较高。由规范的第三方机构开展此项工作，可以保证审计方案、采用数据、审计结果更为科学化，更加真实可信，同时，提出的建议也更具有先进性，更加全面。目前，一些地方节能主管部门相继制定了一些地方性的管理办法，通过公开选聘、专家评议的方式，对第三方审计机构进行规范管理。

6.3.3　能源审计的依据、内容及方法

1. 能源审计的法律及技术依据

法律法规：

1)《中华人民共和国节约能源法》。
2)《重点用能单位节能管理办法》。
3)地方节能主管部门的相关管理办法。

技术标准:
1)《企业能源审计技术通则》(GB/T 17166—1997)。
2)《节能监测技术通则》(GB/T 15316—2009)。
3)《设备热效率计算通则》(GB/T 2588—2000)。
4)《综合能耗计算通则》(GB/T 2589—2008)。
5)《用能设备能量测试导则》(GB/T 6422—2009)。
6)《企业节能量计算方法》(GB/T 13234—2009)。
7)《工业企业能源管理导则》(GB/T 15587—2008)。
8)《用能单位能源计量器具配备和管理通则》GB/T 17167—2006)。
9)《评价企业合理用热技术导则》(GB/T 3486—1993)。
10)《评价企业合理用电技术导则》(GB/T 3485—1998)。
11)《节水型企业评价导则》(GB/T 7119—2006)。
12)《企业能量平衡表编制方法》(GB/T 16615—2012)。

2. 企业能源审计的内容

一般来说,对一个企业进行能源审计需要对该企业的能源管理状况(管理机构、管理人员素质、管理制度及制度落实情况等)、生产投入产出过程和设备运行状况等进行全面的审查,对各种能源的购入和使用情况进行详细的审计。这就要求对企业的能源计量、监(检)测系统和统计状况进行必要的审查;要对主要耗能设备的效率和系统的能源利用状况进行必要的测试分析,同时要对企业的照明、采暖通风、工艺流程、厂房建筑结构,以及设备的使用和操作人员的素质予以专门的审查;要利用历年统计数据、现场调查了解结果及测试所得的数据,按照相应的标准和方法计算出一些评价企业能源利用水平的技术经济指标(产品能源单耗、综合能耗、主要设备的能源利用效率或耗能指标等)。最后,对各种调查、统计、测试和计算结果进行综合分析、评价,查找出节能潜力,提出切实可行的改进措施和节能技术改造项目,并做出财务和经济评价。具体审计内容如下。

(1)调查了解企业概况

1)企业名称、地址、隶属关系、性质、经济规模与构成,企业生产活动的历史、发展和现状,以及企业在地区或和行业中的地位。
2)企业主要生产线、生产能力、主要产品及其产量。
3)企业能源供应及消耗概况,以及能否满足当前生产和发展的要求。
4)企业近年来实施了哪些节能措施项目、节约效果与经济效益如何。
5)能源管理机构及人员状况,包括节能负责人与联系方式。
6)企业能源管理制度、能源使用规定、耗能设备运行检修管理制度、能源使用考核制度、对节能措施的检查制度,各种岗位责任制度及执行情况。
7)企业主要生产工艺(或工序、生产线)简介。

(2)企业能源计量与统计情况

1)企业用能系统及用能设备的能源计量仪表器具的配备情况,仪表的合格率、受检率等。

2）企业购入能源计量情况。购入、外销、库存能源财务数字与计量数据的核查，确定企业在购入、外销、库存环节的损失，填写能源平衡表。

3）根据企业能源转换环节的能源平衡，计算能源转换单耗，确定企业的终端能源消费，构建企业能源转换的投入产出平衡表，并计算投入产出系数。

4）企业能源分配使用计量情况。输送与分配过程的能源计量情况，按车间或基层单位计算出能源计量率。自上而下终端消费数据与自下而上终端消费数据核对，确定企业内部输送与分配过程的能源损失与公共部门能源消费的合计。

5）构建综合能源平衡表，评价企业能源计量管理水平，计算相应指标。

6）填报国家统计部门要求的报表和能源审计要求报表，根据以上报表构建时数据的完善或缺失程度，评价企业能源统计制度与管理水平。多数情况下需要做出估计和间接取数，但必须做出专门的说明。

（3）主要用能设备运行效率监测分析

1）由本行业专家进行现场勘察，确定需要重点监测的环节与设备，做出专家经验判断。

2）已有国家节能监测标准的用能设备的节能监测状况（节能监测国家标准规划目录为：通则、供能质量、工业锅炉、煤气发生炉、火焰加热炉、火焰热处理炉、工业电热设备、工业热处理电炉、泵类机组及液体输送系统、空压机组与压风系统、热力输送系统、供配电系统、制冷与空调系统、空气分离设备、内燃机拖动设备、电动加工与电动工艺设备、电解电镀生产设备、电焊设备、用气设备、活塞式单级制冷机组及其功能系统、风机机组与管网系统、蒸汽加热设备）。

3）已经有地方节能监测标准的用能设备的检测状况（地方中心与企业负责收集资料）。

4）节能检测标准化规划中的行业专用耗能设备与耗能工艺，按照相应的安装、运行、检修、出厂试验获得的能源利用效率状况。

5）与相应标准、规范、定额的差距分析。

（4）企业能耗指标计算

1）企业能源供销状况。

2）企业能源消耗情况，包括：企业能源购销及库存变化数据、企业净能源消费量、各种能源折算系数、企业内部能源转换的投入产出数据、产品生产系统能源消耗及产出数据、辅助生产系统能源消耗数据、各种能源损耗数据。

（5）重点工艺能耗指标计算与单位产品能耗指标计算分析

1）企业审计期内生产的主要产品名称、单位产量，辅助生产用能及能源损耗分摊到产品能耗中的分摊办法。

2）企业产品种类划分。

3）不同产品种类划分情况下的产品能耗量的划分办法。

4）根据企业产品种类划分情况，将多种产品折为单一产品或者车间代表产品计量值的方法、折算系数以及折算依据；多种产品折成标准产品产量的方法、折算系数及折算依据。

（6）产值能耗指标与能源成本指标计算分析

1）企业审计期内各种购入能源的价值、能源总费用及其构成。

2) 产品的单位能源成本,企业全部产品的能源总费用。

3) 企业审计期内的总产值、增加值、利润,单位总产值综合能耗与单位工业增加值能耗。

4) 产品构成变化对产品能源成本的影响。

(7) 节能效果与考核指标计算分析

1) 企业能源审计期内或能源审计期上一年度实施的节能措施介绍。

2) 上述节能措施包括:①改进能源管理、改进生产组织、调整生产能力运行方式等;②调整产品结构、增加产品附加价值、承揽工业性加工;③改进生产过程原料、燃料、材料品质,改善能源结构。

(8) 影响能源消耗变化的因素分析　影响能源消耗变化的因素分析包括生产能力变化、产品结构变化、环境标准变化、能源供应形势与价格的变化、气候因素变化(采暖与空调用能变化)等因素的分析。

(9) 节能技术改进项目的经济效益评价　根据企业能源审计期内或能源审计期上一年度实施的需要进行固定资产投资或技术改造投资的节能项目描述、节能措施介绍,了解节能资金利用情况并评价其经济效益。

(10) 对企业合理用能的意见与建议

1) 对合理调整能源结构方面的意见与建议。

2) 对合理调整产品结构方面的意见与建议。

3) 对合理调整生产工艺流程、工艺技术装备方面的意见与建议。

4) 对热能的合理利用与预热预冷的回收利用方面的意见与建议。

5) 对合理利用电能、充分利用国家峰谷电价差政策方面的意见与建议。

6) 对外购能源和耗能工质的合理性评估以及与自产的效果比较方面的意见与建议。

(11) 企业能源审计的范围　企业能源审计以企业资源消耗为对象,以企业经济活动全过程为范围。企业在产品的生产过程中,除了直接消耗燃料动力和耗能工质等能源外,还必须使用人力资源和消耗原材料、辅助材料、包装物、备品备件及使用各种设备和厂房。而原材料、设备和厂房等也都是需要能源才能生产出来的,所以对它们的使用也是在间接地消耗能源,因此,一个企业的全部能源消耗既包括能源的直接消耗,也包括能源的间接消耗,一般把它称之为全能耗(或资源)。企业全能耗的分类如图6-2所示。

图6-2　企业全能耗的分类

从整个社会来看,无论一次、二次能源和耗能工质,还是原材料、设备和厂房,所消耗的能源都是来自一次能源。因此,分析企业和产品的能源利用情况,应以全能耗(或资源)为基础。凡是减少直接能耗的称为直接节能,凡是降低原材料消耗和充分发挥设备、厂房使用效率的,便称之为间接节能。为了全面地评价分析企业的能源利用效果和最大限度地查找节约潜力,对某个企业的能源审计应包括能源和原材料审计。

3. 企业能源审计方法和分析方法

（1）企业能源审计方法　企业能源审计方法的基本思路就是根据能量守恒、质量守恒原理，运用系统工程的理论，对企业生产经营过程中的投入产出情况进行全方位的封闭审计，定量分析每个因素（或环节）影响企业能耗、物耗水平的程度，从而排查出存在的浪费问题和节能潜力，并分析问题产生的原因，有针对性地提出整改措施，做到有的放矢。

企业能源审计的基本方法是调查研究和分析比较。在开展能源审计工作时，要特别注意分析各种数据的来龙去脉，进行能量平衡和物料平衡分析，主要是运用现场检查、数据审核、案例调查和盘存查账等手段，以及必要的测试，对企业的能源利用状况进行统计分析，包括企业基本情况调查、生产与管理现场调查、数据搜集与审核汇总、典型系统与设备的运行状况调查、能源与物料的盘存查账等内容；同时，审计单位与被审计单位保持密切的交流与沟通，是开展好能源审计工作的基础条件。

鉴于能源审计的基础是统计，统计的基础是计量，因此，在能源审计中要特别注意以下两个方面：首先要了解企业内部机构设置和生产工艺流程，熟悉企业内部经济责任制（有的企业称之为经济效益考核办法）以及责任制的具体落实情况，只有这样才能摸清企业的管理状况（如机构、人员、职能、制度、办法、指标等）和能源流程，为下一步的能源审计分析打下基础；其次要详细了解被审计企业的计量和统计状况，确定计量仪表的准确度和统计数据的真实度。

能源审计的具体依据如下：

1）对企业能源管理的审计依据《工业企业能源管理导则》（GB/T 15587—2008）。

2）企业能源计量及统计状况的审计按照《用能设备能量测试导则》（GB/T 6422—2009）和《用能单位能源计量器具配备和管理通则》（GB/T 17167—2006）的有关规定进行。

3）对用能设备运行能耗的计算分析按照《设备热效率计算通则》（GB/T 2588—2000）、《评价企业合理用热技术导则》（GB/T 3486—1993）、《评价企业合理用电技术导则》（GB/T 3485—1998）和《节水型企业评价导则》（GB/T 7119—2006）的有关规定进行。

4）对企业能源消费指标的计算分析按照《企业能量平衡表编制方法》（GB/T 16615—2012）。

5）对产品综合能源消耗和产值指标的计算分析按照《综合能耗计算通则》（GB/T 2589—2008）和《企业节能量计算方法》（GB/T 13234—2009）的有关规定进行。

6）对能源成本指标的计算分析按相关规定进行。

（2）企业能源审计的分析方法　对企业进行能源审计的目的在于通过对企业各种能耗指标的计算分析，查找节能潜力，提出合理化建议，提高企业的能源利用效率和经济效益。因此，能源审计查找问题、提出整改建议主要从以下三个方面着手。

1）管理途径。管理途径指合理组织生产经营、合理分配能源和物资，以及合理的管理制度等。

① 杜绝"跑、冒、滴、漏"，目的在于督促职工从小处做起，树立良好的节能意识，从根本上杜绝浪费（制定严格的能源消耗定额、加强生产现场的巡察管理等）。

② 合理分配使用能源，是指将各种不同品种、质量的能源、资源，分配至最合适的用途。

③ 节约各种物资消耗量，减少间接能耗。

④ 提高产品产量和运输效率，实现规模效益。

⑤ 提高产品质量和运输质量。产品质量的好坏，包括产品合格率和品级率两个指标。产品合格率高，能源和原材料的利用率就高；产品品级率高，其使用寿命延长，可优化产品的使用效果；可优化运输质量，能够降低装运损失，相应地节约能源。

⑥ 节约资金占有量。能源、原材料、半成品的超定额储备，设备、厂房超过实际需要，都是对国家能源资源的浪费。

⑦ 合理组织生产，提高能源利用率。各工序之间的生产能力和设备利用程度不平衡、供能与用能环节不协调以及设备大马拉小车、低负荷生产等都是造成能源浪费的主要因素。

⑧ 加强管理，提高燃料进厂质量（如严格化验，无条件化验的企业应委托专业部门化验；强化计量，减少亏吨和损耗，合理扣水扣杂）。

⑨ 对新上基建和技改工程项目必须严把节能关，做好"节能篇"论证，严禁选用淘汰落后的高耗能设备和工艺。

2）技术途径。通过技术管理和技术创新，实现节能目标，主要有以下 6 个方面：

① 淘汰或改造落后的耗能设备，如更新改造高耗能的变压器、锅炉等。

② 改进落后的工艺，开展系统节能。

③ 改进和提高操作技能，加强职工业务技能培训。

④ 对余热余能的回收利用，如冷凝水封闭回收技术等。

⑤ 能量的分级利用，如热电联产、热电冷联产、多效蒸发器连轧连铸等。

⑥ 加强管网和设备的保温、保冷等。

3）结构调整途径。对产业结构、产品结构、组织结构等的调整，合理配置资源，是一条效果显著的节能途径。

① 产业结构的调整。合理调整区域内一、二、三产业结构，达到合理用能的目的。

② 产品结构的调整。淘汰落后的高耗能产品，提升产品的档次。

③ 企业组织结构和技术结构的调整。

6.3.4 能源审计步骤及审计报告编写

审计小组进入企业后，召开企业主管负责人及相关单位负责人参加的能源审计工作动员会，明确能源审计的目的、意义、内容，以及企业应提供的资料和应配合的人员，便于企业配合审计组做好能源审计工作，落实企业能源审计工作方案。

企业能源审计工作方案应包括以下具体内容：

1）审计期。一般以一个年度为基期（对比的基准期），也可选 1~3 个年度。

2）审计工作时间。根据审计的目标和内容而定，一般为 10~15 天。

3）审计工作内容和范围。根据政府部门的要求或企业的需要而定。

4）要求配合的人员。一般需要企业主管负责人、业务熟练的统计和会计各 1 人，熟悉工艺设备的技术人员 1 名。

5）要求提供的资料。企业各种能源管理制度，经济责任制，历年能源与原材料消耗统计资料，各生产岗位及工序生产运行记录，生产统计报表，门卫出入登记台账等。

6）所要检查的账簿、账表及有关原始凭证等。

7）审计工作的依据和标准等。

1. 企业能源审计的步骤

（1）前期准备　成立审计领导小组和工作小组，确定人员分工，明确能源审计工作的目标与具体内容，编制审计任务建议书。审计工作小组人员由参与审计的单位和企业共同组成，小组人员进行具体分工。

（2）现场初步调查　通过公司管理机构相关部门的介绍，初步了解企业能源管理系统、能源计量系统、能源购销系统、能源转换输送和利用系统、主要生产系统的基本情况。

（3）编制审计技术方案　根据考察的情况，编写审计技术方案，方案包括划分系统，确定调查数据的种类，制定设备和装置的测试方案。

（4）收集有关数据和资料　对审计企业相关人员进行集中培训，分配数据收集工作，主要收集能源管理资料、能源统计表、各分系统和主要耗能设备的数据资料、生产数据资料、技改项目等有关数据资料。

（5）现场调查分析　通过对企业进行检查、盘点、查账等方法和手段，核算分析收集的各种数据，必要时还要与企业共同重新核对。

（6）现场测试　当前缺少的数据，可选择必要的相关设备和装置进行现场测试。

（7）系统分析评价　依据调查核实后的数据资料，经过整理计算得出各种能耗性能指标，并对照有关标准和规定进行分析评价，指出企业能源利用水平与先进水平的差距和造成的原因，提出可行的改进措施。

（8）编写能源审计报告　依据调查核实后的数据资料，经过整理计算得出各种能耗性能指标，并对照有关标准和规定进行分析评价，指出企业能源利用水平与先进水平的差距和造成的原因，得出能源审计结论，提出可行的改进措施和建议。

2. 企业能源审计报告编制大纲

企业能源审计报告分摘要和正文两部分。

（1）企业能源审计报告摘要　企业能源审计报告的摘要放在正文之前，字数应在2000字以内。摘要包括以下内容的简要说明：

1）企业能源审计的主要任务和内容。

2）企业能源消费结构（审计期内）。

3）各种能耗指标。

4）能源成本与能源利用效益评价。

5）节能技术项目的技术经济评价与环境影响。

6）存在的问题及节能潜力分析。

7）审计结论和建议。

（2）企业能源审计报告正文　正文除了上述摘要（1）所列内容要详细说明外，还需要详细说明以下内容：

1）企业概况，包括企业简况、企业主要产品及其生产工艺、企业在同行业中所处地位。

2）企业能源管理系统（三级管理），包括企业能源管理规章制度、人员培训以及能源管理工程师配置等。

3）企业用能分析，包括企业能源消费总量及构成、企业能源网络图、企业能量平衡表、企业能流图、企业能源消费结构及财务报告、企业能源管理信息概况。企业能源消费实物平衡表见表 6-2。

表 6-2 企业能源消费实物平衡表

企业名称：　　　　　　　　　　　　　　　　　　　　　　　　报告日期：　年　月　日

序号	项目	企业报告期购入能源及消耗量			企业能源转换生产			工艺过程产出能源		
1	能源品种	电力	原煤	轻油	自来水	深井水	循环水	蒸汽	可燃气体	热水	化学反应
2	计量单位	kW·h	t	t	kt	kt	kt	kt			
3	企业期初库存										
4	企业期内购入										
5	企业期内输出										
6	企业期末库存										
7	期内企业净消费量										
8	折算标准煤系数										
9	净消费标准煤量										
10											
11	能源转换生产系统										
12	深井水生产										
13	循环水生产										
14	锅炉房蒸汽生产										
15	转换实物消耗总计										
16	终端消费总计实物量										
17	产品生产系统能源消费										
18											
19	生产系统耗能总计										
20											
21	辅助生产系统										
22	损耗										

企业综合能耗：　　　　　　　　　　　　　　第 9 行全部数据之和

4）物料平衡，包括重点耗能设备运行评价、企业产品能耗分析、节能潜力分析、能源价格调查与财务评价。

5）节能规划，包括节能技术改造项目评价，项目工艺特点、先进性及节能量计算，技术经济评价，环保（减排温室气体）效益，资金筹措等。

6）总结，包括企业能源审计意见、存在问题和建议。

7）附件，包括企业能源审计通知书、企业能源审计方案、企业能源审计人员名单、审计单位及其负责人签章。

（3）企业能源审计报告编写说明　在审计报告前面附企业能源审计结果简表和企业节能技改规划项目表。

1) 企业能源审计结果简表（表6-3）。

表6-3　企业能源审计结果简表

企业名称：　　　　　　　　　　　　　　　　　　　　　　　　审计期：　　年

指标		单位	数量
企业总产值(可比价)		万元	
企业工业增加值(可比价)		万元	
企业能源消费总量	等价值	tce	
	当量值	tce	
企业电力消费总量		GW·h	
企业单位产值能耗	等价值	tce/万元	
	当量值	tce/万元	
企业单位工业增加值能耗	等价值	tce/万元	
	当量值	tce/万元	
企业节能量	等价值	tce	
企业节电量		GW·h	
减排气体量	CO_2	t	
	SO_2	t	
企业节能率	等价值(%)		

填表人/日期　　　　　　　审核人/日期　　　　　　　负责人（签名）/日期

表中主要参数计算方法如下：

① 工业增加值＝工业总产值−工业中间投入＋本期应交增值税（生产法）

工业增加值用以2005年不变价计算的可比价，例如

$$2009 年可比价工业增加值 = \frac{2009 年现价工业增加值}{K_{9/5}}$$

式中，$K_{9/5}$为以2005年为基期的2009年工业品价格指数。

$$K_{9/5} = K_{6/5} K_{7/6} K_{8/7} K_{9/8}$$

式中，$K_{6/5}$、$K_{7/6}$、$K_{8/7}$、$K_{9/8}$分别表示2006年、2007年、2008年和2009年同比工业品出厂价格指数。

② 减排气体量一项，一般企业只填写减排CO_2量，电厂还要填写减排SO_2一项，并核查是否安装了除硫装置及其效果。

2) 企业节能技改规划项目表（表6-4）。

表6-4　企业节能技改规划项目表

企业名称　　　　　　　　　　　　　　　　　　　　　　　　　　规划期：　　年

序号	项目名称	工艺特点	节能潜力	投资	收益	报告期节能量	备注
1							
2							
3							
合计							

填表人/日期　　　　　　　审核人/日期　　　　　　　负责人（签名）/日期

企业节能技改规划项目表填写的节能项目必须是在规划期内要实施的项目，表内数据要准确、可信、可监测。所列项目要详细说明工艺特点及先进性，节能潜力，投资总额；进行技术经济评估，给出项目收益、节能量、温室气体减排量；说明工程资金筹措、工程进度等。

（4）企业能源审计报告验收　企业能源审计报告与节能规划为一体，应包括的基本内容如下：

1）企业概况。
① 产品、基本工艺、重点耗能设备配置。
② 产值、利税与工业增加值。

2）企业用能概况。
① 能源消费总量、结构，电力消耗量。
② 能源成本及占总成本比例。

3）企业能源管理。
① 企业三级能源管理结构及人员配置。
② 能源管理规章、制度，节能奖励办法与人员培训。
③ 能源统计体系、测量仪表配置使用系统与统计报告制度。

4）企业能量平衡表。

5）企业能源网络图。

6）企业产品能耗、产值能耗及工业增加值能耗计算及其结果。

7）节能量、节电量、余热余能回收量计算与节能潜力分析。

8）节能技术改造方案，技术经济评价与环境影响分析。

9）能源审计结论与节能规划报告。

10）企业能源审计报告编写的文字资料评价。

6.4　清洁生产审核

6.4.1　清洁生产的概念及意义

进入20世纪80年代以后，随着工业的发展，全球性的环境污染和生态破坏越来越严重，能源和资源的短缺也日益加剧。在经历了几十年的末端处理之后，以美国为首的一些发达国家重新审视了他们的环境保护历程，发现虽然它们在大气污染控制、水污染控制以及固体和有害废物处置方面均已取得了显著进展，无论是空气质量还是水环境质量均要比20年前好得多，但仍有许多环境问题令人望而生畏，包括全球气候变暖和臭氧层破坏、重金属和农药等污染物在环境介质间转移等。人们逐渐认识到，仅依靠开发更有效的污染控制技术所能实现的环境改善是有限的，关心产品和生产过程中对环境的影响，依靠改进生产工艺和加强管理等措施来消除污染可能更为有效，于是清洁生产战略应运而生。

1. 清洁生产的概念

清洁生产（Cleaner Prouduction）在不同的发展阶段或者不同的国家有不同的叫法，例如废物减量化、污染预防等，但其基本内涵是一致的，即对产品和产品的生产过程采用预防污染的策略来减少污染物的产生和排放。

清洁生产是人们思想和观念的一种转变,是环境保护战略由被动反应向主动行动的一种转变。联合国环境规划署在总结了各国开展的污染预防活动,并加以分析后,提出了清洁生产的定义为:

"清洁生产是一种新的创造性的思想,该思想将整体预防的环境战略持续应用于生产过程、产品和服务中,以增加生态效率和减少人类及环境的风险。

对生产过程,要求节约原材料和能源,淘汰有毒原材料,减降所有废弃物的数量和毒性。

对产品,要求减少从原材料提炼到产品最终处置的全生命周期的不利影响。

对服务,要求将环境因素纳入设计和所提供的服务中。"

《中华人民共和国清洁生产促进法》第二条规定,所谓清洁生产,是指不断采取改进设计、使用清洁的能源和原料、采用先进的工艺技术与设备、改善管理、综合利用等措施,从源头削减污染,提高资源利用效率,减少或者避免生产、服务和产品使用过程中污染物的产生和排放,以减轻或者消除对人类健康和环境的危害。通俗地讲,清洁生产不是把注意力放在生产末端,而是将节能减排的压力消解于生产全过程。

实现清洁生产的方法就是清洁生产审核,即通过审核发现排污部位、排污原因,筛选出消除或减少污染物的措施,并在实际生产中加以实施应用。

清洁生产的目标是:①通过资源的综合利用、短缺资源的代用、二次能源的利用,以及节能、降耗、节水,合理利用自然资源,减缓资源的耗竭。②减少废物和污染物的排放,促进工业产品的生产、消耗过程与环境相容,降低工业活动对人类和环境的风险。

2. 清洁生产的内容

1)使用清洁的能源,包括采用各种方法对常规的能源采取清洁利用的方法,对沼气等可再生能源的利用,新能源的开发以及各种节能技术的开发利用。

2)使用清洁的生产过程。尽量少用或不用有毒有害的原料;采用无毒、无害的中间产品;选用少废、无废工艺和高效设备;尽量减少生产过程中的各种危险性因素,如高温、高压、低温、低压、易燃、易爆、强噪声、强振动等;采用可靠和简单的生产操作和控制方法;对物料进行内部循环利用;完善生产管理,不断提高科学管理水平。

3)使用清洁的产品。产品设计应考虑节约原材料和能源,少用昂贵和稀缺的原料;产品在使用过程中以及使用后不含危害人体健康和破坏生态环境的因素;产品的包装合理;产品使用后易于回收、重复使用和再生;使用寿命和使用功能合理。

从上述清洁生产的内容可以看出,清洁生产包含了生产者、消费者、全社会对于生产、服务和消费的希望,是节能减排的一种新理念:

1)清洁生产从资源节约和环境保护两个方面出发,对于工业产品生产从设计开始,到产品使用后直至最终处置,给予了全过程的考虑和要求。

2)清洁生产不仅对生产,而且对服务也要求考虑对环境的影响。

3)清洁生产对工业废弃物实行费用有效的源削减,一改传统的不顾费用有效或单一末端控制办法。

4)清洁生产可提高企业的生产效率和经济效益,与末端处理相比,成为受到企业欢迎的新事物。

5）清洁生产着眼于全球环境的彻底保护，为全人类共建一个洁净的地球带来了希望。

3. 实行清洁生产的意义

人类社会的发展改变了人类自身，但人和自然的关系永远是一对矛盾的统一体。人类利用自然的赐予加速了文明的进程，但这种发展却使人类付出了高昂的代价。自然平衡的破坏严重制约了这种"发展"，甚至影响到人类自身的生存。工业发展是人类社会发展和进步的重要标志，同时也是破坏自然、摧毁自然的主要力量，在最大利润的驱使下，资源的过度消耗、环境状况的恶化以及生态平衡的破坏出现在全球各个角落。工业发展走到了十字路口，人们重新审视已走过的历程，认识到需合理利用资源，建立新的生产方式和消费方式，因此，清洁生产成为工业可持续发展的必然选择。

1）实行清洁生产是可持续发展战略的要求。1992年在巴西里约热内卢召开的联合国环境与发展大会是世界各国对环境和发展问题的一次联合行动。会议通过的《21世纪议程》，制定了可持续发展的重大行动计划，可持续发展已取得各国的共识。《21世纪议程》，将清洁生产看作是实现可持续发展的关键因素，号召工业提高能效，开发更清洁的技术，更新、替代对环境有害的产品和原材料，实现环境和资源的保护和有效管理。

2）实行清洁生产是控制环境污染的有效手段。自1972年斯德哥尔摩联合国人类环境会议以后，虽然国际社会为保护人类生存的环境做出了很大努力，但环境污染和自然环境恶化的趋势并未能得到有效控制，与此同时，气候变化、臭氧层破坏、有毒有害废物越境转移、海洋污染、生物多样性损失和生态环境恶化等全球性环境问题的加剧，对人类的生存和发展构成了严重的威胁。

造成全球环境问题的原因是多方面的，其中重要的一方面是几十年来以被动反应为主的环境管理体系存在严重缺陷，无论是发达国家还是发展中国家，均走着"先污染，后治理"这一人们为之付出沉重代价的道路。

清洁生产的核心目标是"节能、降耗、减污、增效"。作为一种全新的发展战略，清洁生产改变了过去被动的、滞后的污染控制手段，强调在污染产生之前予以削减，即在产品生产过程及服务中减少污染物的产生和对环境的不利影响。这种方式不仅可以减少末端治理的负担，而且有效避免了末端治理的弊端，是控制环境污染的有效手段。这一主动行动，经近几年国内外的许多实践证明，具有效率高、可带来经济效益、容易为企业接受等特点。

3）实行清洁生产可大大降低末端处理的负担。末端处理是目前国内外控制污染的最重要手段，为保护环境起着极为重要的作用，如果没有它，今天的地球可能早已面目全非，但人们也因此付出了高昂的代价。据美国环保局统计，1990年美国用于三废处理的费用高达1200亿美元，占GNP（国民生产总值，是指一个国家或地区所有国民在一定时期内新生产的产品和服务价值的总和）的2.8%，成为国家的一个负担。我国近几年用于三废处理的费用一直占GNP的1.0%~1.5%，大部分城市和企业都不堪重负。

清洁生产可以减少甚至在某些情形下消除污染物的产生，这样不仅可以减少末端处理设施的建设投资，而且可以减少日常运转的费用。

4）实行清洁生产可提高企业的市场竞争力。清洁生产可以促使企业提高管理水平，节能、降耗、减污，从而降低生产成本，提高经济效益。同时，清洁生产还可以帮助树立企业形象，促使公众支持其产品。

清洁生产对于企业实现经济、社会和环境效益的统一，提高市场竞争力也具有重要意义。一方面，清洁生产是一个系统工程，通过工艺改造、设备更新、废弃物回收利用等途径，可以降低生产成本，提高企业的综合效益；另一方面，它也强调提高企业的管理水平，提高管理人员、工程技术人员、操作工人等员工在经济观念、环境意识、参与管理意识、技术水平、职业道德等方面的素质。同时，清洁生产还可有效改善操作工人的劳动环境和操作条件，减轻生产过程对员工健康的影响。

4. 如何推行清洁生产

目前，不论是发达国家还是发展中国家都在研究如何推进本国的清洁生产。从政府的角度出发，推行清洁生产有以下几个方面的工作要做：

1）制定特殊的政策以鼓励企业推行清洁生产。
2）完善现有的环境法律和政策以克服障碍。
3）进行产业和行业结构调整。
4）安排各种活动，提高公众的清洁生产意识。
5）支持工业示范项目。
6）为工业部门提供技术支持。
7）把清洁生产纳入各级学校教育之中。

清洁生产的基本要求是"从我做起、从现在做起"，每个企业都存在着许多清洁生产的机会。从企业层面来说，实行清洁生产有以下几方面的工作要做：

1）进行企业清洁生产审核。
2）开发长期的企业清洁生产战略计划。
3）对职工进行清洁生产的教育和培训。
4）进行产品全生命周期分析。
5）进行产品生态设计。
6）研究清洁生产的替代技术。

其中，进行企业清洁生产审核是推行企业清洁生产的关键和核心。

6.4.2 清洁生产审核的原理

1. 清洁生产审核的依据

为了推动清洁生产工作，国家有关部门先后出台了《中华人民共和国清洁生产促进法》《清洁生产审核暂行办法》（已废止）、《清洁生产审核办法》（国家发改委和国家环保部令2016年第38号）等法律法规，以及《关于印发重点企业清洁生产审核程序的规定的通知》（环发〔2005〕151号），使清洁生产由一个抽象的概念转变成一个量化的、可操作的、具体的工作。通过清洁生产标准规定的定量和定性指标，一个企业可以与国际同行进行比较，从而找到努力的方向。

《国家环境保护"十一五"规划》中提出，要大力推动产业结构优化升级，促进清洁生产，发展循环经济，从源头减少污染，推进建设环境友好型社会。这就要求相关部门要加快制定重点行业清洁生产标准、评价指标体系和强制性清洁生产审核技术指南，建立推进清洁生产实施的技术支撑体系，还要进一步推动企业积极实施清洁生产方案。同时，"双超双有"企业（污染物排放超过国家和地方标准或总量控制指标的企业、使用有毒有害原料或者排放有毒物质的企业）要依法实行强制性清洁生产审核。

清洁生产审核，是指按照一定程序，对生产和服务过程进行调查和诊断，找出能耗高、物耗高、污染重的原因，提出降低能耗、物耗和废物产生，减少有毒有害物料的使用和产生，以及废弃物资源化利用的方案，进而选定并实施技术经济且环境可行的清洁生产方案的过程。

清洁生产审核是实施清洁生产的前提和基础，也是评价各项环保措施实施效果的工具。我国的清洁生产审核分为自愿性清洁生产审核和强制性清洁生产审核。污染物排放达到国家或者地方排放标准的企业，可以自愿组织实施清洁生产审核，提出进一步节约资源、削减污染物排放量的目标。国家鼓励企业自愿开展清洁生产审核，而"双超双有"企业应当实施强制性清洁生产审核。

2. 清洁生产审核原理

清洁生产审核的对象是企业，其目的有两个，一是判定出企业中不符合清洁生产的地方和做法，二是提出方案解决这些问题，从而实现清洁生产。通过清洁生产审核，对企业生产全过程的重点（或优先）环节、工序产生的污染进行定量监测，找出高物耗、高能耗、高污染的原因，然后有的放矢地提出对策、制定方案，减少和防止污染物的产生。

企业清洁生产审核是对企业现在和计划进行的工业生产实行预防污染的分析和评估，是企业实行清洁生产的重要前提，也是企业实施清洁生产的关键和核心。

在实行预防污染分析和评估的过程中，通过减少能源、水和原材料使用，消除或减少产品和生产过程中有毒物质的使用，减少各种废弃物及其毒性排放方案的制定与实施，达到以下目标：

1) 核对有关单元操作、原材料、产品、用水、能源和废弃物的资料。
2) 确定废弃物的来源、数量及类型，确定废弃物削减的目标，制定经济有效的削减废弃物产生的对策。
3) 提高企业对由削减废弃物获得效益的认识和知识。
4) 判定企业效率低的瓶颈部位和管理不善的地方。
5) 提高企业的经济效益和产品质量。

清洁生产审核的总体思路可概括为：判明废弃物的产生部位，分析废弃物的产生原因，提出方案减少或消除废弃物。图 6-3 所示为清洁生产审核的思路框图。

1) 废弃物在哪里产生？通过现场调查和物料平衡找出废弃物的产生部位并确定产生量，这里的"废弃物"包括各种废物和排放物。

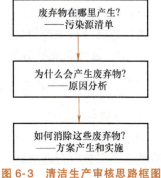

图 6-3 清洁生产审核思路框图

2) 为什么会产生废弃物？一个生产过程一般可以用图 6-4 简单地表示出来。

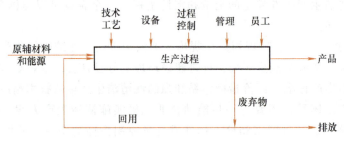

图 6-4 生产过程框图

第6章 能源管理方法与节能新机制

从上述生产过程的简图可以看出，对废弃物的产生原因分析要从8个方面进行：

① 原辅材料和能源。原材料和辅助材料本身所具有的特性，例如毒性、难降解性等，在一定程度上决定了产品及其生产过程对环境的危害程度，因而选择对环境无害的原辅材料是清洁生产所要考虑的重要方面。同样，作为动力基础的能源，也是每个企业所必需的，有些能源在使用过程中（例如煤、石油等的燃烧过程本身）直接产生废弃物，而有些则间接产生废弃物（例如一般电的使用本身不产生废弃物，但火电、水电和核电的生产过程均会产生一定的废弃物），因此，节约能源、使用二次能源和清洁能源也将有利于减少污染物的产生。

② 技术工艺。生产过程的技术工艺水平基本上决定了废弃物的产生量和状态，先进而有效的技术可以提高原材料的利用效率，从而减少废弃物的产生，结合技术改造预防污染是实现清洁生产的一条重要途径。

③ 设备。设备作为技术工艺的具体体现，在生产过程中具有重要作用，设备的适用性及其维护、保养等情况均会影响到废弃物的产生。

④ 过程控制。过程控制对许多生产过程是极为重要的，例如化工、炼油及其他类似的生产过程，反应参数是否处于受控状态并达到优化水平（或工艺要求），对产品的利率和优质品的得率具有直接的影响，因而也就影响到废弃物的产生量。

⑤ 产品。产品的要求决定了生产过程，产品性能、种类和结构等的变化往往要求生产过程做相应的改变和调整，因而也会影响到废弃物的产生；另外，产品的包装、体积等也会对生产过程及其废弃物的产生造成影响。

⑥ 废弃物。废弃物本身所具有的特性和所处的状态直接关系到它是否可现场再用和循环使用，只有当其离开生产过程时才称其为废弃物，否则仍为生产过程中的有用材料和物质。

⑦ 管理。加强管理是企业发展的永恒主题，任何管理上的松懈均会严重影响到废弃物的产生。

⑧ 员工。任何生产过程，无论自动化程度多高，从广义上讲，均需要人的参与，因此员工素质的提高及积极性的激励也是有效控制生产过程和废弃物产生的重要因素。

当然，以上8个方面的划分并不是绝对的，虽然各有侧重点，但在许多情况下存在着相互交叉和渗透的情况。例如，一套大型设备可能就决定了技术工艺水平，过程控制不仅与仪器、仪表有关系，还与管理及员工有很大联系等。对废弃物的产生原因分析，唯一的目的就是不漏过任何一个清洁生产的机会。对每个废弃物产生源都要从以上八个方面进行原因分析，但这并不意味着每个废弃物产生源都存在8个方面的原因，而可能是其中的一个或几个。

3）如何消除这些废弃物？针对每一个废弃物产生原因，设计相应的清洁生产方案，包括无/低费方案和中/高费方案，方案可以是一个、几个甚至十几个，通过实施这些清洁生产方案来消除这些废弃物产生原因，从而达到减少废弃物产生的目的。

3. 清洁生产审核的类型

清洁生产审核分为自愿性审核和强制性审核。国家鼓励企业自愿开展清洁生产审核。污染物排放达到国家或者地方排放标准的企业，可以自愿组织实施清洁生产审核，提出进一步节约资源、削减污染物排放量的目标。有下列情况之一的，应当实施强制性清洁生产审核：

1）污染物排放超过国家和地方排放标准，或者污染物排放总量超过地方人民政府核定的排放总量控制指标的污染严重企业。

2）使用有毒有害原料进行生产或者在生产中排放有毒有害物质的企业。有毒有害原料或者物质主要指《危险货物品名表》（GB 12268—2012）《危险化学品名录》《国家危险废物名录》和《剧毒化学品目录》中的剧毒、强腐蚀性、强刺激性、放射性（不包括核电设施和军工核设施）、致癌、致畸等物质。

6.4.3 清洁生产审核的步骤及特点

1. 清洁生产审核的步骤

根据上述清洁生产审核的思路，整个审计过程可分解为具有可操作性的 7 个步骤，或者称为清洁生产审核的 7 个阶段。

阶段 1：筹划和组织。主要是进行宣传、发动和准备工作。

阶段 2：预评估。主要是选择审计重点和设置清洁生产目标。

阶段 3：评估。主要是建立审计重点的物料平衡，并进行废弃物产生原因分析。

阶段 4：方案产生和筛选。主要是针对废弃物产生原因，产生相应的方案并进行筛选，编制企业清洁生产中期审计报告。

阶段 5：可行性分析。主要是对阶段 4 筛选出的中/高费清洁生产方案进行可行性分析，从而确定出可实施的清洁生产方案。

阶段 6：方案实施。实施方案并分析、跟踪验证方案的实施效果。

阶段 7：持续清洁生产。制定计划、措施在企业中持续推行清洁生产，最后编制企业清洁生产审核报告。

这 7 个阶段的具体活动及产出如图 6-5 所示。

2. 清洁生产审核的特点

进行企业清洁生产审核是推行清洁生产的一项重要措施，它从一个企业的角度出发，通过一套完整的程序来达到预防污染的目的。企业清洁生产审核具备如下特点：

1）具备鲜明的目的性。清洁生产审核特别强调节能、降耗、减污，并与现代企业的管理要求相一致，具有鲜明的目的性。

2）具有系统性。清洁生产审核以生产过程为主体，考虑对其产生影响的各个方面，从原材料投入到产品改进，从技术革新到加强管理等，设计了一套发现问题、解决问题、持续实施的系统而完整的方法学。

3）突出预防性。清洁生产审核的目标就是减少废弃物的产生，从源头削减污染，从而达到预防污染的目的，这个思想贯穿在整个审计过程的始终。

4）符合经济性。污染物一经产生，需要花费很高的代价去收集、处理和处置，使其无害化，这也是许多企业难以承担末端处理费用的原因。而清洁生产审核倡导在污染物产生之前就予以控制，不仅可减轻末端处理的负担，同时污染物在其成为污染物之前就是有用的原材料，减少了废品和残次品，相当于增加了产品的产量和生产效率。事实上，国内外许多经过清洁生产审核的企业都证明了清洁生产审核可以给企业带来经济效益。

5）强调持续性。清洁生产审核十分强调持续性，无论是审计重点的选择还是方案的滚动实施，均体现了从点到面、逐步改善的持续性原则。

第6章 能源管理方法与节能新机制

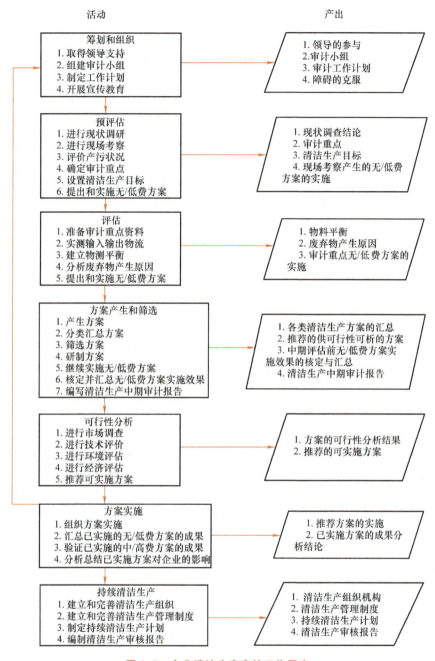

图 6-5 企业清洁生产审核工作程序

6）注重可操作性。清洁生产审核的每一个步骤均能与企业的实际情况相结合，在审计程序上是规范的，即不漏过任何一个清洁生产的机会，而在方案实施上则是灵活的，即当企业的经济条件有限时，可先实施一些无/低费方案，以积累资金，逐步实施中/高费方案。

3. 清洁生产审核的操作要点

企业清洁生产审核是一项系统而细致的工作，在整个审核过程中应注重充分发动全体员工参与的积极性，解放思想、克服障碍、严格按审核程序办事，以取得清洁生产审核的实际成效并巩固下来。具体操作要点如下：

1) 充分发动群众献计献策。

2) 贯彻边审核、边实施、边见效的方针，在审核的每个阶段都应注意实施已成熟的无/低费清洁生产方案，成熟一个实施一个。

3) 对已实施的方案要进行核查和评估，并纳入企业的环境管理体系，以巩固成果。

4) 对审核结论，要以定量数据为依据。

5) 在第 4 阶段方案产生和筛选完成后，要编写中期审核报告，对前四个阶段的工作进行总结和评估，从而发现问题、找出差距，以便在后期工作中进行改进。

6) 在审核结束前，对筛选出来还未实施的可行方案，应制定详细的实施计划，并建立持续的清洁生产机制，最终编制出完整的清洁生产审核报告。

6.5 合同能源管理

6.5.1 合同能源管理的背景及释义

1. 合同能源管理产生的背景

随着人类生产力的高度发展，能源消耗的日益增加，地区环境和全球环境急剧变化，其中，由温室效应引起的全球气候变暖成为国际社会关注的热点。温室气体的排放主要来源于大量矿物能源——煤、石油、天然气的消耗。在发展经济的同时，如何节约和充分利用矿物能源已成为各国首先要考虑的问题。对于高耗能企业，能源成本已经占企业总成本较大的比例，如何降低能耗费用、开源节流，也已成为各个企业积极探索的主要问题之一。

为了解决这些问题，从 20 世纪 70 年代中期以来，一种基于市场运作的、全新的节能项目投资机制"合同能源管理"在市场经济发达的西方国家逐步发展起来，而基于合同能源管理这种节能投资新机制运作的、以盈利为直接目的的、专业化的"节能服务公司"(Energy Service Company，简称 ESCO，国内也曾称为 Energy Management Company，简称 EMCO) 发展十分迅速，尤其是在美国、加拿大，ESCO 已发展成为新兴的节能产业。合同能源管理这种市场节能新机制的出现和基于合同能源管理机制运作的 ESCO 的繁荣发展，带动和促进了美国、加拿大等国家全社会节能项目的加速和普遍实施。

1997 年，合同能源管理模式进入我国。为推动合同能源管理这一新机制在我国的发展，原国家经济贸易委员会代表我国政府与世界银行（WB）和全球环境基金（GEF）共同组织实施了大型国际合作项目——"世界银行全球环境基金中国节能促进项目"。该项目旨在引进"合同能源管理"的节能机制，提高我国的能源利用效率，减少温室气体排放，保护全球环境和地区环境，同时促进我国节能机制转换。该项目一期于 1998 年 12 月开始实施，主要内容是在北京、辽宁、山东支持组建 3 个示范性的节能服务公司和国家级的节能信息传播中心。到 2006 年 6 月，3 家示范节能服务公司累计为 405 家能耗企业实施了 475 个项目，投资总额 13.3 亿元人民币，共获得净收益 4.2 亿元人民币，内部收益率都在 30% 以上，能耗企业的净收益是示范节能公司的 8~10 倍。项目一期示范的节能新机制获得了很好的效果，即以盈利为目的的 3 家示范 ESCO 运用合同能源管理模式运作节能技改项目，大受用能企业的欢迎；所实施的节能技改项目 99% 以上成功，取得了较大的节能效果、温室气体减排效果和其他环境效益。

通过不断的试点、推广，合同能源管理在我国得到了较快的发展，国内的节能服务公司到 2008 年 5 月也已发展到了 150 余家。2003 年 11 月，国家发改委与世界银行共同决定启动中国节能项目二期。项目二期的目标是：在全国推广节能新机制，促进 ESCO 产业化发展的进程，尽快形成中国的节能产业，达到在项目二期实施的 7 年间，获得 3533 万 t 标准煤的（项目寿命期）累计节能量，2342 万 t 煤的（项目寿命期）累计 CO_2 减排量的目标。在项目二期结束时，将在我国形成持续发展的 ESCO 产业，期望这一产业的发展将进一步促进我国能源效率的提高，同时减少温室气体的排放。

2. 合同能源管理的概念及实质

合同能源管理（Energy Performance Contracting，简称 EPC，也曾译为 Energy Management Contract，简称 EMC）是一种基于市场运作的全新的节能新机制。合同能源管理不是推销产品或技术，而是推销一种减少能源成本的财务管理方案。ESCO 的经营机制是一种节能投资服务管理，客户见到节能效益后，ESCO 才与客户一起分享节能成果，取得双赢的效果。

合同能源管理是 ESCO 通过与客户签订节能服务合同，为客户提供包括能源审计、项目设计、项目融资、设备采购、工程施工、设备安装调试、人员培训、节能量确认和保证等一整套的节能服务，并从客户节能改造后获得的节能效益中收回投资和取得利润的一种商业运作模式。ESCO 服务的客户不需要承担节能实施的资金、技术及风险，并且可以更快地降低能源成本，获得实施节能方案后带来的收益，并可以免费拥有 ESCO 提供的设备。

可见，合同能源管理机制的实质，是一种以减少的能源费用来支付节能项目全部成本的节能投资模式。这种节能投资模式允许用户使用未来的节能收益为工厂和设备升级，降低目前的运行成本，提高能源利用效率。

3. 合同能源管理项目的特点

（1）节能更专业 ESCO 是专业的节能服务公司，拥有自己的专业技术人员，自带仪器设备，可提供能源诊断、改善方案评估、工程设计、工程施工、监造管理、资金与财务计划等全面性服务，全面负责能源管理；项目施工无需企业操心，ESCO 为企业完成"交钥匙工程"；项目实施后，设备保养和维护也不用企业操心，ESCO 将负责到底，直至合同期满，将高效节能设备无偿移交于企业。

（2）技术更先进 ESCO 可选择国内外最新、最先进的节能技术和产品，用于节能项目。

（3）节能有保证 基于对自己投入的高效设备与节能技术的充分认识和信任，ESCO 可以向用户承诺节能量，保证客户得到服务后，可以马上实现能源成本的下降。

（4）节能效率高 项目的节能率一般在 10%~40%，早期的项目最高可达 50%。

（5）客户零投资 节能项目审计、设计、融资、采购、施工监测等均由 ESCO 负责，不需要客户企业额外投资，便可得到 ESCO 的服务和先进的节能设备及技术。企业付给 ESCO 的报酬是节能效益中的一部分，是节省出的费用，因此企业没有额外的花费，相反还能获得节能收益，改善企业的现金流量。

（6）客户零风险 客户无须投资大笔资金即可导入节能产品及技术，得到专业化服务；项目实施后，只有在企业产生了节能效益后，企业才会将节能效益的一部分支付给 ESCO，因此，企业不存在项目技术成熟度、项目设计施工安排、项目节能成败等技术与资金的风险，风险全由 ESCO 承担，企业可直接获得降低能源消耗成本的效益。

（7）投资回收期短　项目投资额较大，投资回收期短，从已经实施的项目来看，回收期平均为 1~3 年。

（8）改善现金流　客户借助 ESCO 实施节能服务，可以改善现金流量，把有限的资金投资在其他更优先的投资领域。

（9）提升竞争力　客户实施节能改进，可以节约能源，减少能源成本支出，改善环境品质，建立绿色企业形象，增强市场竞争优势。客户借助 ESCO 实施节能服务，可以获得专业节能资讯和能源管理经验，进而提升管理人员素质，促进内部管理科学化。

4. 合同能源管理的业务范围

EPC 业务范围包括：能源的买卖、供应、管理，节能改造工程的实施，节能绩效保证合同的统包承揽，耗能设施的运转维护与管理，节约能源诊断与顾问咨询等。

ESCO 提供能源用户能源审计诊断评估、改善方案规划、改善工程设计、工程施工、监理，到资金筹集的财务计划及投资回收保证等全面性服务；采用适当的方法或程序验证评价节能效益，为能源用户提供节能绩效保证，再以项目自偿方式由节约的能源费用偿还节能改造工程所需的投资费用。

ESCO 是实现节约能源、提供"能源利用效率全方位改善服务"的一种业态，针对商业大楼及耗能企业的照明、空调、耗能设备等实施节能诊断，同时提供新型节能高效设备和具体的节能系统方案，其服务费用由节约下来的能源费用分摊，是"节能绩效保证合同"业务最大的特征。此外，节能效益所省下的费用也用作节能项目的投资回收。

6.5.2　合同能源管理的运作模式及优势

1. 合同能源管理的运作模式

节能服务公司是一种基于合同能源管理机制运作的、以盈利为直接目的的专业化公司。ESCO 与愿意进行节能改造的用户签订节能服务合同，为用户的节能项目进行投资或融资，向用户提供能源效率审计、节能项目设计、原材料和设备采购、施工、监测、培训、运行管理等一条龙服务，并通过与用户分享项目实施后产生的节能效益来盈利和滚动发展。

按照合同能源管理模式运作节能项目，在节能改造之后，客户企业原先用于支付能源费用的资金，可同时支付节能改造后的能源费用和 ESCO 的费用（即节能效益的一部分），并获得一定节能效益，而总的能源费用减少了，如图 6-6 所示。合同期结束后，客户享有全部的节能效益，会产生正的现金流。

客户企业与节能服务公司按照合同能源管理模式实施节能项目，可能会有很多原因，但通常出于以下三项考虑：投资效益、运作效益和转嫁风险效益。

从 ESCO 的业务运作方式可以看出，ESCO 是市场经济下的节能服务商业化实体，

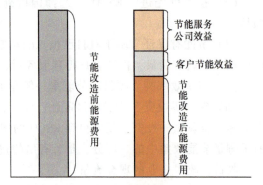

图 6-6　合同能源管理模式项目节能改造后的效益分配示意图

在市场竞争中谋求生存和发展,与我国传统的节能项目运作模式有根本性的区别。与传统的节能项目运作模式相比,采用合同能源管理模式实施节能项目具有以下优点:通过把节能项目的实施风险和负担转嫁给 ESCO,帮助企业克服对实施节能项目的保留态度;通过把节能项目开发的主要负担转嫁给 ESCO,帮助企业克服节能项目经济效益不明显、占用企业精力太多的担心和疑虑;ESCO 通过同类项目的开发和大量"复制"来提高其节能项目运作能力,降低节能项目的实施成本,并且节能项目的投资出自节能项目本身产生的节能效益,从而减轻了企业实施节能项目的融资压力。

2. ESCO 节能服务的形式

节能服务公司(ESCO)在开展合同能源管理业务时,根据自身的优势,会采用不同形式的服务。

(1)技术依托型 以某种节能技术和节能产品为基础发展起来的节能服务公司,节能技术和节能产品是公司的核心竞争力,通过节能技术和节能产品的优势开拓市场,逐步完成资本的原始积累,并不断寻求新的融资渠道,获得更大的市场份额。此类 ESCO 大多拥有自主知识产权,实施节能项目的技术风险可控,项目收益较高;目标市场定位明确,有利于在某一特定行业形成竞争力。但要保持技术的不断创新,又要能很好地解决融资障碍。

(2)资金依托型 充裕的资金是此类节能服务公司进入市场的明显优势,他们的经营特征是以市场需求为导向,利用资金优势整合节能技术和节能产品实施节能项目。这种类型的 ESCO 不拘泥于专一的节能技术和产品,具有相当大的机动灵活性,市场跨度大,辐射能力强,能够实施多种行业、多种技术类型的项目。但要加强在选择节能技术、节能产品和运作节能项目方面的风险控制能力。

(3)市场依托型 此类节能服务公司拥有特定行业的客户资源优势,以所掌控的客户资源整合相应的节能技术和节能产品来实施节能项目。因此,开发市场的成本较低,与客户的深度认知使得来自客户端的风险较小,有利于建立长期合作关系,并获得客户对节能项目的直接融资。但需要很好地选择技术合作伙伴,有效地控制技术风险。

3. 节能服务合同的基本类型

节能服务合同中最重要的部分涉及如何确定能耗基准线,如何计算和监测节能量,怎样向 ESCO 付款等条款,在合同中清楚地陈述上述有关内容并让客户理解(这一点是极为重要的)。而根据客户企业和 ESCO 各自所承担的责任,以及客户企业向 ESCO 付款方式的不同,又可以将节能服务合同分成不同的类型。随着合同能源管理机制在我国的不断发展,已经产生如下三种类型的合同。

(1)节能效益分享型 这种类型的合同规定由 ESCO 负责项目融资,合同规定节能指标和确认节能量(或节能率),在项目期内客户和 ESCO 双方分享节能效益的比例。其主要特点如下:

1)ESCO 提供项目的全部或大部分资金,如果客户愿意也可少量出资,但这会影响节能效益的分享比例。

2)ESCO 提供项目的全过程服务。

3)在合同期内,ESCO 与客户按照合同约定的比例分享节能效益。

4)合同期满后,节能效益和节能项目所有权归客户所有。

例如,在 5 年项目合同期内,客户和 ESCO 双方分别分享节能效益的 20% 和 80%,

ESCO 必须确保在项目合同期内收回其项目成本并取得利润。此外，在合同期内，双方分享节能效益的比例可以按照合同约定变化，例如，在合同期的前 2 年里，ESCO 分享 100% 的节能效益，合同期的后 3 年里，客户和 ESCO 双方各分享 50% 的节能效益。

(2) 节能量保证型　在这种类型的合同里，可由 ESCO 提供项目融资，也可由客户自行融资，ESCO 提供全过程服务，ESCO 保证客户的能源费用将减少一定的百分比。其主要特点如下：

1) 客户提供项目资金。

2) ESCO 提供项目的全过程服务并保证节能效果。

3) 按合同规定，客户向 ESCO 支付服务费和 ESCO 所投入的资金。

4) 如果在合同期内，项目没有达到承诺的节能量或节能效益，ESCO 按合同约定向客户补偿未达到的节能效益。

例如，ESCO 保证客户锅炉的燃料费减少 10%，但如果节能效益只达到了 8%，那么 ESCO 需给客户补偿 2% 的节能效益，而如果节能效益超过了 10%，则超出部分的节能效益全归 ESCO 享受。

(3) 能源费用托管型　在这种类型的合同中，由 ESCO 负责管理客户企业整个能源系统的运行和维护工作，承包能源费用。合同规定能源服务质量及其确认方法，不达标时，ESCO 按合同给予补偿。其主要特点如下：

1) 客户委托 ESCO 进行能源系统的运行管理和节能改造，并按照合同约定支付能源托管费用。

2) ESCO 通过节能技术改造提高能源效率，从而降低能源费用，并按照合同约定拥有全部或者部分节省的能源费用。

3) ESCO 的经济效益来自能源费用的节约，客户的经济效益来自能源费用（承包额）的减少。

从目前的情况看，大部分合同是上述三种方式之一或某几种方式的结合。对每一种付款方式都可以做适当变通，以适应不同耗能企业的具体情况和节能项目的特殊要求。但是，无论采用哪种付款方式，建议均坚持以下原则：

1) ESCO 和客户双方都必须充分理解合同的各项条款。

2) 合同对 ESCO 和客户双方来说都是公平的，以维持双方良好的业务关系。

3) 合同应鼓励 ESCO 和客户双方致力于追求可能的最大节能量，并确保节能设备在整个合同期内连续良好地运行。

4. ESCO 为客户实施节能项目的优势

ESCO 运用基于市场的"合同能源管理"模式运作节能项目，与按传统机制运营的节能服务企业相比，具有以下独特的优势：

(1) 节能项目的全过程服务　ESCO 的服务是从对客户进行能源审计开始，然后进行节能项目的方案选择、可行性研究与改造工程设计，拟用设备、材料的选择，并用自己的资金进行采购，设备安装与调试，客户操作人员培训与操作规程制定，合同期内所改造的设备的维修、管理，直至系统节能量检测。这种系统化的专业服务是任何其他企业无法比拟的。

(2) 节能技术信息广泛、畅通　ESCO 是专业化的节能服务企业，各种节能新技术、新设备会源源不断地通过 EPC 这种节能新机制投向市场。ESCO 为了自身业务的发展需要，同

第6章 能源管理方法与节能新机制

时为了增强自身的市场竞争力,也会广泛收集、掌握并运用节能新技术和新设备的信息,并自行进行研究和开发,以保证为客户提供最先进适用的节能技术和产品,从而保证 ESCO 本身及客户的节能收益。

(3) 承担节能技改项目的风险 无论哪一种合同能源管理节能服务模式,ESCO 都必须保证项目的节能效益,并以分享节能项目实施后获得的节能效益收回项目投资,并获取利润,这就意味着 ESCO 为客户承担了节能项目的技术风险和后续的经济风险。实践证明,客户企业对这种机制十分欢迎,尤其对由设备供应商和节能技术持有者组建的 ESCO 更加有利,可以更快地扩大产品的市场占有量率。

(4) 降低节能技改项目实施的成本 ESCO 的这一优势主要来源于两个方面,一方面是专业化公司,对各种信息掌握较多,可节省前期准备费用,选购质优价廉的设备、材料,节约采购费用,同时,由于项目运作经验丰富,有助于节省施工费用;另一方面,由于同一类型项目可以打捆实施,实现批量采购,从而降低了项目的成本。

6.5.3 节能服务公司(ESCO)的业务程序

1. 节能服务公司业务的服务内容

节能服务公司通过与客户签订的节能服务合同,为客户提供节能服务。ESCO 是一种比较特殊的企业,其特殊性在于它销售的不是某一种具体的产品或技术,而是一系列的节能"服务",也就是为客户提供节能服务项目,这种项目的实质是 ESCO 向客户企业销售节能量。ESCO 的业务活动主要包括以下一条龙的服务内容:

(1) 能源审计(节能诊断) ESCO 针对客户的具体情况,对各种企业目前的购进和消耗能源的情况、各项节能设备和措施进行评价;测定企业当前用能量,并对各种可供选择的节能措施的节能量进行预测。

(2) 节能项目设计 根据能源审计的结果,ESCO 向客户提出如何利用成熟的节能技术或节能产品来提高能源利用效率、降低能源消耗成本的方案和建议;如果客户有意向接受 ESCO 提出的方案和建议,ESCO 就为客户进行具体的节能项目设计。

(3) 节能服务合同的谈判与签署 ESCO 与客户协商,就准备实施的节能项目签订"节能服务合同"。在某些情况下,如果客户不同意与 ESCO 签订节能合同,ESCO 将向客户收取能源审计和节能项目设计等前期费用,项目到此为止。

(4) 节能项目融资 ESCO 向客户的节能项目投资或提供融资服务,ESCO 用于节能项目的资金来源可能是 ESCO 的自有资金、银行商业贷款或者其他融资渠道,以帮助企业克服节能项目的融资困难。

(5) 原材料和设备采购、施工、安装及调试 由 ESCO 负责节能项目的原材料和设备采购,以及施工、安装和调试工作,实行"交钥匙工程"。

(6) 运行、保养和维护 ESCO 为客户培训设备运行人员,并负责所安装的设备或系统的保养和维护。

(7) 节能效益保证 ESCO 为客户提供节能项目的节能量保证,并与客户共同监测和确认节能项目在项目合同期内的节能效果。

(8) ESCO 与客户分享节能效益 在项目合同期内,ESCO 对与项目有关的投入(包括土建、原材料、设备、技术等)拥有所有权,并与客户分享项目产生的节能效益。在合同期内，ESCO 将获得项目的大部分收益，ESCO 的项目资金、运行成本、所承担的风险及合理的利润都会得到补偿。合同期结束后，客户将免费获得项目所有设备的所有权，并享受全部节能效益。

ESCO 与客户就节能项目的具体实施达成的契约关系称之为"节能服务合同"。ESCO 的这种经营模式称之为"合同能源管理"。由此看出，ESCO 是市场经济下的节能服务商业化实体，在市场竞争中谋求生存和发展，与我国目前从属于地方政府、具有部分政府职能的节能（监察）服务中心有根本性的区别。

2. ESCO 业务的基本程序

ESCO 业务活动的基本程序是：为客户设计开发一个技术上可行、经济上合理的节能项目。通过双方协商，ESCO 与客户就该项目的实施签订节能服务合同，并履行合同中规定的义务，保证项目在合同期内实现所承诺的节能量，同时享受合同中规定的权利，在合同期内收回用于该项目的资金并获得合理的利润。

合同能源管理项目的开发过程，大致分为商务谈判和合同实施两大部分。商务谈判的主要步骤如下。

1) 初始与客户接触。ESCO 与客户进行初步接触，就客户的业务、所使用的耗能设备类型、所采用的生产工艺等基本情况进行交流，以确定客户重点关心的能源问题；向客户介绍 ESCO 的基本情况、业务运作模式及其对客户潜在的利益等；向客户强调指出具有节能潜力的领域；解释合同化节能服务的有关问题，确定 ESCO 可以介入的项目。

2) 初步审计。ESCO 通过客户的安排，对客户拥有的耗能设备及其运行情况进行检测，将设备的额定参数、设备数量、运行状况及操作等记录在案，尤其要留意客户没有提到、但可能具有重大节能潜力的环节。

3) 审核能源成本数据，估算节能量。采用客户保留的能耗历史记录及其他历史记录，计算潜在的节能量。有经验的 ESCO 项目经理也可参照类似的节能项目来进行这一项工作。

4) 提交初步的节能项目建议书。基于上述工作，ESCO 起草并向客户提交一份节能项目建议书，描述所建议的节能项目的概况和估算的节能量。ESCO 与客户一起审查项目建议书，并回答客户提出的关于拟议中的节能项目的各种问题。

5) 客户承诺并签署节能项目意向书。确定客户是否愿意继续该节能项目的开发工作。到目前为止，客户无任何费用支出，也不承担任何义务。ESCO 将开展上述工作中发生的所有费用支出，计入公司的成本支出。现在，客户必须决定是否要继续该节能项目的开发工作，否则 ESCO 的工作将无法继续下去。ESCO 必须就拟议中的节能服务合同条款向客户做出解释，保证客户完全清楚他们的权利和义务。通常情况下，如果详尽的能耗调研确实证明了项目建议书中估算的节能量，则应要求客户签署一份节能项目意向书，以使他们明确认可这一项目。

6) 详尽的能耗调研。能耗调研包括 ESCO 对客户的用能设备或生产工艺进行详细的审查，以及对拟议中的项目的预期节能量进行更为精确的分析计算。另外，ESCO 应与节能设备供应商取得联系，了解项目中拟选用的节能设备的价格，必须在确定"基准年"的基础上，确定一个度量该项目节能量的"基准线"。

7) 合同准备。ESCO 经与客户协商，就拟议中的节能项目实施准备一份节能服务合同。合同内容应包括：规定的项目节能量，ESCO 和客户双方的责任，节能量的计算以及如何测

第6章 能源管理方法与节能新机制

量节能量等。同时，ESCO方面要准备一份包括项目工作进度表在内的项目工作计划。

8）项目被接受或拒绝。如果客户对拟定的节能服务合同条款无异议，并且同意由ESCO来实施该节能项目，双方正式签订节能服务合同，合同的开发工作到此结束。在这一情况下，ESCO将把详尽的能耗调研过程中的费用支出计入该项目的总成本中。如果客户无法与ESCO就合同条款达成一致，或者由于其他原因而最终放弃该项目，而详尽的能耗调研工作确实证明了项目建议书中的预期节能量，那么，ESCO方面在准备详尽的能耗调研过程中的费用支出，应由客户方面支付。

9）签订合同。节能服务合同由ESCO与客户双方的法人代表签订。ESCO和客户双方的律师都应该参与节能服务合同条款的商定和合同文书的准备。

上述节能服务项目开发商务谈判的工作步骤仅为指南性质。对于具体的项目，其工作程序可根据实际情况加以调整。ESCO通过谈判，获得一项节能服务项目合同后，随后的工作就是具体实施该项目合同。ESCO实施节能服务合同的一般工作程序如下：

1）对耗能设备进行监测。在某些情况下，需对要改造的耗能设备进行必要的监测工作，以建立节能项目的能耗"基准线"。这一监测工作必须在更换现有耗能设备之前进行。

2）工程设计。ESCO组织开展节能项目所需要的工程设计工作。并非所有的节能项目都需要有这一步骤，例如照明改造项目。

3）建设/安装。ESCO按照与客户协商一致的工作进度表，建设项目和安装合同中规定的节能设备，确保对工程质量的控制，并对所安装的设备做详细记录。

4）项目验收。ESCO要确保所有设备按预期目标运行，培训操作人员对新设备进行操作，向客户提交记载所做设备变更的参考资料，并提供有关新设备的详细资料。

5）监测节能量。根据合同中规定的监测类型，按照双方约定的监测方式，完成需要进行的节能量监测工作。监测工作是确定节能量是否达到合同规定的极其重要的环节。

6）项目维护及培训。ESCO按照合同的条款，在项目合同期内，向客户提供所安装设备的维护服务。此外，建议ESCO与客户保持密切联系，以便对所安装设备可能出现的问题进行快速诊断和处理，同时继续优化和改进所安装设备的运行性能，以提高项目的节能量及其效益。ESCO还应对客户的技术人员进行适当的培训，以便于合同期满后，项目设备仍能够正常地运行，从而保证能够持续地、无衰减地取得节能项目应产生的节能效益。

7）分享项目产出的节能效益或者以约定的方式收回项目资金。

ESCO自身可能没有能力完成上述全部的服务，但是，作为专业化的节能服务公司，ESCO可以通过整合各类外部资源，达到合同规定的节能量。ESCO可能会涉及以下类型的机构，如图6-7所示。

3. 合同能源管理业务的特点

ESCO是市场经济下的节能服务商业化实体，在市场竞争中谋求生存和发展。ESCO所开展的业务具有以下特点。

（1）商业性　ESCO是商业化运作的公司，以合同能源管理机制实施节能项目来实现盈利的目的。

（2）整合性　EPC业务不是一般意义上的推销产品、设备或技术，而是通过合同能源管理机制为客户提供集成化的节能服务和完整的节能解决方案，为客户实施"交钥匙工程"；ESCO不是金融机构，但可以为客户的节能项目提供资金；ESCO不一定是节能技术的

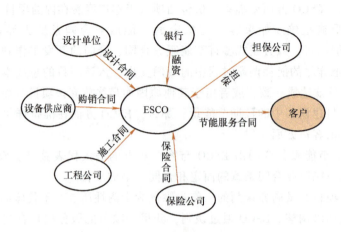

图 6-7　ESCO 可能涉及的机构

所有者或节能设备制造商，但可以为客户选择先进、成熟的节能技术和设备；ESCO 自身也不一定拥有实施节能项目的工程能力，但可以向客户保证项目的工程质量。对于客户来说，ESCO 的最大价值在于：可以为客户实施节能项目提供经过优选的各种资源集成的工程设施及其良好的运行服务，以实现与客户约定的节能量或节能效益。

(3) 多赢性　EPC 业务的一大特点是，一个该类项目的成功实施将使介入项目的各方，包括 ESCO、客户、节能设备制造商和银行等，都能从中分享到相应的收益，从而形成多赢的局面。对于分享型的合同能源管理业务，ESCO 可在项目合同期内分享大部分节能效益，以此来收回其投资并获得合理的利润；客户在项目合同期内分享小部分节能效益，在合同期结束后获得该项目的全部节能效益及 ESCO 投资的节能设备的所有权，此外，还可获得节能技术和设备建设和运行的宝贵经验；节能设备制造商销售了其产品，收回了货款；银行可连本带息地收回对该项目的贷款等。正是由于多赢性，EPC 具有持续发展的潜力。

(4) 风险性　ESCO 通常对客户的节能项目进行投资，并向客户承诺节能项目的节能效益，因此 ESCO 承担了节能项目的大部分风险。可以说，EPC 业务是一项高风险业务。EPC 业务的成败关键在于对节能项目的各种风险的分析和管理。

6.5.4　合同能源管理项目的优惠政策

在"十一五"和"十二五"期间，为了解决 ESCO 的融资障碍，我国各级政府部门都出台了相应政策，以促进节能减排工作的开展。2010 年 6 月财政部、国家发改委关于印发《合同能源管理项目财政奖励资金管理暂行办法》的通知（财建 [2010] 249 号）中规定，发改委会同财政部对符合财政奖励资金申请条件的节能服务公司实行审核备案制度。财政部会同发改委每年将财政奖励资金切块分到各地，由各地节能主管部门会同财政部对符合条件的合同能源管理项目根据节能量给予奖励。

为鼓励企业采用合同能源管理模式开展节能服务，加大节能减排工作力度，税务总局、国家发改委发布了《关于落实节能服务企业合同能源管理项目企业所得税优惠政策有关征收管理问题的公告》（2013 年第 77 号），进一步对落实合同能源管理项目企业所得税优惠政策过程中的相关问题进行了明确。内容包括：实施节能效益分享型合同能源管理项目的节能服务企业，实行查账征收并符合规定条件的，可享受企业所得税"三免三减半"优惠政策。节能服务企业的分享型合同约定的效益分享期短于 6 年的，按实际分享期享受优惠。在优惠期限内转让所享受优惠的项目给其他符合条件的节能服务企业，受让企业可自项目受让之日起，在剩余期限内享受规定的优惠。按照简化和取消行政审批的总体要求，对合同能源管理项目优惠实行事前备案管理。对涉及多个项目优惠的，按项目分别进行备案。节能服务企业在项目取得第一笔收入的次年 4 个月内，应完成项目享受优惠备案。合同能源管理项目确认由发改委、财政部公布的第三方节能量审核机构负责，并出具《合同能源管理项目情况确认表》，或者由政府节能主管部门出具合同能源管理项目确认意见，方可享受公告规定的企业所得税优惠。

合同能源管理项目相关税收优惠政策还有：国务院办公厅转发发改委等部门《关于加快推行合同能源管理促进节能服务产业发展意见的通知》（国办发〔2010〕25 号），财政部、国家税务总局《关于促进节能服务产业发展增值税营业税和企业所得税政策问题的通知》（财税〔2010〕110 号），财政部、国家税务总局、国家发改委《关于公布环境保护节能节水项目企业所得税优惠目录（试行）的通知》（财税〔2009〕166 号），财政部、国家税务总局《关于在全国开展交通运输业和部分现代服务业营业税改征增值税试点税收政策的通知》（财税〔2013〕37 号）。

合同能源管理作为一种基于市场化的节能机制，近年来在我国的节能减排事业中发挥了重要的作用。由中共中央、国务院印发的《生态文明体制改革总体方案》，以及中国共产党第十八届五中全会审议通过的《中共中央关于制定国民经济和社会发展第十三个五年规划的建议》里，都提到了要大力发展合同能源管理。回顾节能服务产业的发展历程，合同能源管理项目免征增值税、企业所得税"三免三减半"的税收优惠政策均对推动产业发展发挥了至关重要的作用，带动了社会资本在节能减排领域的投资，直接降低了节能服务公司的税负。

2015 年 5 月，国家取消了合同能源管理项目的财政奖励政策。2016 年 12 月发布的《"十三五"节能减排综合工作方案》提出，取消节能服务公司审核备案制度，任何地方和单位不得以是否具备节能服务公司审核备案资格限制企业开展业务。合同能源管理财政奖励和节能服务公司备案暂停后，税收优惠政策将成为节能服务公司仅有且最重要的扶持政策。只要节能服务公司符合财税〔2010〕110 号的要求，即可申请合同能源管理税收优惠政策。

虽然国家取消了合同能源管理财政奖励政策，但各省市依然在继续开展合同能源管理项目财政奖励。例如，上海市为贯彻落实《上海市年节能减排（应对气候变化）专项资金管理办法》（沪府办发〔2017〕9 号）和《上海市工业节能和合同能源管理项目专项扶持办法》（沪经信法〔2017〕220 号），进一步鼓励和引导重点用能单位加大节能技术改造投入，提高能源利用效率，对本市节能服务机构在工业、建筑、交通以及公共服务等领域采取节能效益分享或者节能量保证模式实施的合同能源管理项目，单个项目年节能量在 50t 标准煤（含）以上的，设立专项资金。

6.5.5　合同能源管理机制在我国的推广前景

我国是世界上第二大能源消费国，同时也是能源效率低、能源浪费最严重的国家之一。

典型案例研究和市场调查分析表明，大量技术上可行、经济上合理的节能项目，完全可以通过商业性的以盈利为目的的 ESCO 来实施。

过去，我国的节能工作主要是通过政府节能主管部门、各级节能服务机构和企业节能管理部门三位一体的能源管理机制来运作的。这一节能体系在原来的计划经济体制下，发挥了重要的作用，并取得了显著的节能成就。但是，随着我国经济体制面向市场的转变，原有的节能管理体制和社会节能机制不再适应变化的形势，也必须随之转变。

在新形势下，企业的自主权扩大，节能已由原来的国家投资转变为企业的自主行为，节能的阻力主要表现为节能投资的市场障碍。由于大多数节能项目的规模和经济效益在企业经营中并不占有重要地位，加上节能技术引入的成本及其投资风险，多数企业领导往往把主要注意力放在扩大生产和增加产品的市场份额上，通常并不把节能放在主要地位，从而使大量的节能项目难以实施。

为了进一步推动我国的节能工作，当前最为迫切的任务是引导和促进节能机制面向市场的过渡和转变，借鉴、学习和引进市场经济国家先进的节能投资新机制，以克服目前我国存在的节能投资障碍，加快我国为数众多的技术上可行、经济上合理的节能项目的普遍实施。从较成熟的市场经济国家的节能事业发展的经验来看，合同能源管理这种节能新机制比较适合我国的情况，我国已有的节能机构和潜在的投资者完全可以结合我国的实际情况对节能项目进行投资，从中盈利并不断发展。

EPC 在我国的运营实践表明，基于市场的合同能源管理机制适合我国国情，不仅颇受广大耗能企业的欢迎，其他节能服务机构、能源企业、节能设备生产与销售企业、节能技术研发机构也非常欢迎，同时也引起了不少投资机构的兴趣。从他们的运营实践分析，EPC 成功的原因除了我国存在着巨大的节能潜力和广阔的节能市场之外，还有合同能源管理机制的因素，这方面的因素显得更加重要。

在我国引进和推广合同能源管理具有十分重大的意义。原国家经贸委于 2000 年 6 月 30 日发布《关于进一步推广合同能源管理机制的通告》，随之涌现出许多新兴和潜在的 ESCO。一方面，通过专业化的 ESCO 按照合同能源管理方式为客户企业实施节能改造项目，不仅可以帮助众多企业克服在实施节能项目时所遇到的障碍，包括项目融资障碍、节能新技术与新产品信息不对称障碍等，还可帮助企业全部承担或者部分分担项目的技术风险、经济风险和管理风险等。另一方面，ESCO 帮助客户企业克服这些障碍，可以加速各类具有良好节能效益和经济效益的项目的广泛实施；更重要的是，基于市场运作的 ESCO 会千方百计地寻找客户实施节能项目，努力开发节能新技术和节能投资市场，从而使自身不断发展壮大，终将在我国形成一个基于市场的节能服务产业大军。

合同能源管理机制引进国内以后，大大促进了国内节能企业的发展，很多节能企业由单纯的制造节能设备，转变为节能投资，在促进节能减排发展的同时，也加快了节能企业本身的快速成长，更有很多企业将发展重点放在合同能源管理上，使得合同能源管理在引入我国后逐渐适应了我国的能源环境，在运营上一步步走向完善和合理。在国家主导下或市场模式下发展起来的一批专业的节能服务公司，在运用合同能源管理上都已趋于成熟。推广合同能源管理将有力地推动我国的节能环保事业，加快建立资源节约型、环境友好型社会的步伐。合同能源管理模式必将在节能减排中发挥更大的作用。

6.6 其他能源管理新机制

随着我国的经济体制由计划经济向市场经济转变,节能工作的市场机制也逐渐增多。在经济发达的国家,各种节能机制得到较快发展。近年来,我国也逐步推广能效标识管理、能效对标管理、节能产品认证、电力需求侧管理和碳交易等行之有效的节能新机制。

6.6.1 能效标准、能效标识与能效对标

能效标准与能效标识制度是确定能源节约与浪费的尺度,是政府对节能实行管理和调控的有力措施,也是衡量用能单位是否达到节能目标的准则。能效标准、标识制度的有效实施,对减缓电器、工业设备等能源消耗增长势头,减少国家对能源供应基础设施的投资,改善消费者福利,引导市场转换,加强市场竞争和扩大贸易,减少环境污染和温室气体排放等方面,具有明显的经济和社会效益。

1. 能效标准的概念及类型

能效标准是指规定产品能源性能的程序或法规。它是在不降低用能产品其他特性如性能、质量、安全、整体价格的前提下,对其能源性能做出具体的要求。能源性能的制定应遵循技术可行、经济合理、既有利于消费者又不损坏生产商的利益的原则。根据各国节能工作的特点和需要,能效标准中包含的主要内容有能效(能耗)限定值、能效分级指标、节能评价值指标。能效标准在不同的国家推行的方法也不同,有的国家把执行能效标准作为一项强制性的要求,而一些国家则是作为一项志愿性的协议,即作为一个节能项目,由政府部门与产品制造商签订能效目标的协议。实施能效标准的产品对象目前主要是家用电器产品、照明产品和部分办公及商用耗能产品。

能效标准依据其规定内容不同,可分为四类:指令性标准、最低能源性能标准、平均能效标准和能效分级标准。

(1)指令性标准 指令性标准一般明确要求在所有新产品上增加一个特殊的性能或安装(拆除)一个独特的装置。确定指令性标准的符合性是最简单的,仅需要对产品进行检测即可。

(2)最低能源性能标准 最低能源性能标准规定了用能产品的最低能效(或最大能耗)指标,也称为能效限定值指标,要求制造商在一个确定日期以后生产的所有产品都必须达到标准的规定,否则禁止该产品在市场上销售。最低能源性能标准是最常见的一种能效标准,它对用能产品的能源性能有明确的要求,但并不对产品本身的技术规格或设计细节提出要求,允许创新和具有竞争性的设计,其标准符合性要由实验室测试决定。

(3)平均能效标准 平均能效标准规定了一类产品的平均能效,它允许各个制造商为每款产品选择适当的能效水平,只要其全部产品按销量加权计算出的平均能效水平达到或超过标准规定的平均值要求即可。提高平均能效水平可通过增加新技术所占比例来实现,不需要完全淘汰旧技术,因此,平均能效标准在实现产品能效目标方面赋予了制造商更多的灵活性和创新性。

(4)能效分级标准 能效分级标准对用能产品能源效率的规定采用了分等分级指标,其指标一般包括能效限定值、目标能效限定值、节能评价值以及能效等级指标中的几个或全

部。中国、韩国的能效标准都属于能效分级标准，所不同的是，韩国的能效标准中规定的是能效限定值和目标能效限定值，而我国的能效标准是世界上包含内容最多的标准，包含的基本指标是能效限定值和节能评价值，部分标准中还包含了目标能效限定值和（或）能效等级指标。

此外，能效标准按照实施准备时间及指标水平的不同也可分为现状标准和超前标准。现状标准一般从颁布到实施只有半年或者最多一年的时间，标准中规定的限定值一般低于近期市场上产品的平均能效水平；超前标准的实施准备期比较长，一般为3~5年，标准中规定的能效限定目标值通常高于目前市场上的平均能效水平，有时甚至高于目前市场上的最高能效水平。需要说明的是，国际上并没有超前标准这一提法，超前标准的概念主要是为了适应我国能效标准向国际能效标准接轨的发展趋势而提出的。

2. 我国能效标准发展过程及趋势

我国能效标准的研究与制定工作始于20世纪80年代中期，经历了20世纪80年代的起步、90年代的稳步发展及21世纪的全面提升3个发展阶段。在国家节能管理部门和标准化管理部门的领导与支持下，以及美国能源基金会等国际机构和国内外专家的帮助与指导下，取得了长足的进步。

（1）起步阶段　自20世纪70年代末我国实施改革开放政策以来，国民经济开始迅速发展，人民生活水平和质量不断提高，家用电器的拥有量和民用耗电量也随之快速增长。1981年，为组织开展节能和能效标准化技术工作，原国家标准局成立了全国能源基础与管理标准化技术委员会，专门负责节能和能效领域以及能源基础和管理方面的国家标准制修订工作。20世纪80年代中末期，全国能源基础与管理标准化技术委员会组织有关单位和专家制定了第一批共9项家用电器能效标准，包括GB 12021.1《家用和类似用途电器电耗（效率）限定值及测试方法　编制通则》及家用电冰箱、房间空气调节器、家用电动洗衣机、彩色及黑白电视接收机、自动电饭锅、收录音机、电风扇、电熨斗等家用电器的专项能效标准。这批国家标准于1990年12月1日正式实施。

首批能效标准的制定主要针对家用电器，标准中规定了各种家用电器的电耗或效率限定值，以及电耗（效率）指标的测试方法，其主要目的是为了限制和淘汰当时情况下比较落后的高能耗的家电，属于现状标准。首批能效标准的实施对于提高我国家用电器的能源效率发挥了积极作用。但由于当时条件所限，标准分析以产品市场分布应用概率统计法为主，对标准的技术经济性分析不够，能效指标规定得不够科学，再加上社会各方面对标准的认识还不到位，对标准的重视程度也不够，因而这批能效标准的实施没有达到理想的效果。

（2）稳步发展阶段　20世纪90年代以来，国外能效标准的制定与实施活动逐渐深入开展，能效标准的分析研究手段随之进一步完善，标准的实施成效也不断涌现，这些先例为我国能效标准的研究提供了许多可供借鉴的经验。而且，随着科学技术的不断进步，我国家用电器的研制、生产水平有了很大提高，为进一步提高能源利用效率、促进节能创造了技术条件。尤其是1998年1月1日《中华人民共和国节约能源法》的颁布实施，政府对节能管理工作的力度逐渐加强，节能和能效标准化工作被纳入法制化管理轨道，既为我国全面修订和逐步制定能效标准带来了机遇，也为能效标准的研制提出了更高的要求和目标。

从1995年起，中国标准化研究院、全国能源基础与管理标准化技术委员会经国家质量技术监督局批准，在政府有关部门的领导下，与美国环保局、美国能源基金会、国际节能研究所以及美国劳伦斯·伯克利国家实验室等相关国际组织机构进行了广泛的交流与合作，在国情分析的基础上借鉴国外的先进分析方法，陆续开始组织首批能效标准的修订和部分新的家用电器和照明产品能效标准的制定工作。从此，我国能效标准的研究工作进入了一个稳步发展的阶段。

在这一阶段，先后完成了家用电冰箱和房间空调器两个家用电器能效标准的修订，管型荧光灯镇流器、单端荧光灯、中小型三相异步电动机和空气压缩机等产品能效标准的制定。能效标准涉及的产品范围已由家用电器逐步扩展到部分照明电器和工业耗能设备。

1998 年，我国开始实施节能产品认证制度。为了配合节能产品认证工作的开展并为其提供技术依据，新完成的能效标准在技术内容方面除提高产品（电耗）能效限定值指标要求之外，还增加了节能评价值指标。其中，能耗（能效）限定值是强制性实施的，目的是淘汰市场中低效劣质的用能产品；节能评价值是推荐性指标，作为企业的一个节能目标，鼓励企业开发和生产高能效产品。此外，标准中还明确了各种产品的分类、能效（能耗）指标参数、能效指标的测试方法以及产品的检验规则等。指标的确定以及标准实施的成本效益，采用了国际上比较先进的工程、经济分析方法，为能效限定值指标和节能评价值指标的确定提供了科学、合理的理论依据。新标准的实施对提高家电产品的能效水平起到了积极的促进作用，据 1999 年对电冰箱的调查显示，我国主要电冰箱产品的能耗量比 1997 年降低了 9%。

（3）全面提升阶段　随着 21 世纪的到来，加强节能工作已迫在眉睫。为了指导和推动节能工作的深入开展，原国家经贸委制定并发布了《能源节约与资源综合利用"十五"规划》，制定和完善主要用能产品的能效标准已列入国家有关节能主管部门"十五"期间要重点抓好的工作之一。政府的高度重视和有力推动为我国能效标准的飞跃式发展揭开了新的篇章。

进入全面提升阶段的能效标准工作除产品范围有大幅扩展外，技术内容方面也有所变化，部分标准在原有的能效限定值指标和节能评价值指标外，还规定了有关能源效率等级和超前能效限定值等指标。2005 年 3 月 1 日，国家发改委和国家质检总局联合发布了《能源效率标识管理办法》，能效标准成为企业确定其产品能效等级的唯一依据。另外，能效标准的分析更多地借鉴了国际先进经验，为政府部门制定配套政策提供了有力的数据支持。

这一时期，能效标准在研制过程中越来越多地考虑到与国际接轨。由于我国现行的能效标准都属于现状标准，能效指标通常以目前大多数制造商正在生产的产品的能效水平为参考，与绝大多数发达国家普遍采用的能效标准设定水平相比明显偏低。为此，中国标准化研究院在能效标准研究中积极引入了"超前标准"的概念。超前标准要求的能效水平一般要比产品现有能效水平高 15%~25%，是一个制造商必须"踮起脚尖"才能够得着的目标，但它同时也给制造商相对较长的准备时间（如 3 年左右）。这样，超前标准为制造商设定一个需要努力才能达到的中期目标，促进了耗能产品或设备在能源利用效率方面的不断更新换代。近年来，节能降耗作为我国技术开发和技术改造的重点，在企业技术创新和新产品开发中加大了支持力度，很多节能技术取得了重大突破并在相关行业得到推广，使得针对用能产品制定更高水平的能效标准成为可能。目前，我国已开始进行有关超前标准的研究工作，针对部分家用电器试行的超前性能效标准正在制定过程中，在工业产品领域应用超前性能效标准也处于进行前期的技术准备工作阶段。

3. 能源效率标识的概念

为加强节能管理，推动节能技术进步，提高能源效率，依据《中华人民共和国节约能源法》《中华人民共和国产品质量法》《中华人民共和国认证认可条例》，国家发改委和国家质检总局联合制定并发布了《能源效率标识管理办法》，自 2005 年 3 月 1 日起施行。同时实施的还有《中华人民共和国实行能源效率标识的产品目录（第一批）》《中国能源效率标识基本样式》《家用电冰箱能源效率标识实施规则》和《房间空气调节器能源效率标识实施规则》。最早的两项能效标准是《家用电冰箱耗电量限定值及能源效率等级》GB 12021.2—2003（2008 年修订），《房间空气调节器能效限定值及能效等级》GB 12021.3—2004（2010 年修订）。

国家首先对家用电器等使用面广、耗能量大的用能产品实行能源效率标识管理。这类产品主要是指那些与社会生产和人民生活息息相关、在生产和生活中使用面广、在使用过程中消耗能源量大、产品能耗对用能单位和个人的能源消耗量具有直接影响的用能产品，如家用电器、风机、水泵等。

能源效率标识（Energy Efficiency Labels，简称能效标识），是表示用能产品能源效率等级等性能指标的一种信息标识，属于产品符合性标志的范畴。国家对节能潜力大、使用面广的用能产品实行统一的能源效率标识制度。由国务院管理节能工作的部门会同国务院产品质量监督部门制定并公布《中华人民共和国实行能源效率标识的产品目录》（以下简称《目录》），确定统一适用的产品能效标准、实施规则、能源效率标识样式和规格。凡列入《目录》的产品，应当在产品或者产品最小包装的明显部位标注统一的能源效率标识，并在产品说明书中说明。列入《目录》的产品的生产者或进口商应当在使用能源效率标识后，向国家质量监督检验检疫总局以及国家发改委授权的机构备案能源效率标识及相关信息。

国家发改委和国家认监委制定和公布适用产品的统一的能源效率标识样式和规格，如图 6-8 所示。

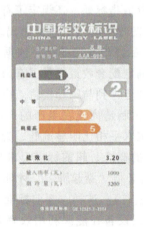 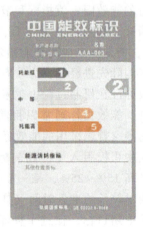

图 6-8 能效标识的标准样式（左）和制冷家电的样式（右）

能源效率标识的名称为"中国能效标识"（英文名称为 China Energy Label），包括以下基本内容：

1）生产者名称或者简称。

2）产品规格型号。
3）能源效率等级。
4）能源消耗量。
5）执行的能源效率国家标准编号。

能源效率标识按产品耗能的程度由低到高依次分成 5 级：

1 级——产品达到国际先进水平，最节电。

2 级——比较节电。

3 级——产品的能源效率为市场的平均水平。

4 级——产品的能源效率低于市场平均水平。

5 级——耗能高，是市场准入指标，低于该等级要求的产品不允许生产和销售。

能源效率标识是附在产品上的信息标签，属于比较标识，为消费者提供有关产品的规格型号、能效等级、能源消耗量、执行的能效标准编号等方面的信息，这些信息易被消费者理解。实行能源效率标识制度的目的，是为消费者的购买决策提供必要的信息，使消费者能够对不同品牌产品的能耗性能进行比较，引导和帮助消费者选择高效节能产品，从而影响用能产品的设计和市场销售，促进产品能效的提高和节能技术的进步。

属于中国能效标识的产品及其依据的能效标准产品名称/标准名称如下：

1）家用电冰箱/《家用电冰箱耗电量限定值及能源效率等级》（GB 12021.2—2015）。
2）房间空调器/《房间空气调节器能效限定值及能源效率等级》（GB 12021.3—2010）。
3）电动洗衣机/《电动洗衣机能耗限定值及能源效率等级》（GB 12021.4—2013）。
4）单元式空调机/《单元式空气调节机能效限定值及能源效率等级》（GB 19576—2004）。
5）自镇流荧光灯/《普通照明用自镇流荧光灯能效限定值及能效等级》（GB 19044—2013）。
6）高压钠灯/《高压钠灯能效限定值及能效等级》（GB 19573—2004）。
7）中小型三相异步电动机/《中小型三相异步电动机能效限定值及节能评价值》（GB 18613—2012）。
8）冷水机组/《冷水机组能效限定值及能源效率等级》（GB 19577—2015）。
9）家用燃气快速热水器和燃气采暖热水炉/《家用燃气快速热水器和燃气采暖热水炉能效限定值及能效等级》（GB 20665—2015）。

4. 能效标识的实施框架

能效标识的实施框架如图 6-9 所示。企业自行检测产品能效（在第三方或者自己的实验室），自行印制使用能效标识（企业应对所用能效标识的真实性负责），企业应按照产品型号提交备案材料到中国标准化研究院能效标识管理中心逐一备案，经备案审核合格后进行存档并给出备案号，同时在能效标识专业网站（www.energylabel.gov.cn）上公告。在能效标识实施的过程中，政府应加强实施监督管理，提高企业对能效的意识，引导消费者购买节能产品。

5. 国外实施能效标识的经验与启示

合理使用和节约能源、全面提高各种耗能产品和设备，尤其是工业耗能产品的能效水平成为当务之急。而主要手段和有效途径就是要全面加强能效标准的制定和贯彻实施的工作，

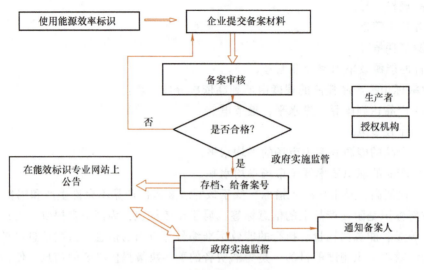

图 6-9 能效标识的实施框架

这已被国外的成功经验所验证。世界上许多国家陆续从 20 世纪 70 年代末、80 年代初开始开展各种各样的能效标准的研究与实施活动，而且基本上都是由政府亲自主持并进行推动，用以促进本国、本地区的节能和提高能效、改善环境。不仅美国、欧盟、北美一些国家和日本等发达国家取得了成功的经验，亚洲和太平洋地区的许多发展中国家也都在开展这方面的工作，并取得了可喜的成果。发达国家在实施能效标识方面的经验对我国的节能工作有以下启示。

1) 能效标识制度有效拉动了高效产品的市场需求。最有效的节能途径就是使消费者购买高效产品，而能效标识制度恰好发挥了这个作用，不仅使消费者的能源费用支出减少，而且还促使生产者开发、生产更高效的产品。

2) 制定和实施能效标识制度抓住了节能工作的源头，因此能够取得显著的节能效果。随着市场经济的发展，政府职能不断转变，当前我国的节能管理工作已逐步由注重生产工艺过程和企业整体节能状况，转移到控制源头耗能设备的节能新模式，以期取得更好的节能效果。

3) 加强宣传是有效实施能效标识制度的重要保障。增加消费者对能效标识的认知和辨识水平，使消费者主动购买效率高的产品，也促使生产者积极主动地加入到能效标识行动之中。

4) 建立并完善强有力的监督体系是确保能效标识制度顺利实施的关键环节。世界上大多数国家和地区都采用制造商自我声明的模式实施能效标识制度。各个国家和地区纷纷建立了较为完善的监督体系，一般包括以下一种或几种措施：要求制造商对产品进行测试；要求企业向特定机构注册或报告产品的能效特性；建立数据库，跟踪能效信息并公之于众；通过接受投诉，识别"高度质疑"的产品；建立制造商互相监督的机制；设立由公共财政支持的国家检查—测试项目；对实施效果进行定期评估。考虑到我国市场诚信体系尚处在不断完善的阶段和企业（行业）的自律、自组织能力较弱的现实，以及我国能效意识总体偏低的特点，加强能效标识备案核验管理的能力建设，培育新型的社会监督机制，特别是强化政府对小企业的监督检查力度，对保障能效标识制度的顺利实施具有十分重要的作用。

5）建立相应的激励优惠政策是促进能效标识制度顺利实施的重要手段。国外针对生产和使用高效节能产品的企业和消费者制定和实施了相应的激励政策，如对企业实施减免税政策、向消费者提供购买补贴、将高效产品纳入政府采购计划等。这些都为企业不断开发节能技术以及消费者购买高效优质产品提供了动力，使用能产品的能源效率持续提高。

6. 能效对标工作实施方案及改进措施

能效水平对标活动是指企业为提高能效水平，与同行业先进企业能效指标进行对比分析，确定标杆，通过管理和技术措施，达到标杆或更高能效水平的实践活动。在本单位开展能效水平对标活动，能够促进企业节能工作上水平、上台阶，提高能源利用效率，增强企业竞争力。尤其是当前全球金融危机影响加剧，在企业开展能效对标活动，不仅能降低企业的运营成本，而且能提高其市场竞争力，这对企业未来的发展具有十分重要的意义。

（1）指导思想　以科学发展观为指导，以企业为主体，以节能增效为目的，以技术进步和强化管理为支撑，规范制度，优化环境，突出重点，狠抓落实，全面提高企业能源利用效率，确保对标活动取得实效，促进全单位节能工作迈上新台阶、实现新突破。

（2）工作目标　通过开展能耗水平对标活动，促使企业经济能源效率（能源费用占总收入比例）指标、物理能源效率（单位面积能耗）指标双下降，部分企业能耗大幅度下降，部分企业能耗水平达到同行业国内领先水平，行业能效整体水平大幅度提高。

（3）工作原则

1）企业主体原则。能效对标主要是针对企业的能源利用活动，技术性强，内容复杂。

2）先进性原则。标杆的选择、确定和对标的组织要坚持高标准、严要求，必须充分体现先进水平要求。

3）突出重点原则。能效对标体系要突出用电节能、用水节能、用油节能，针对重点环节对标挖潜，提升节能能力。

4）注重实效原则。对标要实事求是，符合企业本身的实际，不拘泥于形式，通过开展对标活动，切实提高企业的能源利用水平。

（4）实施步骤　能效水平对标活动主要包括以下6个阶段：

1）现状分析、数据调查阶段。例如，某企业从某年年初开始，各班组对自身能源利用状况进行深入分析，在此基础上开展能源审计工作、编制中长期节能计划。

2）选定标杆、启动对标活动阶段。根据确定的能效水平对标活动内容，在技术支撑单位的指导与帮助下，初步选取若干个潜在标杆单位；组织人员对潜在标杆单位进行研究分析，并结合单位自身实际，选定2~3个标杆单位，制定对标指标目标值。

3）制定方案、数据分析阶段。通过与标杆单位开展信息交流、互联网沟通等收集有关资料，总结标杆单位在指标管理上先进的管理方法、措施手段及最佳实践；结合自身实际全面比较分析，真正认清标杆企业产生优绩效的过程，制定出切实可行的对标指标改进方案和实施进度计划。到同年年底前出具分析报告。

4）对标实践、实施阶段。企业根据改进方案和实施进度计划，将改进企业指标的措施和对标指标目标值分解落实到每一层级的管理人员和员工身上，体现对标活动的全过程性和全面性。在对标实践过程中，要修订完善规章制度、强化能源计量器具配备、加强用能设备监测和管理，并根据对标工作的需要，落实节能技术改造措施。

5）指标评价阶段。通过能效对标方案的实施，在能效对标实践过程中产生了一些重大的节能创新技术和改造项目，要对这些创新技术和改造项目进行全面的分析评价，总结经验和教训，为持续改进对标指标奠定基础。

6）持续改进阶段。从某年年初起至今后几年，不断地深入和完善能效水平对标活动的计划，优化对标指标，滚动式地、更高层次地调整对标指标，使能效水平对标活动深入持久地开展下去。

(5) 工作要求

1）加强组织领导。各班组、办公室负责人要加强对能效对标工作的组织，及时向领导报送有关情况。引导企业把对标活动与建立能源管理体系紧密结合起来，全面提高企业的能源管理水平。

2）强化企业能效对标管理。企业要明确能效水平对标活动的组织机构和职责，制定对标阶段性目标，及时提出阶段性的改进要求；定期召开能效水平对标活动工作例会，通报工作进展情况，总结经验，分析问题，提出改进措施。

3）加快节能技术进步。企业要以开展能效对标活动为契机，围绕对标活动中发现的问题，加快节能技术创新和技术改造步伐，运用科技手段挖掘节能潜力，改进能源利用方式，提高能源利用效率。

4）提高服务水平。有关技术支撑机构要发挥专业技术和信息优势，加强能效对标方法、对标工具和最佳节能实践的研究，从管理和技术角度为企业提供节能降耗的努力方向和标准，及时为企业提供必要的对标活动信息服务。

(6) 能效对标分析工作改进措施

1）开展重点耗能企业能效对标活动，是引导重点耗能企业节能，促进企业在节能降耗中上水平、上台阶的重大举措，对推动百家、千家及万家企业节能行动的深入实施，明显提高企业的能源利用效率、经济效益和竞争力，缓解经济社会发展面临的能源约束和环境约束，确保实现节能目标，具有十分重要的意义。

2）企业能效对标工作的实施内容总体可概括为确定一个目标、建立两个数据库、建设三个体系。

① 确定一个目标，即企业能效对标活动的开展要紧紧围绕企业节能目标，全面开展能效对标工作，将企业节能目标落实到企业的各项能源管理工作中。

② 建立两个数据库，即建立指标数据库和最佳节能实践库。

③ 建设三个体系，一是建设能效对标指标体系、二是建立能效对标评价体系、三是建立能效对标管理控制体系。

3）企业能效对标工作的实施分为 6 个步骤或阶段，即现状分析阶段、选定标杆阶段、对标比较阶段、最佳实践阶段、指标评价阶段、持续改进阶段。企业应按照能效对标工作的实施内容，分阶段开展能效对标工作，明确各阶段的工作目标、主要工作任务和有关要求，确保对标工作循序渐进地进行；要求真务实，力戒形式主义，力求实效。

6.6.2 节能产品认证

1. 我国节能产品认证的现状

我国于 1998 年 11 月依据《中华人民共和国节约能源法》建立了中国节能产品认证制

度,成立了中国节能产品认证管理委员会和中国节能产品认证中心（China Certification Center for Energy Conservation Product,简称 CECP）,颁布了《中国节能产品认证管理办法》和节能产品认证标志,以及《中国节能产品认证管理委员会章程》作为节能产品认证制度实施的法律依据,正式启动了我国的节能产品认证工作。2002 年,依据国家认证认可监督管理条例的有关规定和业务发展需要,认证中心更名为中标认证中心。

认证企业产量占行业中产量的比例是衡量节能产品认证制度是否发挥市场导向作用,以及企业对节能认证制度认可程度的一个非常重要的指标。从 1999 年 4 月开始,第一个产品——家用电冰箱的节能认证至今,节能认证产品已涉及家用电器、照明器具、办公设备、机电产品、电力设备、建筑产品等 54 大类,605 家企业的一万多个产品获得了中国节能、节水产品认证证书。此外,节能产品认证还纳入了中国名牌产品、国家免检产品的评选加分条件之中。推行节能产品认证和"节"字标识,不仅能够引导和激励企业开发和生产更多优质的节能产品,提高市场竞争力,有效促进绿色消费,减少能源消耗对人类生存环境造成的不利影响,而且还能规范我国的节能产品市场,为消费者提供可靠的信息,保护消费者的利益。同时,中国节能产品认证标志也是我国开展政府采购的节能产品选购依据。

十年多来,节能产品认证的开展和推广工作取得了长足的发展。节能产品认证制度的实施,以及节能产品的推广和普及,为我国带来了良好的经济、环境和社会效益。自 1999 年开展认证至 2005 年的 6 年间,仅节能电冰箱产品一项就累计为全社会节约能源 11.7 亿 kW·h,节省能源费用支出 6.7 亿元。按世界银行提供的排放系数计算,减少二氧化碳排放 39.6 万 t 标准煤。节能产品认证也成为推动节能技术进步的源泉和动力。以家用电冰箱为例,在 1999 年 3 月实施节能产品认证以前,我国的家用电冰箱只有为数不多的几个型号能达到欧盟能效标识的 A 级（世界最优秀的家电产品能效水平）,到 2001 年底,达到欧盟 A 级能耗水平的节能认证产品已占获证产品总数的 25.58%。很多生产企业以节能评价指标为新产品的设计开发基准,普遍提高了我国家电产品的能效水平。此外,我国在节能产品认证方面还积极开展国际合作,进行国际节能产品认证标志的协调互认,这一做法将有利于打破国际贸易技术壁垒、帮助我国产品更好地进入国际市场。

2. 节能产品认证的概念和特点

《中国节能产品认证管理办法》规定：所谓节能产品,是指符合与该种产品有关的质量、安全等方面的标准要求,在社会使用中与同类产品或完成相同功能的产品相比,它的效率或能耗指标相当于国际先进水平或达到接近国际水平的国内先进水平。

根据国家标准《节能产品评价导则》（GB/T 15320—2001）规定,节能产品分为直接节能产品、间接节能产品、新能源和可再生能源节能产品三大类。直接节能产品指直接消耗能源来实现某种特定功能或完成服务的节能产品,如冰箱、空调、电动机、发动机、汽轮机、燃气轮机、工业锅炉、发电机、变压器、工业窑炉、风机、泵类、压缩机以及各类加热设备等。间接节能产品指在使用过程中自身不消耗能源或少消耗能源,但能促使运用该产品的系统或设施降低能耗的节能产品,如保温绝热材料、换热设备、余热锅炉、热泵、疏水阀、调速装置、远红外涂料、电力省电装置、能源监控有关的仪器仪表等。新能源和可再生能源节能产品指在完成相同功能条件下,能替代常规能源的新能源和可再生能源利用的节能产品,如太阳能、风能、潮汐能、地热能、核能及生物能利用装置等。

《中国节能产品认证管理办法》指出：节能产品认证（以下简称认证）,是指由用能产品的生产者、销售者提出申请,依据国家相关的标准和技术要求,按照节能产品质量认证规定和程序,经中国节能产品认证机构确认并通过颁布节能产品认证证书和节能标志,证明某一产品为节能产品的活动。节能产品认证工作接受国家质量技术监督局的监督和指导,认证的具体工作由中国节能产品认证中心负责组织实施。

中国节能产品认证机构由中国节能产品认证管理委员会和中国节能产品认证中心两部分组成。管理委员会由商务部、国家发展计划委员会科学技术部等有关部门和单位的领导和专家组成。CECP 是管理委员会领导下负责组织、管理和实施节能产品认证的第三方认证机构,行政挂靠于国家质量技术监督局中国标准研究中心。

从认证的实施过程来看,节能产品认证具有以下基本特点:

1)自愿性认证。《中华人民共和国节约能源法》第二十条指出:用能产品的生产者、销售者,可以根据自愿原则,按照国家有关节能产品认证的规定,向经国务院认证认可监督管理部门认可的从事节能产品认证的机构提出节能产品认证申请;经认证合格后,取得节能产品认证证书,可以在用能产品或者其包装物上使用节能产品认证标志。生产用能产品的单位和个人,不得使用伪造的节能产品认证标志或者冒用节能产品认证标志。按照《中国节能产品认证管理办法》的有关规定,我国节能产品认证实施的是自愿性产品认证。但政府采购的政策导向作用将自愿性节能产品认证工作在某种程度上变为强制性认证。

2)认证定位高端。节能产品认证的目的是引导节能技术进步,因此有别于自愿性的产品合格认证,针对的是高效节能产品市场,在确定认证依据时,是针对市场上 10%~20% 的高端产品来确定相应的认证标准的。换句话说,只有 10%~20% 的产品才能达到相应的节能产品认证要求,并不是所有的合格产品都能达到要求。并且,这部分产品主要来源于行业中少数的龙头骨干企业。

3)认证模式严格。中国节能产品认证采用国际上通行的"工厂条件检查+产品检验+认证后监督检查和检验"的认证模式,是认证模式中最为严格的一种形式。在工厂条件检查符合要求的情况下,中国节能产品认证中心将对申请认证的产品进行随机抽样,并委托指定的权威检验机构对产品的主要性能和产品的效率、能耗指标进行检验。中国节能产品认证中心按规定程序对检查和检验结果进行综合评定,符合要求者颁发认证证书并允许使用节能标志,并定期和不定期地对工厂条件和产品进行监督检查和检验。

4)认证标志醒目、寓意深刻。中国节能产品认证标志如图 6-10 所示,由"energy"的第一个字母"e"构成一个圆形图案,中间包含了一个变形的汉字"节",寓意为节能。缺口的外圆又构成"CHINA"的第一个字母"C","节"的上半部简化成一段古长城的形状,与下半部构成一个烽火台的图案一起象征着中国。"节"的下半部又是"能"的汉语拼音第一个字母"N"。整个图案中包含了中英文,以利于和国际接轨。整体图案为蓝色,象征着人类通过节能活动还天空和海洋于蓝色。该标志在使用中可根据产品尺寸按比例缩小或放大。

这是由中国节能产品认证中心(CECP)专门认证节能产品的标志,其认证范围是节能、节水和环保产品,现在已经受理家用电冰箱、微波炉、电热水器、电饭煲、水嘴、坐便器、电视机、电力省电装置等多种电器节能认

图 6-10 中国节能产品认证标志

证。中国节能产品认证是一种保证标识（标志），属于产品质量认证范畴，表示用能产品达到了规定的能效标准或技术要求，但并不能表示达到的程度，通常针对能效排在前 20% 左右的产品，类似于美国的能源之星。

从认证的依据来看，节能产品认证具有以下基本特点：

1) 节能产品认证有国家法律保障和政策的支持。《中华人民共和国节约能源法》《中华人民共和国清洁生产促进法》等有关节能法律、法规对节能产品认证做出了明确规定，为节能产品认证提供了有力的法律保障。2004 年 4 月，国务院下发了《国务院办公厅关于开展资源节约活动的通知》（国办发〔2004〕30 号文），就明确指示扩大节能产品认证范围、建立强制性能效标识制度、把好市场准入关作为一项具体措施来推进全社会的节能工作。2004 年 12 月，财政部、国家发展和改革委员会联合下发《节能产品政府采购实施意见》（财库〔2004〕185 号文），将节能产品认证列入了《节能产品政府采购清单》。另外，节能产品认证还纳入中国名牌产品、国家免检产品的评选条件。

2) 节能产品认证有国家能效标准作为技术依据。我国早在 1989 年就发布的第一批能效标准，即 GB/T 12021 系列标准，规定了产品的能效指标及节能限定值和测试方法，涉及家用电冰箱、电风扇、电视机等八类用能产品。国家对节能工作高度重视，能效指标从产品标准当中分离出来，建立起与实施《中华人民共和国节约能源法》相配套的独立的能效标准体系，能效标准将作为国家强制性标准予以发布和实施。能效标准规定了产品的能效指标、限定值、节能产品认证评价值及检测方法。

随着我国家用电器节电技术水平的提高，1989 年版的标准正在逐一进行修订。1999 年原国家质量技术监督局批准发布了 GB 12021.2—1999《家用电冰箱能耗限定值及节能评价值》（已作废）第一个强制性能效标准，节能产品认证拉开序幕，以后又陆续发布了房间空气调节器等 9 项国家能效标准，这些标准是开展国家节能产品认证工作的主要技术依据。

对于国家尚未出台能效标准，但产品量大面广、节能潜力大、急需开展节能产品认证工作的产品，由中国节能产品认证管理委员会牵头组织全国技术专家、学者及制造商等相关方，共同制定认证技术要求，确定该产品的能标指标及节能评价值。目前，管委会已发布了十余项认证技术要求，基本满足了国家对节能产品认证工作的需求。

3) 节能产品认证是以产品能效指标/效率为核心的特色认证。节能产品认证作为第三方产品质量认证的一种，目前采用"工厂质量保证能力+产品实物质量检验+获证后监督"的认证模式。有效地开展工厂质量保证能力的审查、充分体现节能产品认证的特点，是科学实施节能产品认证制度的关键所在。以产品能耗指标/效率为核心，以开发/设计、采购、生产和进货检验、过程检验、最终检验为两条基本审查路线，突出关键/特殊生产过程和关键检验环节，对影响产品能耗指标/效率的关键零部件和材料的一致性进行现场确认，是当前节能产品认证审查的基本原则。

3. 节能产品认证的基本条件和程序

我国目前对于节能产品的认证采用了国际上最严格的认证模式，不仅要对产品进行测试，更要通过对生产该产品的生产企业进行现场检查，确定其具备相适应的生产能力、质量管理能力、产品检测手段和能力，更重要的是每年都要对上述两方面进行检查，从而保证生产企业能始终生产符合节能要求的产品，也保证了消费者选择节能产品时应该享受到的好处。目前，国家认监委已经批准了一些认证机构从事节能产品的自愿认证工作，如中标认证中心、中国质量认证中心，认证技术规范采用的是国家标准的相关要求和补充技术要求。根据《中国节能产品认证管理办法》的相关规定，中华人民共和国境内企业和境外企业及其代理商（以下简称企业）均可向中国节能产品认证管理委员会（以下简称管理委员会）自愿申请节能产品认证。

按照《中国节能产品认证管理办法》的有关规定，申请节能产品认证的基本条件如下：

1）中华人民共和国境内企业应持有工商行政主管部门颁发的《企业法人营业执照》，境外企业应持有有关机构的登记注册证明。

2）生产企业的质量体系符合国家质量管理和质量保证标准及补充要求，或者外国申请人所在国等同采用 ISO9000 系列标准及补充要求。

3）产品属国家颁布的可开展节能产品认证的产品目录范围。

4）产品符合国家颁布的节能产品认证用标准或技术要求。

5）产品应注册（具有生产许可证），质量稳定，能正常批量生产，有足够的供货能力，具备售前、售后的优良服务，可保证供应备品备件，并能提供相应的证明材料。

节能产品认证实施流程包括申请、受理、工厂条件检查、产品抽样检验、评定与注册、年度监督检查和检验等。中标认证中心（CECP）按以下步骤展开认证：

1）申请。申请节能产品认证的国内企业，应按管理委员会确定的认证范围和产品目录提出书面申请，按规定格式填写"节能产品认证申请书"，并按程序将申请书和需要的有关资料提交给认证中心；境外企业或代理商均可向管理委员会或认证中心申请，其申请书及材料应有中英文对照。有关材料包括：

① 营业执照副本或登记注册证明文件的复印件（如申请方与受审核方不同，亦应提供申请方的证明材料）。

② 产品注册商标证明。

③ 产品生产许可证复印件（有要求时）。

④ 产品质量稳定并具备批量生产能力的证明材料（如批量生产鉴定材料）。

⑤ 产品标准（指产品明示标准，如执行国家标准则不必提供）。

⑥ 产品电工安全认证证书复印件或安全检验报告（列入国家安全认证强制监督管理的产品目录）。

⑦ 产品性能检验报告以及受控关键零部件性能检验报告。

⑧ 制造厂质量手册。

同时可提交下列资料以供参考：质量体系认证证书复印件（若已获得认证）、产品质量认证证书复印件（若已获得认证）、实验室认可情况资料。

2）受理。申请方提交的申请书和相关材料齐备后，认证中心将于 10 个工作日内完成对申请书及相关材料的审查工作，对符合要求的发出"受理节能产品认证申请通知书"，给予认证项目编号。对申请书和相关材料尚不充分的，认证中心将与申请方联系，通知其在规定的 30 天内补充有关材料或进行相应整改，必要时发出"申请材料补充通知书"，直至申请书和相关材料符合要求为止。若申请方未能按要求在 30 天内补充/完善所需的材料并未作任何解释和说明，则认为申请方撤销本次申请。对不符合节能产品认证申请条件和要求的，认证中心向申请方发出"不受理节能产品认证申请通知书"并说明理由。

随同"受理节能产品认证申请通知书"，认证中心还将发出"节能产品认证合同书"

第6章 能源管理方法与节能新机制

（一式两份），确定认证范围（产品名称、受审核方/制造厂、产品商标）、工厂审核及产品抽样完成日期、认证付费要求和时机、双方责任和义务等内容，同时通知企业认证费用预算。如申请方对合同内容及认证费用预算无异议，应在认证中心实施工厂审核前完成认证合同书的签订工作。合同书有效期为4年，如果认证范围（包括认证产品类型、制造厂等）没有变更，每次扩大认证时不再另签合同书。

3）工厂条件检查。认证中心组织检查组，按程序对申请企业的质量体系进行现场检查。检查组应在规定时间内提交"企业质量体系审核报告"。现场质量体系审核实施包括：审核组按照"审核计划"，依据《质量体系生产、安装和服务的质量保证模式》（GB/T 19002—1994）、《节能产品认证质量体系要求》（CCEC/T 03—2000）及申请方提交的质量体系文件，对受审核方进行现场质量体系审核。质量体系审核的程序和要求与第三方质量体系认证审核相同，审核的基本原则是：以产品能耗指标/效率为核心、以开发/设计—采购—生产和进货检验—过程检验—最终检验为两条基本审核路线、突出关键/特殊生产过程和关键检验环节、对影响产品能耗指标/效率的关键零部件和材料进行现场确认、对受审核方的试验室条件以及资源配置情况进行现场确认。现场审核中，如发现不合格项，由审核组提出"不合格报告"，企业应在规定的期限内进行整改（一般为一个月，最长不超过三个月）并提交"纠正措施报告"及证明材料。审核组长负责对"纠正措施报告"及证明材料进行验证确认，必要时，可对重点问题进行现场验证。现场审核中，如发现严重不合格项，审核组可做出终止审核的决定。提交"终止现场审核通知单"。受审核方可在半年内提出复审申请。

4）产品抽样检验。对需要进行检验的产品，由认证中心指定的人员（或委托的检验机构）负责对申请认证的产品进行随机抽样和封样，由企业将封存的产品送指定的认证检验机构进行检验。必须在现场检验时，由检验机构派人到现场检验。例如，由CECP检验机构协调部依据《节能产品认证技术要求》及企业申报情况，确定具体抽样范围和数量，与企业协商确定后，发出"产品抽样通知书"；由检验机构协调部指定审核组或其他工作人员负责抽样、封样，并在"抽样单"上盖章签字，由申请方负责将样品送达CECP指定的检验机构。检验机构向CECP出具两份产品检验报告，CECP负责将其中一份报告转交给申请方。

5）评定与注册。认证中心将企业申请材料、质量体系审核报告、产品检验报告等进行汇总整理，然后提交给由中心成员、相关专家工作组的专家和管理委员会部分委员组成的认证评定组，评定组撰写综合评审意见，并报中心主任审批。中心主任批准认证合格的产品，颁发认证证书，并准许使用节能标志。认证中心负责将通过认证的产品及其生产企业名单报送商务部和国家质检总局备案，并向社会发布公告、进行宣传。对未通过认证的产品，由认证中心向企业发出认证不合格通知书，说明不合格原因。

4. 节能产品认证证书与节能标志管理

根据《中国节能产品认证管理办法》的相关规定，通过认证的企业，需要在公告发布后两个月内，到认证中心签订节能标志使用合同，领取认证证书。认证证书由国家质检总局、认证认可管理委员会印制并统一编号。认证证书和节能标志的使用有效期为4年。有效期满时，愿意继续认证的企业应在有效期满前3个月重新提出认证申请，由认证中心按照认证程序进行认证，并可区别情况简化部分评审内容。不重新认证的企业不得继续使用认证证书和节能标志，或向认证中心申请注销认证证书。通过认证的企业，允许在认证的产品、包装、说明书、合格证及广告宣传中使用节能标志。未参与认证或没有通过认证的企业的分厂、联营厂和附属厂均不得使用认证证书和节能标志。

应注意的是，不得将某一产品的认证证书作为整个甲方获得某种认证的证明，并加以宣传，从而产生误导作用；可在获证产品外观、产品铭牌、产品包装、产品说明书、出厂合格证等上使用节能标志；可在工程投标、产品销售过程中，向顾客出示节能产品认证证书；不得在非认证产品上使用节能标志。

为保证节能产品认证证书和节能标志的正确使用，维护认证证书和节能标志的权威性、认证企业的利益以及消费者的合法权益，依据《节能产品认证证书和节能标志使用管理办法》，在认证证书有效期内，CECP 每年至少对获证企业进行一次年度监督检查，并对认证证书的有效性进行确认。CECP 依据监督检查和有效性确认的结果，对企业认证证书的使用做出维持、更换、暂停、恢复、撤销或注销的决定，并对撤销或注销认证证书的申请方及其产品予以公布。对年度监督检查合格的获证企业，CECP 将做出维持认证的决定，向企业发出"维持使用认证证书和节能标志通知书"。

特殊情况下（如认证产品出现严重质量问题、顾客投诉等），CECP 有权增加监督检查的频次。在认证证书有效期内，出现下列情况之一时，认证证书持有者应当重新换证：

1）使用新的商标名称。
2）认证证书持有者变更。
3）产品型号、规格变更，经确认仍能满足有关标准和技术要求。

若出现上述情况，认证证书持有者应及时向 CECP 提出换证申请，换发新证书，并收回原证书。若不再进行换证，认证证书持有者可直接提出注销认证证书申请。对未作任何申请而继续使用认证证书和节能标志的，情节严重者，CECP 可做出撤销认证证书的处理，并责令其停止使用节能标志。

此外，出现下列情况之一时，由 CECP 责令认证证书持有者暂停使用认证证书和节能标志，并向企业发出"暂停使用认证证书和节能标志通知书"：

1）监督检查时，发现通过认证的产品及其生产现状不符合认证要求。
2）通过认证的产品在销售和使用过程中达不到认证时所规定的要求。
3）用户和消费者对通过认证的产品提出严重质量问题，并经查实的。
4）认证证书或节能标志的使用不符合规定要求。

认证证书持有者接到暂停使用认证证书和节能标志的通知后应立即执行，在规定时间内采取整改措施。整改措施和方案应报 CECP 办公室，整改完成后向 CECP 办公室及时报送整改结果，同时提出审核或检验申请，CECP 根据情况派员审核或检验。符合要求后，由 CECP 办公室发出"恢复使用认证证书和节能标志通知书"，其间发生的审核费和检验费由企业承担。

出现下列情况之一时，由 CECP 撤销认证证书，责令停止使用节能标志，并向企业发出"撤销认证证书和停止使用节能标志通知书"：

1）经监督检查判定为不合格产品且整改期满后仍不能达到认证要求的。
2）通过认证的产品质量严重下降，或出现重大质量问题，且造成严重后果的。
3）转让认证证书、节能标志或违反有关规定、损害节能标志的信誉。

4) 拒绝按规定缴纳年金。

5) 没有正当理由而拒绝监督检查。

被撤销认证证书的企业,自接到通知之日起一年后,CECP方可受理其节能产品认证申请。

出现下列情况之一时,由CECP注销认证证书,责令停止使用节能标志,并向企业发出"注销认证证书和停止使用节能标志通知书":

1) 由于认证用标准或技术要求的内容发生较大变化,证书持有者认为达不到变化后的要求,不再申请节能产品认证。

2) 在认证证书有效期届满时,证书持有者不再向CECP提出重新认证的申请。

3) 认证证书持有者不再生产获证产品,提出注销申请。

当节能产品认证证书被暂停、撤销或注销后,企业应立即停止涉及认证内容的有关宣传,停止使用节能标志。在认证证书被撤销或注销的情况下,还应按CECP的要求交回有关的认证文件(包括认证证书)。

5. 我国节能产品认证面临的机遇与挑战

从国际形势来看,节能产品认证存在以下发展趋势:

1) 节能产品认证正逐步成为国际贸易中的绿色壁垒。目前,美国、欧盟各国、澳大利亚以及日本等经济发达国家都在本国建立和实施了节能产品认证和(或)能效标识制度,其目的不仅在于引导消费者选择高能效产品,而且在于保护国内的高能效产品。例如,如果我国的家电产品要进入澳大利亚市场,首先必须申请注册澳大利亚的能效标识。所以,能效标识已成为一种国际贸易的绿色壁垒,我们应该高度重视。跟踪了解国外节能产品认证的进展,提出并实施相应的对策措施,是我国加入WTO后保护国内产业发展应采取的一个重要手段。

2) 国际产品认证标志的协调互认是产品认证发展的国际大趋势。目前,国际上已经出现了专门为统一各国产品标准、实现产品认证协调互认的组织机构。国际产品认证标志之间的协调互认,可以提高产品认证机构的总体技术水平,促进国际交流与合作,有利于产品进入国际市场。

3) 目前,世界各国越来越重视节能认证在规范市场、促进节能产品市场转型中所发挥的作用。从节能产品认证工作本身来看,尽管我国节能产品认证工作取得了较快的发展,但节能认证产品的种类还比较少,节能认证企业的数量也不太多,还不能在社会上形成规模优势。节能产品认证标志的知名度还有待提高。

从生产流通领域来看,销售人员普遍缺乏节能认证产品的相关知识,销售现场也缺乏供销售人员、消费者参考的宣传资料,节能认证信息不能及时准确地传递给消费者,不利于节能认证产品的推广,现场营销宣传体系、销售人员的培训网络等都应尽快建立和完善。

为此,一方面要采取切实可行的战略措施迎接各种挑战,促进我国节能产品认证工作的快速健康发展,充分发挥节能产品认证在促进市场转型中的作用;另一方面要加强国际协调互认的研究工作,在进一步巩固和扩大前期研究成果的基础上,充分利用与国外一些同类节能产品认证机构之间已经建立起来的良好合作关系,进一步探讨研究中国节能产品认证标志与其他国际同类标志之间协调互认的可能性,消除国际贸易中的绿色壁垒,为我国产品更好地进入国际市场创造条件。

6.6.3 电力需求侧管理

1. 电力需求侧管理的发展现状

电力需求侧管理的英文是 Power Demand Side Management,缩写为 PDSM。电力需求侧管理是对用电一方实施的管理,这种管理是国家通过政策措施引导用户高峰时少用电,低谷时多用电,是提高供电效率、优化用电方式的一种办法。这样可以在完成同样用电功能的情况下减少电量消耗和电力需求,从而缓解缺电压力,降低供电成本和用电成本,使供电和用电双方都得到实惠,达到节约能源和保护环境的长远目的。从我国近年来的电力持续负荷统计来看,全国 95%以上的高峰负荷年累计持续时间只有几十个小时,采用增加调峰发电装机的方法来满足这部分高峰负荷很不经济。如果采用需求侧管理的方法削减这部分高峰负荷,则可以缓解电力供需紧张的压力。

电力需求侧管理于 20 世纪 90 年代初传入我国。在政府的倡导下,电力公司及电力用户做了大量工作。例如,采用拉大峰谷电价、实行可中断负荷电价等措施,引导用户调整生产运行方式,采用冰蓄冷空调、蓄热式电锅炉等。同时,还采取一些激励政策及措施,推广节能灯、变频调速电动机及水泵、高效变压器等节能设备。

电力需求侧管理是通过优化用电方式,移峰填谷,提高终端用电效率和发、供电效率,达到科学用电、合理用电、均衡用电和节约用电的目的。它是实现科学发展的新理念和新的管理模式,是建设资源节约型社会的战略之举和系统工程,是节约能源和保护环境的客观要求。电力需求侧管理是一项促进电力工业与环境、经济、社会协调发展的系统工程,是合理配置能源资源、节省能源、缓解电力供需紧张形势的有效手段,是牢固树立和认真实践科学发展观的重要内容,是能源发展的长远大计。

国内外经验都充分说明,电源建设与需求侧管理同等重要。如果说电源建设是第一资源的话,那么需求侧管理就是在开发第二资源,而且潜力很大。因此,加强需求侧管理有利于节约能源和保护环境,有利于引导全社会科学用电。在全面建设小康社会的进程中,应坚持节约与开发并重、电源建设与需求侧管理并举,应当把全面加强电力需求侧管理放在首位。

展望未来,电力需求侧的前景广阔。据测算,到 2020 年,全国通过实施 PDSM 可节省 1 亿 kW 的装机,超过 5 个三峡的装机容量,可节省 8000 亿到 1 万亿元的投资,年节约用电量为 2200 亿 kW·h,将极大地缓解国民经济和社会发展对资源与环境的压力。到 2020 年,河北省通过实施 PDSM 可节省 500 万 kW 的装机,可节约 400 亿元电力投资,年节约用电量可达 110 亿 kW·h,节煤 450 万 t,减排二氧化碳 1000 万 t,将为全省经济、社会与环境的协调发展做出重大贡献。随着航天技术的不断发展,人类开发利用太空能源的梦想一定会变成现实,PDSM 也将为人类的生存和发展做出更大的贡献。

2. 电力需求侧管理相关要求

(1) 定义　电力需求侧管理是指在政府法规和政策的支持下,采取有效的激励和引导措施以及适宜的运作方式,通过发电公司、电网公司、能源服务公司、社会中介组织、产品供应商、电力用户等的共同努力,提高终端用电效率并改变用电方式,在满足同样用电功能的同时减少电量消耗和电力需求,达到节约资源和保护环境的目标,实现社会效益最好、各方受益最大、能源服务成本最低所进行的管理活动。

(2) 目标　PDSM 的目标主要集中在电力和电量的改变上,一方面,采取措施降低电网的峰荷时段的电力需求或增加电网的低谷时段的电力需求，以较少的新增装机容量达到系统的电力供需平衡；另一方面，采取措施节省或增加电力系统的发电量，在满足同样的能源服务的同时节约了社会总资源的耗费。从经济学的角度看，PDSM 的目标就是将有限的电力资源最有效地加以利用，使社会效益最大化。在 PDSM 的规划实施过程中，不同地区的电网公司还有一些具体目标，如供电总成本最小、购电费用最小等。

（3）对象　PDSM 的对象主要指电力用户的终端用能设备，以及与用电环境条件有关的设施。具体包括以下六个方面：

1）用户终端的主要用电设备，如照明系统、空调系统、电动机系统、电热设备、电化学设备、冷藏设备等。

2）可与电能相互替代的用能设备，如以燃气、燃油、燃煤、太阳能、沼气等作为动力的替代设备。

3）与电能利用有关的余热回收设备，如热泵、热管、余热和余压发电设备等。

4）与用电有关的蓄能设备，如蒸汽蓄热器、热水蓄热器、电动汽车蓄电池等。

5）自备发电厂，如自备背压式、抽汽式热电厂，以及燃气轮机电厂、柴油机电厂等。

6）与用电有关的环境设施，如建筑物的保温、自然采光和自然采暖及遮阳等。

用电的领域极为广阔，用电的工艺多种多样，在确定具体的管理对象时，一定要精心选择。尤其是节能项目，一般要求投产快，要逐年连续实施，一定要有可采用的先进技术和设备作为实施需求侧管理措施必要的技术条件。

（4）资源　PDSM 的资源主要指终端用电设备节约的电量和节约的高峰电力需求。具体包括：

1）提高照明系统、空调系统、电动机系统及电热、冷藏、电化学等设备的用电效率所节约的电力和电量。

2）蓄冷、蓄热、蓄电等改变用电方式所转移的电力。

3）能源替代、余能回收所减少和节约的电力和电量。

4）合同约定可中断负荷所转移或节约的电力和电量。

5）建筑物保温等改善用电环境所节约的电力和电量。

6）用户改变消费行为减少或转移用电所节约的电力和电量。

7）自备电厂参与调度后电网减供的电力和电量。

用户通过改造现有设备或改变用电习惯所获得的资源称为可改造的资源。而用户新购买的设备如果仍然是低效或普通效率的设备，这样新增加的可改造的资源称为可能丧失的资源。需求侧管理要注重可改造的资源的挖掘，更重视可能丧失的资源的流失。

（5）特点　PDSM 具有如下特点：

1）PDSM 适合市场经济运作机制，主要应用于终端用电领域。它遵守法制原则，鼓励资源竞争，讲求成本效益，提倡经济、优质、高效的能源服务，最终目的是建立一个以市场驱动为主的能效市场。

2）节能节电具有量大面广和极度分散的特点，只有多方参与的社会行动，才能聚沙成塔、汇流成川；它的个案效益有限，而规模效益显著，且一方节能便可多方受益。节能节电是一种具有公益性的社会行为，需要发挥政府的主导作用，创造一个有利于 PDSM 实施的环境。

3) PDSM立足于长效和长远社会可持续发展的目标。要高度重视能效管理体制和节电运作机制的建设，并制订支持它们可操作的法规和政策，适度地干预能效市场，克服市场障碍，切实把节能落实到终端，转化为节电资源，才能起到需求侧资源替代供应侧资源的作用。

4) 用户是节能节电的主要贡献者。要采取约束机制和激励机制相结合、以鼓励为主的节能节电政策，在节电又省钱的基础上引导用户自愿参与PDSM。要让用户明白，PDSM与传统的节能管理不同，提高用电效率不等于抑制用电需求，节电不等于限电，能源服务不等于能源管制，让用户克服参与PDSM的心理障碍，激发电力用户参与PDSM活动的主动性和积极性，才能使节能节电走向日常运作的轨道。

(6) 内容　PDSM的内容可概括为以下几个方面：

1) 提高能效。通过一系列措施鼓励用户使用高效用电设备，并以此替代低效用电设备，改变用电习惯，在获得同样用电效果的情况下减少电力需求和电量消耗。

2) 负荷管理。负荷管理又称为负荷整形，是通过技术和经济措施激励用户调整其负荷曲线形状，有效地降低电力峰荷需求或增加电力低谷需求，提高了电力系统的供电负荷率，从而提高了供电企业的生产效益和供电可靠性。

3) 能源替代及余能回收。在成本效益分析的基础上，如果用户的设备采取其他的能源形式比使用电能时效益更好，则更换或新购使用其他能源形式的设备，这样减少使用的电力和电能也可看作需求侧管理的重要内容。用户通过余能回收来发电，就可以减少从电力系统取用的电力和电量。

4) 分布式电源。用户出于可靠、经济和因地制宜等因素考虑，装有各种自备电源，如电池储能逆变不间断电源（UPS）、柴油发电机、太阳能发电系统、风力发电系统、联合循环发电系统、自备热电站等。将用户自备电源直接或间接地纳入电力系统的统一调度，也可达到减少系统的电力和电量的目的。

5) 新用电服务项目。电力公司为提高能源利用效率而开展的一些宣传、咨询活动，如能源审计、节电咨询、宣传、教育等。

根据不同地区的特点，需求侧管理的工作重点可以不同。在新建电厂造价昂贵、峰期供电紧张、负荷峰谷差较大的地区，通常把节约电力置于首要地位；在发电燃料比较昂贵、环境约束比较苛刻的地区，更重视节约电量。

3. 电力需求侧管理的实施手段

为了完成综合资源规划，实施电力需求侧管理，必须采取多种手段。这些手段以先进的技术设备为基础，以经济效益为中心，以法制为保障，以政策为先导，采用市场经济运作方式，讲求贡献和效益。概括起来主要有技术手段、经济手段、引导手段和行政手段四种。

(1) 技术手段　技术手段是针对具体的管理对象，以及生产工艺和生活习惯的用电特点，采用当前技术成熟的先进节电技术和管理技术及其相适应的设备，来提高终端用电效率或改变用电方式。提高终端用电效率和改变用户用电方式所采取的技术手段各不相同。

1) 提高终端用电效率。用户通过采用先进节能技术和高效设备来提高终端用电效率，主要包括：

① 高效照明系统。选择高效节能照明器具替代传统低效的照明器具，使用先进的控制技术，以提高照明用电效率和照明质量。

② 电动机系统。电动机系统包括调速（或调压）控制传动装置—电动机—被拖动机械（泵、风机和空压机等机械）三大部分。电动机与被驱动设备可以很好地匹配，使其运行在负载的高效区域，同时，采用高效拖动机械，应用各种调速技术等都可实现电动机系统的节电运行。

③ 高效变压器及其配电系统。S11系列油浸变压器、SC10系列干式变压器，以及非晶合金配电变压器都是目前推广的高效变压器。

④ 高效电加热技术，包括远红外加热，微波加热，中、高频感应加热等技术。

⑤ 高效节能家用电器，包括高效家用空调器、变频空调器、节能型电冰箱、节能型电热水器、热泵热水器、节能型洗衣机、高效电炊具等。

2) 改变用户用电方式，其技术手段主要包括：

① 直接负荷控制。直接负荷控制是在电网峰荷时段，系统调度人员通过负荷控制装置控制用户终端用电的一种方法。直接负荷控制多用于工业的用电控制，以停电损失最小为原则进行排序控制。

② 时间控制器和需求限制器。利用时间控制器和需求限制器等自控装置实现负荷的间歇和循环控制，是对电网错峰比较理想的控制方式。

③ 低谷和季节性用电设备。增添低谷用电设备。在夏季尖峰的电网，可适当增加冬季用电设备，在冬季尖峰的电网，可适当增加夏季用电设备。在日负荷低谷时段，投入电气锅炉或蓄热装置采用电气保温，在冬季后夜可投入电暖气或电气采暖空调等进行填谷。

④ 蓄能装置。在电网日负荷低谷时段投入电气蓄能装置进行填谷，如电气蓄热器、电动汽车蓄电池和各种可随机安排的充电装置等。

⑤ 蓄冷蓄热装置。采用蓄冷蓄热技术是移峰填谷最为有效的手段，在电网负荷低谷时段通过蓄冷蓄热将能量储存起来，在负荷高峰时段释放出来转换利用，达到移峰填谷的目的。

（2）经济手段 PDSM的经济手段是指各种电价、直接经济激励和需求侧竞价等措施，通过这些措施刺激和鼓励用户改变消费行为和用电方式，安装并使用高效设备，减少电量消耗和电力需求。电价是由供应侧制定的，属于控制性经济手段，用户被动响应；直接经济激励和需求侧竞价属于激励性经济手段，需求侧竞价加入了竞争，用户主动响应，积极利用这些措施的用户在为社会做出增益贡献的同时，也降低了自己的生产成本，甚至获得了一些效益。

1) 各种电价结构。电价是一种影响面大、敏感性强、很有效且便于操作的经济激励手段，但它的制定程序比较复杂，调整难度较大，主要是需要制定一个适合市场机制的合理的电价制度，使它既能激发电网公司实施需求侧管理的积极性，又能激励用户主动参与需求侧管理活动。国内外实施通行的电价结构有容量电价、峰谷电价、分时电价、季节性电价、可中断负荷电价等。

2) 直接激励措施。具体措施如下：

① 折让鼓励。给予购置特定高效节电产品的用户、推销商或生产商适当比例的折让，注重发挥推销商参与节电活动的特殊作用，以吸引更多的用户参与需求侧管理活动，并促使制造厂家推出更好的新型节电产品。

② 借贷优惠鼓励。借贷优惠鼓励是非常通行的一个市场工具，它是向购置高效节电设

备的用户，尤其是初始投资较高的那些用户提供低息或零息贷款，以减少他们参加需求侧管理项目在资金短缺方面存在的障碍。

③ 节电设备租赁鼓励。节电设备租赁鼓励是把节电设备租借给用户，以节电效益逐步偿还租金的办法来鼓励用户节电。

④ 节电奖励。节电奖励是对第二、三产业用户提出的准备实施或已经实施且行之有效的优秀节电方案给予"用户节电奖励"，借以树立节电榜样，从而激发更多用户提高用电效率的热情。节电奖励是在对多个节电竞选方案进行可行性和实施效果的审计和评估后确定的。

3）需求侧竞价。需求侧竞价是在电力市场环境下出现的一种竞争性更强的激励性措施。用户采取措施获得的可减电力和电量在电力交易所采用招标、拍卖、期货等市场交易手段卖出"负瓦数"，获得一定的经济回报，并保证了电力市场运营的高效性和电力系统运行的稳定性。

（3）引导手段　引导是对用户进行消费引导的一种有效的、不可缺少的市场手段。相同的经济激励和同样的收益，用户可能出现不同的反应，关键在于引导。通过引导使用户愿意接受PDSM的措施，知道如何用最少的资金获得最大的节能效果，更重要的是在使用电能的全过程中自觉挖掘节能的潜力。

主要的引导手段有节能知识宣传、信息发布、免费能源审计、技术推广示范、政府示范等。主要的方式有两种，一种是利用各种媒介把信息传递给用户，如电视、广播、报刊、展览、广告、画册、读物、信箱等；另一种是与用户直接接触提供各种能源服务，如培训、研讨、诊断、审计等。经验证明，引导手段的时效长、成本低、活力强。关键是选准引导方向和建立起引导信誉。

（4）行政手段　需求侧管理的行政手段是指政府及其有关职能部门，通过法律、标准、政策、制度等规范电力消费和市场行为，推动节能增效、避免浪费、保护环境的管理活动。

政府运用行政手段进行宏观调控，保障市场健康运转，具有权威性、指导性和强制性。例如，将综合资源规划和需求侧管理纳入国家能源战略，出台行政法规，制订经济政策，推行能效标准标识及合同能源管理、清洁发展机制，激励和扶持节能技术，建立有效的能效管理组织体系等，均是有效的行政手段。调整企业作息时间和休息日是一种简单有效的调节用电高峰的办法，应在不牺牲人们生活舒适度的情况下谨慎、优化地使用这一手段。

4. PDSM规划及实施的流程框架

本规划流程以电网公司作为PDSM的实施主体，规划实施的流程如下。

第一步，确定电网公司PDSM规划的目标。其参考依据是：①电网公司的外部运行环境；②用户的要求和利益；③电网公司自身的总体特性和供电服务任务。

根据电网公司的自身特点及政府的要求，在满足电力用户的供电质量要求下，确定PDSM的规划目标。目标主要包括规划期节约的电力和电量、节约的电力运营费和电力设施建设费。

第二步，情景分析。在数据收集、文献调查及专家咨询的基础上，就电网公司拟定的PDSM规划组合方案所面临的形势进行情景分析，主要涉及：①影响成本效益的外部关键因素以及PDSM方案的可能影响，其中法规是重要因素，关系到PDSM规划的费用是否计入成本，成本回收机制以及激励政策等；②与设计PDSM规划相关的内部因素；③影响规划成败的关键因素;④现状分析,包括已规划及已实施的 PDSM 的经验总结;⑤其他电网公司实施的 PDSM 项目的效果评估;⑥初步确定 PDSM 方案组合。

第三步,方案评选。根据情景分析、电网公司的 PDSM 目标和已有的准则,将可选的 PDSM 方案排出优先序列,以便筛选。

第四步,对评选出的优先者给予详细的分析,包括如下方面:①确定方案的主要内容;②市场划分,明确关键的市场目标;③有关的最终用途及技术方案评估;④估计市场潜力和市场渗透率;⑤成本、效益及影响评价;⑥制定市场实施策略。

这些分析过程所需要的资料则取自内部及外部信息资源,例如市场调查、电价设计、负荷调查、竞争分析、盈利性分析、效益/成本分析等。详细分析的目的在于论证哪个方案最具吸引力。

第五步,实施及监督。制定实施方案,根据最优方案进行现场实施,并跟踪监督和效果评估。根据实施效果调整电网公司的 PDSM 目标,重新进行有关项目组合和实施规模的调整。

以上 PDSM 规划与实施流程框架既可用于个别的 PDSM 方案分析,也适用于成套 PDSM 规划。

6.6.4 碳交易及其管理

1. 碳交易产生的背景

联合国政府间气候变化专门委员会通过艰难谈判,于 1992 年 5 月 9 日通过《联合国气候变化框架公约》(简称《公约》),要求发达国家限制温室气体的排放,并向发展中国家提供资金和技术援助。1997 年 12 月,第 3 次框架公约缔约方大会在日本京都通过了《公约》的第一个附加协议,即《京都议定书》(简称《议定书》),规定从 2008 年到 2012 年期间,主要工业发达国家要将二氧化碳等 6 种温室气体排放量在 1990 年的基础上平均减少 5.2%,而发展中国家在 2012 年以前不需要承担减排义务。同时,根据《议定书》建立的清洁发展机制(CDM),发达国家如果完不成减排任务,可以在发展中国家实施减排项目或购买温室气体排放量,获取"经证明的减少排放量"作为自己的减排量。《议定书》把市场机制作为解决二氧化碳等温室气体减排问题的新路径,即把二氧化碳排放权作为一种商品,从而形成了二氧化碳排放权的交易,简称碳交易。

2011 年 10 月,国家发改委印发《关于开展碳排放权交易试点工作的通知》,批准北京、上海、天津、重庆、湖北、广东和深圳七省市开展碳交易试点工作。此后,在国家发改委的指导和支持下,深圳积极推动碳交易相关研究和实践,努力探索建立适应中国国情且具有深圳特色的碳排放权交易机制,先后完成了制度设计、数据核查、配额分配、机构建设等工作。2013 年 6 月 18 日,深圳碳排放权交易市场在全国七家试点省市中率先启动交易,深圳在运用市场机制实现低碳发展方面担负起探路者的角色。

碳减排是大势所趋,可持续发展是人们的共同愿望,但是工业化、城市化进程加剧了全球气候的恶化,温室气体的大量排放造成全球气候变暖,主要原因是人类在自身发展过程中对能源的过度使用和对自然资源的过度开发,造成大气中温室气体的浓度以极快的速度增长。主要的温室气体包括二氧化碳、甲烷、氧化亚氮(N_2O)、氢氟碳化物、全氟化碳和六氟化硫六类,其中二氧化碳对温室效应的贡献达 60%,因此控制碳排放已成为全世界的共识。目前，西方发达国家利用市场机制减少碳排放，把企业的外部成本内在化。我国正在学习这些经验，以促使企业进行碳减排，因此，建立符合我国国情的碳交易市场势在必行。

发达国家通过征收碳关税以促使我国进行碳减排。碳关税是指主权国家或地区对高耗能产品进口征收的二氧化碳排放特别关税。西方发达国家认为，本国实施强制性的温室气体减排政策，而发展中国家没有这样的义务，这样一来，必然会增加本国企业的生产成本，进而影响相关产业的国际竞争力。因此，发达国家通过征收碳关税，可以促进"公平贸易"，并对于少数发达国家提出要征收碳关税，包括我国在内的许多发展中国家明确表示反对。这是因为征收碳关税实际上违反了国际社会在过去达成的有关减少碳排放的基本原则，也违背了WTO的基本原则，尤其是有损于广大发展中国家的利益。但是从长远来看，碳减排是必然的。建设我国碳交易市场可加快淘汰高能耗、高污染的落后产能，减少高碳产品受碳关税和碳税的冲击。

2. 碳交易的原理及本质

碳交易的基本原理是，合同的一方通过支付另一方获得温室气体减排额，买方可以将购得的减排额用于减缓温室效应从而实现其减排的目标。在6种被要求减排的温室气体中，二氧化碳（CO_2）为最大宗，其他5种温室气体最终也是以二氧化碳排放当量来计算的，所以这种交易以每吨二氧化碳当量（tCO_2e）为计算单位，通称为"碳交易"。其交易市场称为碳市场（Carbon Market）。在碳市场的构成要素中，规则是最初的、也是最重要的核心要素。有些规则具有强制性，如《议定书》便是碳市场的最重要强制性规则之一，《议定书》规定了《公约》附件一国家（发达国家和经济转型国家）的量化减排指标；当然，也有一些规则是自愿性的，没有国际、国家政策或法律强制约束，由区域、企业或个人自愿发起，以履行环保责任。2005年《议定书》正式生效后，全球碳交易市场出现了爆炸式的增长。2007年的碳交易量从2006年的16亿t跃升到27亿t，上升68.75%。成交额的增长更为迅速，2007年全球碳交易市场价值达400亿欧元，比2006年的220亿欧元上升了81.8%。

从经济学的角度看，碳交易遵循了科斯定理，即以二氧化碳为代表的温室气体需要治理，而治理温室气体则会给企业造成成本差异；既然日常的商品交换可看作是一种权利（产权）交换，那么温室气体排放权也可进行交换；因此，借助碳权交易便成为市场经济框架下解决污染问题最有效率的方式。这样，碳交易把气候变化这一科学问题、减少碳排放这一技术问题与可持续发展这个经济问题紧密地结合起来，以市场机制来解决这个科学、技术、经济综合问题。

碳交易本质上是一种金融活动，一方面，金融资本直接或间接投资于创造碳资产的项目与企业；另一方面，来自不同项目和企业产生的减排量进入碳金融市场进行交易，被开发成标准的金融工具。在环境合理容量的前提下，人为规定包括二氧化碳在内的温室气体的排放行为要受到限制，由此导致碳的排放权和减排量额度（信用）开始稀缺，并成为一种有价产品，称为碳资产。碳资产的推动者，是《公约》的100个成员国及《议定书》的签署国。这种逐渐稀缺的资产在《议定书》规定的发达国家与发展中国家共同但有区别的责任前提下，出现了流动的可能。由于发达国家有减排责任，而发展中国家没有，使得碳资产在世界各国的分布不同。另一方面，减排的实质是能源问题。发达国家的能源利用效率高，能源结构优化，新的能源技术被大量采用，因此本国进一步减排的成本极高，难度较大。而发展中国家能源效率低，减排空间大，成本也低。这导致了同一减排单位在不同国家之间存在着不同的成本，形成了价格差。发达国家需求很大，发展中国家供应能力也很大，国际碳交易市场由此产生。对于发达国家而言，温室气体的减排成本在100美元/t碳以上，而在我国等大多数发展中国家进行CDM活动，减排成本可降至20美元/t碳。这种巨大的减排成本差异，促使发达国家积极进入发展中国家寻找合作项目，为碳交易开辟了绿色通道。这也是业内把既减排又赚钱的CDM称为发展中国家企业免费午餐的原因。

与强制减排不同的是，自愿减排更多的是出于一种责任。这主要是一些比较大的公司、机构，出于自己企业形象和社会责任宣传的考虑，购买一些自愿减排指标（VER）来抵消日常经营和活动中的碳排放。这个市场的参与方主要是一些大公司，也有一些个人会购买一些自愿减排指标。对于我国企业来说，自愿减排是必经之路，因为我国的企业越来越国际化，许多国家可以通过市场运作机制对我国的企业提出减排要求。这时，我国企业购买自愿减排量，可能是降低碳足迹（即一个人的能源意识和行为对自然界产生的影响，简单地讲就是指个人或企业"碳耗用量"）的一种选择。

3. 我国建立碳交易市场的意义

碳交易就是为了调动企业节能减排的积极性，减少生产过程中二氧化碳等温室气体的排放，帮助国家经济向低碳转型。总的来说，碳交易对于我国减少温室气体排放、走可持续发展道路具有积极的推动作用。

（1）增强二氧化碳减排的有效性　碳交易市场提供二氧化碳减排的市场激励机制，既可以有效减少现有二氧化碳的排放规模，又能形成低碳发展有效益、高碳发展受限制的示范效应，加快淘汰高能耗、高污染的落后产能，避免高碳发展路径，使我国在未来的国际竞争中处于较主动的地位。从碳交易的内涵来看，企业在进行碳排放交易时，碳排放边际成本较低的企业将处于极为有利的地位，它能够剩余一部分碳排放许可额度并用于交易，从而获得一定的收益；相反，碳排放边际成本较高的企业则不得不支付一部分费用去购买碳排放许可额度。在追逐利润最大化的动机驱使下，企业将会尽力加强自身的节能减排能力。

（2）鼓励低碳技术研究与开发　碳交易市场可以为掌握低碳技术而降低减排成本的企业提供利益实现场所，还能为低碳技术的研究与开发提供资金支持，激励各方面加大投入，进一步开发和创新低碳技术。

（3）充分利用新的经济增长资源　碳资源已经成为世界上重要的经济资源，一些发达国家利用碳资源开发和交易大量金融产品，开辟了新的发展空间，有效带动了本国经济增长。我国虽然有较大规模的碳交易资源，但由于没有自己的碳市场，在国际市场中处于被动的资源供给地位，缺少定价话语权，价格被大幅压低，效益难以充分体现，导致碳资源大量流失。

（4）有利于尽快提供明确的市场预期　我国目前现有的节能减排交易市场基础设施尚不成熟，规模小，结构分散，没有统一的机制和标准，市场缺乏统一和稳定的预期，不利于低碳领域市场主体的快速决策。这就迫切需要在政府的强力推动下建设统一、透明的碳交易市场平台。

从三重底线理论来看，我国正处于工业化时代，对环境的破坏比较严重，单靠政府力量无法改变严重的环境问题，强化企业对环境的责任成为必然选择。自然环境约束力日趋明显，温室效应愈发严重，全球变暖现象引发的一系列环境问题随之而来，环境保护是可持续发展的重要组成部分，而碳交易市场的形成在某种程度上为企业设置了环境底线。

从利益相关者理论来看，社会和政府是企业的间接利益相关者、强化型利益相关者、环境利益相关者，碳交易市场的形成是政府作为利益相关者对企业的约束力，约束企业在环境上的破坏度以及二氧化碳的排放度，是一种相互制衡博弈的过程。政府与企业应共同应对环境，保持合作，从而比较有效地解决碳排放带来的一系列环境问题。

从博弈论来看，建立碳排放权的交易机制，能使得碳排放的边际成本较低的排污企业通过自身的技术优势或成本优势转让或储存剩余的排污权，碳排放的边际成本较高的企业则通过购买的方式来获得环境容量资源的使用权。在我国建立碳交易市场，可以使得企业自由地进行碳交易。企业所分配的碳排放额与开发减排技术所带来的经济利益相博弈，技术的先进导致分配到的排放额少，而技术的落后又会导致企业大量去购买碳排放量，企业与企业间也进行博弈，通过碳交易市场建立产生的一系列博弈过程促使企业相互合作，从而总体上可以有效地控制我国的碳排放总额。

4. 我国碳交易行业状况

从碳交易市场建立的法律基础来看，碳交易市场可分为强制交易市场和自愿交易市场。如果一个国家或地区政府法律明确规定温室气体排放总量，并据此确定纳入减排规划中各企业的具体排放量，为了避免超额排放带来的经济处罚，那些排放配额不足的企业就需要向那些拥有多余配额的企业购买排放权，这种为了达到法律强制减排要求而产生的市场就称为强制交易市场。而基于社会责任、品牌建设、对未来环保政策变动等考虑，一些企业通过内部协议，相互约定温室气体排放量，并通过配额交易调节余缺，以达到协议要求，在这种交易基础上建立的碳市场就是自愿交易市场。

强制交易市场主要的障碍在于各方利益的平衡，自愿交易市场的主要障碍在于市场供求关系的充分发掘。两者的驱动力是完全不同的，构建一个强制交易市场所需要的成本要远远高于自愿交易市场。这个特性决定了两个市场的定位和发展方式有着根本的差别。

从市场的角度来看，由于较高的运作成本，强制交易市场更适合风险小、额外性强、减排量大的项目，而自愿交易市场更适合风险大、额外性较低，减排量小的项目。目前，两个板块从机制上是完全隔离的，但自愿交易市场发展很快，已经在建立自身的风险管理系统。对项目的风险控制是自愿交易市场的软肋，但这块市场是以 CDM 方法学为基础的，如果未来能够建立起有效的风险评估和控制体系，那么自愿交易市场中质量较高的减排量可以进入强制交易市场流通，这个突破口可能会从区域交易系统开始。

我国是全球第二大温室气体排放国，早在 2009 年就已主动提出到 2020 年单位国内生产总值二氧化碳排放比 2005 年下降 40%~45% 的目标，但根据《公约》规定，至少在 2012 年以前，我国作为发展中国家，不承担有法律约束力的温室气体绝对总量的减排。虽然没有减排约束，但我国被许多国家看作是最具潜力的减排市场。联合国开发计划署的统计显示，截止到 2008 年，我国提供的二氧化碳减排量已占全球市场的 1/3 左右，到 2012 年我国占联合国发放全部排放指标的 41%。面对气候变化的机遇与挑战，我国政府已采取一系列积极的政策和切实的行动。

国家发改委指出，将加快建立全国碳排放权交易市场，并大致分为 3 个阶段。其中，2014—2016 年为前期准备阶段，这一阶段是全国碳市场建设的关键时期；2016—2019 年是全国碳交易市场的正式启动阶段，这一阶段将全面启动涉及所有碳市场要素的工作，检验碳市场这个"机器"的运转情况，但不会让"机器"达到最大运行速度；2019 年以后，将启动碳市场的"高速运转模式",使碳市场承担温室气体减排的最核心的作用。

2015年9月8日,由中国碳论坛(CCF)和ICF国际咨询公司联合开展的《2015中国碳价调查》发布。调查认为,我国碳排放峰值将出现在2030年。同时,随着时间的推移,未来碳价将逐步告别低位。

近年来,美国和欧洲等发达国家和地区高调宣扬开征碳税与碳关税。据报道,这一时间节点将在2020年左右。而此时,恰逢中国碳排放向峰值攀升阶段。一旦征收碳关税,并按照西方的标准确定税额,我国的出口产品将会因碳排放量过高而遭受高额关税这一贸易壁垒。换言之,未来5~10年,将是我国企业转型发展的关键时期。如果没能利用好这一时间段,企业不仅将面临高昂的碳排放配额费用,还有可能面临因高排放带来的出口受挫。

当前,我国大力发展绿色经济,将节能减排、推行低碳经济作为国家发展的重要任务,旨在培育以低能耗、低污染为基础,以低碳排放为特征的新兴经济增长点。扩大的碳排放权交易市场促进了新的产业机遇的产生,例如碳审计、碳排放权交易、碳管理、碳战略规划、碳金融等服务业将迅速发展。对于企业而言,碳排放权交易直接关系到企业的利润与经营状况。企业需要真正了解碳排放权交易的利与弊,增强对各个参与环节的认识,进行专业人才储备与经营战略的调整,化"风险"为"机遇"。同时,碳资产是继现金资产、实物资产、无形资产之后的第四类新型资产,将成为我国各类企业和金融机构资产配置的重要组成成分。随着我国碳排放权交易市场的逐步扩大及日趋成熟,对拥有专业能力和技能的碳排放权交易市场新型人才的需求也将快速增长。

总的来说,碳交易市场可以简单地分为配额交易市场和自愿交易市场。配额交易市场为那些有温室气体排放上限的国家或企业提供碳交易平台,以满足其减排需求;自愿交易市场则是从其他目标出发(企业社会责任、品牌建设、社会效益等),自愿进行碳交易以实现其目标。

配额交易可以分成两大类,一是基于配额的交易,买家在"总量管制与交易制度"体制下购买由管理者制定、分配(或拍卖)的减排配额;二是基于项目的交易,买主向可证实减低温室气体排放的项目购买减排额。

自愿交易市场早在强制交易市场建立之前就已经存在,由于其不依赖法律进行强制性减排,因此其中的大部分交易也不需要对获得的减排量进行统一的认证与核查。虽然自愿交易市场缺乏统一管理,但是机制灵活,从申请、审核、交易到完成所需时间相对更短,价格也较低,主要用于企业的市场营销、企业社会责任的履行、品牌的建设等。虽然目前该市场碳交易额所占的比例很小,但潜力巨大。

随着我国经济总量的持续增长,能源消费量不断攀升。根据国际环保组织"全球碳计划"公布的2013年全球碳排放量数据,我国的人均碳排放量首次超越欧盟。2014年,世界二氧化碳排放总量接近355亿t,中国二氧化碳排放量高达97.6亿t,位居世界第一。

如何应对与日俱增的减排压力,缓解日益严峻的减排形势,成为社会各界关注的问题。我国政府的碳约束目标是:二氧化碳排放在2030年左右达到峰值、单位国内生产总值二氧化碳排放比2005年下降60%~65%,非化石能源占一次能源消费比例达到20%左右,森林蓄积量比2005年增加45亿m^3。2016年4月22日,我国签署了《巴黎协定》,承诺将积极做好国内的温室气体减排工作,加强应对气候变化的国际合作,展现了全球气候治理大国的巨大决心与责任担当。

为推动"绿色发展、低碳发展",有效应对全球气候变化,我国政府采取多项措施控制温室气体排放。2011年年底,国务院印发了《"十二五"控制温室气体排放工作方案》,提出"探索建立碳排放交易市场"的要求。2011年10月,国家发改委为落实"十二五"规划关于逐步建立国内碳排放权交易市场的要求,同意北京市、天津市、上海市、重庆市、湖北省、广东省及深圳市开展碳排放权交易试点。2014年,7个试点已经全部启动上线交易,根据国家发改委提供的统计数据,共纳入排放企业和单位1900多家,分配的碳排放配额总量合计约12亿t。国家发改委所选择的试点省市从东部沿海地区到中部地区,覆盖国土面积48万km^2,人口总数2.62亿,GDP合计15.5万亿元,能源消费8.87亿t标准煤,试点单位的选择具有较强的代表性。几年时间内,7个碳交易试点完成了数据摸底、规则制定、企业教育、交易启动、履约清缴、抵消机制使用等全过程,并各自尝试了不同的政策思路和分配方法。截至2015年底,7个试点碳市场累计成交量近8000万t,累计成交金额突破25亿元人民币。我国碳交易市场规模扩大,既包括试点交易市场的增加,也有整体交易量和交易额的明显增长。

2016年1月11日,国家发改委发布了《关于切实做好全国碳排放权交易市场启动重点工作的通知》(发改办气候[2016]57号),旨在协同推进全国碳排放权交易市场建设,确保2017年启动全国碳排放权交易,实施碳排放权交易制度。国家已决心通过碳排放权交易市场来推动产业结构的调整,引导促进碳经济的发展。

5. 碳排放交易管理

为推动建立全国碳排放权交易市场,国家发改委组织起草了《碳排放权交易管理暂行办法》(以下简称《暂行办法》),于2014年12月10日发布,自发布之日起30日后施行。从内容上看,《暂行办法》为框架性文件,明确了全国碳市场建立的主要思路和管理体系。

(1)配额分配管理 在至关重要的配额分配上,《暂行办法》体现了"中央统一制定标准和方案、地方负责具体实施而拥有一定灵活性"的思路。国务院碳交易主管部门(即国家发改委)将负责重点排放单位标准的确定和最终名单的确认,确定国家以及各省、自治区和直辖市的排放配额总量、预留配额的数量、配额免费分配方法和标准。即在全国市场中,国家主管部门将负责从企业纳入门槛的制定到配额总量及具体分配方式的全盘设计。

在按照国家政策进行企业纳入和配额分配时,地方拥有较大的自主权和灵活度。重点排放单位(即纳入企业)名单由省级碳交易主管部门提出并上报,省级碳交易主管部门依据国家标准提出本行政区域内重点排放单位的免费分配配额数量,同时各省、自治区、直辖市结合本地实际,可制定并执行比全国统一的配额免费分配方法和标准更加严格的分配方法和标准。由于国内各省、自治区、直辖市的经济发展水平不同,节能减排的潜力和难度差异较大,这样的分配方式有利于地方根据实际情况合理制定分配方法,优化地区内配额分配,促进实现减排目标。同时,各地方配额总量发放后的剩余部分,可由省级碳交易主管部门用于有偿分配。有偿分配所取得的收益,可用于促进地方减碳以及相关的能力建设。这一设置有利于鼓励地区积极建设碳市场,提高减排目标。

配额分配在初期将以免费分配为主,适时引入有偿分配,并逐步提高有偿分配的比例。国家发改委将根据不同行业的具体情况,参考相关行业主管部门的意见,确定统一的配额免费分配方法和标准。

在企业最为关注的纳入范围上,《暂行办法》尚未明确规定,仅表示将适时公布碳排放权交易纳入的温室气体种类、行业范围和重点排放单位确定标准。将来，全国碳市场的初期纳入范围很有可能是"抓大放小"，主要为高耗能高排放行业，目前部分试点纳入的一些服务型行业则可能不会包括。

《暂行办法》同样给了各试点一定的自主权，规定省级碳交易主管部门可适当扩大碳排放权交易的行业覆盖范围，增加纳入碳排放权交易的重点排放单位。这一规定满足了正在进行的7个碳交易试点的政策延续性需要，意味着对于目前各试点纳入企业而言，即使最终不在国家首批划入的控制排放企业范围内，也很有可能在按照试点所划范围继续被纳入碳交易系统，因此应及早做好相应准备。

国际碳交易市场对碳排放配额的分配方法主要有历史法、基准法和拍卖法三种。由于我国碳排放权交易市场还在探索学习的阶段，7个试点大多采用了历史法计算配额数量，同时对于绝大多数配额进行免费发放。除了电力和供暖领域，基准法尚未大规模使用，但是越来越多的试点开始尝试通过拍卖的手段为控排企业提供有偿配额。

到2014年，除了重庆试点以外的其他六个碳排放权交易试点已分配了10亿多t二氧化碳排放配额，大多企业对于分配制度大体满意。但是，需要改进目前的配额计算过程和分配方式，最重要的是增加整个过程的透明度。由于碳排放配额不仅仅是一个数字，更关系到企业生产成本和经营利润的重要资产，碳配额计算和分配的准确性、公允性、透明性，可以提升系统的公信力，使得政策制定者和交易主体间的信息流动更加畅通，促进各相关行业准确理解规则，并贡献行业知识。

同时，目前分配的免费配额比例较高，应逐步降低免费配额的比例，并谨慎考虑行业的承受能力和竞争环境。政府需要向市场传递碳配额将从紧的信号，这有利于引导企业进行节能减排的投资，提高能源效率并管理好碳资产，为我国经济发展结构的转型奠定基础。尽管越来越多的试点将在碳排放配额分配上引入拍卖机制，但对于拍卖的底价、总量和拍卖款项的用途方面，需要认真研究，尽量减少政府对拍卖的干预，提高市场的总体效率。当然，通过公共竞拍平台，用市场机制发现碳价格是成本效率较高的拍卖方法，不过仍有许多问题尚待解决，例如，拍卖的法律地位、谁是拍卖方等。

运行中的7个碳排放交易试点中，重庆和湖北的碳排放配额分配方法具有独到之处，其中重庆采用了"自主申报"的形式，即让企业自行申请碳排放配额，由政府进行审核。湖北省则兼顾总量刚性和结构柔性两方面，适时对配额进行调控，最大限度地尊重企业的经营实际。

（2）国家指定交易平台 不同于7个试点市场各自交易的现状，全国市场的交易场所和方式将更为统一。《暂行办法》规定，国务院碳交易主管部门负责确定碳排放权交易机构并对其业务实施监督。具体交易规则由交易机构负责制定，并报国务院碳交易主管部门备案。市场初期的交易产品为排放配额和中国核证自愿减排量（CCER），适时增加其他交易产品。交易原则上应在国务院碳交易主管部门确定的交易机构内进行。同时，国务院碳交易主管部门将建立碳排放权交易市场调节机制，维护市场稳定。

中国核证自愿减排量（Chinese Certified Emission Reduction，简称CCER）是经国家主管部门在国家自愿减排交易登记簿进行登记备案的减排量。自愿减排项目减排量经备案后，在国家登记簿登记并可在经备案的交易机构内交易。国内外机构、企业、团体和个人均可参与温室气体自愿减排量交易。

国务院碳交易主管部门负责建立和管理碳排放权交易注册登记系统（以下称注册登记系统），国家确定的交易机构的交易系统应与注册登记系统连接，实现数据交换，确保交易信息能及时反映到注册登记系统中。目前的注册登记系统包括排放配额和CCER两个合规工具的注册登记，分别用于记录排放配额和CCER的持有、转移、清缴、注销等相关信息。考虑到用户的权限差异，注册登记系统为国务院碳交易主管部门和省级碳交易主管部门、重点排放单位、交易机构以及其他市场参与方等设立了具有不同功能的账户。

在2014年年底国家注册登记系统与7个试点连接之时，国家注册登记系统开放了CCER的注册登记功能，而注册登记系统中的信息将是判断排放配额及CCER归属的最终依据。重点排放单位以及符合要求的机构和个人均可参与碳排放权交易。因此，虽然目前7个试点中，北京和上海尚未对个人投资者开放，但全国统一碳市场已经为个人投资者留出了入场通道。个人投资者原则上可以参与全国碳市场，但也要看技术层面能否实现。

（3）统一全国"度量衡" 一致、准确、可靠的数据是全国市场交易的基础。当前，7个碳排放权交易市场在碳核算和核查方面，存在技术、操作层面的区域性差异，认可的核查机构清单也不尽相同，使得市场间的连接难度巨大。《暂行办法》对"度量衡"进行了统一，重点排放单位应根据国家标准或国务院碳交易主管部门公布的企业温室气体排放核算与报告指南，制定排放监测计划，每年编制其上一年度的温室气体排放报告。

2013年10月，国家发改委印发发电、电网、钢铁、化工、电解铝、镁冶炼、平板玻璃、水泥、陶瓷、民航首批10个行业的企业温室气体排放核算与报告指南；2014年年底，已印发第二批4个行业企业温室气体排放核算方法与报告指南（试行），2015年已印发第三批10个行业企业温室气体排放核算方法与报告指南（试行）。这些行业标准将成为全国碳市中的控排企业碳排放量化的标尺，同时，也为全国市场可能纳入的行业提供了参考。

为保障数据的准确性和可靠性，《暂行办法》指出，国家发改委将适时公布推荐的核查机构清单，核查机构应按照公布的核查指南开展碳排放核查工作。此外，还要求省级碳交易主管部门对部分重点排放单位的排放报告与核查报告进行复查，复查的相关费用由同级财政予以安排。要求复查的重点排放单位包括国务院碳交易主管部门要求复查的重点排放单位、核查报告显示排放情况存在问题的重点排放单位，除上述规定以外，还包括一定比例的重点排放单位。

2015年11月19日，国家质检总局、国家标准委首次批准发布温室气体管理国家标准，包括《工业企业温室气体排放核算和报告通则》以及发电、钢铁、化工、水泥等10个重点行业温室气体排放核算与报告要求，上述标准于2016年6月1日起实施。

《工业企业温室气体排放核算和报告通则》规定了工业企业温室气体排放核算与报告的基本原则、核算边界、工作流程、核算步骤与方法、质量保证和报告内容6项重要内容。核算边界包括企业的主要生产系统、辅助生产系统和附属生产系统，其中辅助生产系统包括动力、供电、供水、化验等，附属生产系统包括生产指挥系统（厂部）和厂区内为生产服务的部门和单位，如职工食堂、车间浴室等。核算范围包括企业生产的燃料燃烧排放，过程排放以及购入和输出的电力、热力产生的排放。核算方法分为计算与实测两类，并给出了选择核算方法的参考因素，方便企业使用。

发电、钢铁、镁冶炼、平板玻璃、水泥、陶瓷、民航7项温室气体排放核算和报告要求国家标准，主要规定了企业二氧化碳排放的核算要求，电网、化工、铝冶炼3项温室气体排放核算和报告要求国家标准,除规定了二氧化碳排放核算外,还包括六氟化硫、氧化亚氮等温室气体的排放核算。

这些国家标准解决了温室气体排放标准缺失、核算方法不统一等问题,企业可按照标准提供的方法,核算温室气体排放量,编制企业温室气体排放报告。

思 考 题

6-1 能源管理方法有哪些?
6-2 能源管理节能新机制有哪些?
6-3 简述节能报告的内容与评估方法。
6-4 简述能源审计的类型与内容。
6-5 简述清洁生产的概念及意义。
6-6 简述清洁生产审核的原理。
6-7 简述合同能源管理的概念及实质。
6-8 简述合同能源管理的运作模式及优势。
6-9 简述能效标准的概念及类型。
6-10 简述节能产品认证的基本条件和程序。
6-11 简述电力需求侧管理的特点及实施手段。
6-12 我国为什么要开展碳减排和碳交易?
6-13 简述碳交易的主要原理和管理内容。

参 考 文 献

[1] 吴金星. 工业节能技术 [M]. 北京：机械工业出版社, 2014.
[2] 黄素逸, 高伟. 能源概论 [M]. 北京：高等教育出版社, 2004.
[3] 谭忠富, 侯建朝, 姜海洋, 等. 关于我国能源可持续利用的评价指标体系研究 [J]. 电力技术经济, 2007, 19 (2): 7-13.
[4] 徐锭明. 我国能源工业现状和能源政策 [J]. 中国电力, 2004, 37 (9): 1-4.
[5] 王庆一. 中国的能源效率与国际比较 [J]. 节能与环保, 2003 (9): 5-7.
[6] 王妍, 李京文. 我国煤炭消费现状与未来煤炭需求预测 [J]. 中国人口·资源与环境, 2008, 18 (3): 152-155.
[7] 陈秀芝, 石彤阳. "十五"期间我国石油市场运行状况 [J]. 中国能源, 2006, (6): 22-24.
[8] 张抗, 魏永佩. 我国天然气资源特点与市场开拓对策 [J]. 国际石油经济, 2002, 10 (2): 28-29.
[9] 彭程, 钱纲粮. 21世纪中国水电发展前景展望 [J]. 水电发展战略, 2006, 32 (2): 6-10.
[10] 汤学忠. 热能转换与利用 [M]. 北京：冶金工业出版社, 2002.
[11] 黄素逸. 能源与节能技术 [M]. 北京：中国电力出版社, 2004.
[12] 容銮恩. 电站锅炉原理及设备 [M]. 北京：中国电力出版社, 2002.
[13] 李飞鹏. 内燃机构造与原理 [M]. 北京：中国铁道出版社, 2003.
[14] 蒉天聪. 汽轮机原理 [M]. 北京：中国电力出版社, 1992.
[15] 崔海亭, 杨锋. 蓄热技术及其应用 [M]. 北京：化学工业出版社, 2004.
[16] 郭茶秀, 魏新利. 热能存储技术与应用 [M]. 北京：化学工业出版社, 2005.
[17] 樊栓狮, 梁德青, 杨向阳. 储能材料与技术 [M]. 北京：化学工业出版社, 2004.
[18] 张正国, 文磊. 复合相变蓄热技术的研究与发展 [J]. 化工进展, 2003, 22 (4): 462-465.
[19] 罗运俊, 何梓年, 王长贵. 太阳能利用技术 [M]. 北京：化学工业出版社, 2005.
[20] 何梓年, 朱宁, 刘芳, 等. 太阳能吸收式空调及供热系统的设计和性能 [J]. 太阳能学报, 2001, 22 (1): 6.
[21] 方贵银, 徐锡斌. 蓄冷空调新型相变蓄能材料热性能研究 [J]. 真空与低温, 2002, 8 (3): 140-143.
[22] 梅祖彦. 抽水蓄能发电技术 [M]. 北京：机械工业出版社, 2000.
[23] 刘征福. 建立能源利用效率评价指标体系的研究 [J]. 能源与环境, 2007, (2): 2-4.
[24] 王式惠. 能源管理技术基础 [M]. 北京：中国经济出版社, 1989.
[25] 姚强, 等. 洁净煤技术 [M]. 北京：化学工业出版社, 2005.
[26] 谷天野. 煤炭洁净加工与高效利用 [J]. 洁净煤技术. 2006, 12 (4): 88-90.
[27] 章名耀, 等. 洁净煤发电技术及工程应用 [M]. 北京：化学工业出版社, 2010.
[28] 刘建清, 姚润生. 清洁煤有效转化综合利用展望 [J]. 煤化工. 2003, (5): 9-11.
[29] 杨伏生. 煤化工梯级多联产新材料技术 [J]. 现代化工. 2006, 26 (9): 25-27, 29.
[30] 王敦曾, 等. 选煤新技术的研究与应用 [M]. 北京：煤炭工业出版社, 1997.
[31] 鄢美俊. 洗煤生产中存在的问题及改进措施 [J]. 煤化工, 2004, (6): 37-41.
[32] 赵尽忠. 我国选煤机械装备应用现状与前景 [J]. 矿业快报, 2007, (2): 8-10.
[33] 王金玲, 高惠民. 水煤浆技术研究现状 [J]. 煤炭加工与综合利用, 2005 (3): 28-31.
[34] 苗洒金, 危师让. 超临界火电技术及其发展 [J]. 热力发电, 2002, 31 (5): 2-5.
[35] 陈文敏, 梁大明. 煤炭加工利用知识问答 [M]. 北京：化学工业出版社, 2006.

[36] 刘堂礼. 超临界和超超临界技术及其发展 [J]. 广东电力, 2007 (1): 19-22, 50.
[37] 姜殿香. 大型增压循环流化床联合循环技术特点及发展趋势 [J]. 锅炉制造. 2007 (1): 28-29.
[38] 佐双吉. 燃料电池——新型的清洁煤发电技术 [J]. 内蒙古电力技术, 2002, 20 (5): 14-16.
[39] 邬国英, 杨基和. 石油化工概论 [M]. 北京: 中国石化出版社, 2000.
[40] 贾文瑞, 等. 21世纪中国能源、环境与石油工业发展 [M]. 北京: 石油工业出版社, 2002.
[41] 钱伯章, 朱建芳. 炼油化工节能技术新进展 [J]. 节能, 2006 (7): 3-6.
[42] 姚国欣. 国外炼油技术新进展及其启示 [J]. 当代石油石化, 2005, 13 (3): 18-25.
[43] 黄军军, 方梦祥, 王勤辉, 等. 天然气利用技术及其应用 [J]. 能源工程, 2004 (1): 24-27.
[44] 周凤起. 冷热电三联供天然气利用新方向 [J]. 建筑节能, 2006 (17): 33-35.
[45] 郝春山. 天然气开发利用技术 [M]. 北京: 石油工业出版社, 2000.
[46] 马昌文, 徐元辉. 先进核动力反应堆 [M]. 北京: 原子能出版社, 2001.
[47] 方勇耕. 发电厂动力部分 [M]. 北京: 中国水利水电出版社. 2004.
[48] 李宗纲. 节能技术 [M]. 北京: 北京兵器工业出版社, 1991.
[49] 郑健超. 电力前沿技术的现状和前景 [J]. 中国电力. 1999 (10): 9-14.
[50] 顾年华, 尤丽霞, 吴育华. 21世纪我国新能源开发展望 [J]. 中国能源, 2002, (1): 37-38.
[51] 罗运俊, 李元哲, 赵承龙. 太阳能热水器原理、制造与施工 [M]. 北京: 化学工业出版社, 2005.
[52] 李振邦. 展望21世纪风能的利用与发展 [J]. 运筹与管理, 2002, 11 (6): 124-129.
[53] 林宗虎. 风能及其利用 [J]. 自然杂志, 2008, 3 (6): 309-314.
[54] 姚向君, 田宜水. 生物质能资源清洁转化利用技术 [M]. 北京: 化学工业出版社, 2005.
[55] 王莉. 生物能源的发展现状及发展前景 [J]. 化工文摘, 2009 (2): 48-50.
[56] 赵仁恺, 张伟星. 中国核能技术的回顾与展望 [J]. 国土资源, 2002 (9): 4-9.
[57] 刘时彬. 地热资源及其开发利用和保护 [M]. 北京: 化学工业出版社, 2005.
[58] 汪集暘, 马伟斌, 龚宇烈. 地热利用技术 [M]. 北京: 化学工业出版社, 2005.
[59] 褚同金. 海洋能资源开发利用 [M]. 北京: 化学工业出版社, 2005.
[60] 毛宗强. 氢能——21世纪的绿色能源 [M]. 北京: 化学工业出版社, 2005.
[61] 林才顺, 魏浩杰. 氢能利用与制氢储氢技术研究现状 [J]. 节能与环保, 2010 (2): 42-43.
[62] 张金华, 魏伟, 王红岩. 天然气水合物研究进展与开发技术概述 [J]. 天然气技术, 2009 (2): 67-80.
[63] 王鲜先, 韦玉良. 我国城市大气污染及其防治对策 [J]. 内蒙古环境保护, 2006 (18): 28-30.
[64] 李志明, 张芳芳. 环境监测是环境保护的基础 [J]. 环境科学, 2008 (37): 41.
[65] 薛志成. 水体污染及其防治对策 [J]. 内蒙古水利, 2001 (3): 54-55.
[66] 贺香云. 土壤污染及其防治 [J]. 土肥科技, 2007 (8): 35.
[67] 王慧怡, 李长胜, 张秀梅. 浅谈室内环境污染的危害与防治 [J]. 辽宁城乡环境科技, 2002 (6): 9-10.
[68] 赵明霞, 王翔, 郭翠花. 关于我国环保现状的思考 [J]. 发展, 2008 (12): 93-94.
[69] 田雁. 浅谈我国环保现状 [J]. 实践与探索, 2008 (20): 251.
[70] 黄成. 我国城市大气污染现状及防治对策 [J]. 科技信息, 2008 (21): 477.
[71] 北京市发展与改革委员会. 节能管理与新机制篇 [M]. 北京: 中国环境科学出版社, 2008.
[72] 史兆宪. 能源与节能管理基础: 下册 [M]. 北京: 中国标准出版社, 2010.
[73] 国家环境保护局. 企业清洁生产审核手册 [M]. 北京: 中国环境科学出版社, 1996.
[74] 国家环境保护总局科技标准司. 清洁生产审计培训教材 [M]. 北京: 中国环境科学出版社, 2001.
[75] 孟昭利. 企业能源审计方法 [M]. 2版. 北京: 清华大学出版社, 2007.
[76] 王文革. 我国能效标准和标识制度的现状、问题与对策 [J]. 中国地质大学学报, 2007, 7 (2): 7-12.
[77] 王若虹. 我国节能产品认证现状及面临的机遇与挑战 [J]. 中国能源, 2004, 26 (12): 11-14.